21世纪高等学校艺术设计专业规划教材

CorelDRAW精彩实例课堂

吴乃群 史耀军 柳雨红 编著

内 容 提 要

CorelDRAW 被广泛应用于插画绘制、平面设计、彩色出版、产品造型设计和网页设计等诸多领域，是目前最流行的矢量图形设计软件之一。本书以典型应用实例为主线，以实例图解的方式详细介绍了CorelDRAW X4 中文版软件的各项实用功能。全书共分 11 章，第 1 ～ 8 章是本书的基础部分，每章在讲解重要知识点和实用操作之后，还为读者精心设计了呼应前面知识点和操作功能的典型实例，这些典型实例是读者快速掌握软件基本功能并进行实际应用的桥梁。第 9 ～ 11 章从 CorelDRAW X4 软件的应用领域出发，根据实用商业项目的实际需求，精心设计了多个“应用实例”，如图标设计、插图绘制、标志设计、卡片设计、宣传单设计、户外广告设计、卡通漫画和网页设计等应用领域的多个精彩实用的实例，全面细致地讲解了如何利用 CorelDRAW X4 来完成专业的绘图项目，在讲解的过程中，重在剖析技术精萃与创意理念。

本书结构清晰、重点突出、详略得当，在语言叙述上力求用最简单、清晰的表达方式描述CorelDRAW X4 的实用功能。

本书适合于 CorelDRAW X4 的初学者，也可作为各相关培训班、高等院校的教学用书，还适合绘制图形、插画的爱好者，从事平面广告设计、产品造型设计、多媒体制作等工作的专业人员参考使用。

图书在版编目（CIP）数据

CorelDRAW 精彩实例课堂 / 吴乃群，史耀军，柳雨红编著 . —北京：中国电力出版社，2008
21 世纪高等学校艺术设计专业规划教材
ISBN 978-7-5083-7471-0

Ⅰ. C… Ⅱ. ①吴…②史…③柳… Ⅲ. 图形软件，CorelDRAW X4 – 高等学校 – 教材 Ⅳ. TP391.41

中国版本图书馆 CIP 数据核字（2008）第 133141 号

责任编辑：杜长清
责任校对：崔燕菊
责任印制：郭华清

书　　名：CorelDRAW 精彩实例课堂
编　　著：吴乃群　史耀军　柳雨红
出版发行：中国电力出版社
地址：北京市东城区北京站西街 19 号　邮政编码：100005
印　　刷：北京市同江印刷厂
开本尺寸：185mm × 260mm　印　张：19.25　彩　插：4　字　数：443 千字
书　　号：ISBN 978-7-5083-7471-0
版　　次：2008 年 10 月北京第 1 版
印　　次：2013 年 7 月第 3 次印刷
定　　价：29.80 元（含 1CD）

敬 告 读 者

本书封底贴有防伪标签，刮开涂层可查询真伪
本书如有印装质量问题，我社发行部负责退换

序

一本好书将会影响一个人的一生，尤其是对于处于学习阶段的人来说，如能得到一本与其专业学习相关的好的实用工具书，无论是技术技能的提高，还是把所掌握的知识融汇于创新思维模式的培养，以及能把创造用于实际的能力等等，都将起到巨大的指导作用。本书的问世，极好地体现了上述观点。

吴乃群、史耀军、柳雨红三位老师从事艺术设计教育多年，常年的教学实践工作，使他们积累了大量的实际工作经验。他们能把所掌握的知识系统地传授给学生，又能面对不同层次的学生采用不同的教学方法，以最实效的手段来解决学生所遇到的疑难问题，帮助学生渡过一道道的难关。他们站在教学岗位的最前沿，及时掌握艺术教育发展的新动向，不断调整教学方法和手段，修订完善教学培养方案，紧跟时代发展的步伐，把最新的知识点传授给学生，使学生能够结合实际，有目标地确立学习方向。此书的撰写就是他们在常年讲授此课所总结的经验基础上整理写出的。书中图文并茂、语言简练、结构清晰、条理性强、章节明确、内容全面。对于初学者来说，简单明了，通俗易懂。对于中级者来说，又能够起到启迪、提示、循序渐进的作用。对于高级设计人员来说，又不失为一本很好的参考资料。对于大专院校艺术专业的学生及电脑培训班的学员来讲，又是一本很有价值又很实用的教材。其中精选多个经典作品，帮你掌握绘图技巧；多个商业案例，帮你精通设计应用。讲解过程不拘泥于命令与实例本身，而是介绍了一些灵活的方法，并整理了各种技巧，使读者一目了然。书中详细介绍了CorelDRAW X4中文版的技术精萃和技巧，并能从中体会出他们熟练掌握、灵活运用软件这个工具所体现出的创造能力。

“书山有路勤为径，学海无涯苦作舟”，此书的出版凝聚了三位老师多年在教育岗位上辛勤耕耘的心血，是不断追求知识的结晶。我想，通过对本书的学习，定会使学习者不单单是在学习掌握软件方法技巧上有收获提高，还会在对本书所有文字及综合图例的学习中学习到三位老师的认真做事、刻苦钻研的精神。相信此书一定会带给学习者最大的收益！

哈尔滨理工大学艺术学院院长
哈尔滨市青年美术家协会主席
林学伟
2008年7月

行业分析

CorelDRAW X4作为图形设计的软件代表，可以游刃有余地应对多种类型项目，无论是创建徽标、Web图形，还是多页营销手册和引人注目的符号，它融合了高度技术性的绘画与插图、动画制作、图形和图标展示、彩色位图编辑、桌面出版等实用功能。因其强大且不断完美与发展的功能，已被广泛的应用于工业设计、平面广告制作、出版印刷、纺织图案设计、地毯设计、多媒体制作、网页制作、动漫形象绘制、印刷制版、产品包装造型设计、企业形象识别系统等很多领域。

CorelDRAW X4是由加拿大Corel公司基于Windows系统开发的矢量作图软件，也是目前最新的版本，具有其他位图处理软件所不具有的强大的矢量作图能力，可以生成“真正高质量的图形”；并可以生成小容量的图形文件。作为二维矢量图处理软件，它还可以带给用户强烈的视觉和艺术表现力，其独特的交互式工具使其出类拔萃，可以节省时间并使设计过程变得更容易。CorelDRAW X4软件集图形绘制与设计、文字排版、高品质输出与打印于一体，其应用范围不仅仅局限于绘图与美术创作，从专业图形设计公司的图形设计、广告创作到普通用户所进行的排版应用，都可以看到CorelDRAW X4的身影。

本书特色

本书突出技巧和经典、实用实例相结合。旨在以商业需求为主线，以软件功能为依托，以实例制作为手段介绍设计方法的技巧。全书内容丰富、详略得当、语言生动简洁、图文并茂地对软件的使用与应用技巧进行介绍。

本书对CorelDRAW X4版本进行了整体地介绍和全面详细地讲解，读者可以轻松地学习软件。在讲解基本知识点和基础操作的同时，我们在每章都为读者精心设计了呼应前面知识点和操作功能的典型实例，这些典型实例集操作、技巧、实战、应用于一身，是读者快速掌握软件基本功能进行实际应用的桥梁。在讲解的过程中，重在剖析技术精萃与创意理念，讲解过程不拘泥于命令与实例本身，而是介绍了许多灵活的方法，并整理了各种技巧，使读者一目了然便于灵活运用。

在注重软件操作介绍的同时，加入了设计作品的分析和解读，希望能够通过不同的形式来传达一个理念：软件只是基础之一，好作品的诞生更需要的是使用软件者的创意思维。通过学习体会应用案例的设计思路和制作方法后，读者将是一个精通软件功能，熟悉实例设计和制作的高手，现在就让我们来创作一些作品并且享受由此带给我们的乐趣吧！

创作队伍

本书由吴乃群、史耀军、柳雨红编著，吴乃群负责全书的统稿并编写其中的第1、2、9章，史耀军编写其中的第7、8、11章，柳雨红编写其中的第3、4、10章，杨东宇编写其中的第5、6章。其他参与本书部分章节编写的还有张立扬、王静、王成全、林春、韩冬晨、张月、刘明国，其他参与资料整理及文字排版、校对的人员有耿旭、曹平、张宏颖、蔡志强、高贺然、姜艳、吴梦瑶、孙晓敏、杨冬雪、莫辉、孙意思等，在此对大家的辛勤工作表示衷心的感谢!

诚意致谢

在此特别感谢中国电力出版社朋友的帮助和辛勤劳动，感谢中国传媒大学张骏院长的多年的扶持和引导，感谢哈尔滨理工大学林学伟院长的悉心支持和无私帮助，感谢黑龙江东方学院的许力戈主任的鼓励和殷殷教导，感谢所有通过友谊而影响我的生活的人们，感谢默默支持我的家人和朋友。

由于时间有限，在本书的写作过程中，难免有疏漏和不足之处，恳请专家和读者不吝赐教，以作进一步改正。

编　者

2008年4月

第 1 章实例　图标设计

第 3 章实例　桔瓣字

第 9 章实例　卡通海报

第 5 章实例　变形字设计

第 7 章实例　天空下的流氓兔

第 9 章实例 泡泡精灵

第 5 章实例 恭贺欣喜

第 10 章实例 欢跃的鱼

第 10 章实例 舞动的青春

第 11 章实例 机器狗

第 10 章实例 瓢虫的一天

第 10 章实例 包装设计

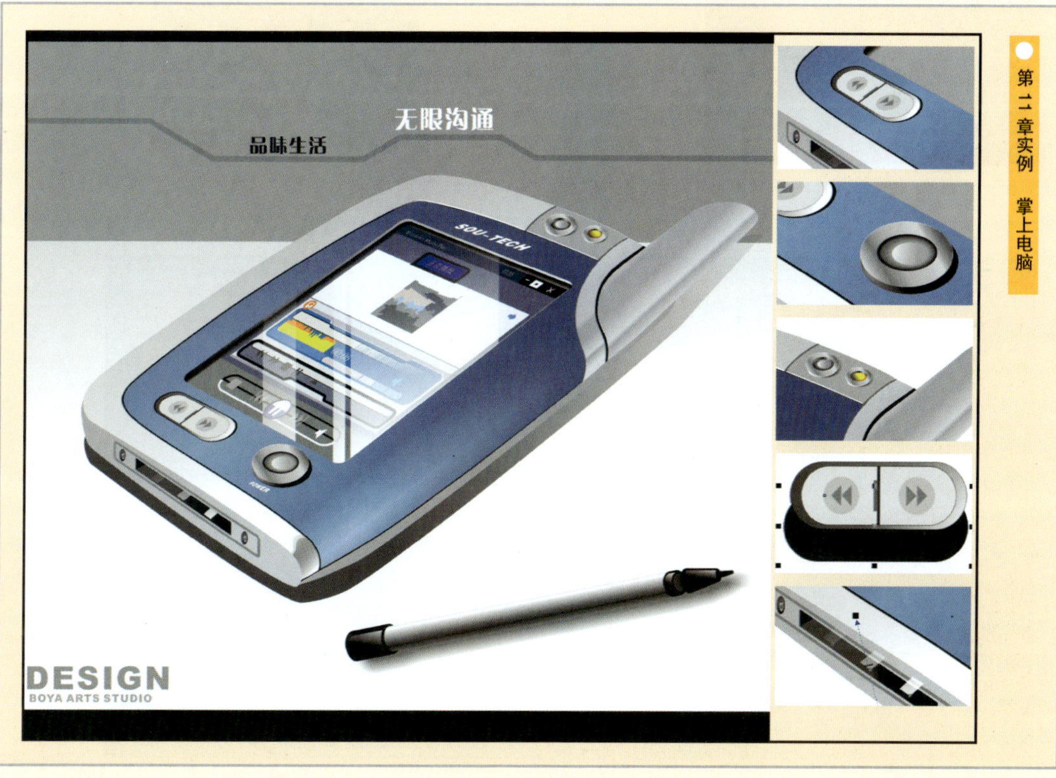

第 11 章实例 掌上电脑

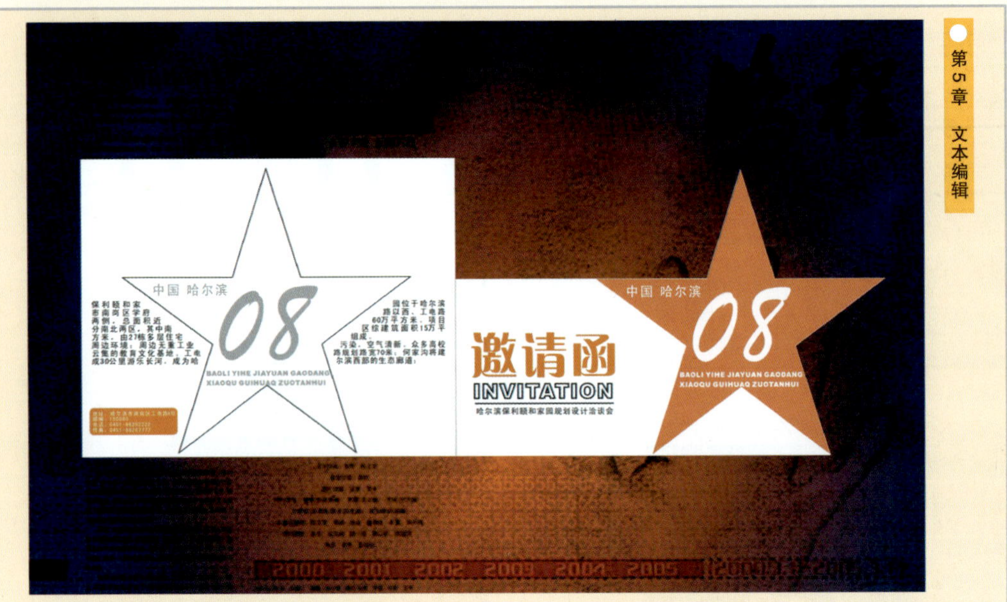

第5章 文本编辑

第11章实例 创意鼠标

第6章 对象的组织和排列

第9章实例 网页设计

Contents 目录

第3章 特殊图形的绘制

第4章 交互式工具与填充工具

第 5 章 文本编辑

第 6 章 对象的组织和排列

第 7 章 常用命令

第 8 章 位图操作与处理

第 9 章 精彩世界——综合设计[一]

第 10 章 精彩世界——综合设计[二]

第 11 章 精彩世界——综合设计[三]

第 1 章　进入 CorelDRAW X4 的精彩世界

图 1-1　CorelDRAW X4 启动界面

图 1-2　CorelDRAW 制作的插画

1.1　必备知识概述

CorelDRAW 是目前市场上最优秀的平面矢量绘图与文档排版软件之一。

CorelDRAW是由加拿大Corel公司于1989 年推出的专业绘图软件，也是最早运行于PC机上的图形设计软件之一。2008年 1 月，Corel 公司正式发布 CorelDRAW X4，如图 1-1 所示。由于该软件功能强大、直观易学，赢得了众多专业设计人员和广大业余爱好者的青睐，被广泛应用于平面设计、广告设计、印刷出版、动漫设计、插图设计、VI设计、网页设计和多媒体设计等领域，如图 1-2 ~图 1-6 所示。

1.1.1　CorelDRAW X4 的特点

CorelDRAW是可以运行在PC平台和苹果机平台的图形设计软件，可以运行在 Windows 或 Macintosh 操作系统下。使用 CorelDRAW 软件，用户可以轻松地进行广告设计、插图设计、动漫设计、网页设计、多媒体制作等，还可以将绘制好的矢

图 1-3　插图设计

量图形转换为不同类型的位图。并应用各种位图效果，在图形的制作中可以添加各种效果，包括填充、调和、轮廓化、立体化、阴影和透视等，使创作出的作品更具专业水准。

从1989年推出CorelDRAW第一版本后的10多年里，Corel公司对CorelDRAW付出了很多的心血，使CorelDRAW成为第一个在软件中加入了网络页面开发能力的高级图形软件。从CorelDRAW 9到现在的CorelDRAW X4，CorelDRAW的每一个版本都具有更强大的多媒体页面制作能力。

2008年1月，平面矢量绘图软件CorelDRAW（R）Graphics Suite X4英文版正式发布，Corel公司亦提供了30天的试用版。

CorelDRAW X4相比两年前的CorelDRAW X3加入了大量新特性，总计有50项以上，其中值得注意的亮点有文本格式实时预览、字体识别、页面无关层控制、交互式工作台控制等等。在Windows Vista开始普及的今天，CorelDRAW X4也与时俱进，整合了新系统的桌面搜索功能，可以按照作者、主题、文件类型、日期、关键字等文件属性进行搜索，还新增了在线协作工具"Concept Share"（概念分享）。此外，CorelDRAW X4还增加了对大量新文件格式的支持，包括Microsoft Office Publisher、Illustrator CS3、Photoshop CS3、PDF 8、AutoCAD DXF/DWG、PainterX等。作为一个套装，CorelDRAW X4继续整合了抓图工具Capture、点阵图矢量图转换工具Trace、剪贴图库与像素编辑工具Paint，其中Paint增加了对RAW相机文件格式的支持，还引入了一个新的自动控制功能"Straighten Image"，可以交互式快速调整倾斜的扫描图和照片。CorelDraw X4套装完整版建议零售价429美元，旧版升级价格199美元。

图1-4　插图设计

图1-5　广告设计

图1-6　字体设计

图 1-7　广告设计

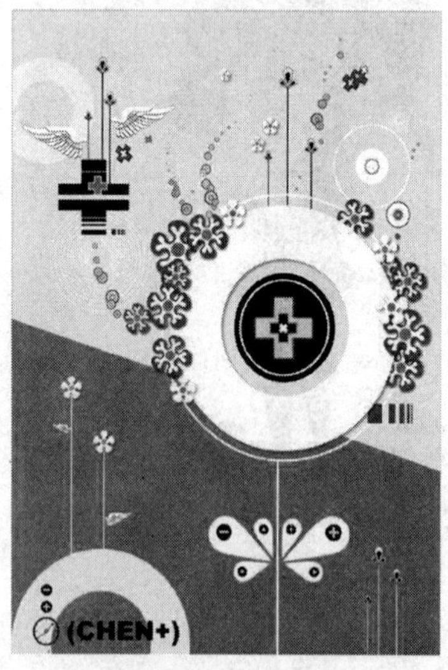

图 1-8　图形创意

图 1-10　卡片设计

1.1.2　CorelDRAW 的应用领域

1. 平面广告设计

平面广告设计是当前设计界中最普遍的设计项目，许多软件的开发都是为平面广告设计服务的。

图 1-7 为一幅利用CorelDRAW软件创作的关于拯救能源的平面公益广告设计作品。

CorelDRAW作为一种常用的图形软件，其快捷的交互绘图工具和强大的图文处理功能，在平面广告设计中发挥着巨大的作用，是制作平面广告设计过程中不可缺少的绘图软件，如图 1-8 所示。

2. VI 设计

VI（Visual Identity）企业视觉识别系统设计中应用CorelDRAW绘图软件的制作，要比应用其他软件方便快捷得多，尤其在标志与模板的制作中，应用CorelDRAW绘图软件是很好的选择。

底部图像为一幅利用 CorelDRAW 软件创作出的VI应用系统卡片设计，设计新颖、简单美观、形式活泼，通过 CorelDRAW 绘图软件的制作更好地体现了企业形象，如图 1-9 ~ 图 1-11 所示。

图 1-9　标志设计

图 1-11　包装设计

3. 插画设计

用 CorelDRAW 绘图软件设计制作插画设计，是可以得到更合适的效果，因为 CorelDRAW 作为一款流行的绘图软件，可以结合 Flash 等矢量动画软件，进行网页动画设计以及漫画创作和插画设计。

图 1-12 为几幅应用 CorelDRAW 绘图软件制作的插画，在这幅插画中大量地应用了各种图形绘制工具，CorelDRAW 绘图软件的制作为设计的效果增加了很多闪光点。

4. 包装设计

包装设计中经常需要绘制一些平面图、三面视图或最终效果图。在这些制作中当然少不了用到 CorelDRAW 绘图软件的帮助。利用 CorelDRAW 软件创作包装设计作品实物，对产品的宣传和销售都有很大的帮助。制作精美的包装产品可以从众多的商品中脱颖而出。

(a)

(b)

(c)

(d)

Quietblue.org
Illustrator Izumi Nogawa
野川いづみ

(e)

图 1-12　插画

(a)

(b)

图 1-13　封面设计

5. 书籍装帧设计

书籍装帧设计也常常用CorelDRAW绘图软件制作。由于其集成了ISBN生成组件，因此可以轻松地完成条形码的制作，再集合其方便快捷的导线及精确的定位功能，可以轻松地完成书籍装帧设计，如图1-13所示。

6. 字体设计

在广告设计中，许多地方都会应用到字体设计，应用CorelDRAW绘图软件设计中强大的曲线图形处理功能制作字体。可以创作出一些特殊字体效果，对广告宣传等都具有很强的视觉效果，如图1-14～图1-17所示。

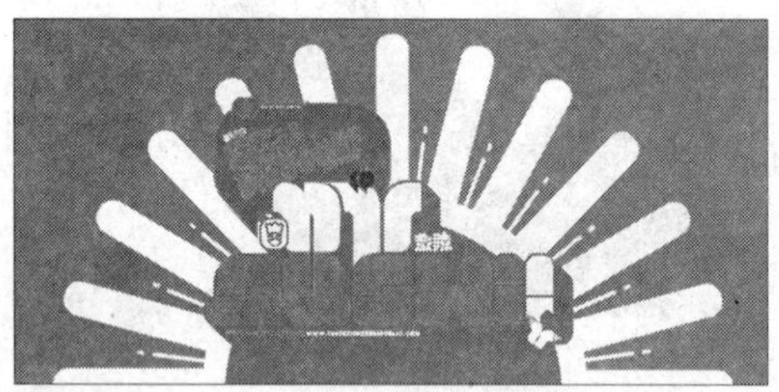

图 1-14　卡片设计

图 1-15　标志设计

图 1-16　CG 插画

图 1-17　卡片设计

7. 排版设计

排版设计在CorelDRAW绘图软件中最多的应用就是字体和图案的排版，排版编辑最重要的就是可观性。CorelDRAW对文字的支持可以在一万字以上，并且可以无限地缩放文字，所以广告公司大多都用CorelDRAW绘图软件做最后的版式设计和文字处理，如图1-18所示。

图1-18　CorelDRAW制作的界面设计

8. 其他

CorelDRAW还可广泛应用于产品设计、网页设计、图标按钮设计、动漫设计和多媒体光盘制作等领域当中，如图1-19～图1-22所示。

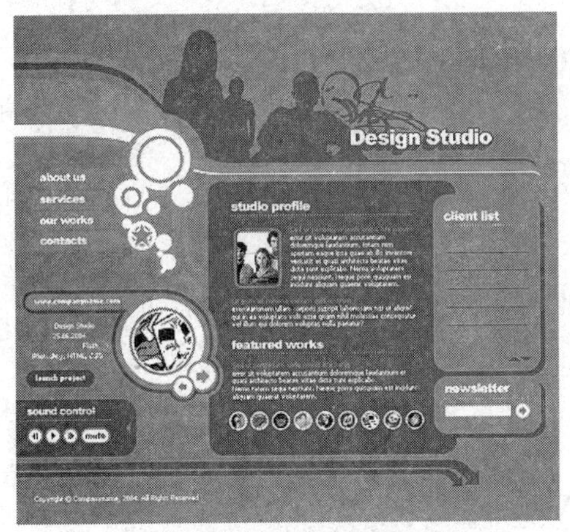

图1-19　CorelDRAW制作的网页设计

图1-20　CorelDRAW制作的图标

图1-21　CorelDRAW制作的平面设计

图1-22　CorelDRAW制作的卡通设计

1.1.3 CorelDRAW X4 与相关软件

作为一个专业的设计人员，常需要调用其他程序的文件，而CorelDRAW具有较强的兼容性，它是一个开放型软件，既可以阅读其他程序的文件，还可以阅读许多不同格式的图像，如TIF、JPEG（JPG）、BMP、PCX、PSD等，甚至它还可以接受文本文件。如果需要，也可以将CorelDRAW的文件输出成其他程序可以使用的文件格式。下面主要介绍一下CorelDRAW与常用的Photoshop、AutoCAD软件间的联系。

1. CorelDRAW 与 Photoshop

Photoshop是一个功能强大的图像处理软件，它主要是以图像进行创建、编辑和处理，在广告设计、平面制作、印刷制版等方面都有广泛的应用，并且在图形创建和处理方面有多年的历史，如图1-23所示。Photoshop所生成的文件格式包括PSD、TIF、JPEG（JPG）、BMP、GIF和PCX等，这些文件格式都可在CorelDRAW中通过“导入”命令进行编辑和处理，用户也可以先将CorelDRAW格式的文件在CorelDRAW中通过“导出”命令输出成Photoshop可以打开的文件格式，然后再进行处理。

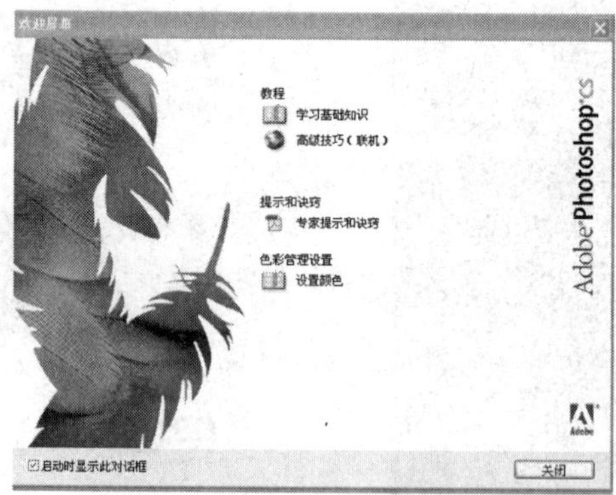

图1-23 Photoshop欢迎屏幕

2. CorelDRAW 与 AutoCAD

AutoCAD是一个绘图软件，主要用于机械制图、三维模型的创建以及工程图的处理和绘制等，AutoCAD本身的文件格式为DWG，但通过输出能生成DMF格式的文件，这样就可导入到CorelDRAW中进行编辑和输出，如图1-24所示。

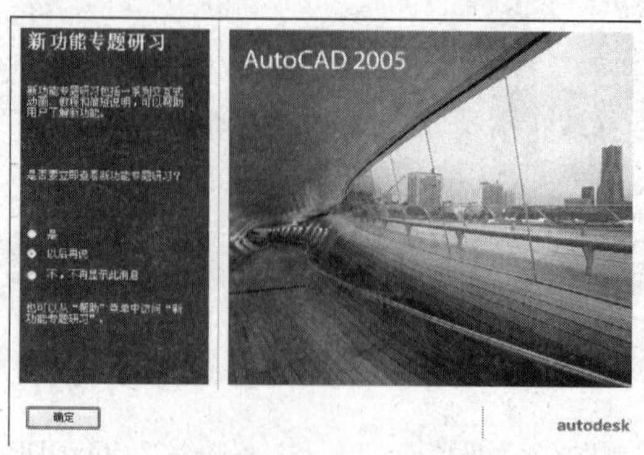

图1-24 AutoCAD欢迎屏幕

1.2　熟悉基本操作

1.2.1　CorelDRAW X4 的安装与启动

CorelDRAW X4 的安装方法与其他应用软件的安装方法大致相同，只需将安装光盘放入光驱，根据提示操作即可，这里不再赘述。安装完成后，就可以启动CorelDRAW X4了。启动的方法主要有以下两种：

(1) 选择【开始】|【所有程序】|【CorelDRAW Graphics Suite X4】|【CorelDRAW X4】命令。

(2) 如果桌面上创建有 CorelDRAW X4 的快捷方式，则双击桌面上的图标。

启动 CorelDRAW X4 后，会弹出“欢迎访问 CorelDRAW X4”对话框，单击该对话框中的按钮可快速执行新建和打开文件等操作。启动CorelDRAW X4的过程如图 1-25 所示。

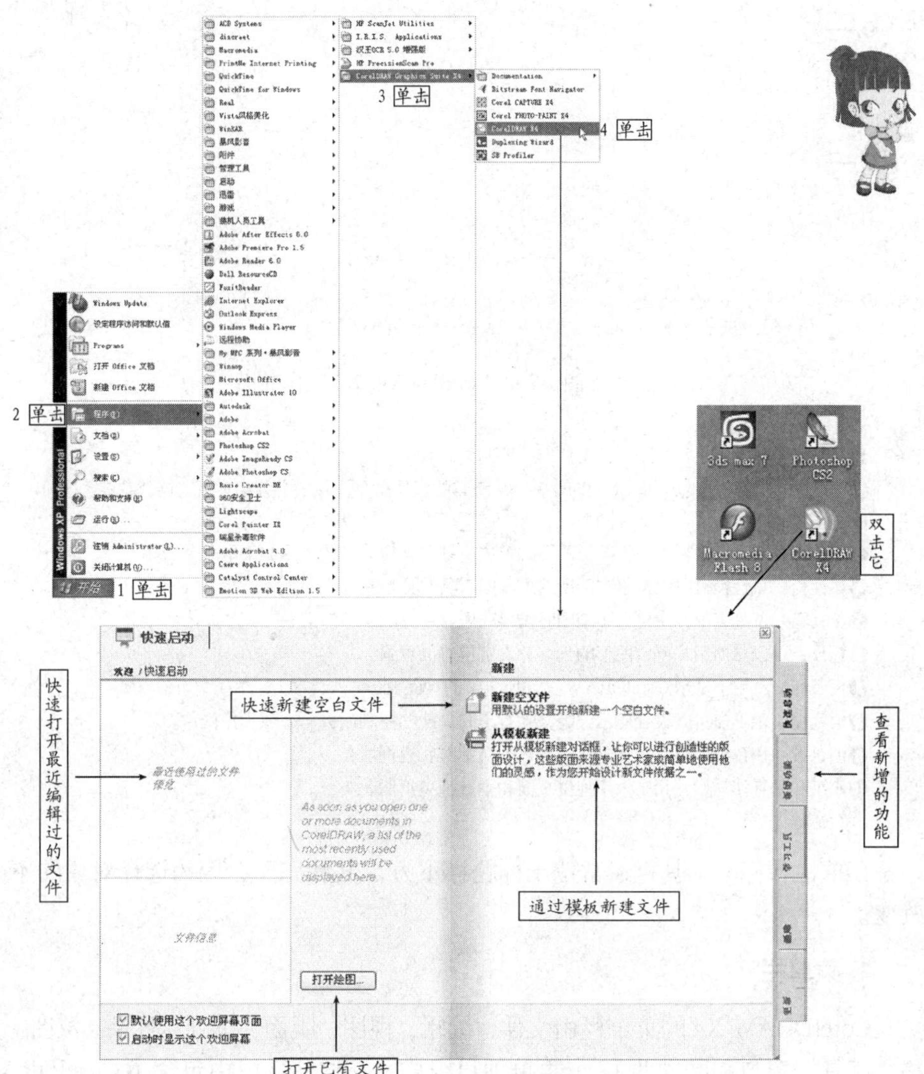

图 1-25　启动 CorelDRAW X4 的示意图

进入 CorelDRAW X4 后，将呈现出一个基本的工作界面。经过不断地升级和变化，其绘图工具与操作环境都更加专业，更加完美。同时，更有利于设计者在最短时间熟悉工作区域中的这些工具栏、菜单栏和浮动面板等，从而通过CorelDRAW X4打开设计天堂。

1.2.2 CorelDRAW X4 工作界面

启动 CorelDRAW X4 以后，可以发现其操作界面与其他大多数 Windows 操作系统是相同的。都包含了标题栏、菜单栏、工具箱、标尺、辅助线、属性栏等一些通用的元素，下面就简单介绍一下 CorelDRAW X4 的操作界面，如图 1-26 所示。

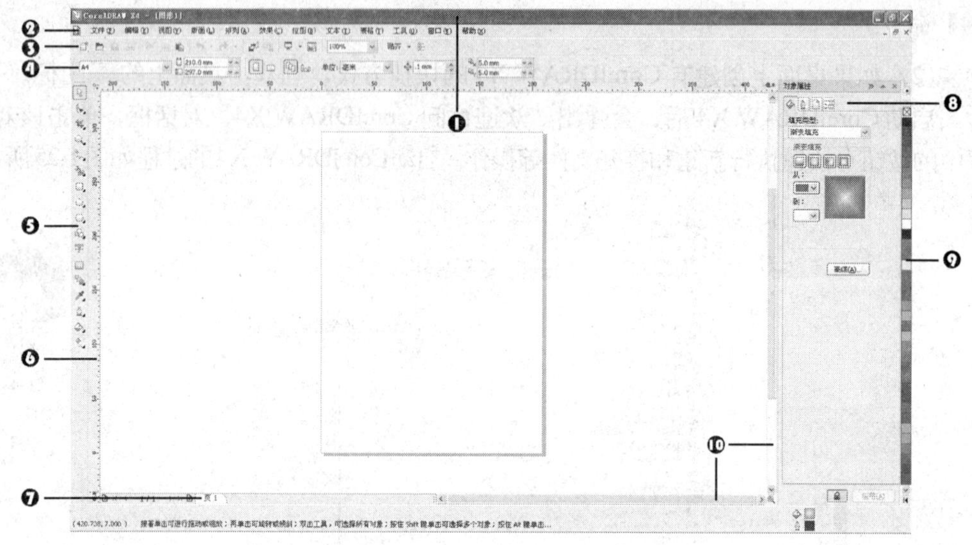

图 1-26 CorelDRAW X4 工作界面

❶标题栏：标题栏用于显示当前文件名和控制绘图页面。

❷菜单栏：菜单栏中包含了 CorelDRAW X4 所有的操作命令，每一个菜单下面都包含着多个选项，通过选项可以完成操作。

❸标准工具栏：工具栏由一组图标的形式组成，这些按钮为一些常用的菜单命令功能。

❹属性栏：属性栏可以根据用户而所选用不同工具并且显示不同的内容。

❺工具箱：工具箱中几乎包含了绘图时需要的所有工具。

❻标尺：可以帮助用户确定图形的大小并设定精确的位置。

❼页面标签：用于显示 CorelDRAW 文件所包含的页面数。

❽泊坞窗：泊坞窗可以设置显示或隐藏具有不同功能的控制面板，方便用户操作。

❾调色板：调色板中可以放置需要的颜色，对图形和边框填充。

❿水平和垂直滚动栏：用来水平拖曳页面和垂直拖曳页面。

菜单栏和标准工具栏通常位于标题栏下方，其状态不会因为选择对象的不同而进行改变。

1. 菜单栏

CorelDRAW X4的菜单栏由文件、编辑、视图、版面、排列、效果、位图、文本、表格、工具、窗口和帮助共 12 个菜单项目组成。在这些项目中包含了 CorelDRAW X4 的所有操作命令，每一个下拉菜单都有多个选项，每个选项中都包含着一系列命令，用户可以通过选择菜单栏中的相应命令执行相关的操作。熟练地使用菜单栏是掌握 CorelDRAW X4 的最基本的操作。

（1）在 CorelDRAW X4 菜单栏中单击“版面”按钮，可以展开“版面”下拉菜单，在菜单中命令显示为灰色时，则表示该命令目前无法执行，如图 1-27 所示。

（2）在一些命令的右方有一个黑色的三角形符号。单击它可以展开其下一级菜单，继续选择需要的命令，如图 1-28 所示。

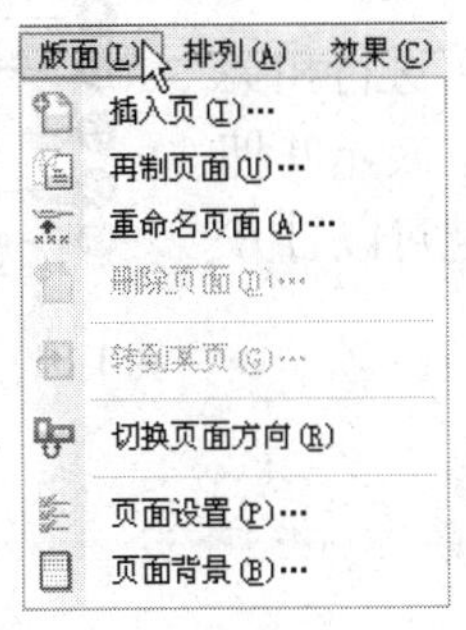

图 1-27　展开菜单

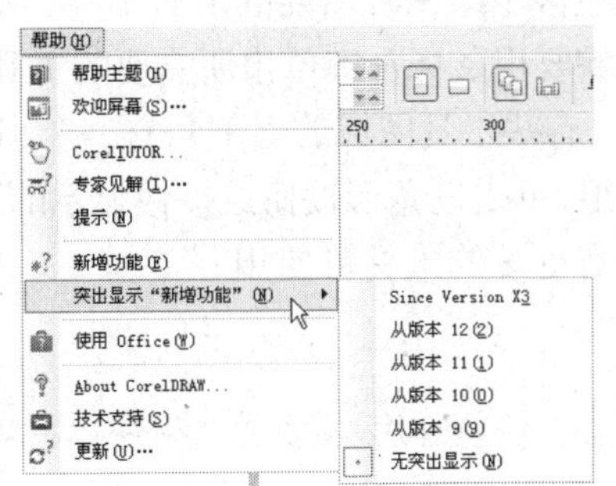

图 1-28　展开子菜单

2. 标准工具栏

“标准”工具栏如图 1-29 所示，它提供了用户经常使用的一些菜单操作命令功能按钮，如新建、打开、保存、打印、复制、粘贴、导入、导出、在线帮助等。这样用户只需单击相应按钮即可执行相关命令，简化了不少工作步骤，提高工作效率。如图 1-30 所示，将鼠标光标移至小按钮上时，单击鼠标后即可弹出“打开绘图”对话框，同时当用户将鼠标光标移动到按钮上时，系统将自动显示该按钮相关的注释文字。

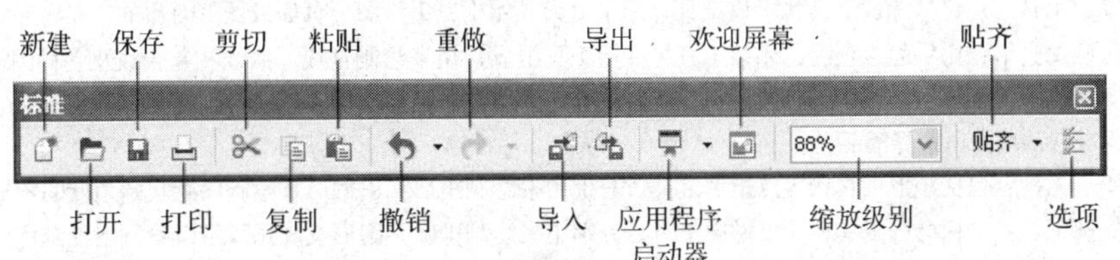

图 1-29　标准工具栏

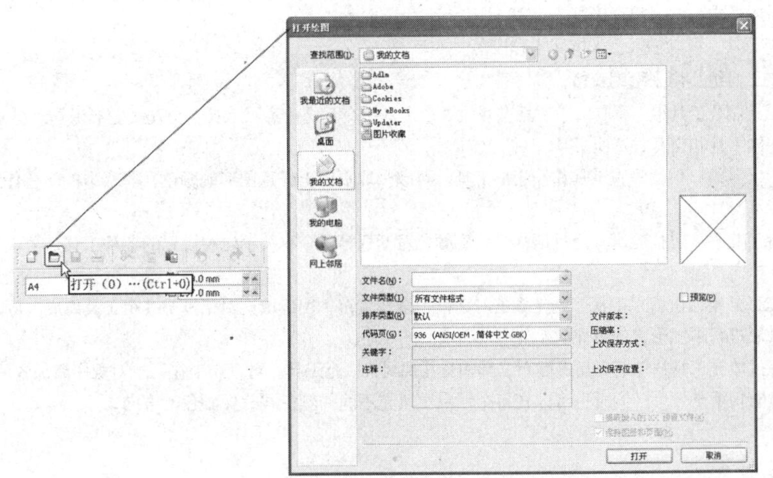

图 1-30　通过标准工具栏执行打开绘图操作

1.2.3 工具箱和属性栏的使用

1. 工具箱

工具箱位于工作窗口的左边，包含了一系列常用的绘图、编辑工具。可用来绘制或修改对象的外形，修改外框及内部的色彩，可以说工具箱包含了绘图时需要的所有工具，如图1-31所示。

用户只需要用鼠标左键单击所需要的工具按钮，即可进行相关工具的使用。有些工具图标的右下角有一个小黑三角形，表示其拥有一个工作组，单击三角形按钮或按住显示的工具不放就可以打开工具组，即有更多的工具可使用。

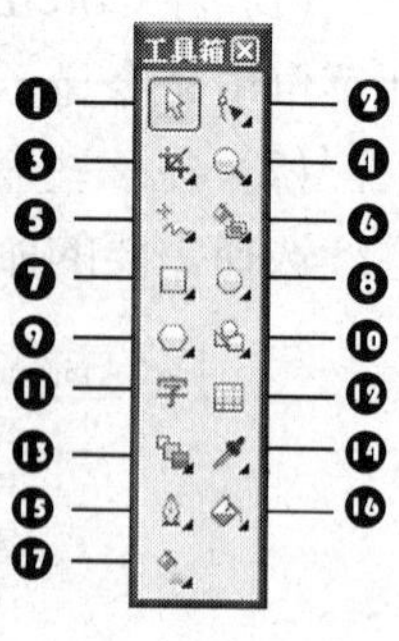

图1-31 工具箱选项栏

提示：

将鼠标光标移动到工具按钮上不放，会显示该工具的名称，从而方便用户认识和掌握各个工具的作用。

❶挑选工具：用于选取需要操作的图像对象。

❷形状工具组：由绘制图形对象的多个工具组成。包括形状工具、刻刀工具、橡皮擦工具、涂抹笔刷、粗糙笔刷、自由变换工具和删除虚设线。

❸剪切工具组：包括剪切、刻刀、擦除等工具。

❹缩放工具组：包括缩放工具和平移工具，用来放大、缩小、平移图形页面或图形对象的。

❺手绘工具组：由手绘工具和艺术笔工具等8个工具组成，用来绘制直线、曲线和复合线及各种图形。

❻智能填充工具：包括智能绘图工具和智能填充工具。当多个对象相互重叠时，在属性栏中选择颜色，在鼠标单击的区域自动填充所选择的颜色。

❼矩形工具：包括矩形工具和3点矩形工具，分别用来绘制矩形和正方形及绘制任意起始角度的矩形。

❽椭圆工具：包括椭圆工具和3点椭圆工具，分别用来绘制椭圆、圆形及圆弧。可以绘制出任意椭圆。

❾多边形工具组：包括多边形工具、图纸工具、复杂星形和螺旋线工具，可以用来绘制多边形和螺旋线等图形。

❿基本形状工具：包括基本形状、箭头形状、流程图形状、星形和标注形状等工具，在这几个工具中预制了多种形式的图形样式，供用户直接挑选使用。

⓫文字工具：可以输入艺术体文本和段落文本。

⓬表格工具组：用来绘制表格。

⓭交互式调合工具组：工具组中包括交互式调合工具、交互式轮廓图工具、交互式变形工具、交互式阴影工具、封套式立体化工具和交互式透明工具。

⓮吸管工具组：包括吸管工具和油漆桶工具，可以吸取页面上任意图形的颜色，将吸取的颜色任意地填充在其他图形上。

⓯轮廓工具组：包括轮廓画笔对话框、轮廓颜色对话框等几个有关于轮廓设置的各种工具，可以用来为图形添加轮廓。

⓰填充工具组：由填充工具、填充颜色对话框、渐变填充、图案填充对话框等8个工具组成。可以通过这些工具对图形对象进行不同形式的填充。

⓱交互式填充工具：包括交互式填充工具和交互式网状填充工具。可以用来在图形对象中添加各种类型的填充，也可以创建网状填充效果，同时也可以在每个网点上填充不同的颜色并改变颜色的方向。

2. 属性栏

属性栏如图 1-32 所示，它提供了绘制图形或控制对象属性的信息选项，并提供了一些可对图形进行修改的工具按钮，它所表示的内容会根据用户所选用的不同工具而显示不同的内容。它是一种交互式的功能面板，当使用不同的绘图工具时，用户可以通过属性栏直接设置工具或对象的属性。通过属性栏可以提高用户的工作效率。

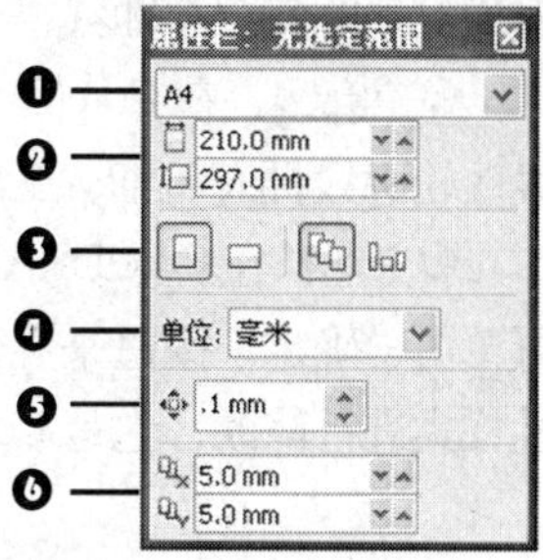

图 1-32　属性选项栏

❶纸张类型和大小：可以调整纸张的类型和大小，在下拉列表选框中提供了多种选项。

❷纸张宽度和高度：可以调整纸张的宽度大小和高度大小。

❸纸张横向和纵向、设置默认当前页大小和方向：这几个按钮可以调整纸张的横向和纵向显示，也可设置为默认的大小和方向。

❹绘图单位：可以在下拉列表中选择绘图的单位。

❺微调偏移：可以对当前页进行微调偏移设置。

❻再制距离：通过输入数值调整距离。

提示：

属性栏上所显示的属性内容总是自动随着所选取对象的不同而改变。例如，在选择矩形工具和椭圆工具时，属性栏将呈现出不同的状态。

3. CorelDRAW X4 中的常见绘图概念

CorelDRAW X4 是一个矢量绘图软件，为了便于熟练掌握各个工具的使用，这里先介绍一下 CorelDRAW X4 中的常见绘图概念，分别介绍如下：

- 对象：所有在 CorelDRAW X4 工作区内可编辑的都是对象，它包括很多种，如曲线、美术字等都是对象。
- 曲线：曲线是构成矢量图形的最基本元素，它可以是任何直线，也可以是任何曲线，由节点的位置和曲线控制柄，也就是由曲线的切线方向和长度控制（并非CorelDRAW 里面所有的图形都是曲线，如方形、圆形、多边形和文字等，为了方便控制这些属性，这些图形都可以通过“转换为曲线”命令使之成为曲线，需要注意的是这一过程是不可逆的）。
- 节点和线段：节点是组成曲线的基本元素，是线段的“端点”；线段是曲线上两个节点之间的部分，包括曲线段和直线段。
- 填充：只有闭合曲线才能进行填充，填充时可以是单一颜色、渐变色、图案等，另外，CorelDRAW 允许对象不填充。
- 属性：属性就是对象的参数，如宽度、高度、大小、颜色等，对象有特殊属性，如文字对象有字体属性、字间距属性等。
- 路径：路径是由节点和线段组成的曲线，并以节点为“起点”，且以节点为“终点”，路径可以在节点处产生突变。
- 子路径：如果用户的曲线对象不只是单个曲线，而是由多个曲线或图形组成的，那么组成对象的每一个曲线或图形都是一条子路径。

◎轮廓线：在CorelDRAW中轮廓线与对象不可分割，但CorelDRAW允许对象没有轮廓线，轮廓线拥有粗细、笔触、颜色等属性。

◎交互：在CorelDRAW中，凡是有“交互”二字开头的工具代表了无需通过执行命令，再单击“确定”按钮来观察变化，而是通过一些鼠标操作即可立即对当前被选中的对象的属性样式进行修改，它是CorelDRAW X4中一个非常重要的功能。

1.2.4 自定义工作界面

在CorelDRAW X4中可以根据用户的操作需要。对界面选项栏进行自定义，根据需要排列命令栏和命令来自定义应用程序，如菜单、工具栏、属性栏和状态栏。同时，设置的自定义选项也是默认选项。

选项命令：

如图1-33所示，在选项命令中可以对CorelDRAW X4操作界面中的所有选项进行设置，其中包括“工作区”选项、“文档”选项和“全局”选项3个部分。

执行【工具】|【选项】命令，在弹出的【选项】对话框中可以对“工作区”选项、“文档”选项和“全局”选项里的每一个命令进行设置。在“选项”对话框左侧列表中，用户可以根据个人对工作环境的要求，选择进行设置的项目，单击任意一个选项，右侧窗口中即可显示相应的参数设置。

自定义选项命令：

如图1-34所示，CorelDRAW X4可以通过排列命令栏和命令来自定义应用程序。命令栏包括菜单栏、工具箱、属性栏和状态栏。

执行【工具】|【自定义】命令，将打开【自定义】对话框。在“自定义”对话框的左边选项栏中包含“命令栏”选项、“命令”选项、“调色板”选项和“应用程序”选项。打开“命令栏”选项，在右边将显示“命令栏”对话框，用户可以根据自己的需要对命令栏进行重新设定。

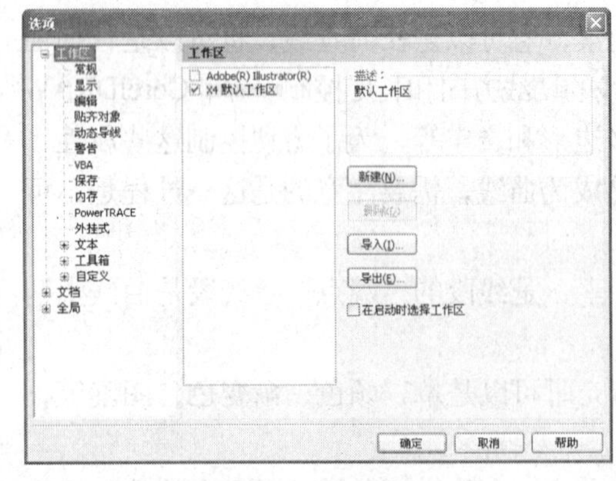

图1-33 选项命令

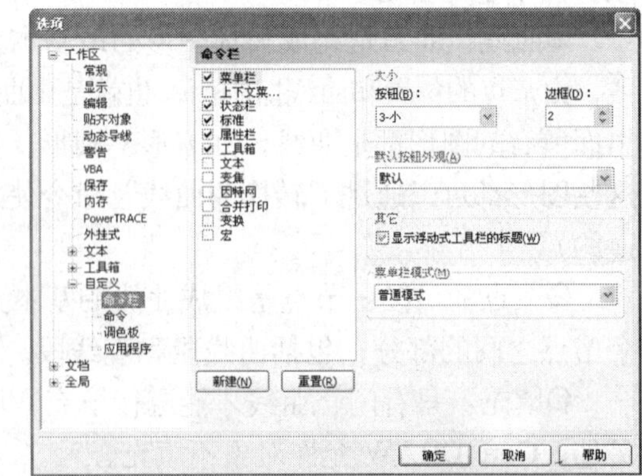

图1-34 自定义选项命令

1.2.5 头像图标制作实例

使用椭圆工具绘制头像图标脸部，使用图框精确剪裁命令，将几个椭圆群组图形置入到白色不规则图形中，绘制出眼睛，在属性栏中的起始箭头选择器和结束箭头选择器选项中进行设置，为曲线添加箭头效果，使用交互式阴影工具，为圆形头像图形添加阴影效果。

1. 绘制头像图形

01 按住【Ctrl + N】键，新建一个文件，选择【椭圆】工具，按住Ctrl键，在工作区绘制一个圆形，如图1-35所示，选择【渐变填充】工具，弹出【渐变填充方式】对话框，在【类型】选项中选择【线性】，【角度】和【边界】选项数值分别设为−123.3、14，选择【自定义】单选框，在【位置】选项中分别输入0、46、100几个位置点，单击右下角的【其他】按钮，分别设置几个位置点颜色的CMYK值为：0点位置（79、95、21、8）、46点位置（92、84、0、0）、100点位置（87、80、54、72），如图1-36所示，单击【确定】按钮，图形被填充，在【调色板】中的【无填充】按钮⊠上单击鼠标右键，去除图形的轮廓线，效果如图1-37所示。

图1-35　绘制圆形

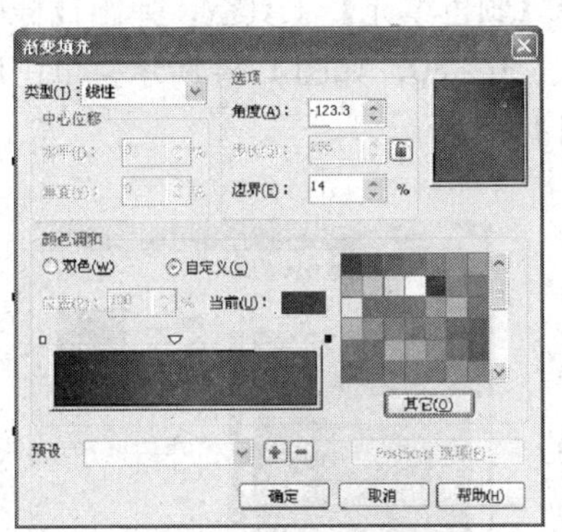

图1-36　渐变填充对话框

图1-37　渐变填充后的效果

02 按住Shift键，向内拖曳圆形右上角的控制手柄到适当的位置单击鼠标右键，复制一个圆形，将圆形填充为白色，效果如图1-38所示。

03 选择【交互式透明】工具，在白色圆形上由左上方至右下方拖曳光标图标设计，为其添加透明效果，如图1-39所示。选择【挑选】工具，选取外圆图形，再复制一个圆形，效果如图1-40所示。

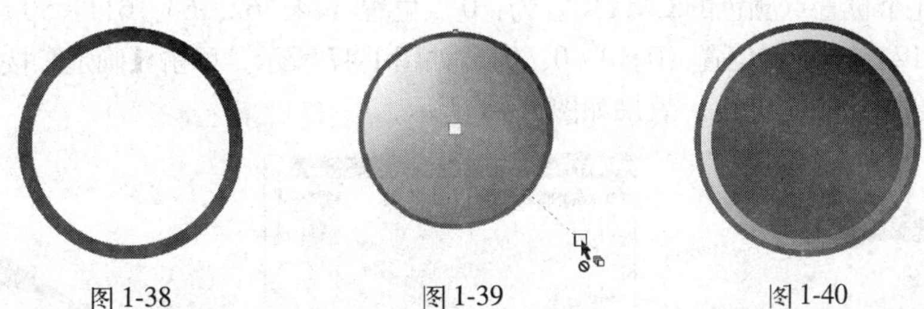

图1-38　　图1-39　　图1-40

04 选择【渐变填充】工具，弹出【渐变填充方式】对话框，在【类型】选项中选择【射线】，【水平】和【垂直】选项数值分别设为−21、28，【边界】选项数值设为10，选择【自定义】单选框，在【位置】选项中分别输入0、25、53、100几个位置点，单击右下角的【其他】按钮，分别设置几个位置点颜色的CMYK值为：0点位置（78、100、

25、13)、25 点位置(88、88、0、0)、53 点位置(61、56、0、0)、100 点位置(0、0、0、0),如图 1-41 所示。单击【确定】按钮,图形被填充,效果如图 1-42 所示。

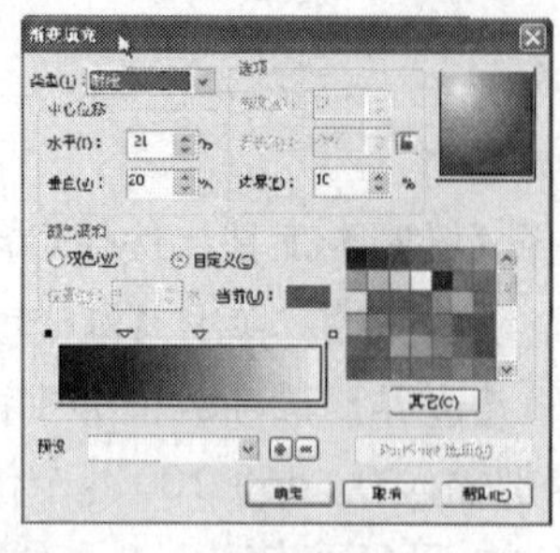

图 1-41

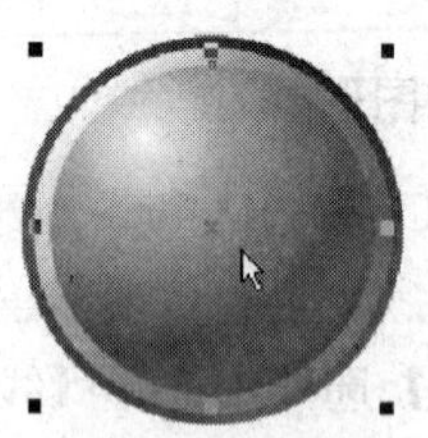

图 1-42

2. 绘制眼部图形

01 选择【贝塞尔】工具,在页面空白处绘制一个不规则图形作为眉毛图形的轮廓线,如图 1-43 所示。选择【颜色填充】工具,弹出【标准填充】对话框,设置图形颜色的 CMYK 值为:0、50、50、80,如图 1-44 所示,单击确定按钮,图形被填充,去除图形的轮廓线,效果如图 1-45 所示。

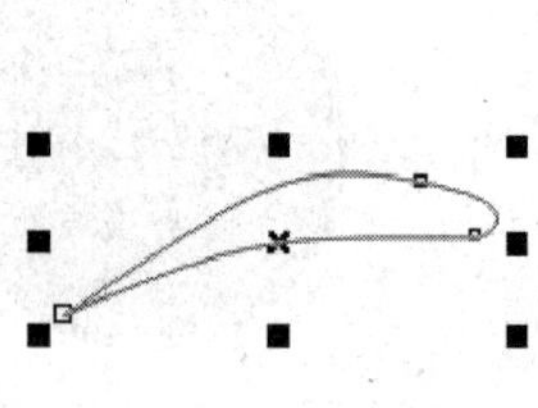

图 1-43

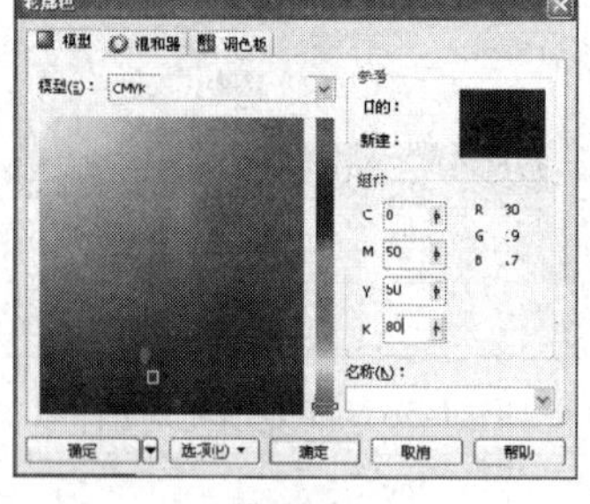

图 1-44

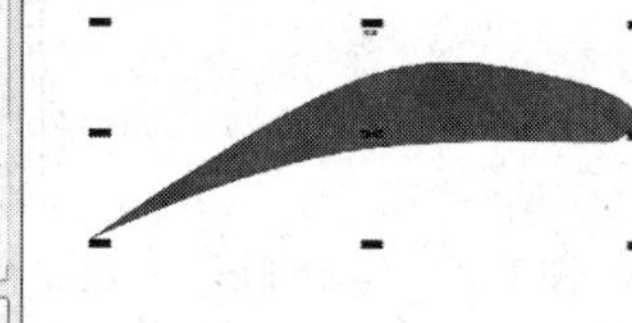

图 1-45

02 选择【贝塞尔】工具,绘制一个不规则图形作为眼眶图形的轮廓线,如图 1-46 所示。选择【渐变填充】工具,弹出【渐变填充方式】对话框,在【类型】选项中选择【线性】,【角度】和【边界】选项数值分别设为 −39,3、9,选择【自定义】单选框,在【位置】选项中分别输入 0、50、100 几个位置点,单击右下角的【其他】按钮,分别设置几个位置点颜色的 CMYK 值为:0 点位置(74、62、63、61)、50 点位置(76、100、24、12)、100 点位置(0、0、0、0),如图 1-47 所示。单击【确定】按钮,图形被填充,去除图形的轮廓线,效果如图 1-48 所示。

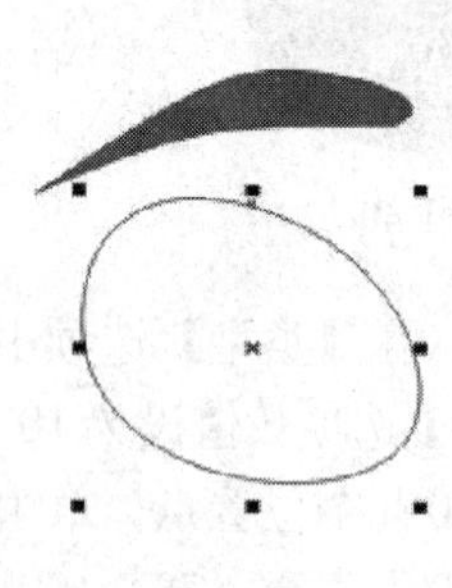

图 1-46

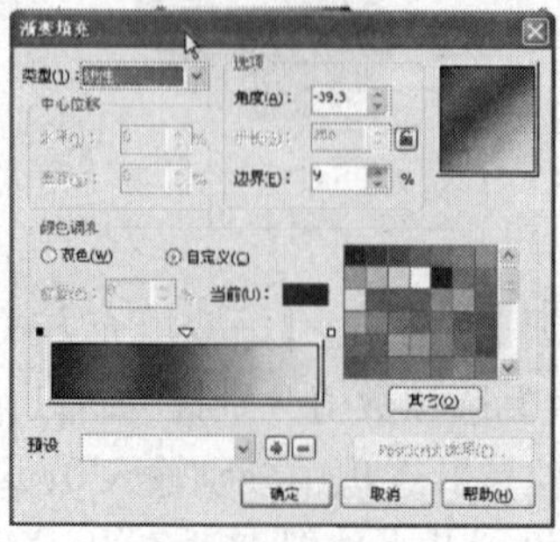

图 1-47

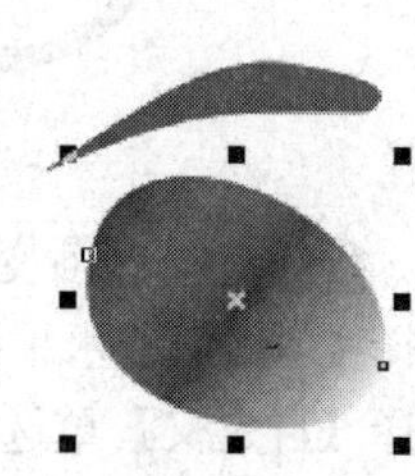

图 1-48

03 选择【贝塞尔】工具，绘制一个不规则图形，如图 1-49 所示，将其填充为白色并去除图形的轮廓线，图形效果如图 1-50 所示。选择【椭圆】工具，绘制一个椭圆形，效果如图 1-51 所示。

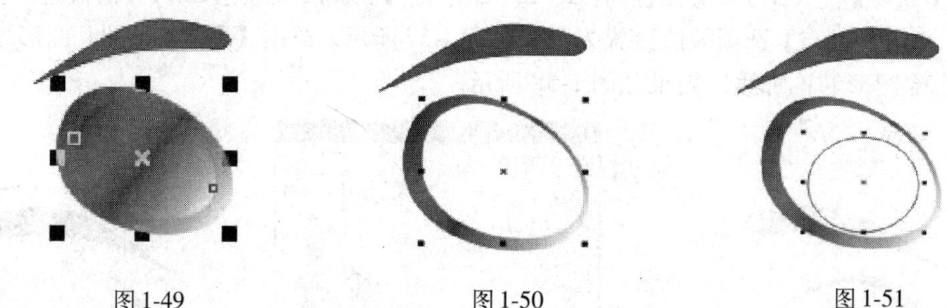

图 1-49　　图 1-50　　图 1-51

04 选择【渐变填充】工具，弹出【渐变填充方式】对话框，在【类型】选项中选择【线性】，【角度】和【边界】选项数值分别设为 −99.1、19，选择【双色】单选框，选项颜色 CMYK 值设置为：【从】100、20、0、0，【到】选项颜色 CMYK 值设为：40、0、0、0，【中间点】选项数值设置为 50，如图 1-52 所示，单击【确定】按钮，大家可以清楚的看到，图形被填充，并且去除了图形外部的轮廓线，效果如图 1-53 所示。

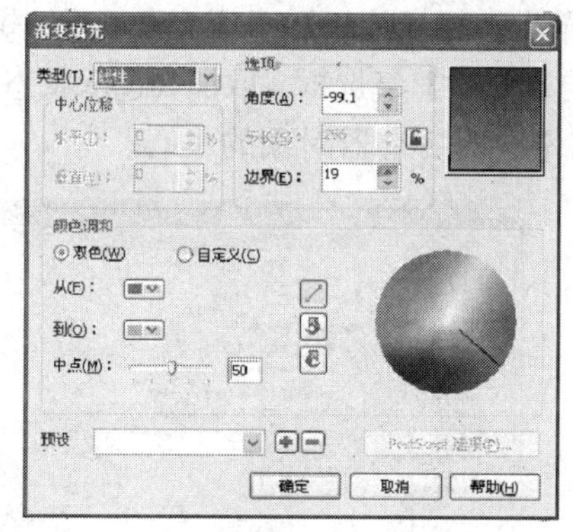

图 1-52

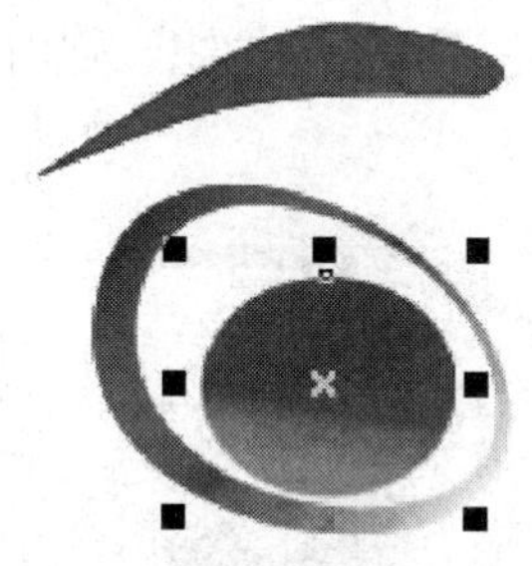

图 1-53

05 选择【椭圆】工具，绘制一个椭圆形，设置图形颜色的 CMYK 值为：0、90、80、90，并填充图形，去除图形的轮廓线，如图 1-54 所示。选择【椭圆】工具，再绘制一个椭圆形，将其填充为白色，如图 1-55 所示。

图 1-54

图 1-55

06 选择【贝塞尔】工具，绘制一个不规则图形作为眼睑图形的轮廓线，如图1-56所示，选择【渐变填充】工具，弹出【渐变填充方式】对话框，在【类型】选项中选择【线性】，【角度】和【边界】选项数值分别设为-16.5、3，选择【双色】单选框，【从】选项颜色CMYK值设置为：2、26、38、0，【到】选项颜色CMYK值设置为：2、4、10、0，【中间点】选项数值设置为50，如图1-57所示，单击【确定】按钮，图形被填充，并去除图形的轮廓线，效果如图1-58所示。

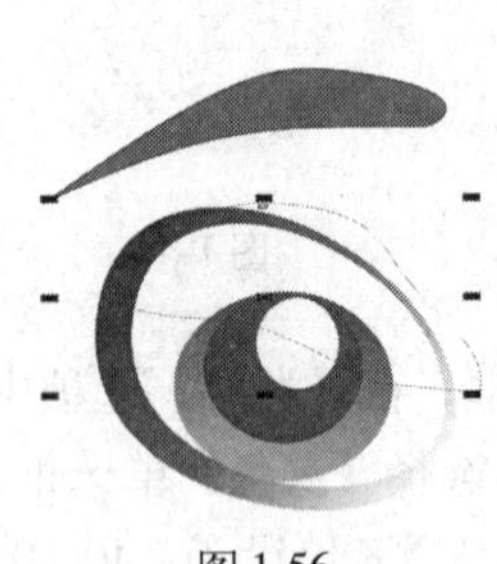

图1-56

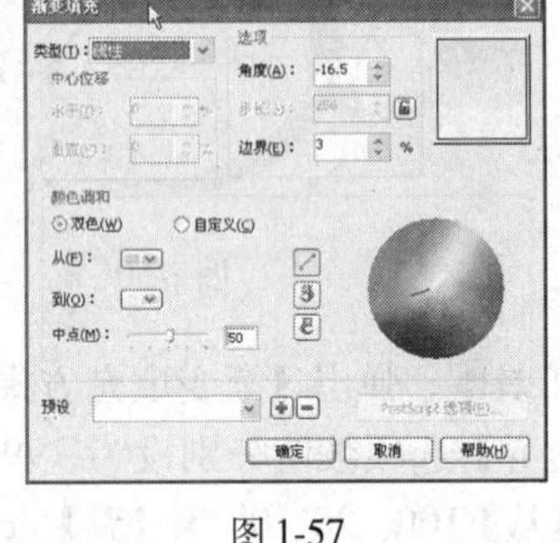

图1-57

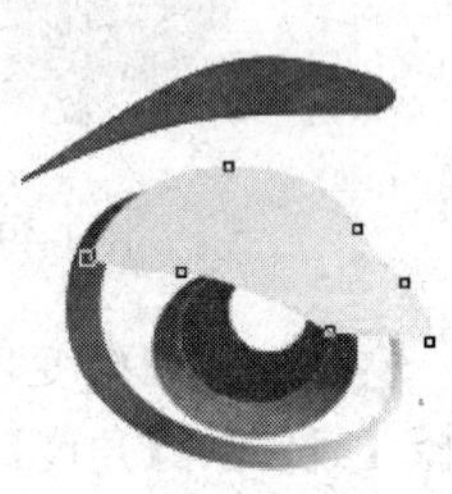

图1-58

07 保持图形的选取状态，按住Shift键，依次单击几个椭圆形，将其同时选取，按【Ctrl+G】键，将其群组，如图1-59所示。选择【工具】|【选项】菜单命令，弹出【选项】对话框，在对话框中的【工作区】目录中选择【编辑】选项，显示【编辑】设置区，在设置区中单击【新的图框精确剪裁内容自动居中】复选框，取消其选取状态，如图1-60所示。单击【确定】按钮，则内置对象将不会对齐容器对象的中心。

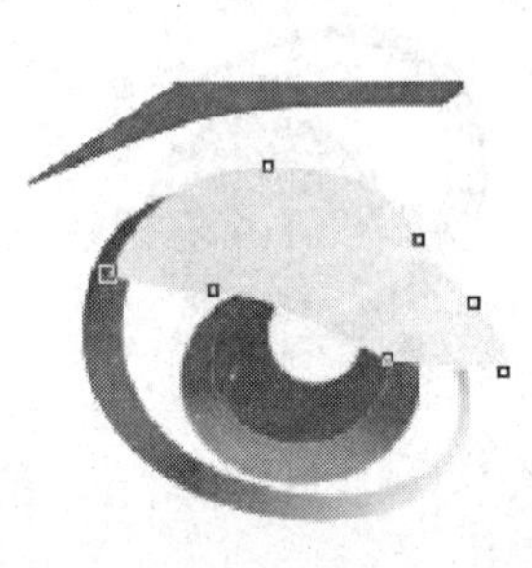

图1-59

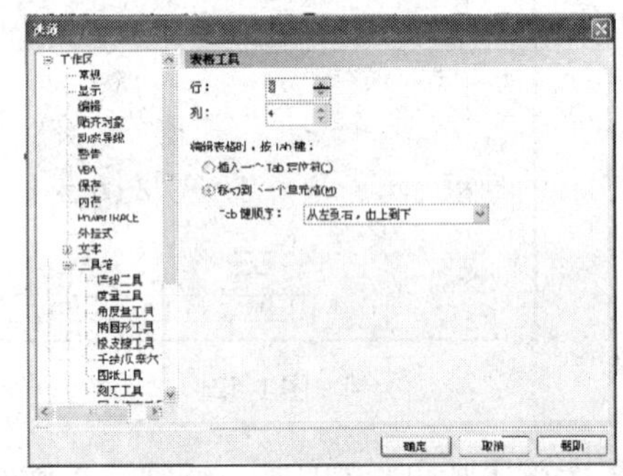

图1-60

08 选择【挑选】工具，选取群组图形，选择【效果】|【图框精确剪裁】|【放置在容器中】菜单命令，在白色不规则图形上单击，如图1-61所示，群组图形被置入到白色图形中，如图1-62所示，选择【贝塞尔】工具，绘制一个不规则图形作为眼睫毛图形，并将其填充为黑色，图形效果如图1-63所示。

图1-61　　图1-62　　图1-63

09 选择【挑选】工具，用圈选的方法将眼部图形同时选取，按【Ctrl+G】键，将其群组，如图 1-64 所示。按数字键盘的【+】键，复制一个群组图形，单击属性栏中的【水平镜像】按钮，水平翻转复制的图形，拖曳复制图形到适当的位置，效果如图 1-65 所示。按照需要将图形进行移动、旋转、放大及倾斜变形，将复制的图形拖曳到适当的位置并调整其大小，效果如图 1-66 所示。

图 1-64　　图 1-65　　图 1-66

10 选择【多边形】工具，在属性栏中单击【多边形】按钮，在【多边形端点数】5 框中输入数值为 6，如图 1-67 所示。拖曳光标，在页面中绘制一个六边形，如图 1-68 所示。

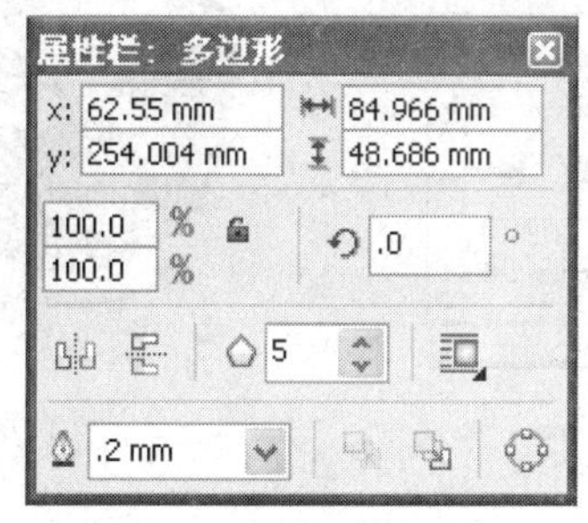

图 1-67

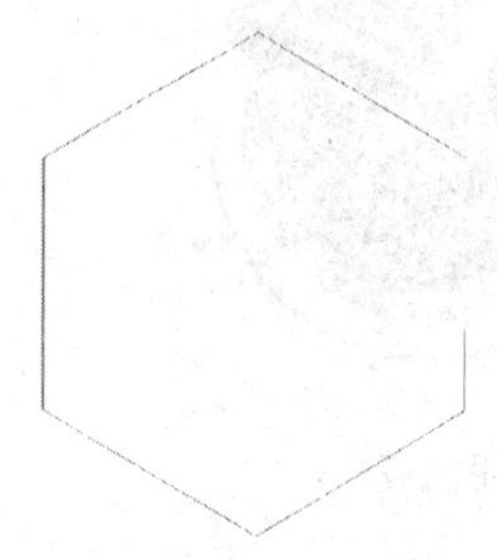

图 1-68

11 选择【形状】工具，单击轮廓线上的节点并按住鼠标左键不放，向六边形内侧拖曳该节点，如图 1-69 所示。松开鼠标左键，六边形变为星形，效果如图 1-70 所示。将星形填充为白色并去除图形的轮廓线，通过调整、复制将其放在眼睛图形内，效果如图 1-71 所示。

图 1-69　　图 1-70　　图 1-71

3. 添加曲线和阴影

01 选择【椭圆】工具，单击属性栏中的【弧度】按钮，并在【起始角度和终止角度】框中设置饼形的起始角度为 0°，终止角度为 120°，如图 1-72 所示。按住 Ctrl 键，由左上角向右下角拖曳光标绘制一段弧形，适当调整弧形的宽度，弧形如图 1-73 所示。

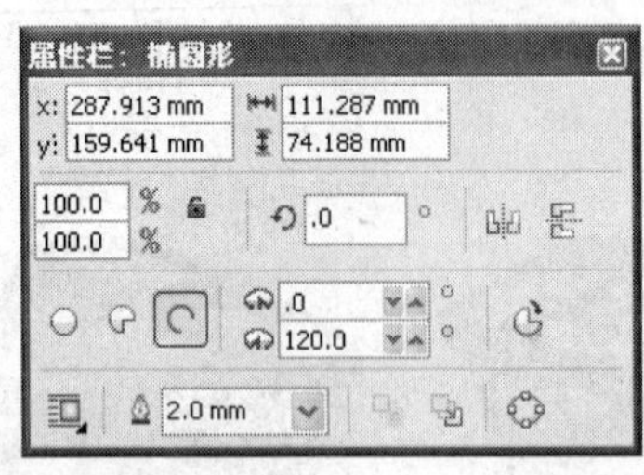

图 1-72

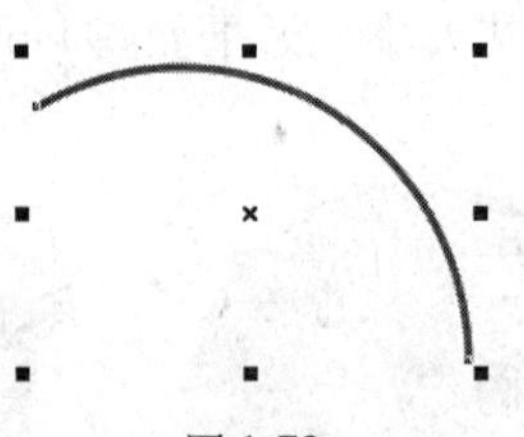

图 1-73

02 选择【挑选】工具，调整弧度的大小，将其旋转并放置到适当的位置，如图 1-74 所示。单击属性栏中的【转换为曲线】按钮，将弧形转换为曲线，在属性栏中的【起始箭头选择器】和【结束箭头选择器】选项下拉列表中选择适当的箭头，如图 1-75 所示。在【CMYK 调色板】中的【20%黑】色块上单击鼠标右键，填充弧形的颜色，效果如图 1-76 所示。

图 1-74

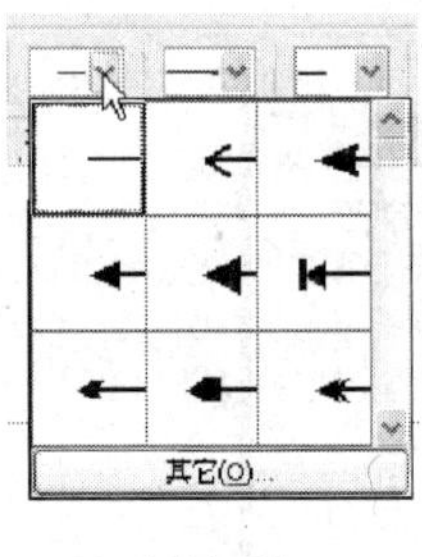

图 1-75

图 1-76

03 选择【挑选】工具，用圈选的方法将绘制的图形同时选取，按【Ctrl+G】键，将其群组。选择【交互式阴影】工具，在图形下部由左下方至右上方拖曳光标，为图形添加阴影效果，在属性栏中的【阴影角度】选项中设置数值为 47，在【不透明度】选项中设置数值为 30，在【阴影羽化】选项中设置数值为 10，阴影颜色设置为【春绿】，如图 1-77 所示，按 Enter 键，为图形添加阴影效果。按 Esc 键，取消图形的选取状态，“圆形头像图标”绘制完成，如图 1-78 所示。

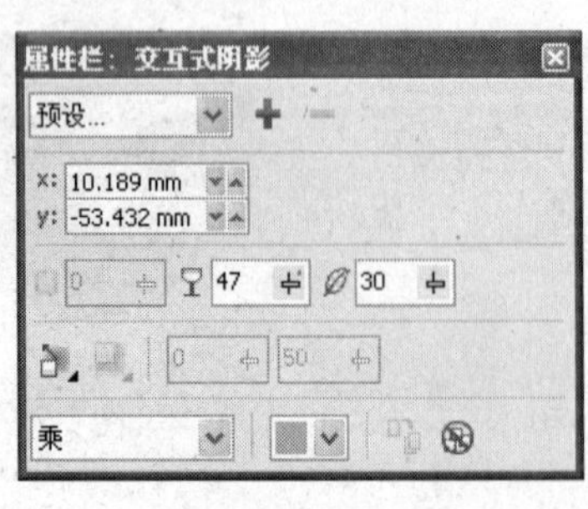

图 1-77

图 1-78

04 按【Ctrl+S】键，文件名命名为“图形头像图标”，存储文件。

1.3 电脑图形基本知识

1.3.1 分辨率

分辨率是指图像在单位长度内像素分布的多少，分辨率既可以指图像文件包括的细节和信息量，也可以指输入、输出或显示设备能够产生的清晰度等级，它是一个综合性的术语。以下几项的分辨率都将影响图像输出后的画质和清晰度。

1. 图像分辨率

图像分辨率是指图像单位面积内所包含像素的数目，单位为ppi，即像素／英寸。如72ppi表示图像中每英寸包含有72个像素。图像文件分辨率的大小与图像的清晰度和图像的大小有直接关系，当图片尺寸固定时，分辨率越高，则图像越清晰，文件也会越大；反之，分辨率越低，图像的清晰度就越差，文件就越小。

如图1-79所示的左图分辨率为300ppi，而右图的分辨率只有72ppi，从这两幅图就不难看出分辨率与图像清晰度的联系了。

图1-79　分辨率的高低对图像清晰度的影响

通常应用于不同领域的图像，其分辨率都是有一些基本标准的。

（1）CorelDRAW X4默认图像分辨率为72ppi，这是为了满足普通显示器的分辨率。若是制作灯箱用的图片就可使用该分辨率。

（2）用于发表在网页上的图片，通常可以设置为72ppi或96ppi。

（3）制作报纸上的图像，通常设置为120ppi或150ppi。

（4）若是制作彩版印刷图像，则通常需将图像分辨率设为300ppi。

（5）对于特大的墙面广告图片，则可设定在30ppi以下。

在CorelDRAW X4中选择【工具】|【选项】命令，打开【选项】对话框，在其左侧“工作区”栏下单击“常规”选项切换到“常规”页，然后在其右侧的“分辨率”下拉列表框中可选择图像的分辨率。

2. 显示器分辨率

显示器分辨率是指显示器单位面积内显示的像素或点的数目，其单位为dpi，即点/英寸。个人电脑显示器的分辨率一般为96dpi，即显示器上每英寸显示96个像素或点。苹果机显示器的典型分辨率约为72dpi。显示器分辨率与图像分辨率不同的是，图像分辨率可以更改，而显示器分辨率是固定不变的。

当图像分辨率高于显示器的分辨率时，图像在显示器屏幕上显示的尺寸会比指定的打印尺寸大，这就是为什么一幅图像在显示器屏幕上显示的尺寸通常比打印机输出时的图像尺寸要大的原因。

3. 输入分辨率和输出分辨率的区别

（1）输入分辨率。输入分辨率是指扫描仪扫描图像时设置的某种取样分辨率，该分辨率决定了扫描仪从一幅图像的每英寸中取得的样本点数。而大多数的扫描仪都把这些样本点数称为dpi，即每英寸所含的点，它是常用的分辨率单位，也是输出分辨率的单位。

通常扫描仪获取大图像时设定的扫描分辨率要高于 300dpi，就可达到高分辨率的输出需要，也可尽量设置较高的分辨率。

（2）输出分辨率。输出分辨率又称打印分辨率，它是指照相机、打印机等输出设备在输出图像时每英寸所产生的油墨点数，其单位也为dpi。一般喷墨彩色打印机的输出分辨率为 2dpi～720dpi，激光打印机的输出分辨率为 300dpi～600dpi，而照相机则可达到 1200dpi～2400dpi，甚至更高。若使用与打印机输出分辨率成正比的图像分辨率，就能产生较好的输出效果。打印时分辨率越高，打印效果越为精细。

当在 CorelDRAW X4 中处理图形文件时，应根据图形文件的不同用途来设置不同的分辨率。这样既可以保证图形文件质量，又可以避免在处理图形文件时耗费不必要的时间。

提示：

CorelDRAW 默认的图像分辨率为 72 像素／英寸，像制作灯箱、发布于网页上的图像都可使用该分辨率大小，如果是制作报纸上的图像，可以设置为 120 或 150 像素／英寸，如果是制作彩版印刷图像，通常都需将图像分辨率设 300 像素／英寸；用户可在 CorelDRAW 中的“选项”对话框中的“工作区”下的“常规”选项设置下“分辨率”下拉列表框中进行选择。

1.3.2 矢量图与位图

电脑中的图片有多种格式，如 JPG、BMP、TIFF、AI 和 CDR 等，根据图片的特性，可大致将这些图片分为两种类型，即位图与矢量图。

1. 位图

位图又称为点阵图，其图像由多个不同颜色的点所组成，每一个点为一个像素点。位图图像可以通过扫描仪扫描、数码相机拍摄或图像处理软件如 Photoshop 等制作来获得。由于位图图像中每个像素点都记录着一个色彩信息，因此位图图像色彩绚丽，能完美体现现实生活中的绝大部分色彩。

由于每个像素点的色彩信息都需要单独记录，因此位图图像占用的空间一般都比较大。对某些要求并不太高的位图图像，可以将它们压缩，使其所占空间变小。

由于位图是由多个像素点组成，因此当将位图图像放大到一定的倍数时，就可以看到它是由多个颜色块组成，如图 1-80 所示，通常称之为失真现象。

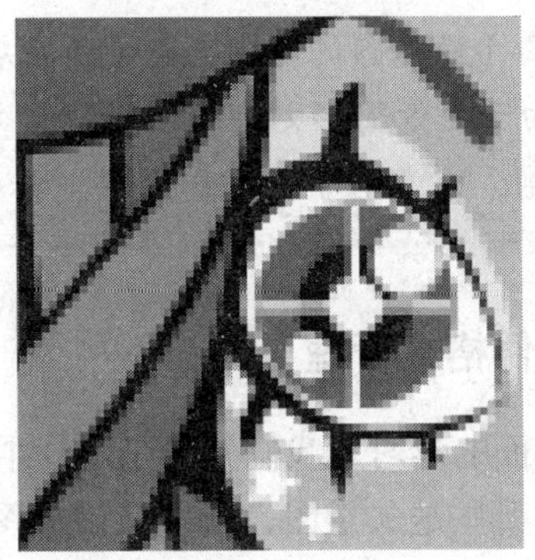

图 1-80 放大位图图片后的效果

提示：

在 CorelDRAW X4 中，为了方便用户的设计工作，CorelDRAW 不仅可以制作矢量图形，也可导入位图并将其添加到矢量绘图中，还可以将在 CorelDRAW 内创建的矢量图形转换成位图导出，以便在其他程序中使用。

2. 矢量图

矢量图又称向量图，与位图不同的是，矢量图使用直线和曲线来描述图形，这些图形的元素可以是点、线、弧线、矩形、圆形或多边形，它们由数学公式计算获得，这些公式中包括矢量图形所在的坐标位置、大小、轮廓色和填充色等信息，当放大或缩小图形时，只需要在相应数字上乘以放大的倍数或除以缩小的倍数即可。因此，矢量图所占空间非常小，同时将一张矢量图图形任意放大或缩小时，其边缘都很平滑，也不会产生颜色块，画质不会随图形的放大或缩小而损失，如图 1-81 所示。

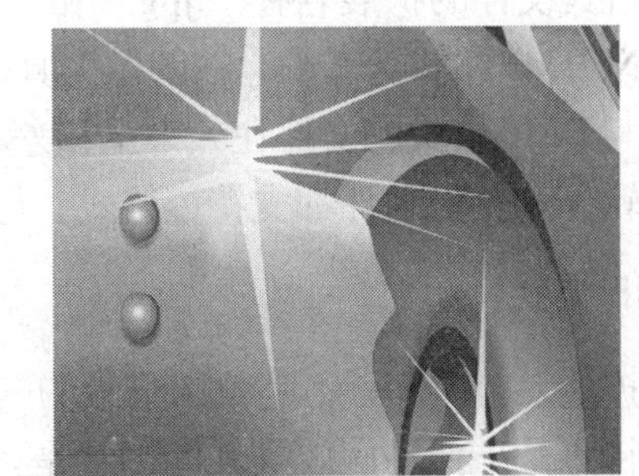

图 1-81 放大矢量图形后的效果

位图与矢量图各有优缺点，在实际运用中，应根据不同的需要和要求进行选择。如果要求画质的色彩艳丽，颜色过渡自然，则可以选用位图，如风景区的宣传画册和海报等。若要求进行任意缩放时，其画质不减，且能保持非常高的清晰度，则应选用矢量图，如公司或企业的 LOGO（标志）、图形、插画等。

提示：

由于显示器的特点，矢量图在屏幕上显示时仍然是以像素方式来显示的。另外，由于矢量图形文件比位图图像文件小，适合于以线条风格为主的大幅面图形的绘制，通常用于图形标准字、标志设计、路牌广告等领域。

1.3.3 文件格式管理

通过上面的学习，我们知道了图片主要有矢量图和位图两种类型，那么，电脑的图片格式中，哪些是矢量图，哪些又是位图呢?这主要通过图片文件的扩展名来判断。

文件格式都是以扩展名进行区别的，图片的格式也不例外，下面就详细介绍常用的一些图片文件格式。

1. BMP 格式

文件的扩展名为“.bmp”，是 Windows 操作系统下标准的位图格式。可以被绝大多数图形图像处理软件或其他软件所“接受”。该文件格式结构简单，不支持压缩功能，因此画质最好，但文件体积比较大，而且该文件格式不支持 Alpha 通道。

提示：

Alpha 通道是在基本图像上加一层控制透明度的灰度图层，其中白色区域用来定义不透明的彩色像素，而黑色的区域用来定义透明像素，黑白之间的灰色区域则用来定义半透明像素。

2. JPG 格式

JPG 格式文件的扩展名有“.jpg”和“.jpeg”两种，是最流行的 24 位位图格式。它实际上是以 BMP 格式为基准，在图像失真较小情况下，对图像进行适当压缩。使用该格式的文件与 BMP 格式的文件在效果上相差不大，但体积却小了许多。同样，大多数图形图像处理软件和其他软件都支持该格式，与 BMP 格式一样，JPG 格式不支持 Alpha 通道。

3. GIF 格式

文件扩展名为“.gif”，是位图格式的一种，与 BMP 和 JPG 格式的文件相比，GIF 格式最大的特点是支持动画效果，即图片是可以动态变化的，而且该格式的文件体积非常小，适用于在网络上展现简单的动画效果。

4. TIFF 格式

TIFF（Tagged Image File Format）格式即标志图像文件格式，是在 Macintosh 机上开发的一种图像文件格式，其扩展名有“.tif”和“.tiff”两种。它与 JPG 格式一样支持压缩功能，同时支持 Alpha 通道。

TIFF格式主要用于在应用程序之间和电脑之间交换文件，同时支持PC机和苹果机，是一种非常灵活的文件格式，目前被广泛运用于图形图像、排版及印刷等多种领域。

5. PSD 格式

PSD 文件格式多由图像处理软件 Photoshop 生成，其最大的优点是支持图层和多通道的操作，并且支持透明背景，即 Alpha 通道。其文件体积较大，目前在 CorelDRAW 可以很好的支持该位图格式。

6. CDR 格式

CDR 格式是本书的“主角”，图形处理软件 CorelDRAW 所生成的文件格式就是 CDR 格式，也是矢量图中常见的文件格式之一，其最大的优点是体积较小，支持压缩功能。

7. AI 格式

AI 格式是 Illustrator 软件的标准文件格式，与 CDR 格式一样，是最常见的矢量图文件格式之一，可以方便地被 CorelDRAW 导入并进行编辑。

8. FH* 格式

FH* 格式是 Macromedia 公司推出的 FreeHand 图形处理软件的标准文件格式，是较常见的矢量图文件格式之一。

9. DXF 格式

DXF格式是三维模型设计软件 AutoCAD 提供的一种矢量图文件格式，优点是文件体积小，绘制图形的尺寸、角度等数据都非常精确，是建筑设计、工业设计与建模的首选。

10. WMF 格式

WMF 格式同时支持矢量图形和位图图像，是较常用的图元文件格式。但 WMF 最大只支持 16 位颜色色深，而 CDR 格式可支持高达 32 位的颜色色深。

提示：

CorelDRAW X4 支持绝大部分位图格式和矢量图格式，一般可以通过导入的方法将它们导入至 CorelDRAW X4 中进行编辑处理。

1.3.4　色彩模式

色彩模式是大部分平面设计软件中一个重要的概念，在 CorelDRAW 中设置调色板和进行颜色填充时都将涉及它的使用，CorelDRAW X4 常用的颜色模式有 RGB、CMYK、HSB、Lab、黑白幕模式、灰度模式和索引模式等，下面分别进行介绍。

提示:

计算机的显示颜色和打印输出颜色是完全不同的两种颜色模式，其主要区别在于：大部分可见光谱都是由红、绿、蓝三原色以不同比例混合而成，因此显示器显示颜色为相加模式，即3种基色以不同的百分比混合而成的可见色光；打印输出的颜色是一种反射光颜色。它是根据纸张上油墨对光的吸收和反射而反映出来的，彩色的油墨吸收一部分光而反射其他的光，这样用户就看到了各种颜色，因此打印输出的颜色为一种减色模式。

1. RGB 模式

在自然界中，所有的颜色都是由红（Red）、绿（Green）和蓝（Blue）三种颜色波长的不同组合而成的，所以这三种光称为三原色或三基色。因为红绿蓝三种颜色都有256个亮度级，所以三种色彩的叠加就形成了1670万种颜色，即通常所说的真彩色。RGB色彩模式是公认最佳的编辑图像色彩模式，因为其可以提供全屏幕的24bit的色彩范围，即真彩色显示。RGB模式一般不用于打印输出图像，因为它的某些色彩已经超出了打印的范围，因此如果采用RGB模式打印，则在打印一幅真彩色的图像时就会损失一部分亮度，且比较鲜艳的色彩会失真。在实际打印时，系统会自动将RGB模式转换为CMYK模式，因为CMYK模式所定义的色彩要比RGB模式定义的色彩少很多。

2. CMYK 模式

CMYK模式是彩色印刷时使用的一种颜色模式，由Cyan（青）、Magenta（洋红）、Yellow（黄）和Black（黑）四种色彩组成。在出彩片（四色片）或在平面美术中，经常用到CMYK模式。为了避免和RGB三基色中的Blue（蓝色）发生混淆，CMYK模式中的黑色用K来表示。CMYK模式与RGB的不同之处在于RGB是靠增加光线，而CMYK是靠减去光线，因为和监视器相比，打印纸不能创建光源，更不会发射光线，它只能吸收和反射光线。因此通过对青、洋红、黄和黑四种颜色的组合，从而产生可见光谱中的绝大部分颜色。

3. HSB 模式

HSB模型以人类对颜色的感觉为基础，描述了颜色的3种基本特性。其中H表示Hue（色相），S表示Saturation（饱和度），B表示Brightness（亮度）。

（1）色相是从物体反射或透过物体传播的颜色。在0°～360°的标准色轮上，按位置度量色相。

（2）饱和度是指色彩的强度或纯度，表示色相中灰色分量所占的比例，黑、白和其他灰色色彩没有饱和度，在最大饱和度时，每一色相具有最纯的色光。

（3）亮度是颜色的相对明暗程度，为0时即是黑色，最大亮度是色彩最鲜艳的状态。通常用从0%（黑色）～100%（白色）的百分比来度量。

4. LAB 模式

LAB模式是国际照明委员会发布的一种色彩模式，由RGB三原色转换而来。在

Photoshop中，Lab模式中的亮度分量（L）范围可从0～100。在拾色器中，A分量（绿色到红色轴）和B分量（蓝色到黄色轴）的范围可从+128°～–128°。在“颜色”面板中，A分量和B分量的范围可从+120～–120。

可以使用LAB模式处理PhotoCD图像，独立编辑图像中的亮度和颜色值，在不同系统之间移动图像并将其打印到PostScript Level 2和Level 3打印机。要将Lab图像打印到其他彩色PostScript设备，应首先将其转换为CMYK模式。

它是一种具有“独立于设备”的颜色模式，不论在任何显示器或者打印机上使用，LAB的颜色不变。

5. 灰度模式

灰度模式中只存在灰度，最多可达256级灰度，当一个彩色文件被转换为灰度模式时，Photoshop会自动将图像中的色相及饱和度等有关色彩的所有信息删除掉，只留下亮度。在Photoshop中可以将一个灰度文件转换为彩色模式文件，但却不可能恢复到原来的颜色，转换后的文件主颜色依然为灰色。

6. 索引颜色

索引颜色模式又称为映射颜色，该模式使用最多256种颜色，即在该模式下只能存储一个8位色彩深度的文件，且这些颜色都是预先定义好的。当转换为索引颜色时，Photoshop将构建一个颜色查找表，用以存放并索引图像中的颜色。如果原图像中的某种颜色没有出现在该表中，则程序将选取现有颜色中最接近的一种，或使用现有颜色模拟该颜色。

通过限制颜色面板，索引颜色可以在保持图像视觉品质的同时减少文件大小（如当运用于多媒体动画应用程序或Web页时），在这种模式下只能进行有限的编辑。若要进一步编辑，应将其转换为RGB模式进行操作。

7. 位图模式

位图模式使用两种颜色值（黑色或白色）之一表示图像中的像素。因为其位深度为1，所以也被称为一位图像。使用位图模式可更好地设定网点的大小、形状及相互的角度。

1.3.5 色彩的搭配技巧

在学习搭配色彩之前一定要先学习和了解色彩的三要素——色相、明度和纯度，它们是相辅相成、密不可分的，正是由于它们之间的相互作用，才形成了千变万化的色彩世界。

（1）色相：色相是指色彩的“相貌特征”，不同波长的颜色构成了不同的色相。色彩从色相上可分为有彩色和无彩色两个系列，在色相环上所表现出来的色彩称为有彩色，黑、白以及二者混合而成的灰色称为无彩色。色相主要是由色彩的三原色——红色（Red）、黄色（Yellow）和蓝色（Blue）在一个色彩中的分量值来体现的。其中红色给人以温暖、热情和动态的感觉，黄色给人以阳光、轻快的感觉，蓝色则给人以深远、静态的感觉。

（2）明度：明度也称光度，是指色彩的明暗程度。它取决于一个色彩所吸收光线的程度，通常较亮的色彩被称之为高明度色彩，而较暗的色彩则被称之为低明度色彩。在有彩色系中，黄色明度最高，紫色明度最低；在无彩色系中，白色明度高，黑色明度低。明度高的色彩常常给人以明朗、舒畅的感觉，而明度低的色彩则有沉重、静寂的感觉，色彩明度的高低程度通常是以九个等级的明度阶标表示的。

这有利于在色彩的配置中选择恰当的明度对比，更好地体现色彩的层次关系。

（3）纯度：纯度又称彩度或饱和度，它是指色彩的纯净、鲜浊程度，一般以色彩中含有原色的多少来衡量。当在原色中加入其他颜色可降低其纯度。纯度高的色彩具有强烈、鲜明的感觉，纯度低的色彩则具有平稳、柔和的感觉。

在设计一个平面作品时绝不可能只使用一种颜色，往往需要搭配四、五种甚至更多颜色来获得较好的配色效果。下面将具体介绍一些色彩搭配的技巧，能使读者在使用 CorelDRAW X4 进行创作时更得心应手。

（1）同类色的配合：在搭配色彩时，应先选择一种色彩作为基础色，然后用不同明度的色彩来调配。值得注意的是色彩的明度对比应明显，这样搭配出来的色彩才能给人以安静整齐的感觉。

（2）临近色的配合：在色环上选择一种颜色，然后再用其左右相近的色彩配合，如红色与橙红、橙黄，这样的搭配很容易取得调和的效果。

（3）类似色的配合：在色环上选择一种颜色，然后将其与相隔60°左右的色彩进行搭配，如红与橙和黄、黄与绿、绿与青等，这样搭配的色彩具有明快耐看的特点。

（4）对比色的配合：在色环上选择一种颜色，然后将其与相隔120°的色彩进行搭配，如红与黄、黄与青、青与红、橙与绿等。对比色的配合具有鲜明强烈、饱满而活跃的特点，常给人以兴奋的感觉。

（5）互补色的配合：将色相环上相隔180°的两个色彩进行搭配，如红与绿、黄与紫、橙与青等，互补色的配合具有充实、强烈和运动的感觉。

（6）有彩色和无彩色的配合：利用有彩色和无彩色的配合时，当无彩色的范围较大时，能营造出一种宁静的氛围，而且无彩色可以起到突出有彩色的效果；使用大面积的有彩色搭配白色或亮灰，可得到明亮轻快的效果。

（7）色彩渐变的配合：将色彩按照色环上的顺序排列，将会得到一种雨后彩虹般的漂亮效果，色彩渐变的配合还有纯度渐变和明度渐变。

色彩搭配方法多种多样，本书只是进行简单介绍，读者要想获得更好的配色感觉，就应该在生活中留心观察世间万物的色彩搭配，学习和分析设计大师们作品的色彩，这样才能搭配出更好的色彩。

1.3.6 设计师基本功

1. 纸张常见尺寸规格表

64 开：105 × 140mm（大度）　　90 × 130mm（正度）

32 开：210 × 140mm（大度）　　185 × 130mm（正度）

16 开：210 × 285mm（大度）　　185 × 260mm（正度）

8 开：420 × 285mm（大度）　　370 × 260mm（正度）

4 开：420 × 570mm（大度）　　370 × 520mm（正度）

2 开：840 × 570mm（大度）　　740 × 520mm（正度）

2. 设计作品画面分辨率规范

（1）什么是画面分辨率。

高分辨率的图像比相同尺寸的低分辨率的图像包含的像素多，图像信息也较多，表现细节更清楚，这也就是考虑输出因素确定图像分辨率一个原因。如一幅图像若用于在屏幕上显示，则分辨率为72像素／英寸即可；若用于600dpi的打印机输出，则至少需要150像素／英寸的图像分辨率；若要进行印刷，则需要300像素／英寸的高分辨率才行。图像分辨率设定应恰当：若分辨率太高的话，运行速度慢，占用的磁盘空间大；若分辨率太低的话，影响图像细节的表达，达不到相应的质量要求。

我们在设计作品时，根据后期制作的材质、尺寸的不同，所设计的作品的分辨率也不相同，举例如下：

■ 报纸广告：300像素／英寸

■ 铜板、亚粉宣传单：350～400像素／英寸（当设计对开海报时，分辨率可以采用300像素／英寸）

■ 双胶宣传单：350像素／英寸

■ 高光像纸、灯箱片喷绘：72～100像素／英寸

■ 喷绘布：30～45像素／英寸（当画面最小边超过1米时，分辨率可以采用30像素／英寸）

（2）发菲林线数要求与分辨率对照。

我们在设计稿件的时候一般只注意画面的分辨率为多少，却很少注意到发菲林片的时候的线数是多少，而线数的大小正是印刷时质量的关键，请大家注意看下面分辨率与线数的对照表：

400像素／英寸=200线　　350像素／英寸=175线

300像素／英寸=150线　　250像素／英寸=125线

一般，线数就是分辨率的一半。在把光盘给发片公司的时候一定要标明，尤其是矢量软件制作的文件，发片公司把矢量文件的线数一般默认为175线。

3. 设计作品需要多大的出血

（1）什么是印刷出血。

任何超过裁切线的图像，必须在裁切线外留出一定的余量（一般为3mm），以使在修整裁切时允许有微量的对版不准，这个余量叫做出血。

我们在设计作品时，根据后期制作时工艺的不同，所设计作品留的出血也不相同，举例如下：

常规宣传单：出血2～3mm／边；　　折页：出血2～3mm／边；

异型磨切：宣传单出血3mm/边　　药盒出血：3mm／边

酒盒出血：5mm／边　　药／酒箱出血：10mm／边

（2）设计工作中常用到的尺寸。

■ 常规户外广告尺寸：

候车亭广告：3500mm × 1500mm（需要出血50mm）

灯杆路旗广告：1800mm × 700mm

易拉宝广告：800mm × 2000mm（宽×高）

X 展架广告：600mm × 1600mm（宽 × 高）

■ 常规报纸广告尺寸：（出版前须在外框描 2～3 像素的边，不用加出血）

生活报：

整版：240mm × 335mm　　半版：240mm × 165mm

横通栏：240mm × 80mm　　竖通栏：120mm × 165mm

新晚报：

整版：235mm × 340mm　　半版：235mm × 165mm

横通栏：235mm × 80mm　　竖通栏：115mm × 165mm

■ 常规 PVC 卡尺寸：

85mm × 54mm（四周各加两毫米出血）

■ 标准国旗的尺寸：

一号旗：2.88m × 1.98m　　二号旗：2.40m × 1.60m

三号旗：1.92m × 1.30m　　四号旗：1.44m × 0.96m

五号旗：1.00m × 0.60m

■ 标准信封的尺寸：（根据最新通知版本制定）

国内信封：（单面尺寸）

三号封：12.5cm × 17.6cm　　五号封：11.0cm × 22.0cm

六号封：12.0cm × 23.0cm　　七号封：16.2cm × 22.9cm

九号封：22.9cm × 32.4cm

国际信封：（单面尺寸）

七号封：16.2cm × 22.9cm　　九号封：22.9cm × 32.4cm

4. 一般广告公司设计人员操作流程

（1）见单设计（流程管理必须把设计单交到设计人员）。

（2）时间节点必须好好把握（根据制作单上面所写的时间，调整好自己手里的工作和一项工作的不同时间点）。

（3）设计完成后首先自己根据下列顺序检查稿件：

①查尺寸；（根据制作单）

②查文字；（根据客户提供的资料）

③查颜色；（看是几色，有无专色，是否 CMYK 模式，黑色文字是否为单黑）

④查套印；（在 Photoshop 中黑色是否正片叠底）

⑤查出血；（根据出血标准）

⑥查四边；（看有没有漏白，图形超出画面尺寸和接图时留下的细线）

⑦查链接。（在 Pagemaker 中查看有设有链接错误）

1.3.7 CorelDRAW X4 常用快捷键

F2 缩放	R 将选择对象右对齐
F3 缩小	E 将选择对象水平对齐
F4 显示所有对象到最大	C 将选择对象垂直对齐
F5 受绘模式绘制线条和曲线	P 将选择对象中心到页面

F6 矩形工具
F7 椭圆形工具
F8 文本工具
F9 全屏预览
F10 形状工具
F11 渐变笔工具
F12 轮廓笔工具
Ctrl+N 新建
Ctrl+Z 撤销
Ctrl+Shift+Z 恢复上次的操作
Ctrl+O 打开
Ctrl+S 保存
N 显示导航窗口
Y 绘制对称的多边形
G 交互式填充工具
M 交互式网状填充工具
H 手形工具
D 网格纸工具
Ctrl+G 群组
Ctrl+U 取消群组
Ctrl+K 拆分对象
Ctrl+L 结合
T 将选择对象上对齐
B 将选择对象下对齐
Shift+F2 缩放选定对象最大
Shift+F4 显示整个可打印页面
Shift+F11 填充对话框
Shift+F12 轮廓色对话框
Ctrl+J 选项
Ctrl+A 全选
Ctrl+E 导出
Ctrl+P 打印当前的图形
Shift+A 垂直定距对齐对象的中心
Shift+C 垂直分散对齐对象的中心
Shift+P 将选择对象的分散对齐舞台中心
Shift+E 将选择对象的分散对齐页面中心
Ctrl+F2 打开视图管理器工具卷帘
Ctrl+F7 打开封套卷帘工具
Ctrl+F9 打开轮廓图卷帘工具
Ctrl+Pageup 向前一位
Ctrl+Pagedown 向后一位
Shift+Pageup 到前面
Shift+Pagedown 到后面
Alt+F3 打开透明工具卷帘
Alt+F7 打开位置工具卷帘
Alt+F10 打开大小工具卷帘
Ctrl+D 再制
Ctrl+I 导入

第2章 绘图工具的应用

2.1 简单手绘工具

CorelDRAW X4 提供了一种随意绘画的手绘工具，利用它可以绘制出各种条，使用它就像用铅笔在纸上绘画一样，且它比用铅笔更方便些，可以不用尺就可以绘制直线。

2.1.1 绘制曲线

操作步骤如下：

01 在工具箱中选择手绘工具，属性栏中就会显示它的相关选项，如图 2-1 所示，其中只有【起始箭头选择器】、【终止箭头选择器】【轮廓样式选择器】、【轮廓宽度】.2 mm 和【手绘平滑】100 五个选项可用，也就是说在没有绘制图形时，可以先设置这 5 个选项再在画面中绘画；用户也可以不做任何设置直接绘图。

图 2-1 手绘工具属性栏

02 采用系统默认值，在绘图区按下鼠标左键向所想象的方向转移，如下图 2-2（a）所示，得到想要的形状时松开鼠标左键，即可得到一条所需的开放式曲线，如图 2-2（b）所示。

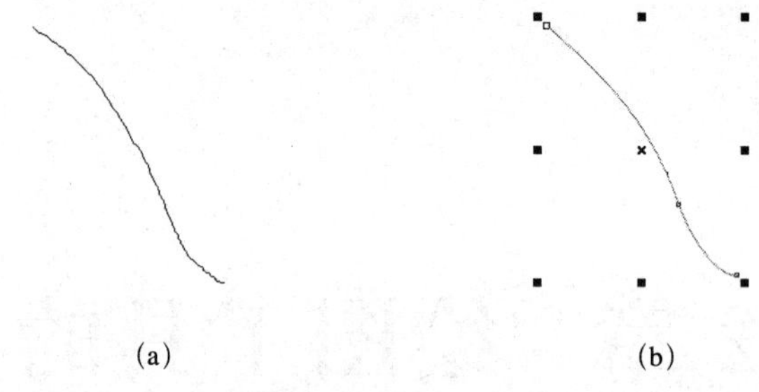

(a) (b)

图 2-2 绘制开放曲线

03 当绘制好一个对象后，该对象自动成选择状态，此时的属性栏就相应地方产生了变化，可以在其中设置该对象的位置、大小、旋转度等，也可将对象进行镜像。本例在【轮廓宽度】下拉列表中选择 2.5mm，加粗轮廓线，设置如图 2-3 所示。

图 2-3 属性栏

04 接下来绘制一片叶子，先在属性栏中设置【手绘平滑】为“100”，再移动指针到曲线上端下方的适当位置，按下左键根据所想象的形状进行拖移，以绘制出一个叶子的形状，当指针返回到起点时出现十字带箭头光标时松开左键，如图 2-4（a）所示，即可得到一个封闭的图形【即封闭式曲线】，如图 2-4（b）所示。

05 为了练习使用手绘工具，可以多绘制几片叶子，绘制好的效果如图 2-4（c）所示。

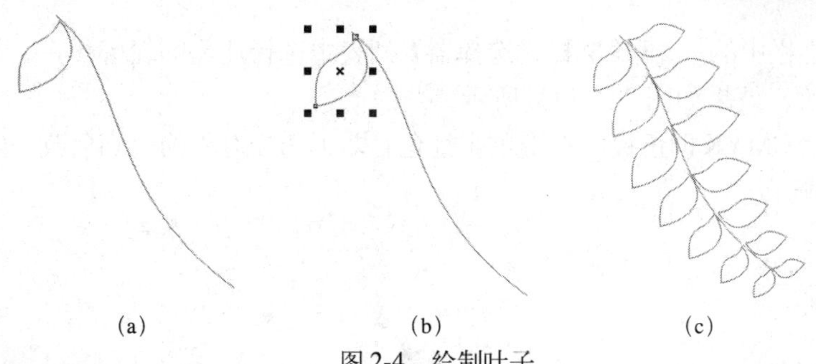
(a) (b) (c)

图2-4 绘制叶子

2.1.2 绘制直线与箭头

操作步骤如下：

01 在工具箱中选择手绘工具，移动指针到画面的适当位置单击确定起点，再移动指针到直线的另一端，即可绘制一条直线。

02 在属性栏中的【轮廓宽度】下拉列表中选择“1.411mm”，以将轮廓线加粗，再在【起始箭头选择器】列表中选择所需的箭头，如图2-5（a）所示，即可为所选的直线添加了箭头，效果如图2-5（b）所示。

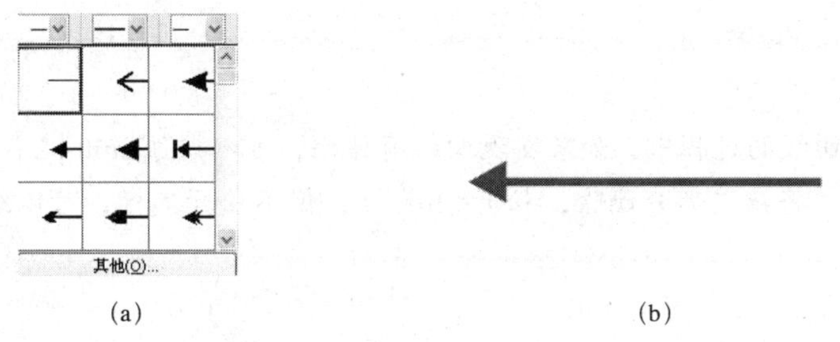

(a) (b)

图2-5 起始箭头列表及添加箭头

03 再在【终止箭头选择器】列表中选择所需的箭头，如图2-6（a）所示，也为直线添加了终止箭头。

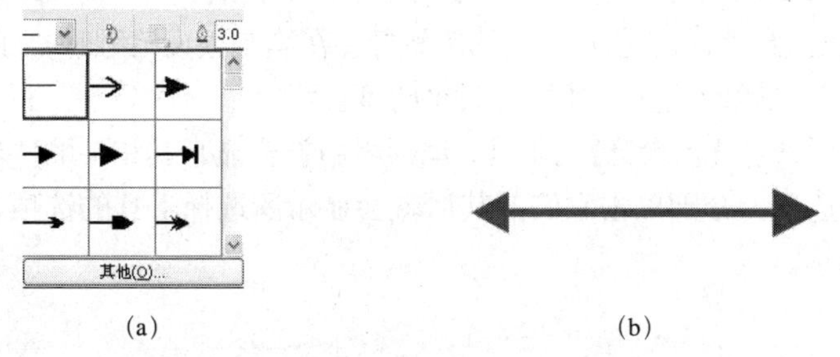

(a) (b)

图2-6 起始箭头列表及添加箭头

2.1.3 修改对象属性

用户可以为选择的对象改变其属性，如颜色、轮廓样式、轮廓宽度、大小、旋转角度、缩放比例等。

01 在属性栏中的 45.0 °【旋转角度】文本框中输入“45”，并按Enter键，即可将所选的对象旋转了45°，结果如图2-7（b）所示。

02 在属性栏中的【轮廓样式选择器】列表中选择所需的轮廓样式，即可将线条的样式进行更改，效果如图 2-7（a）所示。

03 在默认 CMYK 调色板中右键单击红色，即可选择对象的轮廓色改为红色，效果如图 2-7（c）所示。

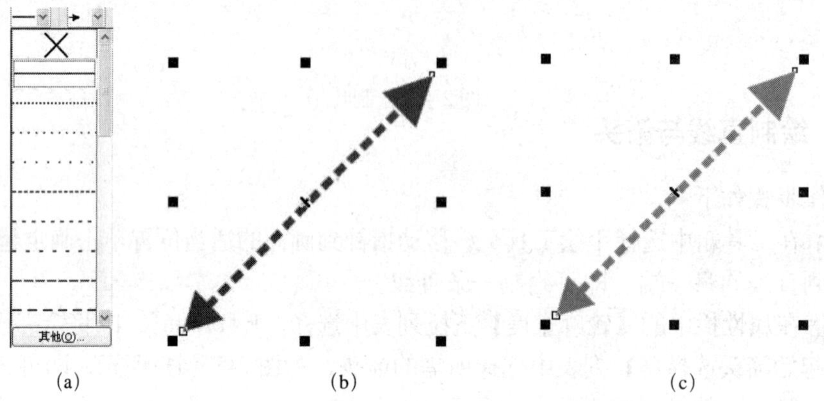

图 2-7　轮廓列表、更改线条样式和改变轮廓色彩

提示：

绘制曲线的过程中，如果发现曲线有错误，可以按住 Shift 键不放，沿着曲线向回移动，将错误部分删除，松开 Shift 键，但不松开鼠标，可以继续画曲线。

2.2　艺术笔工具

在 CorelDRAW X4 中，可以使用【艺术笔】工具绘制并应用各种各样的预设笔触，包括带箭头的笔触、填充了色彩图样的笔触等。在绘制预设笔触时，可以指定某些属性。例如，可以更改笔触的宽度，并指定其平滑度。

在工具箱中选择【艺术笔】工具，属性栏中就会显示其相关的选项，它的属性栏中还有 5 个工具选项，分别单击它们，其后就会显示所选择工具的选项，如图 2-8 所示为预设工具的选项。

图 2-8　艺术笔属性栏

2.2.1　预设工具属性设置

使用预设工具，可以利用各种预设笔触绘图。

在工具箱中选择【艺术笔】工具，再在属性栏中单击【预设】工具，其后就会显示与它相关的选项。

用户可根据需要在【手绘平滑】100 文本框设置所需的手绘平滑度，也可单击按钮，并在弹出的滑杆上拖动滑块来调节手绘平滑度；在【艺术笔工具宽度】22.262 mm 文本框中可输入所需的艺术笔宽度，【预设笔触列表】中可以选择所需的预设笔触，如图 2-9 所示。

2.2.2 实例——绘制花卉

01 新建文件，并导入本书附带光盘中 \JPG\ 第 2 章 \ 花卉图案.jpg 文件，如图 2-10 所示。

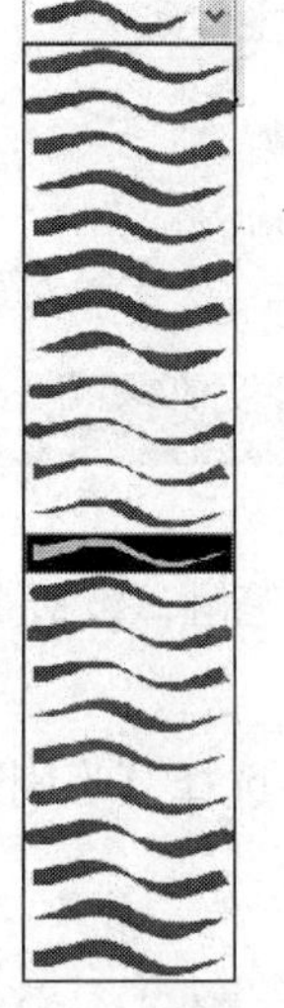

图 2-9 预设笔触列表

图 2-10 绘制花卉形状

02 选择艺术笔工具在属性栏中设置参数如图 2-11 所示。

图 2-11 艺术笔工具属性栏设置

03 设置完成之后,在绘图窗口绘制如图所示的线条，作为花卉的边缘形态，沿着花卉的边缘和形态的走势进行边缘的描绘，如图 2-12 所示。

04 运用【挑选】工具把用艺术笔工具描绘的边缘选中，在默认的 CMYK 调板上用鼠标左键单击黑色，即将该图填充为黑色，如图 2-13 所示。

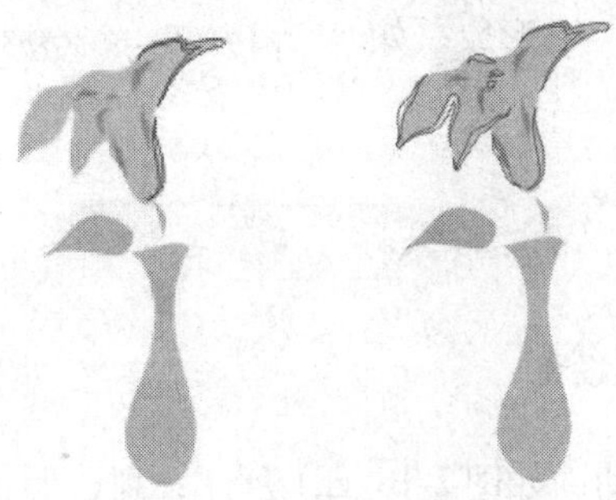

图 2-12 描绘花卉边缘形态

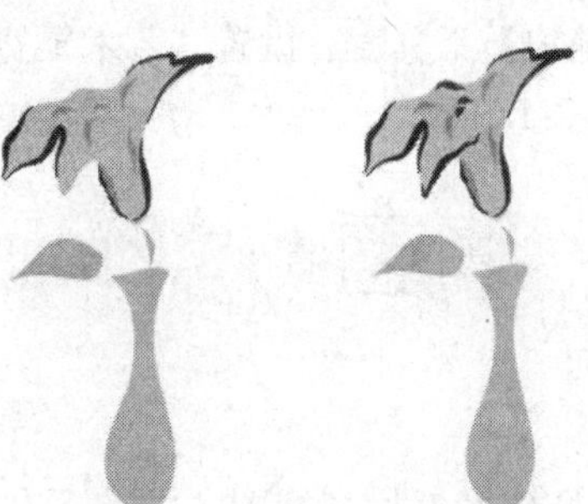

图 2-13 填充花卉边缘

05 接下来用相同的方法将花卉的叶子和花瓶也描绘出来，如图 2-14 所示。

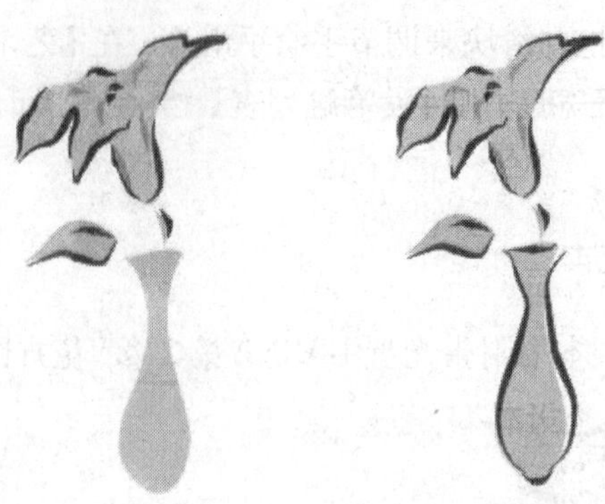

图 2-14　填充叶子和花瓶

2.3　笔刷工具

使用【笔刷】工具，可以绘制出各种各样的预设笔触，包括带有箭头的笔触、填充图样的笔触等。

在工具箱中选择【艺术笔】工具，并在属性栏中选择【笔刷】工具，其后就会显示它的相关选项，如图 2-15 所示。

图 2-15　笔刷工具属性栏

当用户在绘图区绘制了笔触后，按钮就会变成活动状态，用户可绘制自己所需的图形然后把它保存为笔刷，如果在笔触列表中选择了自定笔刷，则按钮成活动状态，不再需要此笔刷时可单击按钮将其删除。

下面介绍实例——适合文样的操作步骤如下：

01 按【Ctrl+N】新建一个文件，在绘图区先绘制一个正圆形，在工具箱选择椭圆工具，按住 Shift 键并拖动鼠标左键到适当位置，填充蓝色，如图 2-16 所示。

图 2-16　填充效果

02 从工具箱中选择【艺术笔】工具，再在选项栏中选择【笔刷】工具，设置“艺术笔宽度”及“笔触列表”中形象，如图 2-17 所示。

图 2-17　艺术笔属性栏设置

03 然后在绘图区内按下左键向所想的路径拖动，如图 2-18（a）所示；到达形状后松开左键，即可得到如图所示对象，按照如图 2-18（b）所示进行绘制。

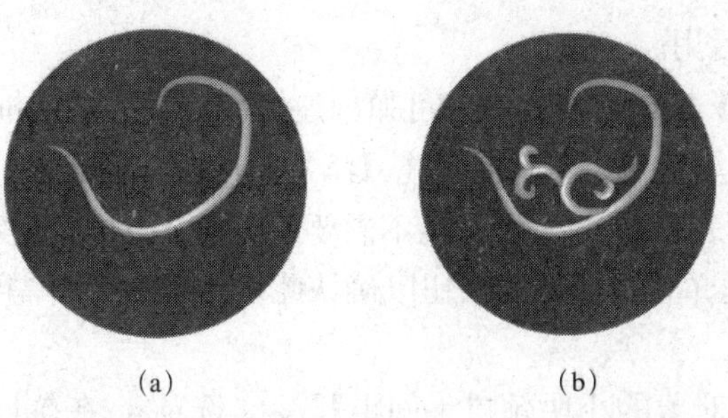
(a) (b)

图2-18 绘制图案

04 把其余部分的图形按顺序描绘出来。在绘制过程中可配合【形状】工具对节点进行修改，到形态完全符合要求为止，效果如图2-19所示。

图2-19 最终效果

2.4 喷罐工具

使用【喷罐】工具可以绘制出各种各样的喷涂对象。

在工具箱中选择【艺术笔】工具，在属性栏中选择【喷罐】工具，其后就会显示它的相关选项，如图2-20所示。

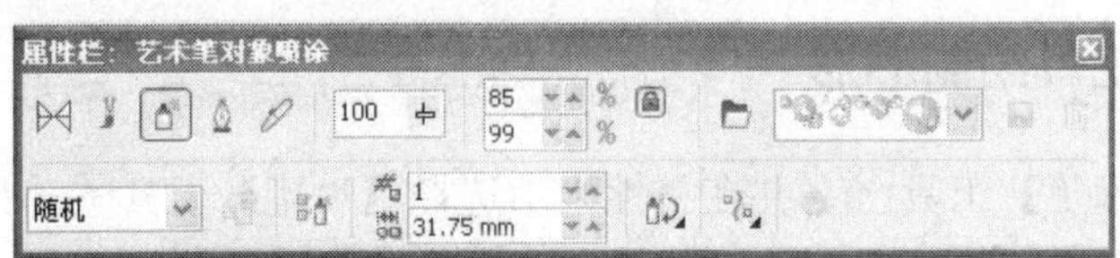

图2-20 喷灌工具属性栏

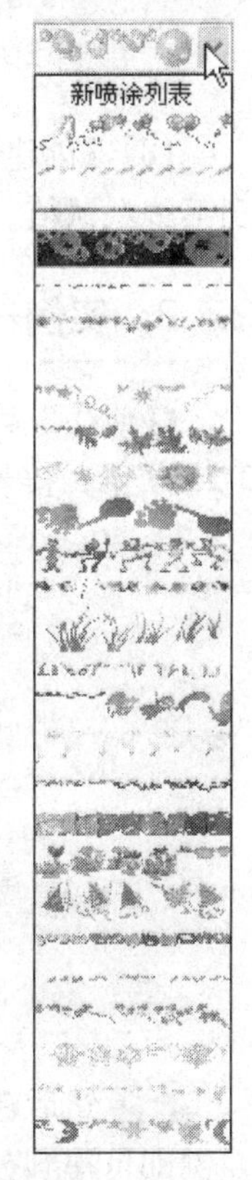

图2-21 喷涂列表

2.4.1 相关选项说明

(1) 单击【浏览】按钮，会弹出【浏览文件夹】对话框，可以选择存放喷涂对象的文件夹。

(2)【喷涂列表文件列表】选项：在其中单击下拉按钮，弹出图2-21所示的列表，用户可在其中选择所需的喷涂对象。【选择喷涂顺序】在该下拉列表中可以选择喷涂的顺序：如随机、顺序和按方向。

(3)【添加到喷涂列表】按钮：如果画面中绘制一个图形，并且处于选择状态，那么它成可用状态，单击它可将绘制好的图形添加到喷涂列表中，以备后用。

(4)【喷涂列表】按钮：单击它可弹创建播放列表的对话框，用户可以在【喷涂列表】中选择一种所需的对象，然后单击【添加】按钮，将其添加到【播放列表】中，也可从【播放列表】中移除不需要的对象，或【喷涂列表】中的全部对象添加到播放列表中，再单击【确定】按钮以确认此操作，如果不需要此操作，单击【取消】按钮。

(5)【要喷涂的对象的小块颜料 | 间距】选项：在文本框中可以输入要喷涂的对象的小块颜料数量，在 31.75 mm 文本框中可以输入要喷涂的对象间距。

(6)【旋转】按钮：单击该按钮，弹出如图 2-22（a）所示对话框，用户可在其中设置喷涂对象的旋转角度，是否使用增量；是基于路径旋转，还是基于页面旋转。

(7)【偏移】按钮：单击该按钮，弹出如图 2-22（b）所示对话框，用户可在其中设置喷涂对象的偏移距离和偏移方向。

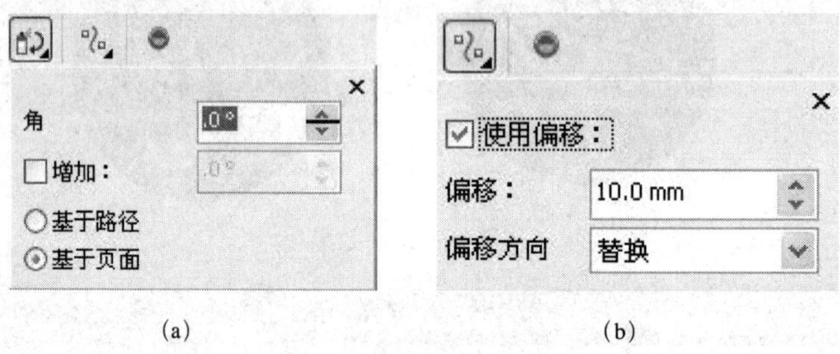

(a)　　(b)

图 2-22　参数设置

(8)【创建播放列表】对话框。【重置值】单击该按钮，可以将所有参数返回到系统默认值。

2.4.2　实例——使用喷罐工具绘制心形

01 在工具箱中选择【艺术笔】工具，并在属性栏中选择【喷罐】工具，如图 2-23 所示；接着在喷涂列表中选中所需的类型如图 2-24 所示。

图 2-23　选择喷灌　　图 2-24　喷灌工具属性栏设置

02 然后在绘图区按下左键沿着所想象的形状进行拖动，绘制一个心形，松开鼠标左键即可得到如图 2-25 所示效果。

图 2-25 绘制心形

2.5 书法工具

利用【书法】工具可以在画面中绘制各种角度的书法线条。

在工具箱中选择【艺术笔】工具，接着在属性栏中选择【书法】工具，其后就会显示它相应的选项，如图 2-26 所示。

图 2-26 书法工具属性栏

用户可在【书法角度】文本框中输入所需的角度，也可设置【艺术笔】工具宽度和手绘平滑度，来绘制书法线条。

利用书法工具书写一个字的操作步骤如下：

在工具箱中选择【艺术笔】工具，接着在属性栏中选择【书法】工具，再设置【艺术笔】工具宽度为 12mm，【书法角度】为 45°。设置好后在绘图区按下左键根据所要书写的字的笔顺拖动，如图 2-27（a）所示，写好后松开左键，即可完成一个字的书写，结果如图 2-27（b）所示。

再在默认 CMYK 调色板中右键单击无填充按钮，清除轮廓色，如图 2-28（b）所示。

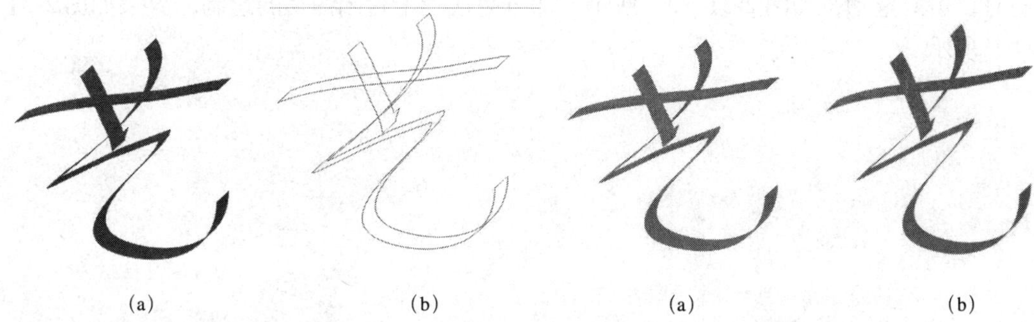

(a) (b) (a) (b)

图 2-27 书写文字 图 2-28 填充效果

2.6 压力工具

利用压力工具可以绘制出各种各样的压感线条。

操作步骤如下：

在工具箱中选择【艺术笔】工具，接着在属性栏中选择【压力】工具，其后就会显示它相应的选项，在【艺术笔工具宽度】6.762 mm 文本框中输入适当数值，设置【手绘平滑】100 数值，可得到各种不同压力效果。

2.7 钢笔工具

使用钢笔工具可以绘制直线、折线、曲线、多边形和各种复杂的图形。

2.7.1 钢笔工具选项

在工具箱中选择【钢笔】工具，如图 2-29 所示；属性栏中就会显示它相关的选项，如图 2-30 所示。

图 2-30 钢笔工具属性栏

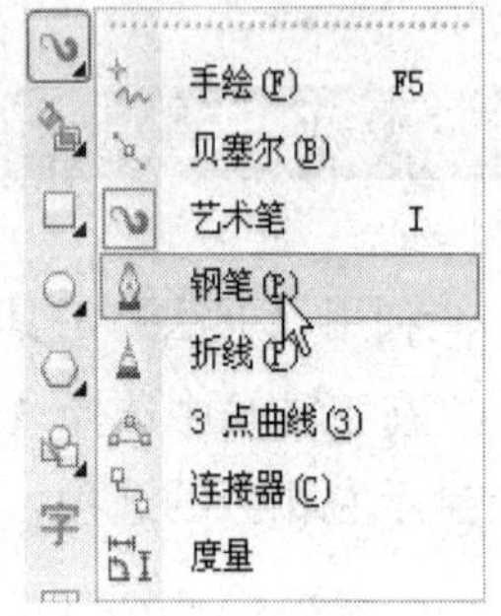

图 2-29 选择“钢笔”工具

其中大部分选项与手绘工具相同，只是添加了【预览模式】和【自动添加】|【删除】选项；选中【预览模式】时，可以在绘制图形的同时看到指针上带着一条橡皮条；选中【自动添加】|【删除】时，可以在绘制图形的同时或绘制好后在图形上【添加】|【删除】节点。

2.7.2 实例——绘制蝴蝶

01 在工具箱中选择【钢笔】工具，在移动指针到绘图区适当位置单击确定起点，然后移动指针到第二个节点处按下左键移动鼠标，到达所需的形状后松开左键，绘制一段曲线。一直沿着蝴蝶形状进行移动并按左键进行拖动，直至返回到起点处指针呈状态时单击或拖动，如图 2-31（a）所示，即可完成一个封闭图形的绘制，效果如图 2-31（b）所示。

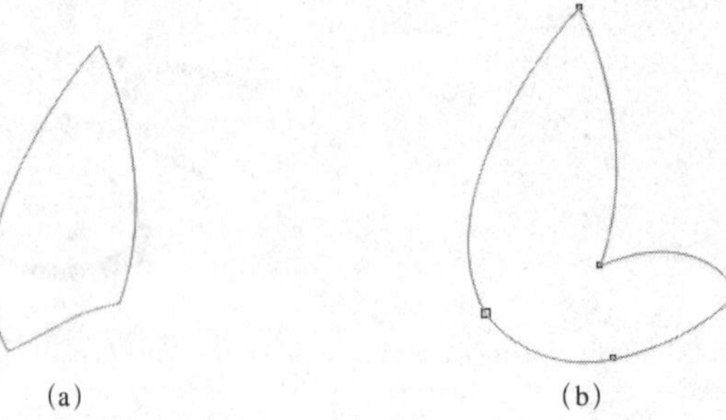

图 2-31 绘制蝴蝶形状

02 并填充色彩橘黄与柠檬黄，边缘填充为黑色，边缘宽度为 3mm，如图 2-32（a）所示。

03 用同样的方法绘制出蝴蝶翅膀的图案。

04 再运用【艺术笔】工具，绘制如图与绘制好的蝴蝶进行组合，完成蝴蝶绘制，如图2-32（b）所示。

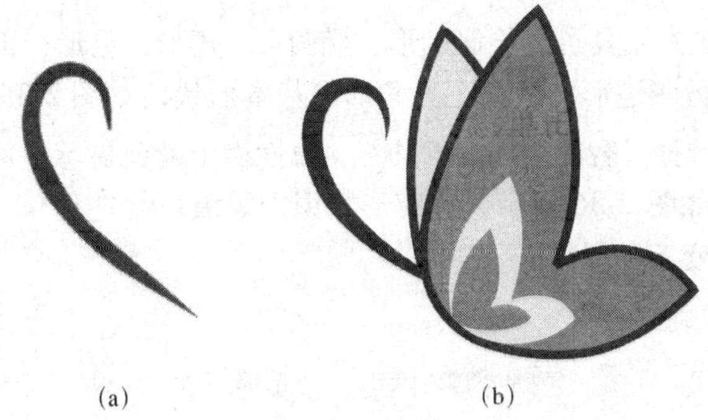

(a) (b)

图2-32 填充颜色

2.8 折线工具

使用【折线】工具可以绘制直线、折线、多边形、开放式曲线和封闭式曲线，它的绘制方法与手绘工具基本相同，只是它在松开左键后并没有结束对象的绘制，而且还可以移动鼠标到一定位置后单击，即可得到一段直线段；如果要结束对象的绘制请在终点处双击或返回到起点处指针呈闭合状时单击。

2.9 3点曲线工具

使用【3点曲线】工具可以绘制穿过3点的曲线（弧线）或弧形。

使用【3点曲线】工具的方法如下：

在工具箱中选择【3点曲线】工具，接着在属性栏的【轮廓宽度】列表中选择1.411mm，会弹出【轮廓笔】对话框，如图2-33所示，在其中直接单击【确定】按钮，即可将新对象的轮廓宽度设置为1.411mm。

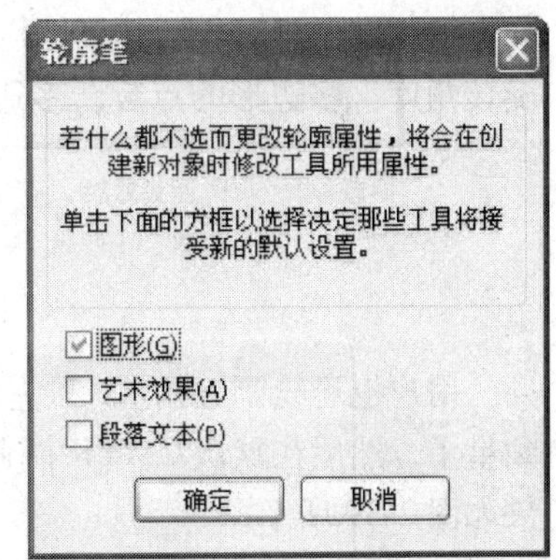

图2-33 轮廓笔对话框

移动指针到绘图区适当位置按下左键向另一点拖动，以确定曲线的宽度，如图2-34（a）所示，松开左键后向曲线弯曲的方向移动鼠标，如图2-34（b）所示，到达所需的形状与大小后单击，即可得到一条曲线，如图2-34（c）所示。

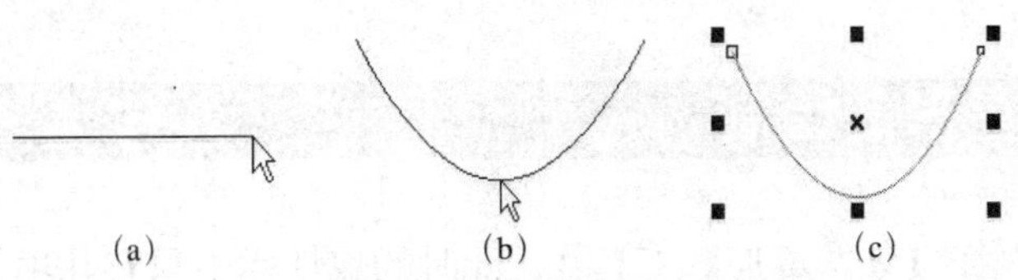

(a) (b) (c)

图2-34 绘制曲线

2.10 智能绘图工具

用【智能绘图】工具可以绘制圆形、椭圆形、矩形、星形、正方形、菱形、多边形、直线、梯形、平行四边形、线条、三角形等基本形状，如图 2-35 所示。

在工具箱中选择【智能绘图】工具，属性栏中就会显示其相关的属性，如图 2-36 所示。它有形状识别等级、智能平滑等级和轮廓宽度三种属性。

图 2-36 智能绘图属性栏

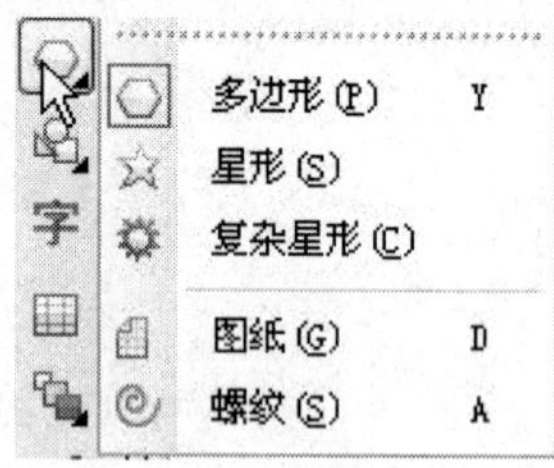

图 2-35 智能绘图工具

2.11 多边形工具

利用【多边形】工具可以绘制各种形状的多边形和星形。

操作方法如下：

在工具箱中选择【多边形】工具，此时的属性栏中只有几项为可用的，也就是我们可以先选择所需的形状（即先确定是绘制多边形，还是绘制星形）来绘图。

如果采用默认值，直接在绘图区按下左键向对角移动鼠标，可以拖出一个五边形，到达所需的大小时松开左键，即可得到一个所需大小的五边形，如图 2-37 所示。

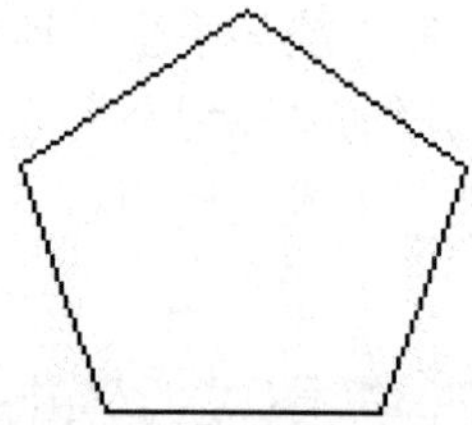

图 2-37 绘制多边形

绘制好一个对象后其属性栏如图 2-38 所示，用户也可在其中改变对象的大小、位置、旋转角度、多边形的点数、多边形锐度等属性。

图 2-38 智能绘图工具属性栏

用户也可绘制五角星，只需在工具箱中单击按钮，即可绘制五角星了，然后在默认 CMYK 调色板单击红色，使它填充为红色，效果如图 2-39 所示。

用户也可以改变多边形上的点数，在属性栏的 5 53 文本框中输入“5”，按Enter键即可得到如图所示图形；再在属性栏的【多边形锐度】中拖动滑块到 53 即可得到多边形锐角星形。

图 2-39 绘制星形

2.12 复杂星形的绘制

在工具箱中选择【复杂星形】工具，此时的属性栏中只有几项为可用的，采用默认值，直接在绘图区按下左键向对角移动鼠标，可以拖出一个复杂星形，到达所需的大小时松开左键，即可得到一个所需大小的复杂星形，如图2-40（a)所示。在星形选中的情况下，在默认CMYK调板中单击红色，如图所示2-40（b）所示。

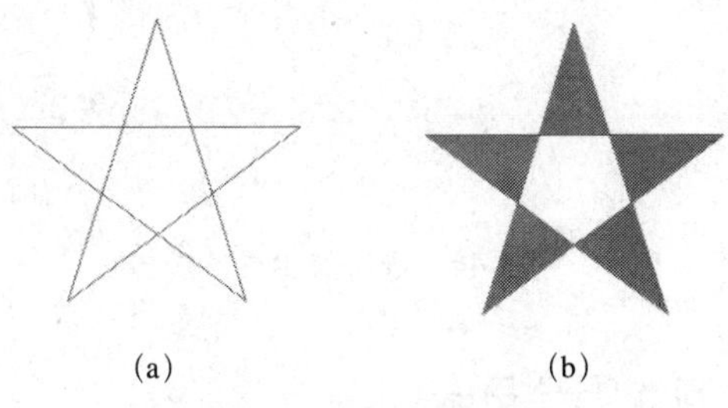

(a)　　(b)

图2-40　复杂星形的绘制

用户也可以改变多边形上的点数，在五角星形被选中的情况下，在属性栏的文本框中输入“10”，按Enter键即可得到如图2-41（a)所示图形；再在属性栏的多边形锐度中拖动滑块到2即可得到星形，如图2-41（b）所示。

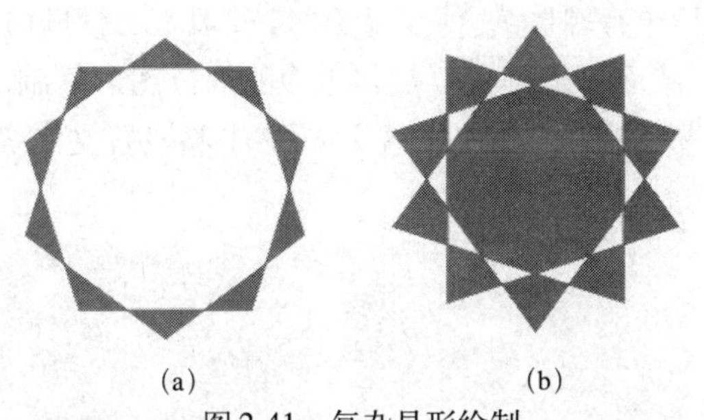

(a)　　(b)

图2-41　复杂星形绘制

2.13　螺纹工具与图纸工具

2.13.1　绘制螺纹线

使用螺纹工具可以绘制螺纹线。操作方法如下：

在工具箱中选择【螺纹】工具，属性栏中就会显示它的相关选项，如图2-42所示。

采用默认值，在绘图区按下左键向对角拖动，达到所需的大小后松开左键，即可绘制一条对称式螺纹线，如图2-43所示。

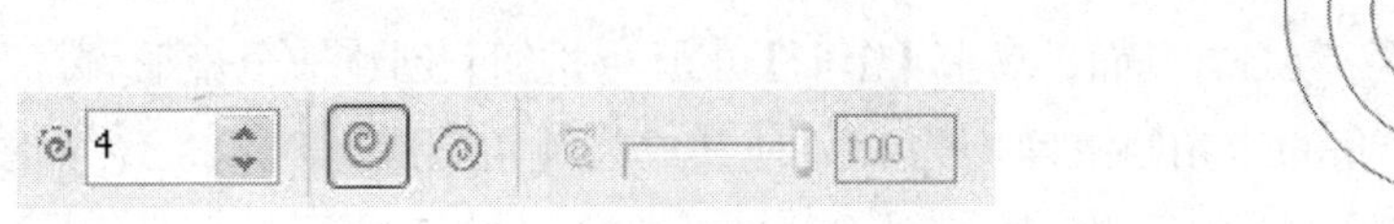

图2-42　螺纹工具属性栏

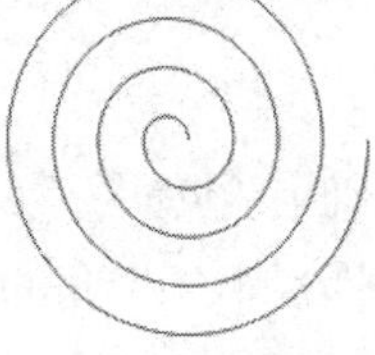

图2-43　对称式螺旋线的绘制

用户也可以利用【螺纹】工具绘制对数式螺纹，先在属性栏中选项中选择再设定螺纹回圈为“13”，螺纹扩展参数为“17”，然后在绘图区按下左键向对角拖动，到达所需的大小后松开左键，即可绘制出一条对数式螺纹线，如图2-44（a）所示。

在默认CMYK调色板中右键单击蓝色，使它的轮廓色为蓝色，效果如图2-44 (b) 所示。

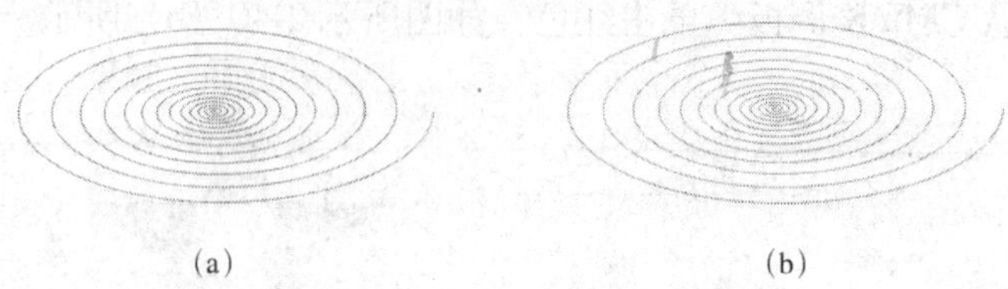

(a)　　　　　　(b)

图2-44　螺旋线参数的选择

2.13.2　实例——绘制欢唱会员卡

欢唱会员卡包括正面和背面两个面，因此设计制作包括两个部分，即正面图形的绘制和背面图形的绘制。

欢唱会员卡作为一种特殊的消费凭证，在卡的背面必须注明该卡的使用方法和享有优惠政策。卡的正面可以是与消费内容相关的一些图片、标志等。

欢唱会员卡正面图形的绘制主要使用【矩形】工具、【椭圆】工具、【螺旋形】工具和【艺术笔】工具。背面图形则主要是将正面的部分图形复制，通过使用【交互式透明】工具为图形添加透明效果，再使用【文本】工具设置文字等。图2-45所示为该实例的制作最终图。

图2-45　欢唱会员卡效果图

01 正面步骤如下：

启动CorelDRAWX4，新建一个工作文档。单击属性栏中的纵向按钮，将页面纵向摆放，具体设置如图2-46所示。

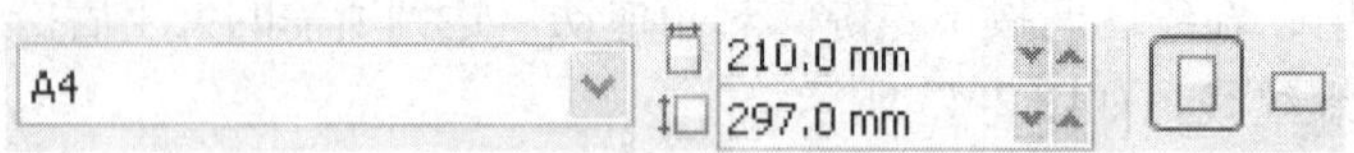

图2-46　设置属性栏

02 确定“页面”为编辑页面，双击【矩形】工具按钮，创建一个矩形，然后设置属性栏中4个角的边角圆滑度均为15，使其成为圆角矩形，如图2-47所示。

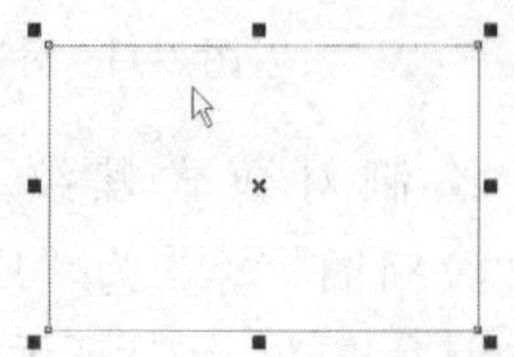

图2-47　创建圆角矩形

03 接着对该图形进行填充，选择默认调板中的玫瑰红单击鼠标左键，为圆角矩形应用玫瑰红填充，填充完毕设置轮廓色为无，在默认调板中无填充☒单击鼠标右键即可。

04 在矩形被选中状态单击工具箱中的【交互式透明】工具，如图2-48所示，并设置属性栏如图2-49所示。

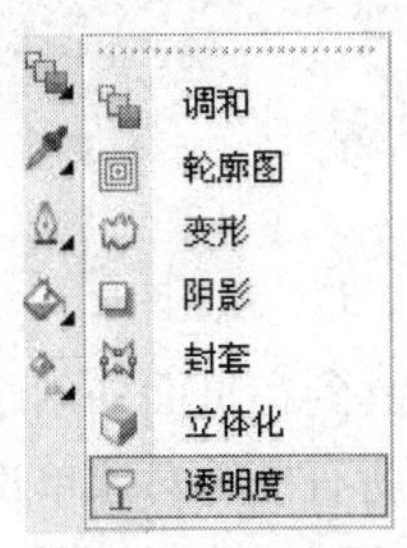

图2-48 选择交互式透明工具

图2-49 交互式透明工具属性栏

05 接着制作背景图案。使用【椭圆】工具绘制一个椭圆，按【Ctrl+Q】键将其转换为曲线，选择【形状】工具，参照图2-50所示将椭圆形状调整为桃状。

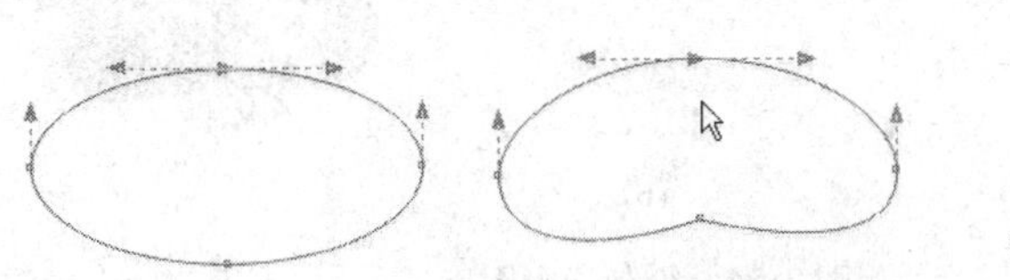

图2-50 背景图案的制作

06 对调整好的桃状图形进行编辑。确定桃状图形为选中状态，在菜单下选择【排列】菜单|【变换】|【旋转】命令出现旋转泊坞窗，设置旋转角度为30°并设置旋转中心为顶部的中间，单击应用再制命令，设置如图2-51（a）所示，效果如图2-51（b）所示，多次重复应用再制命令即可得到如图2-51（c）所示效果。

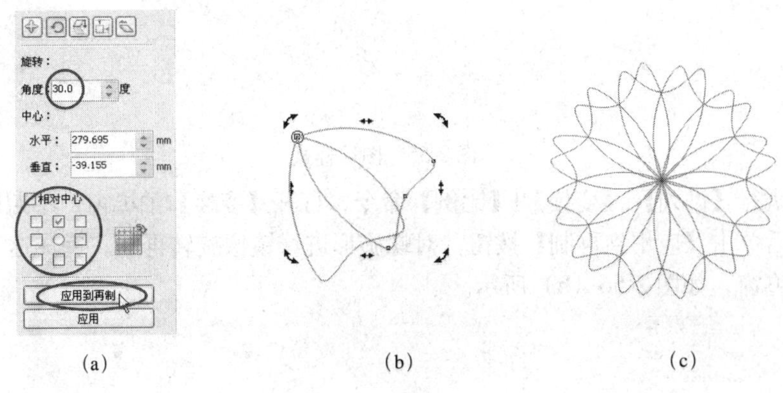

(a) (b) (c)

图2-51 编辑桃状图形

07 选择旋转再制后形成的所有图形对象，可以按住Shift键，单击要加选的对象，全部选中后，单击属性栏中的焊接按钮，将它们焊接为一个整体如图2-52（a）所示，内部填充颜色为粉红色，轮廓色设置为无☒，如图2-52（b）所示。

08 接着使用交互式透明工具分别为其添加 标准 正常 75 透明效果。将绘制好的图案再制多个，调整各自大小,选择工具箱中的挑选工具,对图案进行拖曳,如果要按比例缩放,可以按住 Shift 键对图案进行拖曳即可。按参照图 2-45 将其放到卡身相应的位置，如图 2-53 所示。

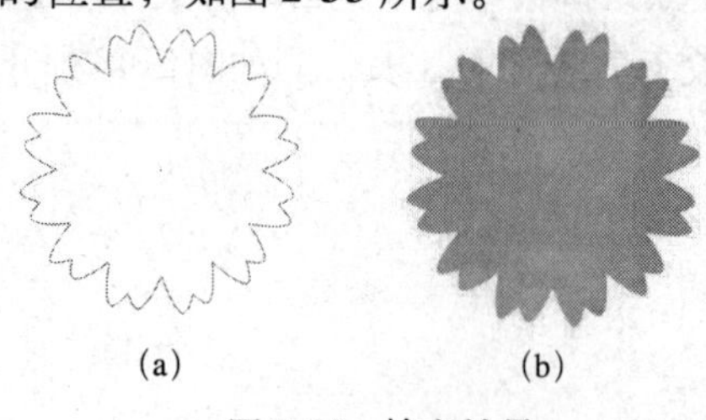

(a)　(b)

图 2-52　填充效果

图 2-53　背景图片

09 接着绘制卡身中的粉红色云彩图案。使用【椭圆】工具到在页面外创建多个椭圆图形，并参照图 2-54（a）将这些椭圆图形组合在一起，选择所有椭圆对象单击属性栏中的“焊接”按钮，将它们焊接为一个整体，如图 2-54（b）所示；将焊接后的图形填充为粉红色设置轮廓为无⊠，如图 2-54（c）所示。

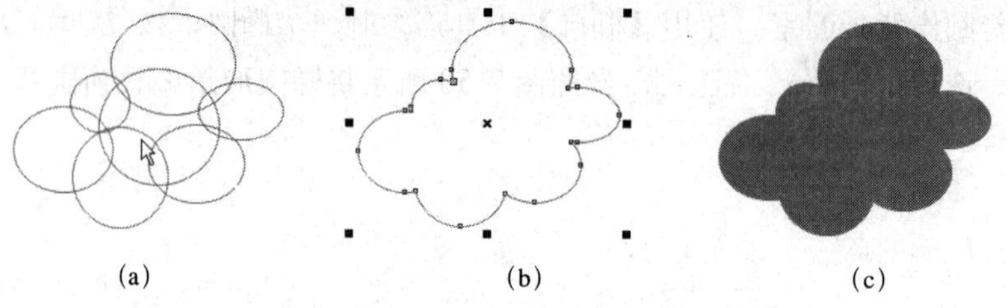

(a)　(b)　(c)

图 2-54　绘制云彩图案

10 选择【螺旋】工具，设置为 2 1，按Ctrl键绘制一个螺旋形，如图 2-55（a）所示。保持螺旋形的选择状态，单击【艺术笔】工具按钮，在属性栏中选择合适的艺术样式，为螺旋形添加艺术样式，如图 2-55（b）所示。

(a)　(b)

图 2-55　图层样式

11 执行【排列】|【变换】|【比例】命令，打开【变换】泊坞窗，参照图 2-56（a）设置完毕后单击【应用到再制】按钮，对螺旋形进行镜像旋转再制。完成这一操作步骤后关闭泊坞窗，如图 2-56（b）所示。

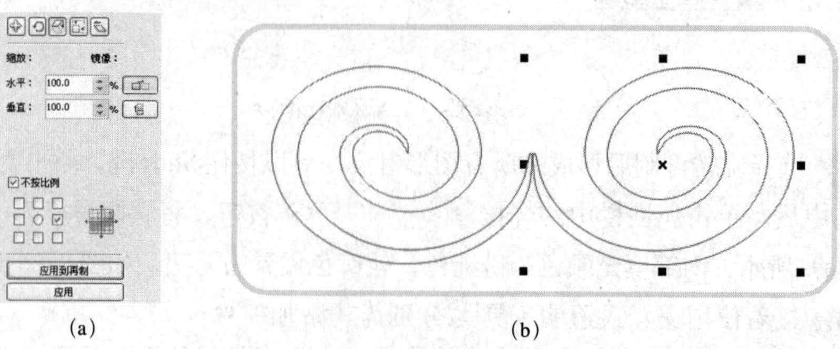

(a)　(b)

图 2-56　镜像旋转再制

12 设置两个螺旋形填充颜色为白色，轮廓为无，参照图2-45将其放到粉红色图形上，接着分别对两个白色螺旋形进行再制【Ctrl+D】，并调整各自大小放在粉红色图形其他位置，如图2-57所示。

图2-57 填充效果

13 接着再对螺旋形和粉红色图形进行群组，把粉红色图形和螺旋形全部选中，在菜单栏中选择【排列】|【群组】即可。参照上步中对螺旋形镜像旋转再制的操作方法，对粉红色云彩进行再制。参照图2-45调整各个再制对象大小放到卡身相应的位置，如图2-58所示。

图2-58 效果图

14 选择【艺术笔】工具，在属性栏中设置为 100 13.0 mm ，在绘图区绘制如图2-59（a）所示图形,并把它放在前面组合后的卡面上，选中艺术笔绘制的图形，单击右键，选择顺序下拉菜单中的“至于此对象后”命令，出现一个黑色的箭头，单击云彩，如图2-59（b）所示。

(a) (b)

图2-59 效果图

15 接下来使用【文本】工具添加文字“太阳雨KTV”几个字，如图2-60（a）所示。运用【挑选】工具选中文字后，在文本菜单中选择文本适配路径，移动鼠标在艺术笔工具绘制的图形上出现如图2-60（b）效果单击鼠标左键。

(a)　　　　(b)

图 2-60　文本适配

16 在艺术笔下方加入文字"贵宾欢唱卡"，如图 2-61（a）所示，并放在桃花图形上如图并放置在如图位置，效果如图 2-61（b）所示。

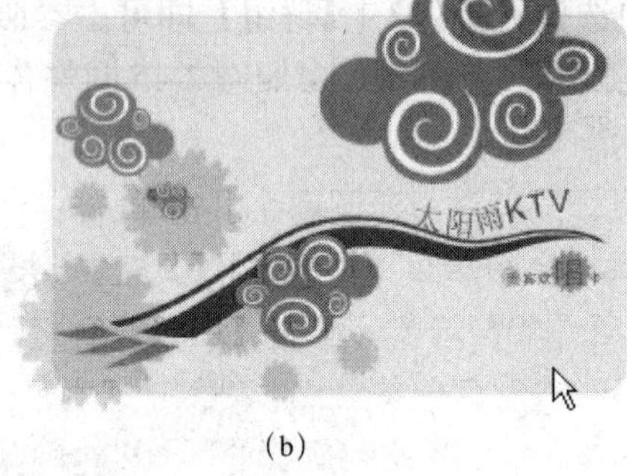

(a)　　　　(b)

图 2-61　效果图

17 把除了矩形以外图形全部选中，将所有背景图案群组，执行【效果】|【图框精确剪裁】|【放置在容器中】命令，将对象只在圆角矩形范围中显示，完成本欢唱卡的正面设计，如图 2-62 所示。

图 2-62　正面效果图

18 制作欢唱卡背面之前，首先将制作背面所需要的图案再制并移动到页面左侧。然后选择页面上所有背景图案对象，按【Ctrl+G】键进行群组，为便于操作暂将圆角矩形移动到页面右侧，如图 2-63 所示。

19 选择群组对象执行【效果】|【图框精确剪裁】|【放置在容器中】命令，使用黑色箭头单击圆角矩形，使背景图案只在圆角矩形范围中显示，为背景添加文字。制作完成欢唱卡的背面背景部分，效果如图 2-64 所示。

图 2-63　复制群组

图 2-64　输入背景文字

20 添加条形码，执行【编辑】|【插入条形码】命令，打开【条码向导】对话框，参照图2-45随意输入一段数字，单击【下一步】按钮直至【完成】，插入一个条形码。将条形码缩小放置在卡身左下角，调整其他各个对象位置。这样一个完整的“太阳雨KTV欢唱卡”就绘制完成，效果如图2-65所示。

图2-65 最终效果图

2.14 绘制网格

利用图纸工具可以绘制出网格。

在工具箱中选择【图纸】工具，属性栏就会显示它的相关选项，在属性栏的【图纸行和列数】文本框中均输入数字1后，按Enter键，再在绘图区适当的位置按下左键向对角拖动，拖出一个矩形到达所需的大小后松开左键，即可得到一个矩形，如图2-66（a）所示；然后在默认CMYK调色板中单击10%黑，将它填充为淡灰色，效果如图2-66（b）所示；在属性栏的【图纸行和列数】文本框中设定【行数】为“5”，【列数】为“5”，再在绘图区适当的位置按下左键向对角拖动，拖出一个网格到达所需的大小后松开左键，即可得到一个网格，如图2-66（c）所示。

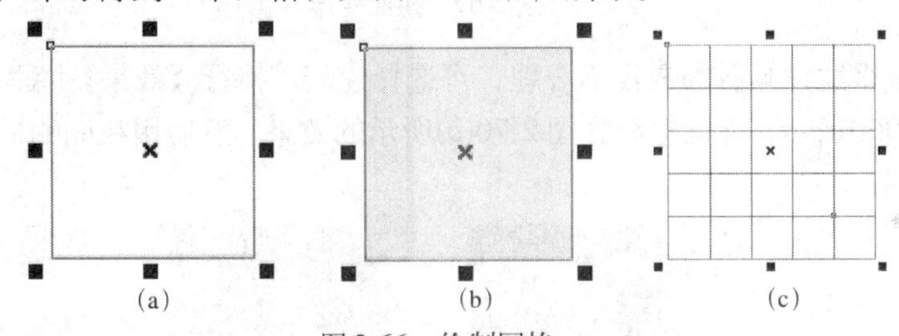

(a) (b) (c)

图2-66 绘制网格

下面介绍实例——绘制魔方的操作步骤：

使用图纸工具绘制魔方。

01 单击图纸工具在属性栏中将行数与列数都设置为，再按住Ctrl键在页面中拖曳鼠标，绘制正方形网格，如图2-67（a）所示；单击属性栏中的取消群组按钮，取消群组后给间隔方形分别填充砖红色与橙红色，如图2-67（b）所示；双击“选择工具”选择所有图形，右键单击调色板中的“无填充色”按钮☒，去除轮廓后的效果如图2-67（c）所示。

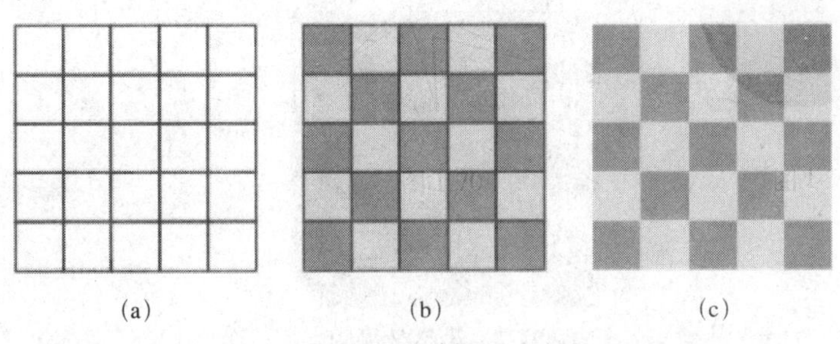

(a) (b) (c)

图2-67 绘制网格与填充

02 选择上面两排图形，向上复制出一个后再更改颜色，然后按下【Ctrl+G】键将它们群组。用同样的方法复制右边的两排图形，更改颜色后再群组，再将上面与右面压扁，只要在选择状态下拖曳鼠标即可，如图 2-68 所示。

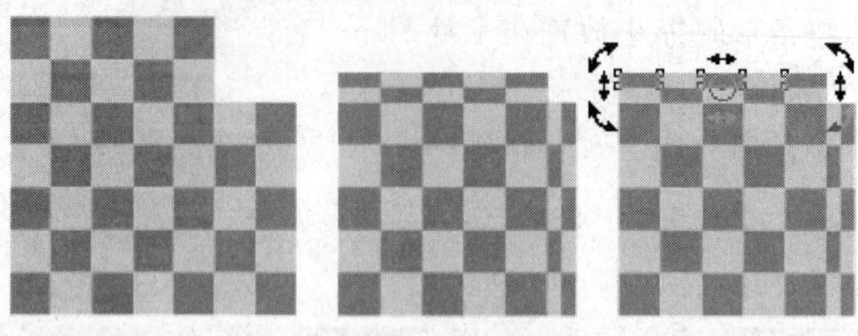

图 2-68　复制变形

03 双击上面群组的图形，拖动倾斜控制方块，如图 2-69(a)所示。用同样的方法处理右边图形，所得效果如图 2-69(b)所示。

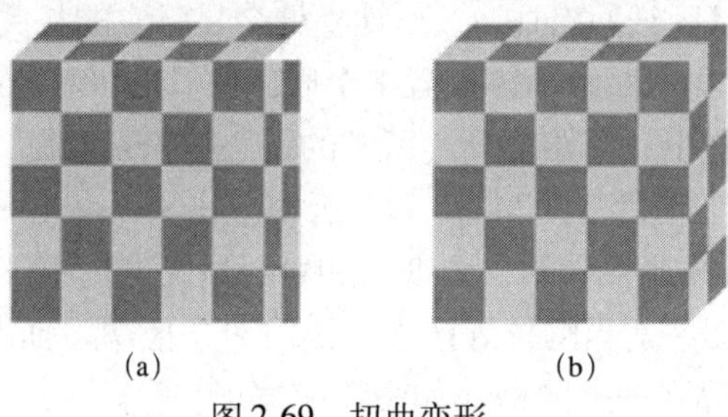

(a)　　(b)

图 2-69　扭曲变形

04 若觉得这样倾斜的透视不合理，可选择它们，执行【效果】|【添加透视点】命令，如图 2-70(a)所示，再调整至如图 2-70(b)所示的效果，然后用相同的调整右边群组图形的透视关系。

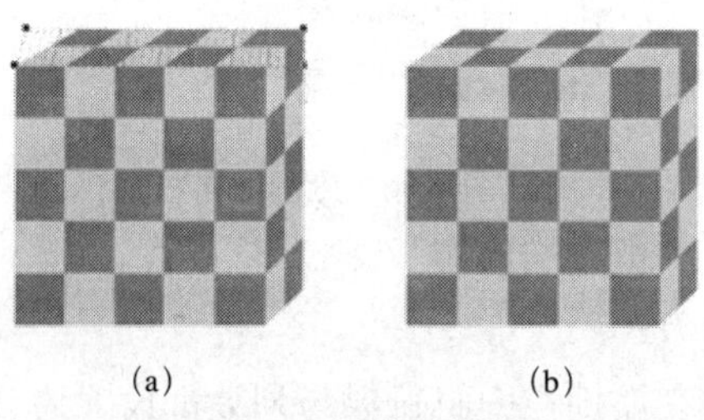

(a)　　(b)

图 2-70　调整透视关系

05 这样图形的立体感不够强烈，可选择右边图形，然后按住 Ctrl 键的同时用左键单击两下调色板中的黑色；再选择前面的图形，按住 Ctrl 键的同时用左键单击一下调色板中的黑色，微调颜色后的最终效果如图 2-71 所示。

图 2-71　最终效果图

2.15 基本形状工具

利用【基本形状】工具可以绘制出各种基本形状。

操作方法如下：

在工具箱中选择【基本形状】工具，属性栏中就会显示它的相关选项，如图 2 -72 所示。

图 2-72 基本形状工具属性栏

在属性栏中单击【完美形状】按钮，弹出如图 2-73 所示的面板，并在其中选择形状，然后在绘图区按下左键向对角拖动，到达所需的大小后松开左键，即可将该形状绘制在绘图区中，如图 2-74 所示。

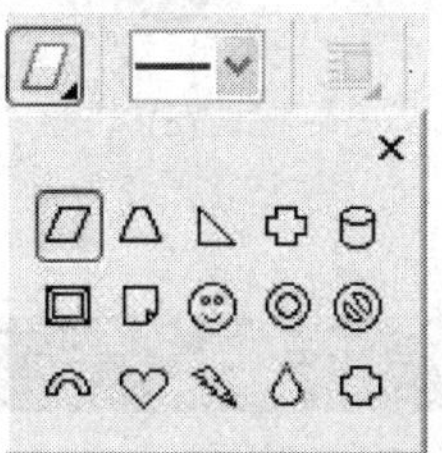

图 2-73 完美形状面板

图 2-74 绘制好的形状

用户也可改变其形状，将指针指向红色的小菱形块上按下左键向上拖动，如图 2-75（a）所示；得到所需的形状后松开左键，即可将曲线的形状进行了改变，结果如图 2-75（b）所示；在默认 CMYK 调色板中单击黑色，使它填充为黑色，轮廓填充为白色，效果如图 2-75（c）所示。

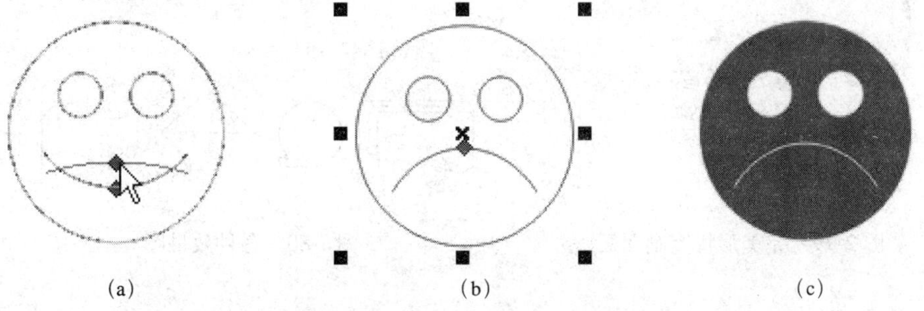

(a) (b) (c)

图 2-75 拖动时的状态 / 修改后的结果和填充颜色

2.16 箭头形状工具

利用箭头形状工具可以绘制各种箭头，如图 2-76 所示。

图 2-76 各种箭头形状

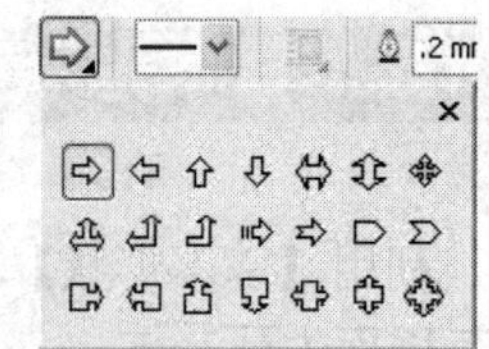

图 2-77 完美形状工具面板

操作方法如下：

在工具箱中选择箭头形状工具，它的属性栏与基本形状工具的相同，在属性栏中单击【完美形状】按钮，弹出如图 2-77 所示的面板。

接着在面板中选择箭头形状，然后在绘图区内按下左键进行拖动，即可绘制出一个所选的箭头形状，如图 2-78（a）所示；再应用【形状】工具拖动蓝色菱形块到适当位置，以调整箭头的大小，如图 2-78（b）所示；在默认CMYK调色板单击红，使它填充为红色，画面效果如图 2-78（c）所示。

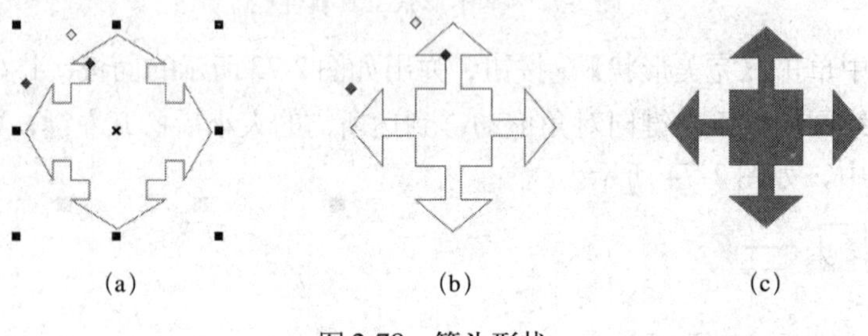

图 2-78 箭头形状

2.17 流程图形状工具

在工具箱中选择【流程图形状】工具，属性栏就显示它的相关选项。在属性栏中单击【完美形状】按钮，并在弹出的面板中选择所需的形状，如图 2-79 所示，然后在绘图区内适当位置绘制出所选的形状，如图 2-80 所示。

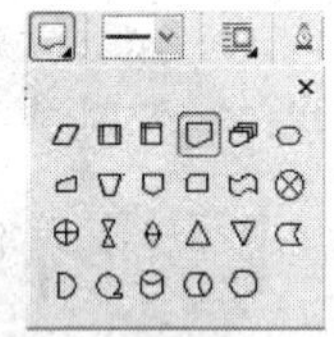

图 2-79 完美形状控制面板

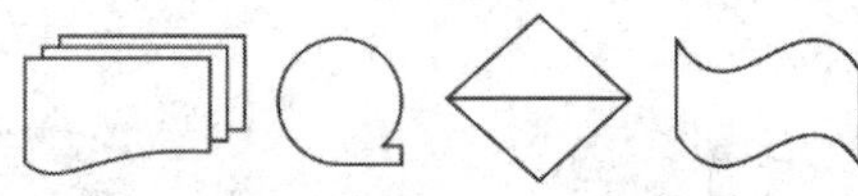

图 2-80 各种效果图

2.17.1 标题形状工具

利用【标题形状】工具可绘制各种各样的标题形状，如图 2-81 所示。

图 2-81 各种标题形状

2.17.2 标注形状工具

利用【标注形状】工具可绘制各种各样的标注形状，如图2-82所示。

图2-82 各种标注形状

2.18 选择对象

在改变对象之前，必须先选定对象。可以在群组或嵌套群组中选择可见对象、隐藏对象和单个对象。可以按创建对象的顺序选择对象。可以同时选择所有对象，也可以同时取消对多个对象的选定。

2.18.1 挑选工具

使用【挑选】工具可以用于选择对象和取消对象的选择，还可用来交互式移动、延展、缩放、旋转和倾斜对象等。其实我们在前面已经多次使用过挑选工具了，挑选工具在CorelDRAW程序中使用频率非常高。

在工具箱中选择【挑选】工具，并且在文件中没有选择任何对象的属性栏如图2-83所示，如果选择了对象，则会显示与选择对象相关的选项。

图2-83 挑选工具属性栏

在A4(纸张类型|大小)下拉列表中可以选择所需的纸张类型|大小，在210.0 mm 297.0 mm(纸张宽度和高度)文本框中可以设置所需的纸张宽度和高度。

选择(纵向)按钮可以将页面设为纵向，选择(横向)按钮可以将页面设为横向。

设置默认或当前页的大小和方向，选择按钮时可以将多页文件中的页面设为相同页面方向；选择按钮时可以将多页文件中的页面设为不同页面方向。

- 在单位:毫米下拉列表中可以选择所需的单位。
- 在.1 mm(微调偏移)文本框中可以输入所需的偏移值，即在键盘上按方向键移动的距离。
- 在5.0 mm 5.0 mm(再制距离)文本框中可以输入所需的再制距离，执行【再制】命令后副本所移动的距离。
- 在单位:毫米下拉列表中可以选择所需的单位。

提示：

双击挑选工具，可以选择当前绘图窗口中的所有对象；按住Shift键并单击对象，可进行多重选择，按住Ctrl键并单击对象，则可在群组中选择单个对象。

2.18.2 选择对象

在工具箱中选择挑选工具，再在画面中单击对象以选择它，属性栏中就会显示相应的选项，如图 2-84 所示。

图 2-84 属性栏

（1）缩放对象。选中对象后，移动指针到右上角的控制点上，指针呈双向箭头状时按下左键向右上方或左下方拖动，到达所需的大小后松开左键，即可将该对象放大或缩小图。

（2）镜像对象。再移动指针到下方中间控制点上按下左键向上拖动，到达所需的位置和大小时松开左键，即可使对象进行镜像，同时还将改变对象的大小。

（3）移动对象。移动指针到对象上按下左键向下拖动，到达所需的位置后松左键，即可将对象移了一定距离。

（4）旋转对象。用户可直接用挑选工具旋转对象。再次在选择对象上单击，可使它处于旋转状态，将指针指向它时指针呈旋转双箭头状，在左上角弯曲双箭头上按下左键向上拖动，以将对象进行旋转。

（5）扭曲对象。移动指针到右边中间的双向箭头上指针呈双向箭头状时按下左键向上拖动，到达所需的形状后松开左键。

按 Tab 键可以从最后创建的对象依次向最前创建的对象选择；按【Shift+Tab】键可以从最前面创建的对象依次向最后创建的对象选择。

（6）缩放工具。利用缩放工具可以将对象放大或缩小，以便观察和编辑局部，也可观看整体效果。缩放工具的属性设置：在工具箱中选择缩放工具，属性栏中就会显示它相关的选项，如图 2-85 所示。

图 2-85 属性栏

2.18.3 各选项说明

107%（缩放级别）选项：在该下拉列表中包括多种特定的显示比例，用户可以在下拉列表中选择所需的选项，来使用窗口的显示比例。

“放大”按钮：单击该按钮，可以将图像以“2 × 原倍数”的形式进行放大，用户也可以直接在画面中单击来放大画面。

“缩小”按钮：单击该按钮，可以将图像以“2 × 原倍数”的形式进行缩小，用户也可以直接在画面中单击来缩小画面。也可以按 F3 键。

“缩放选定范围”按钮：单击该按钮，可以将绘图窗口所选取的图形进行最大化显示，也可以按【Shift + F2】键。

“缩放全部对象”按钮：单击该按钮，可以将绘图窗口中全部的图形进行最大化显示。也可以按F4键。

“按页面显示”按钮：单击该按钮，可以将绘图窗口页面打印区域以100%显示，也可以按【Shift + F4】键。

“按页面宽度显示”按钮：单击该按钮，可以以页面打印区域的页宽进行显示。

“按页高显示”按钮：单击该按钮，可以以页面打印区域的页高进行显示。

2.18.4 使用缩放工具

操作方法如下：

按【Ctrl+I】键导入一张图片，如图2-86（a）所示，再在工具箱中选择【缩放工具】，在屏幕上就会显示光标，在屏幕上单击一下放大两倍，如图2-86（b）所示。

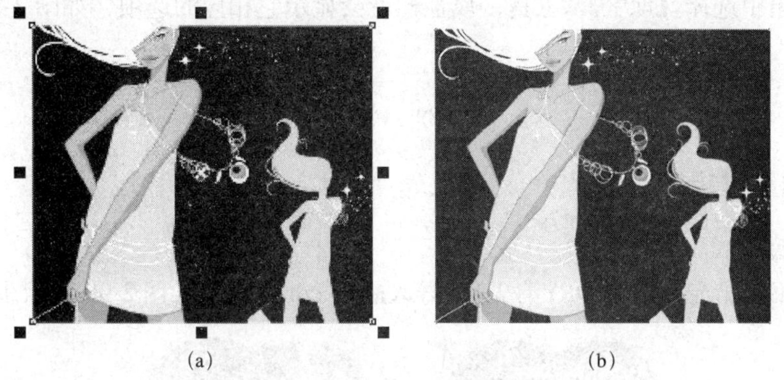

(a)　　(b)

图2-86　放大两倍

用户如果想要放大对象的局部，可用鼠标框选所要放大的区域，如图2-87（a）所示，松开左键后即可把该局部放大，如图2-87（b）所示。

用户也可在屏幕上右键单击来缩小对象，如图2-88所示。

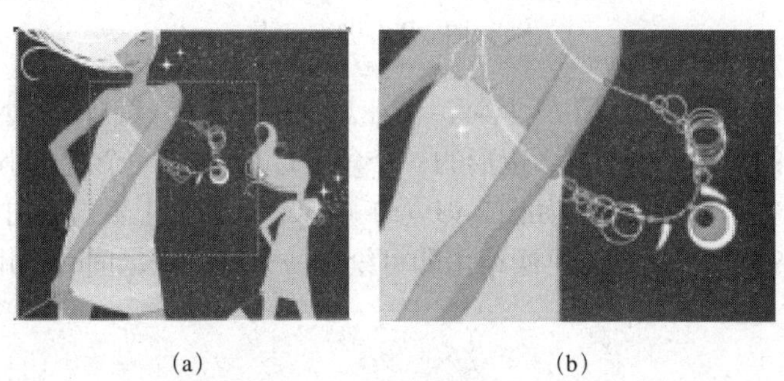

(a)　　(b)

图2-87　局部放大

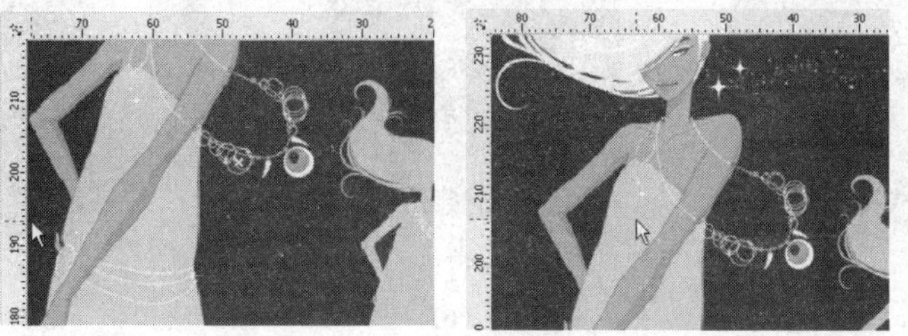

图2-88　右键单击缩小

2.19 手形工具

利用手形工具，可拖动整个画面到所需的位置。例如，一个图形文件在绘图窗口中无法完全显示，在工具箱中选择【手形工具】，在画面上按下左键向左下方拖动，就可将画面向左下方移动到所需的位置。

2.20 度量工具

利用度量工具可为图形标注尺寸。

在工具箱中选择【度量】工具，属性栏就会显示它相应的选项，如图 2-89 所示。

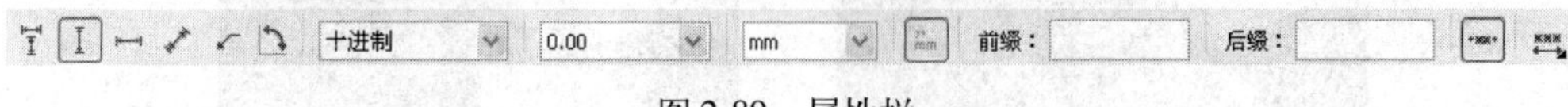

图 2-89 属性栏

2.20.1 测量对象的宽度

操作步骤如下：

导入本书附带光盘中 \CDR\ 第 2 章 \ 导入心形.cdr 文件，如图 2-90 所示。

图 2-90 度量工具

在工具箱中选择【度量】工具，再在属性栏中选择【自动度量】工具，然后移动指针到测量的起点（起点在多边形的一个角上），会出现一个蓝色小方块，在其上按左键向右拖动到另一个角点上，如图 2-91（a）所示，在角点上单击后向左上方移动到适当位置，如图 2-91（b）所示，再次单击即可绘制一条标注线，同时还用文字进行了标注，结果如图 2-91（c）所示。

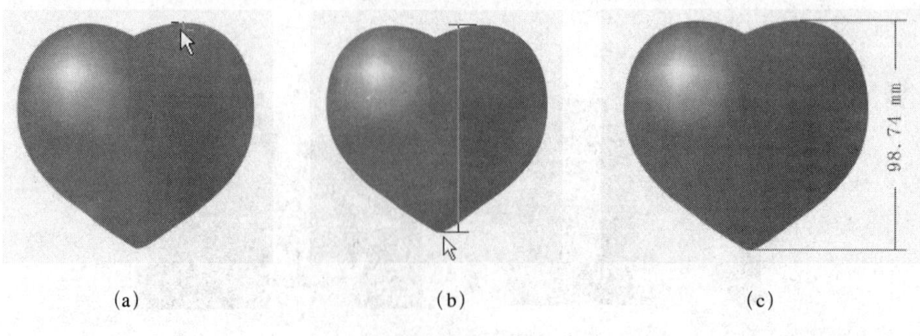

(a) (b) (c)

图 2-91 度量工具

2.20.2 测量对象的角度

操作步骤如下：

导入本书附带光盘中 \CDR\ 第二章 \ 导入六边形.cdr 文件，如图 2-92（a）所示，保持【度量】工具的选择，再在属性栏中单击【角度测量】工具，此时尺寸单位自动变为“度”。

对多边形对象进行角度标注，将指针移到要标注角度的顶点位置，如图 2-92（b）所示出现一小方块时单击，接着移动指针到要标注角度的一边适当位置单击，然后再拖动到这个角的另一边的适当位置单击，如图 2-92（c）所示。

在角度内移动鼠标，可改变角度弧线的范围，但角度值不变，如将光标移至角度以外，其角度值改变，与原角度之和为 360°。

将指针移至两边适当的位置单击如图 2-92（d）所示，即可完成这个角度的测量，并对相关对象进行标注说明。

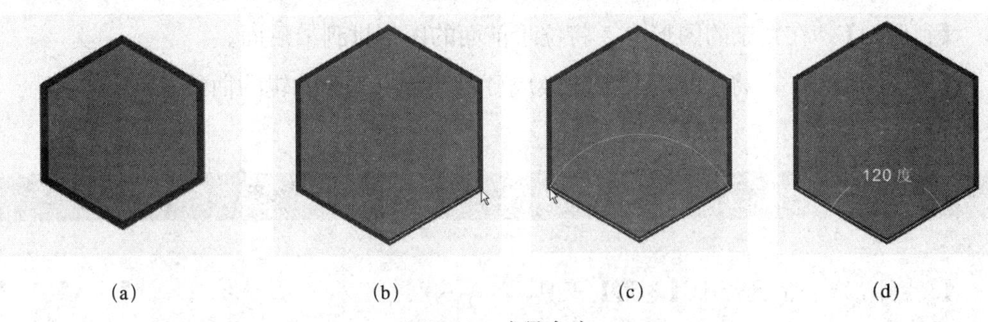

(a) (b) (c) (d)

图 2-92 度量角度

接着上节进行讲解，使用原有六边形，保持【度量】工具的选择，再在属性栏中选择【标注】工具。

将指针移向要进行标注说明的对象上单击，再移向欲放置标注拉伸引线的位置单击，再水平向左移动一定距离后单击，如图2-93（a）所示，来确定输入文字起点位置。

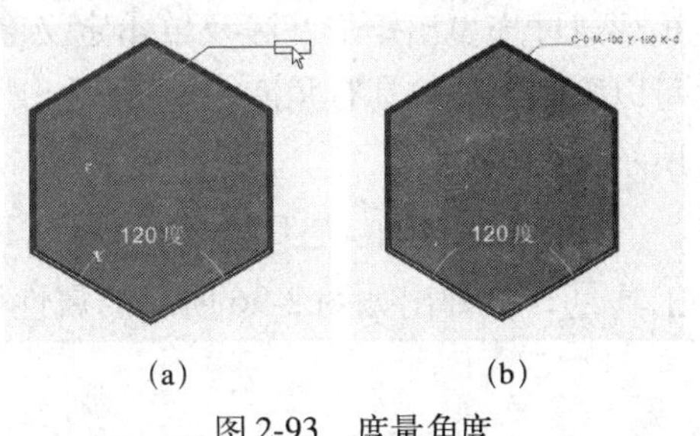

(a) (b)

图 2-93 度量角度

确定文字输入起点后出现提示文本输入的光标，如图 2-93（b）所示；接着输入“文字区域”文字，如图所示，这样对象的标注说明就已完成了。

2.21 矩形工具

【矩形】工具是CorelDRAW常用的基本绘图工具之一，单击工具箱中的【矩形】工具按钮，将弹出相应的属性栏，如图 2-94 所示。

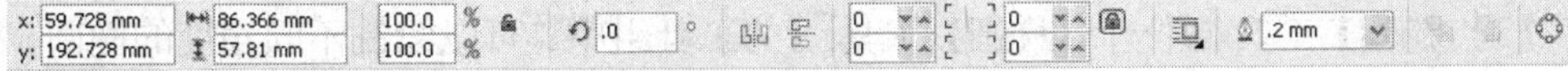

图 2-94 矩形工具属性栏

【对象的位置】 设置图形在绘图窗口中位置的参数。

【对象的大小】 设置所绘制的图形大小的参数。

【缩放因子】 设置所绘制图形的缩放比例。当激活【不按比例缩放】按钮时，每个参数可以分别进行设置；反之，当【不按比例缩放】按钮不被激活时，改变其中一个缩放参数时，其他的一个参数将随之改变。

【旋转角度】 用于设置图形的旋转程度，其数值范围为0～360°。

【镜像按钮】 可使图形水平或垂直方向翻转。

【边角圆滑度】 设置所绘矩形的4个角的圆滑程度。当激活【全部圆角】按钮时，改变其中一个缩放参数时，其他的参数将随之改变；反之，当【全部圆角】按钮不被激活时，每个参数可以分别进行设置。

【轮廓宽度】 用于设置所绘图形线型的粗细程度。

【到前部】 在复杂的图形中，将位于底层的图形排到最前面。

【到后部】 在复杂的图形中，将位于前面的图形排到最后面。

【转换为曲线】 将绘制的图形转换成可对其节点进行编辑的曲线。

2.22 3点矩形工具

【3点矩形】工具位于【矩形】工具的工具组中，可以绘制出任意比例、方向的矩形通过拖曳出矩形基线及单击定义高度，可以绘制出任何具有角度的矩形，如图2-95所示。

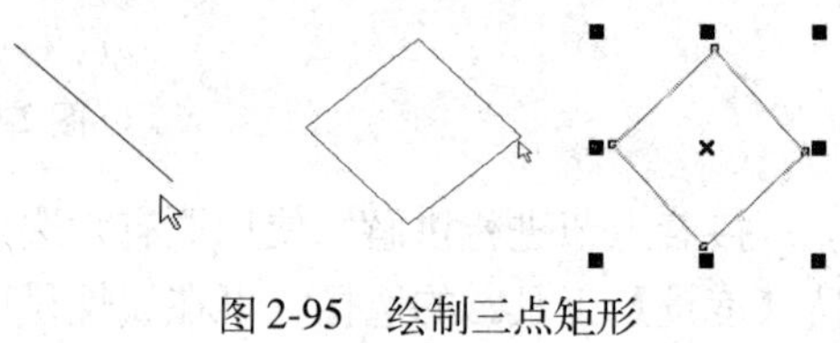

图2-95 绘制三点矩形

【椭圆】工具是CorelDRAW常用的基本绘图工具之一，单击工具箱中的【椭圆】工具，会弹出如图2-96所示的属性栏。

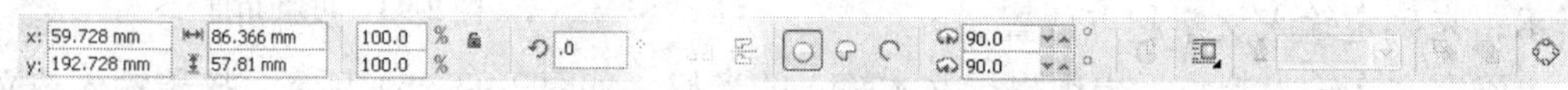

图2-96 绘制三点矩形

【椭圆】工具与【矩形】工具属性栏中相同的参数请参考【矩形】工具部分，这里就不再叙述了。

【椭圆|饼形|弧形】代表椭圆的3种绘图方式，用鼠标依次单击这3个按钮，可分别绘制出椭圆形、饼形和弧形3种形状，如图2-97所示。

【起始和结束角度】 用于置所绘制的椭圆的起始和结束的角度。

【3点椭圆】工具位于【椭圆】工具的工具组中，可以绘制不同角度的椭圆，如图2-98所示。

图 2-97　绘制三点矩形

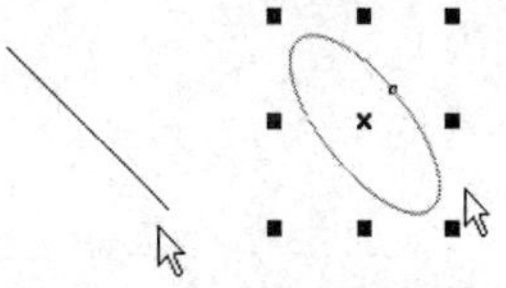

图 2-98　三点椭圆绘制

2.23　手绘工具

【手绘】工具可以直接在绘图窗口中拖动鼠标进行绘制。在使用【手绘】工具绘制图形时，可以绘制出直线、曲线等线型。

【手绘】工具绘制连续折线或曲线时，如果终止点与起始点重合，即可绘制出规则或不规则的封闭图形；也可以单击属性栏中的【自动闭合曲线】按钮，系统会自动将所选中的线条的首尾连接起来，如图 2-99 所示。

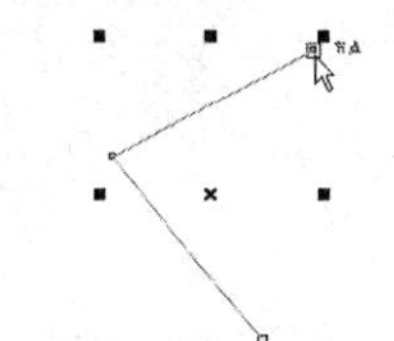

图 2-99　绘制闭合图形

2.23.1　动手操作绘制直线

01 单击工具箱中的【手绘】工具。

02 在绘图窗口中单击定位直线的起点，将鼠标移动到起点外的区域再次单击，即可绘制出一条直线，如图 2-100 所示。

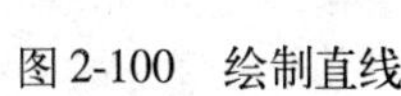

图 2-100　绘制直线

2.23.2　动手操作绘制曲线

01 在绘图窗口中按下鼠标左键不放并拖曳鼠标。

02 松开鼠标后即可绘制出一条自由曲线，如图 2-101 所示。

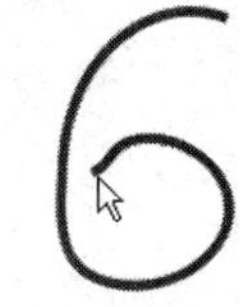

图 2-101　绘制曲线

提示：

使用手绘工具绘制直线时，按住 Ctrl 键可以绘制出水平、垂直或 45° 倾斜的线段。这样，使用快捷键绘制直线条会更加精确方便。在绘制封闭的直线时，如选中所绘的线条后，单击属性栏中的自动闭合按钮，可以将所选线条连接起来，成为一个封闭的图形。

CorelDRAW X4

第3章　特殊图形的绘制

图形、语言、文字是人类为传播而创造的一种载体工具，而图形是介乎于文字与美术之间的另一种视觉传播形式。图形与文字的最大区别在于：其一不受国家地域民族的局限；其二不受时间顺序排列的前后约束。与美术作品的区别在于：艺术作品注重艺术家个人情感的宣泄，艺术作品可以不考虑作品的使用价值，以及能不能被大家所接受，但图形语言却不同，图形语言的特征不仅要能直观地、准确地传达信息，调动视觉激发心理，更重要的是要顾及受众心理的理解，实现心灵触动与沟通，最后达到情感的交流。俗语说：一图胜千言。因此图形语言它能够引起注意，并能留住注意，它这种强烈视觉冲击力永远都是文字和语言无可取代的。

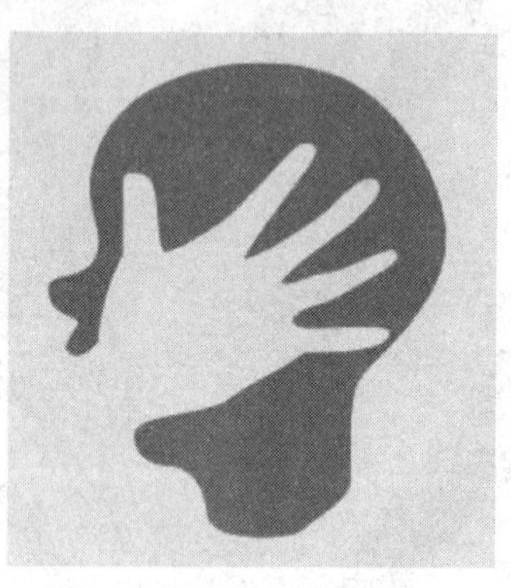

绘制这些特殊图形使用特殊图形工具可以绘制各种复杂图形。

3.1 形状工具

单击工具箱中的【形状】工具按钮，在属性栏位置将显示该按钮的属性栏，如图3-1所示。

【添加节点】按钮：在直线或曲线中，单击鼠标左键，定义出节点位置后，再单击该按钮，可在选定位置添加上一个新的节点。

减少节点 0

图3-1 形状工具的属性栏

【删除节点】按钮：选取直线或曲线的一个或多个节点，然后单击该按钮，可将被选取的节点删除。

【连接两个节点】按钮：在开放曲线中，选取起点和终点，然后单击该按钮，起点和终点被合为一点。

【分割曲线】按钮：选取闭会路径的任意一个节点，然后单击该按钮，此时闭合路径变为开放路径，被选取的节点变为两个节点；选取开放路径除起始点和终点外的任意一点，然后单击该按钮后，此时变为两段开放路径。

【转换为直线】按钮：选取曲线中的节点，单击该按钮后，该曲线变为直线。

【转换为曲线】按钮：选取直线中任意一节点（除开放路径中的起始点外），单击该按钮，此时节点就会处于曲线编辑状态。

【使节点成为尖突】按钮：使用该按钮，可以随意调整曲线中节点两侧的虚线，当调节其中一侧时，另一侧将不会受到影响。

【平滑节点】按钮：在曲线中选取节点，然后单击此按钮，节点两侧的虚线将处于同一直线上。编辑节点其中一侧的曲线时，另一侧的曲线同时也被编辑，但是，如拉长其中一侧的虚线时，另一侧的虚线不会跟着变长。

【生成对称节点】按钮：该按钮和【平滑节点】按钮的使用方法大致相似，不同的是在拉长节点一侧的虚线时，另一侧虚线同时变长。

【反转曲线的方向】按钮：使用该按钮，可以转换开放直线或曲线中的起始点和终点。

【延长曲线使之闭合】按钮：选取开放曲线或直线中的起始点和终点，单击该按钮后，两节点将添加一条直线，并使开放的曲线或直线转变为闭合的曲线。

【提取子路径】按钮：将一条开放曲线中的节点分离成两个节点。单击该按钮后，可使这条曲线变成两条独立的曲线。

【自动闭合曲线】按钮：只要选择开放曲线，单击此按钮后，可将开放曲线变为闭合曲线。

【伸长和缩短节点连线】按钮：选取两个或两个以上的节点，单击该按钮，节点周围会出现缩放框，然后在缩放框上拖曳鼠标，可对节点进行放大或缩小。

【旋转和倾斜节点连接】按钮：选取两个或两个以上的节点，单击该按钮，节点周围会出现旋转框，然后在旋转框上拖曳鼠标，可对节点进行旋转。

【对齐节点】按钮：选取两个或两个以上的节点，单击该按钮，所选中的节点会呈水平或垂直方向排列。

【选择全部节点】按钮：单击该按钮，被选择的曲线上的所有节点会全部被选取。

下面以实例来对它进行讲解。

3.1.1 移动节点与将直线转换为曲线

操作步骤如下：

在工具箱中选择【矩形】工具，在绘图区内绘制一个矩形，然后在默认 CMYK 调色板中单击黄色，使它填充为黄色，效果如图 3-2（a）所示。

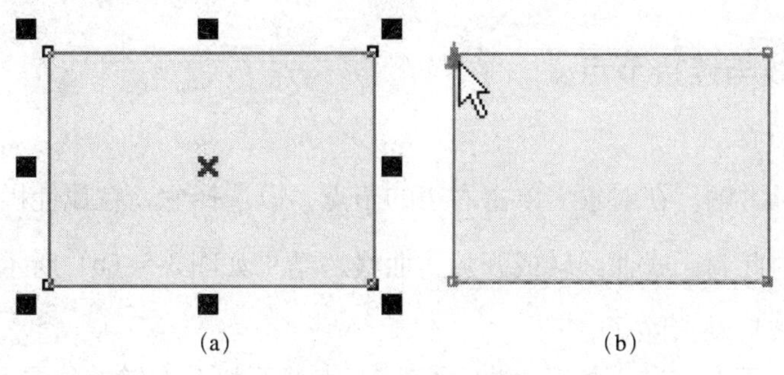

(a) (b)

图 3-2 转换曲线

在属性栏中单击【转换为曲线】按钮，将矩形转换为曲线；接着在工具箱中选择形状工具，再移动指针到左上角的节点上单击以选择它，如图 3-2（b）所示。

在属性栏中单击【转换直线为曲线】按钮，将该节点下方的直线段转换为曲线段，再移动指针到节点下的刚添加的控制点上按下左键向外拖动，即可将该曲线段形状进行修改，如图 3-3（b）所示效果。

移动指针到右上角的节点上按下左键向左下方拖动，到达所需的位置后松开左键，即可得到如图 3-3（c）所示的效果。

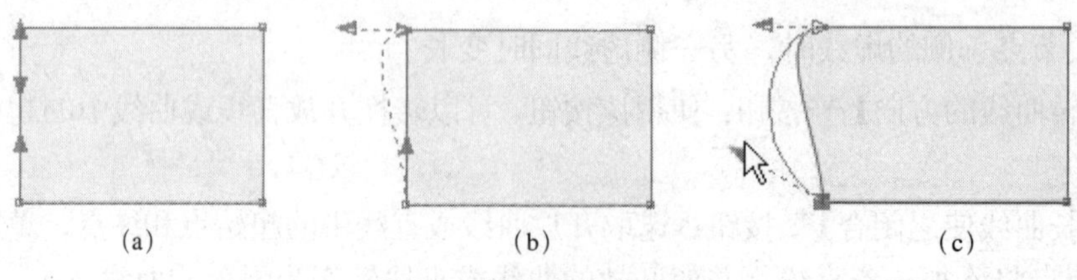

(a) (b) (c)

图 3-3 转换直线为曲线

用户也可单击【伸长和缩短节点连线】按钮，来将节点之间的连线拉长或缩短，也可单击【旋转和倾斜节点连线】按钮，来将节点之间的连线进行旋转与倾斜等。

3.1.2 添加节点与删除节点

操作步骤如下：

接着上节进行讲解，在属性栏中单击【删除节点】按钮（也可在键盘上按 Delete 键删除所选节点），即可将选择的节点删除，结果如图 3-4（b）所示。

在下方的直线段上单击添加一个黑点，再在属性栏中单击【添加节点】按钮，即已在对象的下边添加一个节点，如图 3-4（c）所示。

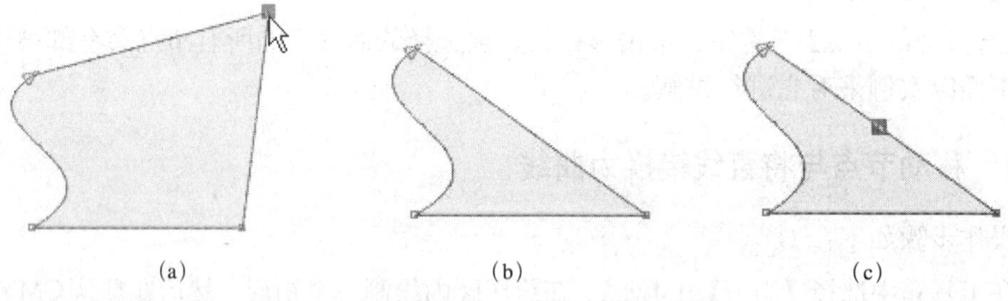

(a) (b) (c)

图 3-4 删除节点与添加节点

3.1.3 分割曲线与连接节点

操作步骤如下：

接着上节进行讲解，在对象上单击右边的节点，以选择它，在属性栏中单击【分割曲线】按钮，将此封闭式曲线转成开放式曲线，结果如图 3-5（b）所示，原来已经填充的颜色同时也被自动清除了。

在该节点上按下左键向下拖动，即可将该节点移至松开左键的位置，如图 3-5（c）

所示。

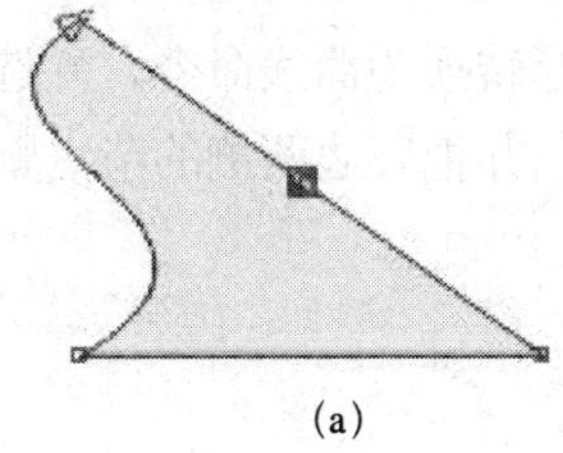
(a)

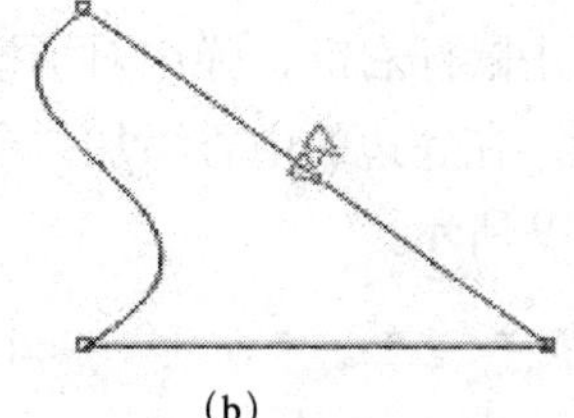
(b)

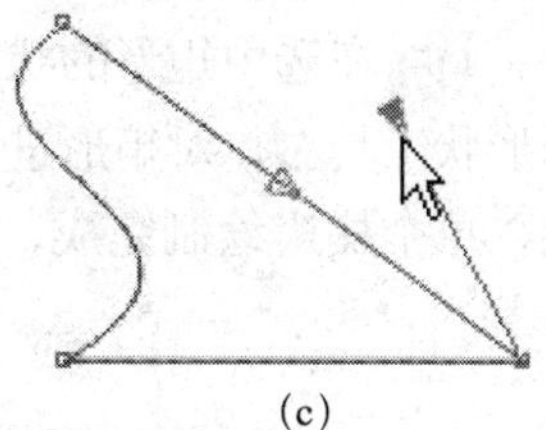
(c)

图3-5 将封闭曲线转成开放曲线

如果要将这两个节点连接起来，可在这两个节点的右上方按下左键拖出一个虚框，将这两个节点框住，如图3-6（a）所示，松开左键后即可选中它们，如图3-6（b）所示。

然后在属性栏中单击【连接两个节点】按钮，即可把这两个节点连接起来了，同时又以前面填充的颜色进行填充，效果如图3-7所示。

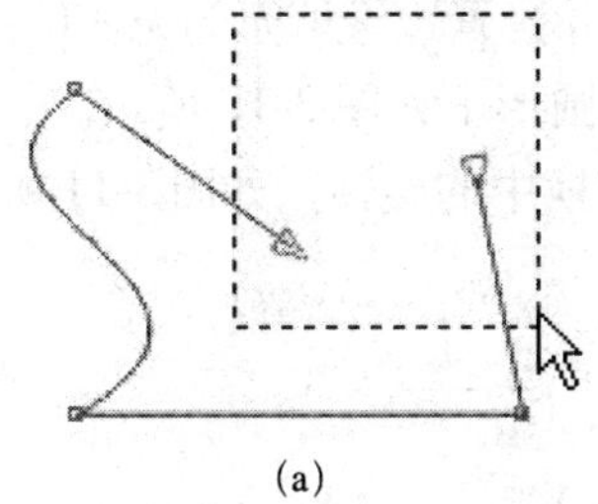
(a)

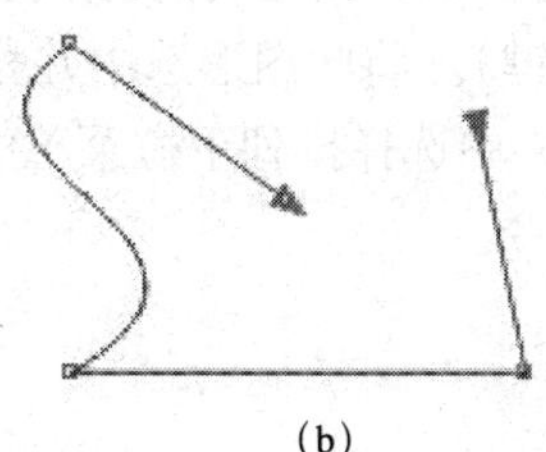
(b)

图3-6 将开放曲线转成封闭曲线

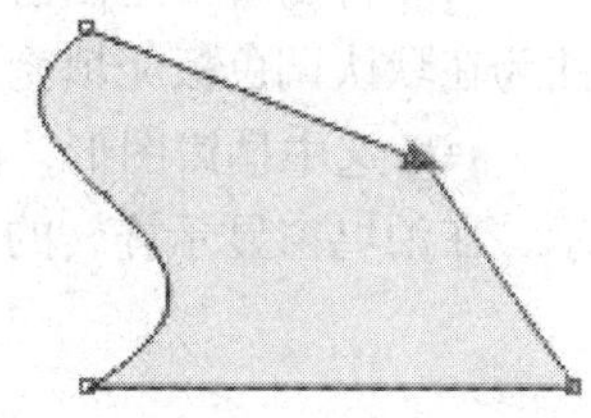

图3-7 将开放曲线转成封闭曲线

3.1.4 绘制橘子横切面

01 新建文件，使用椭圆工具按住Alt键拖动鼠标绘制正圆，在工具箱中选择画笔工具如图3-8（a）所示，并设置正圆的轮廓宽度为5mm，选择正圆内部填充淡黄色（方法为在默认调色板淡黄色点左键），边缘填充橘黄色在工具箱中单击轮廓选择画笔如图3-8（b）所示，填充效果如图3-8（c）所示。

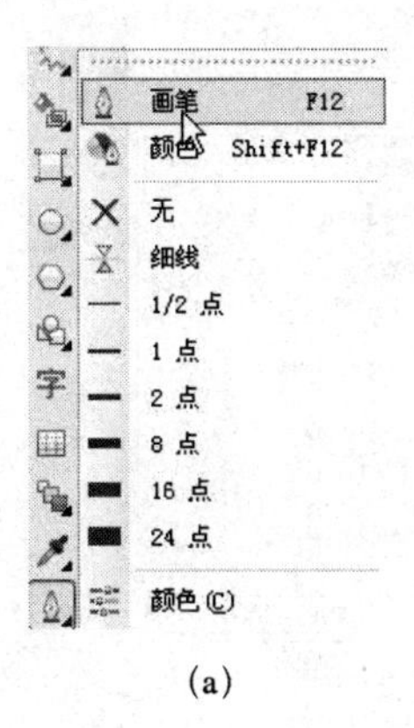

(a)

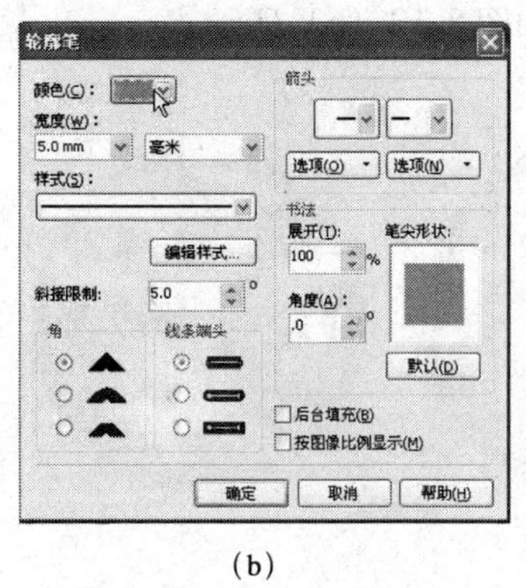

(b)

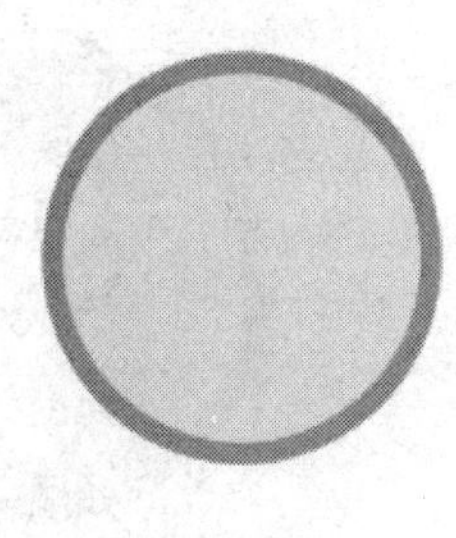
(c)

图3-8 边框设置与填充效果

02 绘制橘瓣横切面方法，运用矩形工具绘制矩形，在属性栏中使用矩形边角圆滑度按钮，修改数值。

03 在选中矩形的状态下单击鼠标右键，弹出对话框，选择转换为曲线命令，并选择形状工具，对矩形进行修改，在底边的中心添加一个节点，并把底边两侧的节点删除，单个橘瓣绘制完成，如图 3-9 所示。

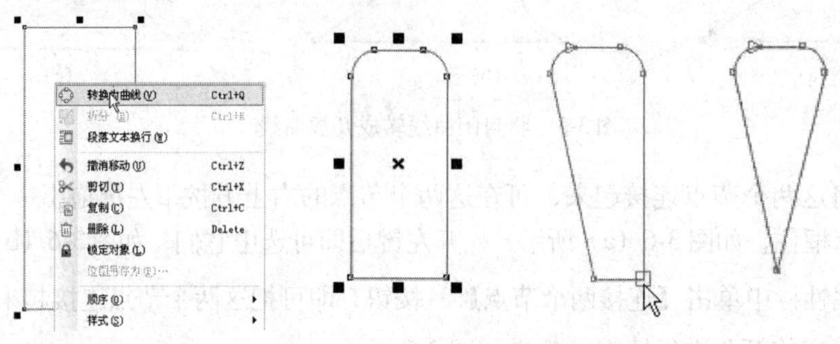

图 3-9 边框设置、填充效果

04 将橘瓣填充橘色(方法为在默认调色板橘色点左键)，并设置边缘填充为无☒(方法为在默认调色板无填充上点右键)。将此图形选中并移至正圆形上如图 3-10 所示。

05 选中橘瓣图形，在菜单栏中选择排列下拉菜单中的变换中的旋转，如图 3-11 所示，在泊坞窗显示旋转的相应命令。

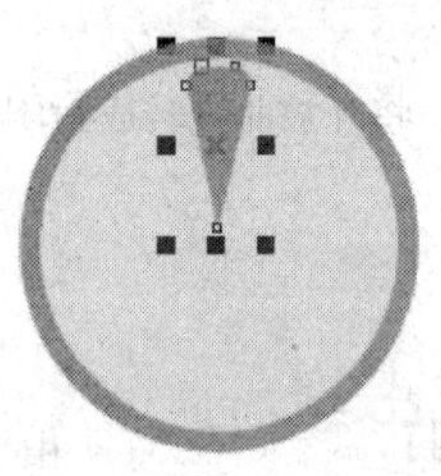

图 3-10 移动并填充

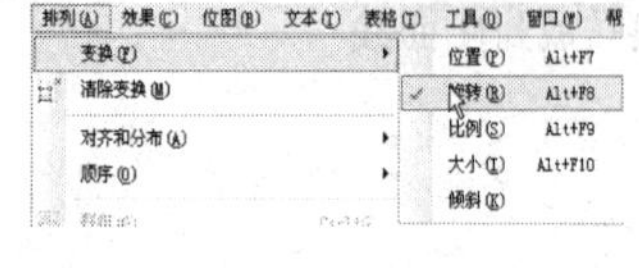

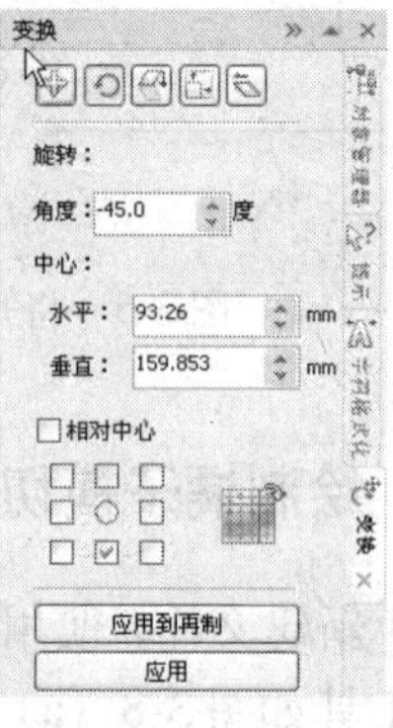

图 3-11 旋转泊坞窗

06 设置泊坞窗中旋转角度为 45°，相对中心选择底中部，如图 3-12（c）所示，选择应用到再制命令，效果如图 3-12（b）所示。

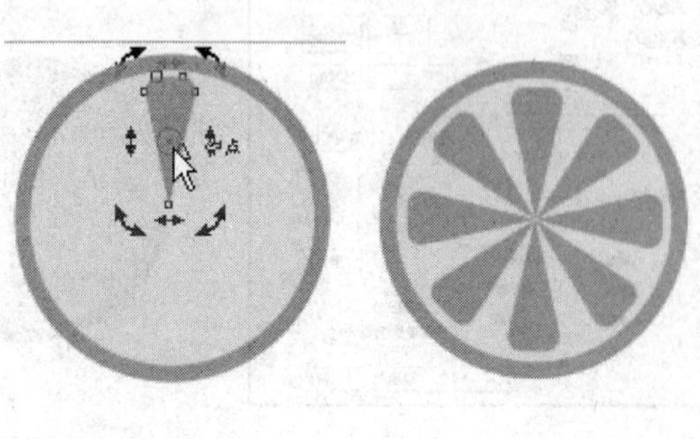

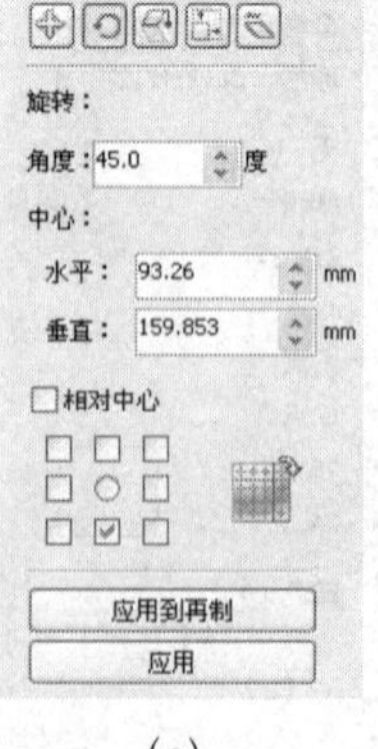

(a) (b) (c)

图 3-12 旋转泊坞窗

07 应用同样的方法绘制比前面橘瓣小一点的橘瓣，颜色填充为浅黄色，如图3-13（a）所示。再进行旋转再制，方法同上，如图3-13（b）所示。

(a) (b)

图3-13 旋转泊坞窗

08 橘瓣高光的绘制，应用矩形工具绘制一个矩形，单击属性栏中的转换为曲线按钮，使用形状工具修改其节点，（删除底边的一个节点，在要删除的节点上双击即可，并把另一个底边节点移到底边中心）如图3-14所示。

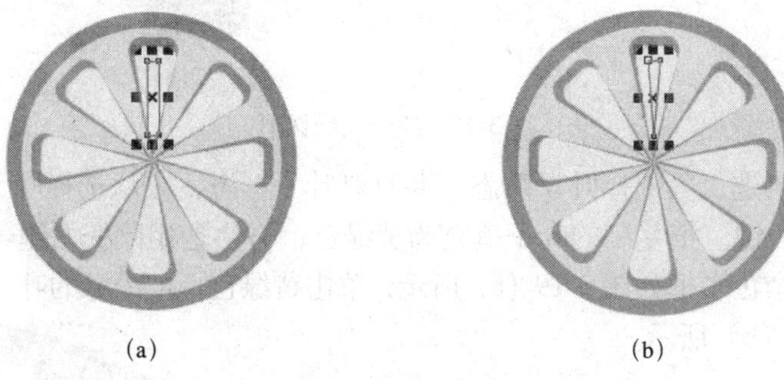

(a) (b)

图3-14 旋转泊坞窗

09 将橘瓣高光填充为白色，并调整位置如图3-15所示。

10 旋转并复制高光到每个橘瓣上（方法同前面橘瓣的制作），将这个文件存储并取名为橘子。这样一个漂亮的橘瓣的切面图就制作出来了，效果如图3-16所示。

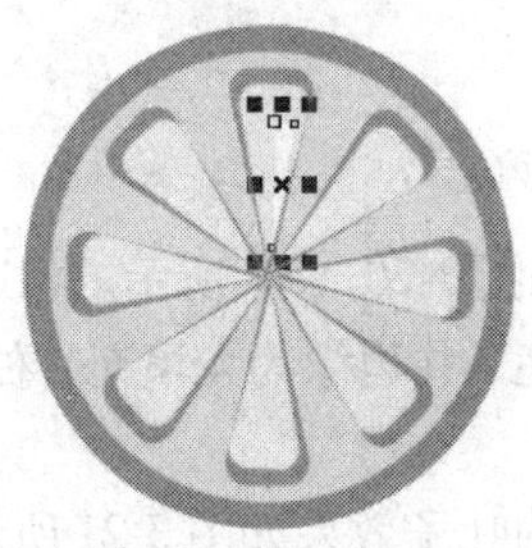

图3-15 旋转泊坞窗

图3-16 旋转泊坞窗效果

3.1.5 叶子的绘制

01 选择【贝塞尔曲线】工具，绘制一条叶子形态的闭合曲线形如图，运用形状工具调整叶子形状，如图3-17（a）所示。

02 单击【形状】工具，选中叶子一端的节点，单击属性栏中的【尖突节点】，变平滑节点为尖突节点，拖曳节点两侧的控制柄，使其更接近叶子的形状，效果如图3-17（b）所示。

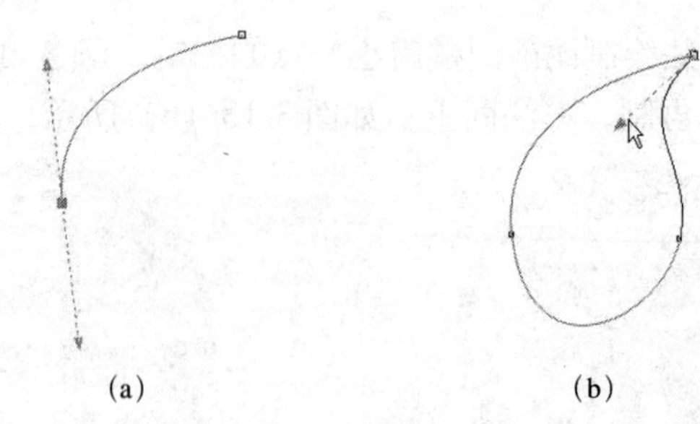

图 3-17　绘制曲线图形

03 使用挑选工具选择叶子，并填充绿色，效果如图 3-18（b）所示。

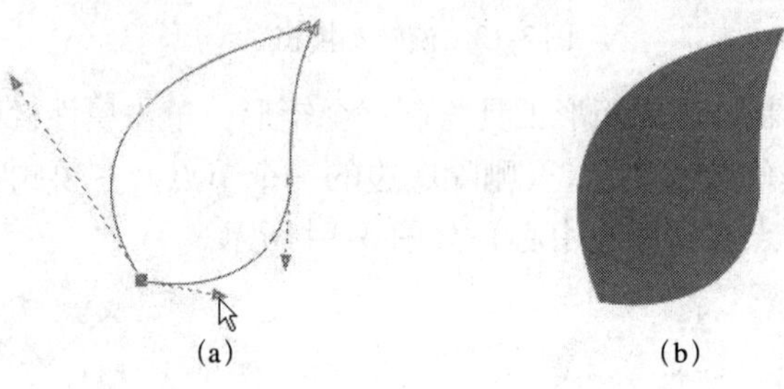

图 3-18　绘制曲线图形

04 使用挑选工具选择叶子形态，并复制叶子形态，方法选择叶子按【Ctrl+C】键再按【Ctrl+V】键。把复制的叶子填充为黄绿色，方法是用鼠标左键单击黄色不放，两秒之后出现一个色彩框如图 3-19（a）所示，单击黄绿色，把浅绿的叶子放在深绿的叶子上面如图 3-19（b）所示。

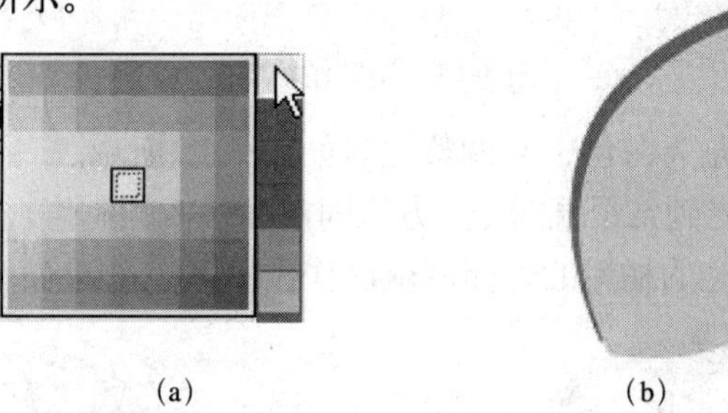

图 3-19　复制并填充

05 用【贝塞尔曲线】，绘制一个高光形如图 3-20（a）所示。将这个高光图形填充为白色，直接在默认 CMYK 调板中左键单击白色，并边缘为无填充，右键单击无填充，效果如图 3-20（b）所示。

06 运用同样的方法，在绘制一个稍小一点的叶子效果如图 3-21 所示，绘制叶子结束并存储。

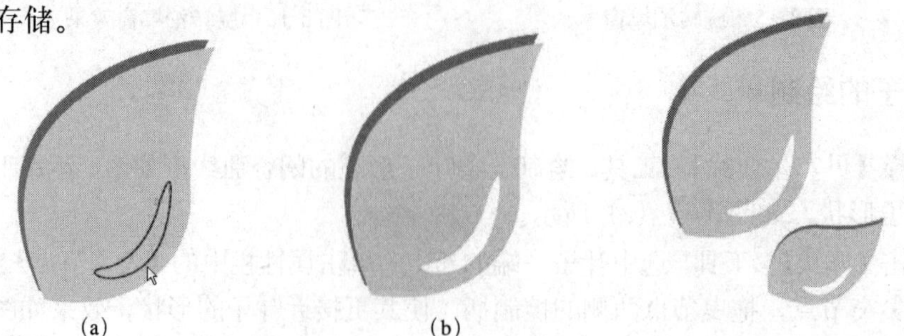

图 3-20　绘制高光　　图 3-21　复制小叶子

3.1.6 绘制手写字 range

01 选择贝塞尔曲线，分别绘制出 range 几个字母，并运用形状工具对其进行细节修改，效果如图 3-22 所示。

图 3-22 绘制英文

02 下面绘制字母 a 的内部镂空，先用贝塞尔曲线绘制内部形如图 3-23（a）所示，但这个图是两个部分，我们要用外部的图形把内部的图形减去，先选择内部的小图形，在排列菜单下选择造型中的造型命令，这时泊坞窗户出现造型的相应设置，如图 3-23（b）、（c）所示。

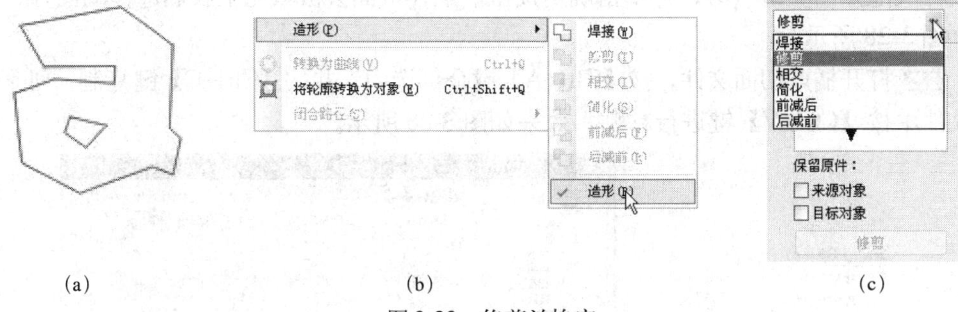

（a） （b） （c）

图 3-23 修剪泊坞窗

03 在泊坞窗中选择修剪命令，单击修剪命令，会出现修剪图标，然后单击字母 a 即可，效果如图 3-24（a）所示。字母 e,g 都用相同的方法绘制，效果如图 3-24（b）所示。

（a） （b）

图 3-24 绘制英文

04 全部选中字母，方法可以按住 Shift 键单击要加选的对象即可，填充浅绿色，单击默认调色板中的黄色不放，出现色彩框，使用左键单击浅绿色，效果如图 3-25（a）所示。

05 轮廓填充，在文字被选中的状态下，在默认调色板中使用右键单击绿色，进行边框填充为绿色，效果如图 3-25（b）所示。

（a） （b）

图 3-25 边框填充

06 设置轮廓线，在工具箱中选择轮廓工具单击鼠标左键不放，出现下拉菜单如图3-26（a）所示，后选择轮廓宽度为8mm，文字效果如图3-26（b）所示。

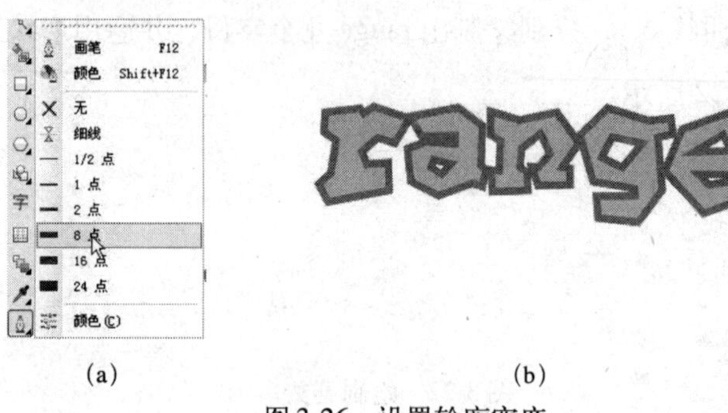

(a)　　(b)

图3-26　设置轮廓宽度

3.1.7　合成橘子字

01 新建一个文件，页面大小为A4尺寸，对该页面进行背景填充，方法在菜单中选择版面中的页面背景如图3-27（a）所示，出现一个对话框，选择位图，并单击浏览，选择文件气泡如图3-27（b），并单击确定按钮。这样页面会被填充上我们选择的图片，效果如图3-28所示。

02 打开橘瓣切面文件，按【Ctrl+A】键全部选中，并按【Ctrl+C】键复制，回到新建文件中按【Ctrl+V】键进行粘贴，效果如图3-28所示。

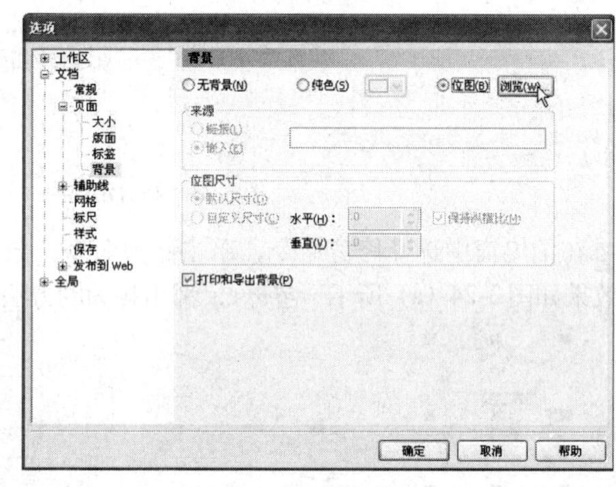

(a)　　(b)

图3-27　设置轮廓宽

图3-28　设置背景填充并导入图形

03 打开叶子文件，进行同样操作按【Ctrl+A】键全部选中，并按【Ctrl+C】键复制，回到新建文件中按【Ctrl+V】键进行粘贴，如图3-29（a）所示。

04 打开range文件，重复以上操作按【Ctrl+A】键全部选中，并按【Ctrl+C】键复制,回到新建文件中按【Ctrl+V】键进行粘贴，如图3-29（b）所示。

(a)

(b)

图3-29 设置背景填充并导入图形

05 运用贝塞尔曲线工具在文字上加入高光，效果如图3-30所示。

图3-30 最终效果

3.2 刻刀工具

利用刻刀工具可把一个对象分成几个对象或几个部分。值得注意地是使用该工具分割对象时，它并不是删除对象的某一部分，而是将其进行分割。

3.2.1 刻刀工具的属性设置

在工具箱中选择刻刀工具，其相应的属性栏如图3-31所示。

图3-31 刻刀工具属性栏

3.2.2 使用刻刀工具

操作步骤如下：

在工具箱中选择矩形工具，然后在绘图区绘制一个矩形，并将它填充为黑色，效果如图 3-32（a）所示。

在工具箱中选择刻刀工具，并在属性栏中只选择【剪切时自动闭合】按钮，再指向要分割的对象，当指针呈立状刻刀时单击，如图 3-32（b）所示，然后移动指针到下方适当位置时指针呈立状刻刀时再次单击，就已把该对象一分为二，如图 3-32（c）所示。

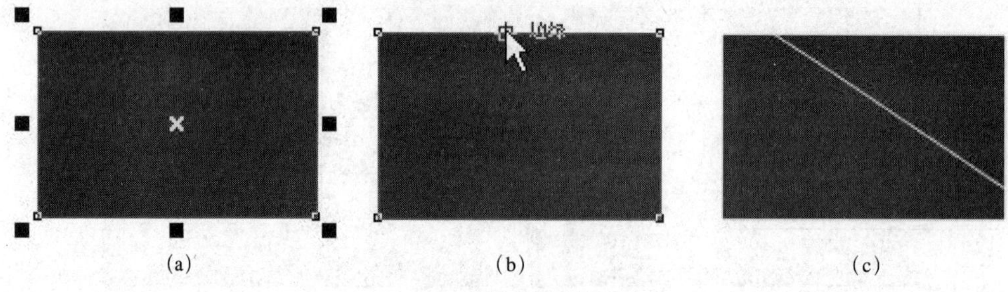

图 3-32　对矩形进行分割

在工具箱中选择挑选工具，接着在刚分割的对象上按下左键向右边移动，如图 3-33 所示，松开左键后即可明显地看到它们已是两个单独的对象，如图 3-33 所示。

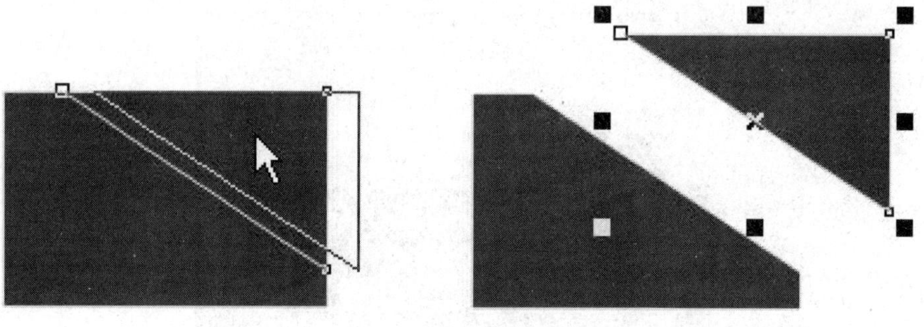

图 3-33　移动分割对象

3.3　橡皮擦工具

利用橡皮擦工具擦除对象中一些不需要的部分。

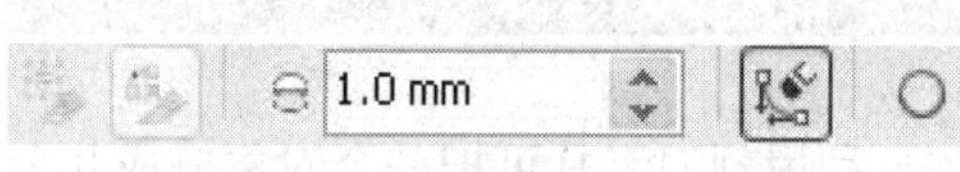

图 3-34　橡皮擦属性栏

在工具箱中选择橡皮擦工具，属性栏中就会显示它相应的选项，如图 3-34 所示。

选项说明：

●【橡皮擦厚度】1.0 mm 选项：在该文本框中可以输入 0.025mm～254.0mm 之间的数值来设置橡皮擦笔头的大小，数值越大，笔头越大。

●【擦除时自动减少】按钮：如果选择该按钮，则在擦除对象时，节点自动减少。否则就不会自动减少。

●【方形|圆形】○按钮：单击该按钮，可以将橡皮擦笔头的形状改为方形，同时该按钮就改为□按钮，再单击□按钮，则橡皮擦笔头的形状又改为圆形。

使用橡皮擦工具操作步骤如下：

在工具箱中选择【矩形】工具，在绘图区内绘制一个矩形，并在属性栏中设定对象的大小为180mm × 120mm，接着在默认调色板中单击蓝使它填充为灰色，效果如图3-35（a）所示。

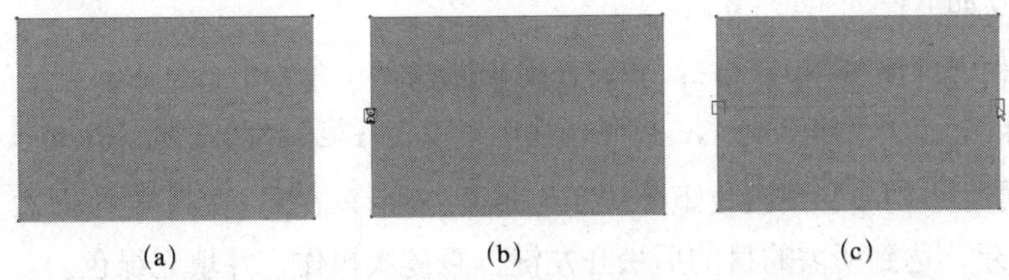
(a) (b) (c)

图3-35 矩形的绘制、指向状态及移动状态

在工具箱中选择【橡皮擦】工具，并在属性栏中设定【橡皮擦厚度】为“4 mm”，再单击按钮使笔头变为方形，然后在要擦除地方的起点如图3-35（b）所示时单击，接着再移动指针水平向右到矩形右边上适当位置，如图3-35（c）所示，再次单击即可完成擦除操作，结果如图3-36（a）所示。

用前一步的方法并在属性栏中设定【橡皮擦厚度】为“2.5mm”，然后在需要直线擦除的地方擦除，擦除后的效果如图3-36（b）所示。

如果要进行曲线擦除，请在需要进行曲线擦除的地方按下左键拖动，到达所需的位置后松开左键，即可将对象进行曲线擦除，用前面同样的方法对其他地方进行擦除，擦除后的效果如图3-36（c）所示。

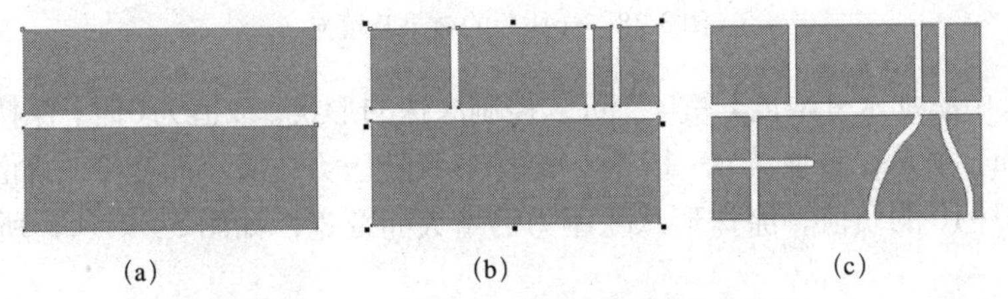
(a) (b) (c)

图3-36 矩形的绘制、指向状态及移动状态

3.4 涂抹笔刷

利用涂抹笔刷可以将简单的曲线更复杂化，也可以任意修改曲线的形状。从而为我们绘制一些特殊复杂的图形提供了一种很好的工具。

3.4.1 涂抹笔刷的属性设置

在工具箱中选择涂抹笔刷，属性栏就会显示它的选项，如图3-37所示。各选项说明如下：

图3-37 涂抹工具属性栏

【笔尖大小】1.0 mm 文本框中输入所需的数值，可以设置涂抹笔刷的大小。

【在效果中添加水分浓度】0 文本框中可以输入水分浓度值。

【为斜移设置输入固定值】45.0 ° 文本框中可以输入倾斜所需的固定值。

【为关系设置输入固定值】.0 ° 文本框中可以设置笔刷关系的角度。

3.4.2 使用涂抹笔刷

操作步骤如下：

从工具箱中选择矩形工具□，然后在绘图区绘制一个矩形。

在工具箱中选择涂抹笔刷，并在属性栏中设定【笔尖大小】为“2mm”，其他为默认值，单击属性栏中的按钮将矩形转换为曲线，然后再在其上按下左键向右上方拖动，如图 3-38 所示，达到所需的目的后松开左键，重复次操作，并填充绿色。

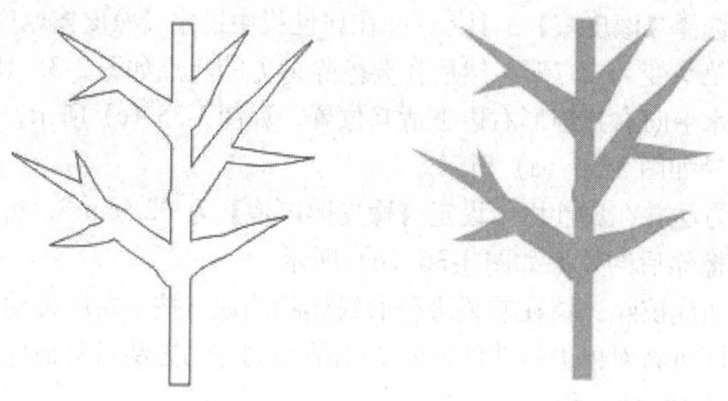

图 3-38 涂抹后的效果及填充

【在效果中添加水分浓度】 0 可以控制涂抹的形状，取值为0时，保持均匀笔触，如图 3-39（a）所示，取值为 0～10 时，涂抹形状随压力的减小而变窄，如图 3-39（b）所示取值 0～−10 的负值，涂抹形状随压力的增大而变宽，如图 3-39（c）所示。

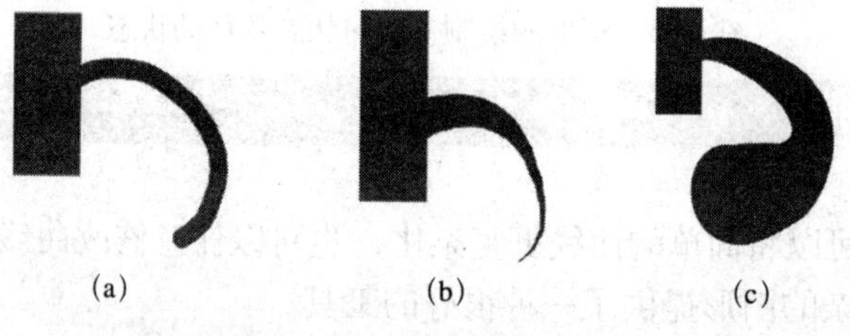

图 3-39 改变涂抹浓度

3.5 粗糙笔刷

利用粗糙笔刷可以使平滑的曲线变成粗糙的曲线，也就是笔刷刷过的地方变成折线。

3.5.1 粗糙笔刷的属性设置

在工具箱中选择粗糙笔刷，属性栏中就会显示它的相关选项，如图 3-40 所示。各选项说明如下：

图 3-40 涂抹工具属性栏

【笔尖大小】35.0 mm 用来设置粗糙画笔的大小。

【尖突频率】1 文本框中输入所需的数值，可以设置涂抹笔刷的尖突的频率控制尖突产生的数量如图 3-41 所示。

图 3-41　尖突频率

【添加效果中水分浓度】1 用来控制尖突产生的密度变化趋势，如图 3-42 所示。

图 3-42　水分浓度效果

- 【为斜移设置输入固定值】可设置尖突的程度（可通过画笔的半径来观察）。
- 【尖突方向】自动 下拉列表中选择所需的方向，如：“自动”和“固定方向”。如果选择“固定方向”则其后的文本框成可用状态，用户可在其中为关系输入固定值。

3.5.2　自由变换工具

利用自由变换工具可以使对象自由旋转、自由角度镜像、自由缩放、自由倾斜，更换对象位置和变换对象大小，也可将对象进行水平或垂直镜像，输入旋转角度并以确定点为中心进行旋转等。

在工具箱中选择【自由变换】工具，各选项说明如下：

- 【自由旋转】工具，选择该工具时可以将选择的对象进行自由角度旋转。
- 【自由角度镜像】工具，选择该工具时可以将选择对象进行自由角度镜像。
- 【自由调节工具】，选择该工具时可以将选择的对象进行缩放。
- 【自由扭曲工具】，选择该工具时可以将选择的对象进行自由扭曲。
- 【旋转中心位置】118.196 mm 61.629 mm 文本框中可以设置旋转的中心位置。
- 【倾斜角度】.0 .0 文本框中可以设置倾斜的角度。
- 【应用于再制】按钮，选择该按钮，可在旋转、镜像、调节、扭曲的同时再制对象。
- 【相对于对象】按钮，选择该按钮时，【对象的位置】x: .0 mm y: .0 mm 文本框中的参数都变为 0 然后再在【对象的位置】文本框中都输入 20mm 后按 Enter 键，即可将对象以当前位置分别在 X 轴和 Y 轴上移动 20 个单位的距离。

3.5.3 自由旋转工具

使用自由旋转工具可以将选择对象进行任一角度旋转，也可以指定旋转中心点来旋转对象，也可以在旋转的同时再制对象。

操作步骤如下：

新建文件，选择工具箱中的标注形状工具，绘制图形并填充黄色，如图 3-43（a）所示。

在工具箱中选择【挑选】工具，在画面中单击图形以选择它，再在工具箱中选择【自由变换】工具，并在属性栏中选择【自由旋转】工具，接着在对象中选择一点作为旋转中心，然后围绕此中心进行旋转如图 3-43（b）所示，直到所需的角度为止（即松开左键），结果如图 3-43（c）所示。

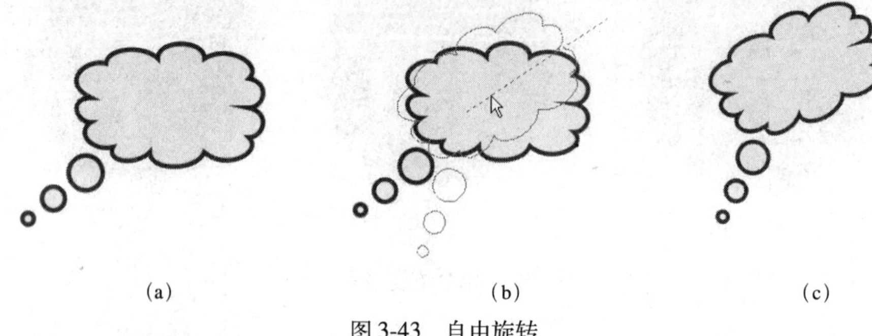

(a) (b) (c)

图 3-43 自由旋转

3.5.4 自由角度镜像工具

使用【自由角度镜像】工具可以将选择对象进行任一角度镜像，也可以在镜像的同时再制对象。

使用方法如下：

接着上节进行讲解，从属性栏中选择自由角度镜像工具和【应用于再制】按钮，在绘图区适当位置单击确定镜像轴穿过的点，然后拖动鼠标移动轴的倾斜度来决定对象的镜像方向如图 3-44（a）所示，方向确定后松开左键得到如图 3-44（b）所示的效果。

(a) (b)

图 3-44 自由调节

3.5.5 自由调节工具

使用自由调节工具可以将选择对象放大或缩小，也可将选择对象进行扭曲，也可在调节时再制对象。

在属性栏中选择自由调节工具，并单击【应用与再制】按钮取消它的选择，然后在对象上或任何一处按下左键拖动，对象就会跟着移动的位置进行缩放，如图3-45（a）所示，到达所需的大小后松开左键，即可得到如图3-45（b）所示的结果。

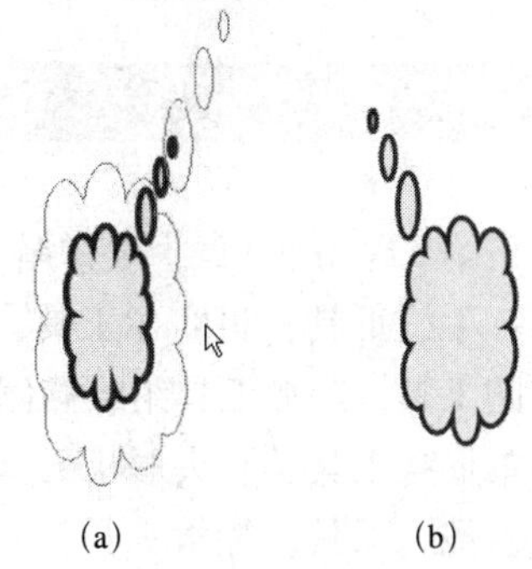

图3-45　自由调节

3.5.6　虚拟段删除工具

使用虚拟段删除工具可以删除对象中的交叉部分（称为虚拟线段）。

如果要同时删除多条虚拟线段，在要删除的虚拟线段周围拖出一个选取框，以框住要删除的虚拟线段。如果要删除一条虚拟线段，请在该虚拟线段上单击即可将其删除，这方法前面已经讲解过。

操作步骤如下：

01 按【Ctrl+O】键打开一个用CorelDRAW X4程序绘制的立方体，如图3-46（a）所示。

02 在工具箱中选择钢笔工具，在画面中绘制出如图3-46（b）所示的图形。接着用钢笔工具绘制一条直线，如图3-46（c）所示。

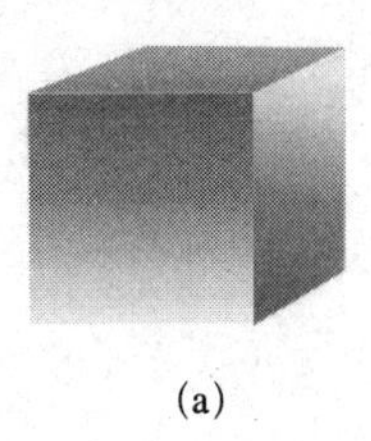
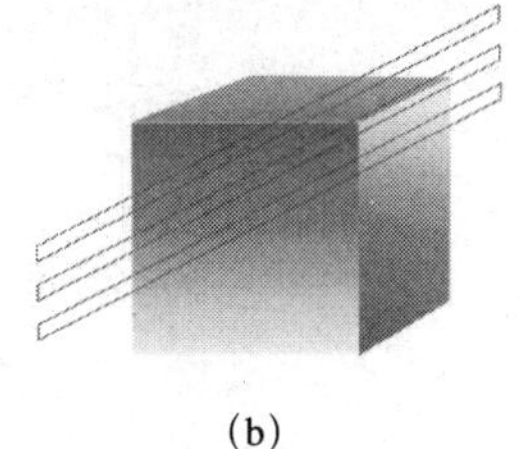
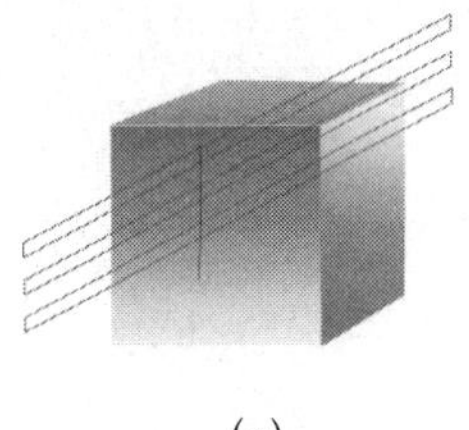
(a)　(b)　(c)

图3-46　虚拟段删除

03 在工具箱中选择虚拟段删除工具，接着在画面上需要删除的线段下方按下左键向左上方拖动，以框选要删除的虚拟线段，如图3-47（a）所示，松开左键后即可将其删除，效果如图3-47（b）所示。

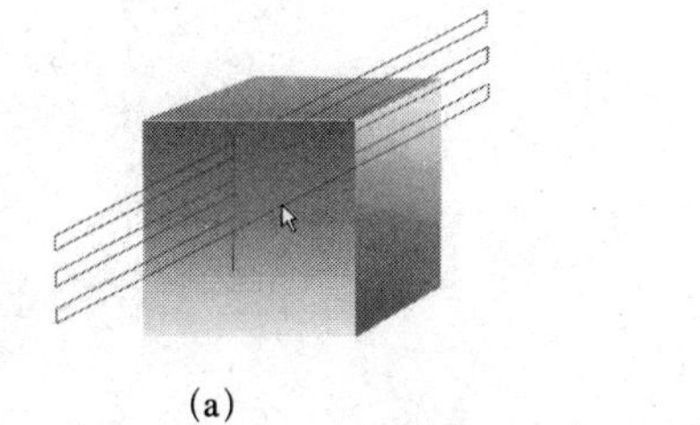
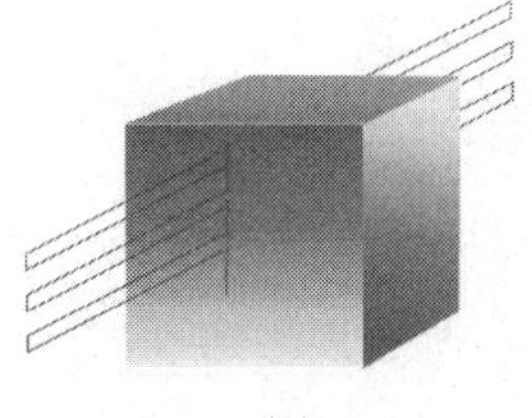
(a)　(b)

图3-47　虚拟段删除

04 在工具箱中选择挑选工具，在画面中单击要删除的直线，再在菜单中执行【编辑】|【删除】命令，即可将不要的直线删除，效果如图3-48所示。

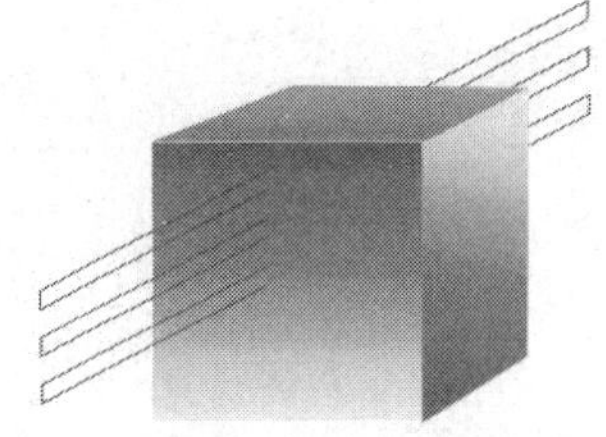
图3-48　自由调节

小结

第2章和第3章主要讲解了CorelDRAWX4应用程序的工具箱中的基本绘图工具（包括：手绘工具、贝塞尔工具、艺术笔工具、钢笔工具、折线工具、3点曲线工具、智能绘图工具、矩形工具组、椭圆工具组、多边形工具、螺纹工具、图纸工具、交互式工具、基本形状工具、箭头形状工具、流程图形状工具、星形工具和标注形状工具等）、度量工具、挑选工具、缩放工具、手形工具及编辑图形工具（包括：形状工具、刻刀工具、橡皮擦工具、涂抹笔刷、粗糙笔刷、自由变换工具和虚拟段删除工具等）的使用方法与作用，并且通过简单明了的实例对每个工具进行了操作练习，以便让用户轻松而熟练地掌握每个工具的用法与作用。

在学习本两章内容时，不仅能复习并巩固前面所学知识，同时还能了解到后面将要学到的新知识。需用心学习并多进行实例操作练习，以全面掌握这两章所学工具的操作方法与作用。

第 4 章　交互式工具与填充工具

使用【交互式特殊效果】工具可以产生丰富而快捷的特殊效果，它们是CorelDRAW X4进行图形制作的法宝。其工具有【交互式调和】工具、【交互式轮廓图】工具、【交互式变形】工具、【交互式阴影】工具、【交互式封套】工具、【交互式立体化】工具和【交互式透明】工具。

●使用【交互式调和】工具可以在对象之间产生调和效果。调和效果是在两个对象之间产生渐变的过渡效果，并显示一系列中间对象。这里既有形状的调和，也有颜色的调和。

●使用【交互式封套】工具可以将对象置于封套进行调整，以使对象适合于封套。封套效果特别适用于产生特殊外形的文本。

●使用【交互式立体化】工具可以将简单的二维平面图形转变为立体化（即三维）效果。立体化效果添加额外的表面，将简单的二维图形转变为三维效果，如将矩形变为长方体等。

●使用【交互式轮廓图】工具可以为对象添加各种轮廓图效果。轮廓图效果可使轮廓线向内或向外复制并填充所需的颜色成渐变状态扩展。

●使用【交互式透明】工具可以为对象添加各种透明效果。透明效果允许背景上的对象产生各种透明效果。

●使用【交互式阴影】工具可以为对象创建各种的阴影效果。

●使用【交互式变形】工具可以使完美形状和矩形、圆、多边形等对象变成各种复杂的图形对象。

●利用【图框精确剪裁】命令可以将指定内容放入容器中从而产生图框精确剪裁效果，如将位图裁剪入矩形中。

4.1 交互式特殊工具

4.1.1 交互式调和工具属性设置

如果画面中没有选择任何对象，在工具箱中选择【交互式调和】工具，属性栏中就会显示它的相关选项，如图4-1所示。

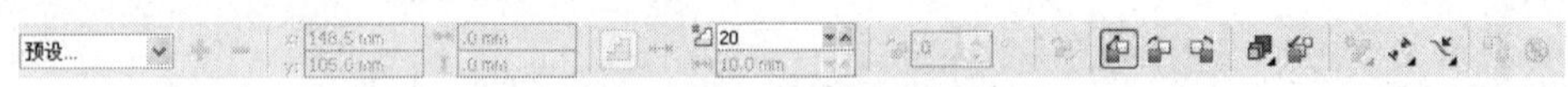

图4-1 交互式调和工具属性栏

如果在画面中绘制了两个以上对象，并对两个对象进行调和，其属性栏如图4-2所示。

图4-2 属性栏

各选项说明如下：

●【步数或调和形状之间的偏移量】选项：在“调和步数”文本框

中可以输入所需的调和步数。

●【调和方向】选项：在该文本框中可以输入所需的调和角度。

●【环绕调和】按钮：在“调和方向”文本框中输入所需的角度，该按钮才成活动状态，单击该按钮，可以在两个调和对象之间围绕调和中心旋转中间对象。

●【直接调和】按钮、【顺时针调和】按钮、【逆时针调和】按钮：单击按钮，可以用直接渐变的方式填充中间的对象。单击按钮；可以用代表色彩轮盘顺时针方向的色彩填充中间的对象。单击按钮，可以用代表色彩轮盘逆时针方向的色彩填充中间的对象。

●【对象和颜色加速】按钮：单击该按钮，弹出如图4-3（a）所示的“加速”对话框，在面板中拖动“对象”与“颜色”上的滑块可以调整渐变路径上对象与色彩分布情况，单击按钮，取消锁定后可以单独调整对象或颜色在调和路径上的分布情况。如图4-3（b）所示的为设定不同对象或颜色加速的参数。

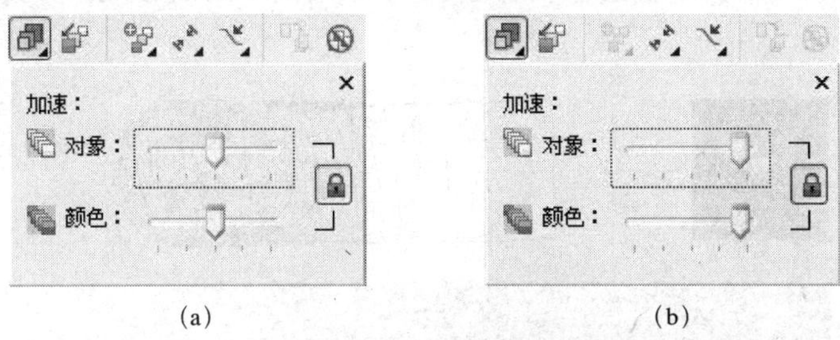

图4-3 对象和颜色加速

●【加速调和时的大小调整】按钮：单击该按钮可加大加速时影响中间对象程度。

●【杂项调和选项】按钮；单击该按钮，弹出如图4-4（a）所示的对话框，并在其中单击所需的按钮来映射节点和拆分调和中间的对象。如果使调和对象沿新路径进行调和，则“沿全路径调和”选项和“旋转全部对象”选项成活动状态。

●【起始和结束对象属性】按钮：单击该按钮，弹出如图4-4（b）所示的菜单，并在其中可以重新选择调和的起点或终点。

●【路径属性】按钮：单击该按钮，弹出如图4-5所示的菜单，用户可以在其中单击【新建路径】命令，使原调和对象依附在新路径上。

●【清除调和】按钮：单击该按钮可以将所选的调和对象所运用的调和清除。

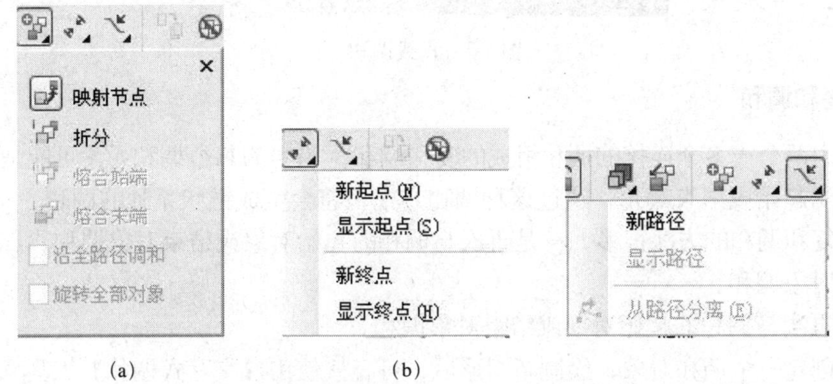

图4-4 起始和结束对象属性

图4-5 路径属性

提示：

所谓调和，就是指在两个对象之间创建渐变的中间对象，实现从一个对象到另一个对象的轮廓、填充的渐变效果。调和效果是CorelDRAW X4中最强大的特效工具，用户可以使用它创造出非常奇特的效果。

4.1.2 创建调和对象

单击工具箱中的【矩形】工具按住Ctrl键绘制正方形，填充为蓝色。再使用【椭圆】工具按住Ctrl键绘制一个圆并填充为黄色。

选择矩形，单击【交互式调和】工具按住鼠标左键拖动光标到圆形，在两个对象之间出现一条虚线，松开鼠标左键，就完成了一个最简单的调和效果，如图4-6所示。

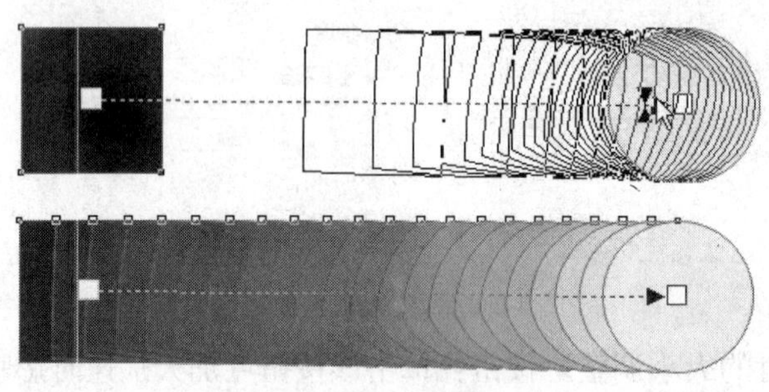

图4-6 交互式调和

调和分为直线调和、复和调和以及沿路径调和。

1．直线调和

形状和大小从一个对象到另一个对象的渐变。中间对象的轮廓和填充颜色在色谱中沿直线路径渐变，中间对象的轮廓显示厚度和形状的渐变如图4-7所示。

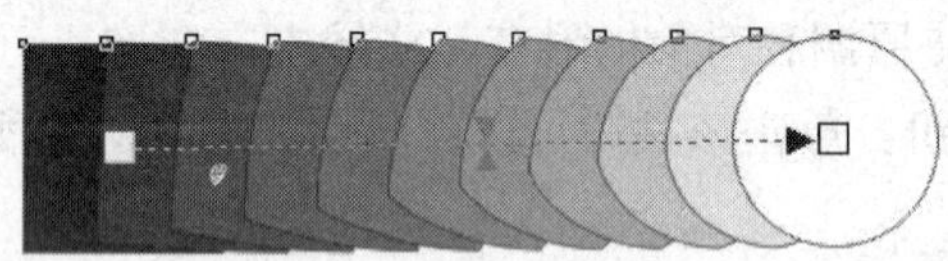

图4-7 直线调和

2．复和调和

它是由两个或多个连接的调和组成的复和调和。当中的每个调和元素可能是另一个调和元素的起始或结束对角，通过这种调和方式，将会生成链状系列的调和。

创建复和调和的方法很多，一是再次与调和的起始对象或结束对象调和；二是与调和的中间对象调和。

(1) 再次与调和的起始对象或结束对象调和。

首先创建一个调和对象，绘制新图形后，可直接使用【交互式调和】工具，从结束对象上拖动鼠标到新建的图形上，即可完成复和调和的创建，如图4-8所示。

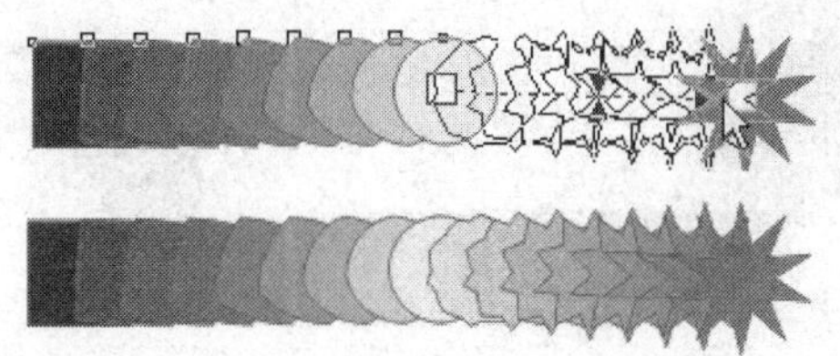

图 4-8 再次与调和的起始对象或结束对象调和

(2）与调和的中间对象调和。

先选中调和对象，然后单击属性栏中的【杂项调和选项】按钮，然后单击下面的“拆分”按钮如图 4-9（a）所示，将光标移至绘图区，光标将变成一个弯曲的黑色肩头，处于选择状态，如图 4-9（b）所示。

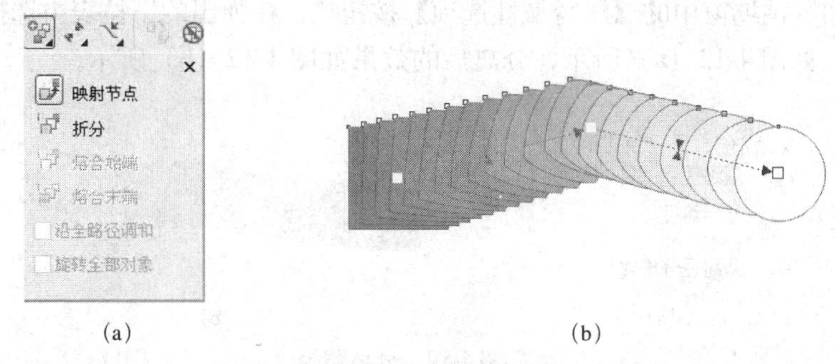

(a) (b)

图 4-9 与调和的中间对象调和

也可以用鼠标对准要拆分的对象双击，这个时候可看到控制方向线中会出现一个白色滑块，拖动此滑块就发现，已经创建出一个复和调和了。同样，想重新将融合起来，再次对准白色滑块双击即可。

3．沿路径调和

沿路径调和就是将调和对象建立在捆绑的路径基础上。创建沿路径调和的方法如下。

选择调和对象，然后单击“调和”泊坞窗中的【路径属性选项】按钮，然后单击下面的“新建路径”选项，将光标移至绘图区，光标将变成一个弯曲黑色箭头，用箭头单击路径，如图 4-10（a）所示，沿路径调和后的效果如图 4-10（b）所示。

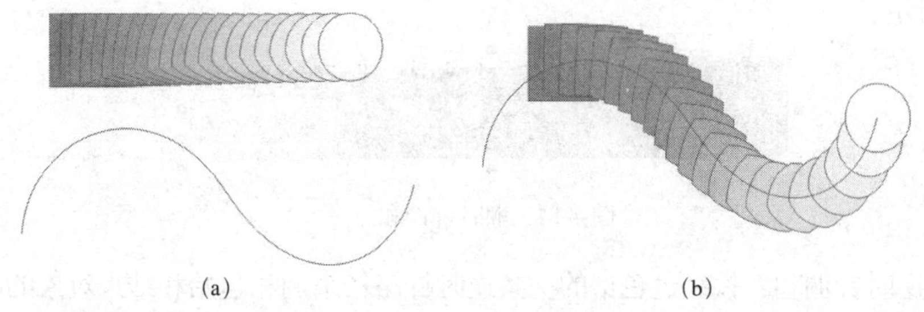

(a) (b)

图 4-10 沿路径调和

从图 4-10 可以看出，沿路径调和后，调和对象并没有满整条路径。这个时候可以单击“调和”泊坞窗中的【杂项调和选项】按钮，然后在弹山的下拉表中选择“沿全路径调和选项”，就可让调和对象铺满整条路径，如图 4-11 所示。

除了用以上方法外，沿路径的调和也能直接进行起始对象和结束对象的移动。

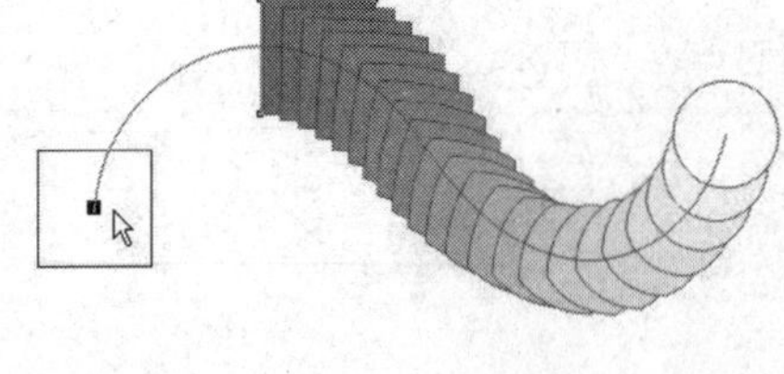

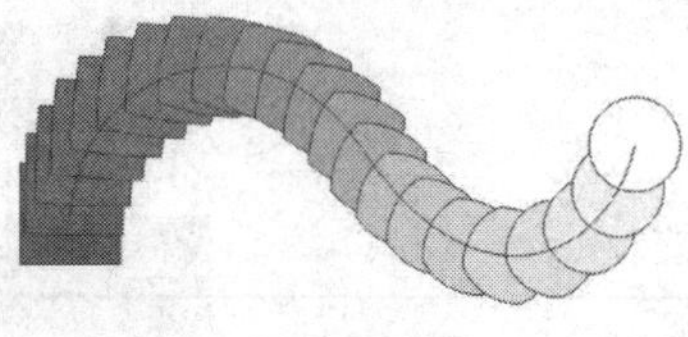

图 4-11　让调和对象铺满整条路径

按回车键切换至选择工具，然后将光标移到起始对象或终止对象上，光标变成移动形状，拖动该对象至需要的位置即可。在移动沿路径创建的调和两端对象时，对象将被锁定在路径上，即用户只能在路径之上进行移动。

CorelDRAW允许用户将调和同路径进行分离，分离之后的路径和调和对象互不隶属，单击“调和”泊坞窗中的【路径属性选项】按钮，在弹出的下拉表中选择“从路径分离”命令，如图 4-12（a）所示，分离后的效果如图 4-12（b）所示。

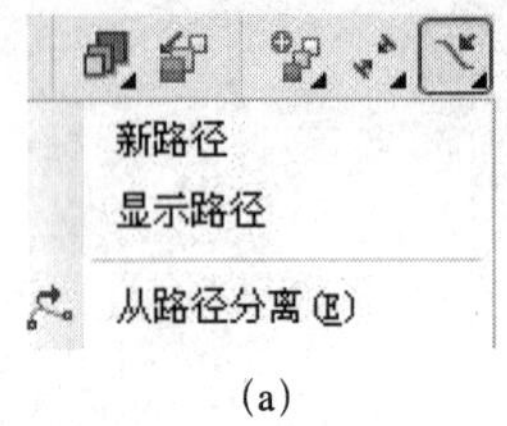

(a)

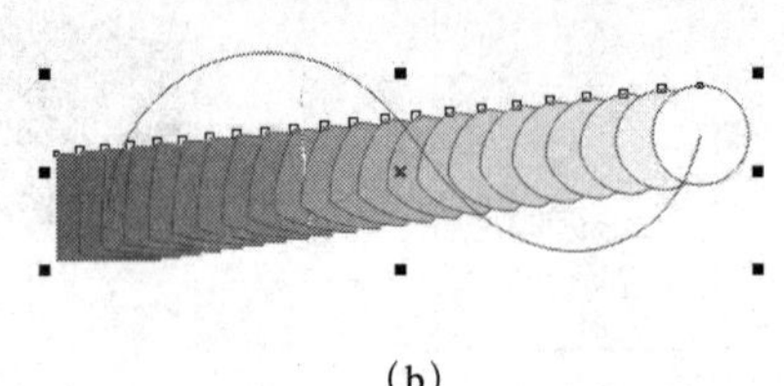

(b)

图 4-12　分离路径

4.1.3　对象调和时的颜色变化

01 直接调和：调和时颜色从起始图形颜色渐变到结束图形的颜色，效果如图 4-13 所示。

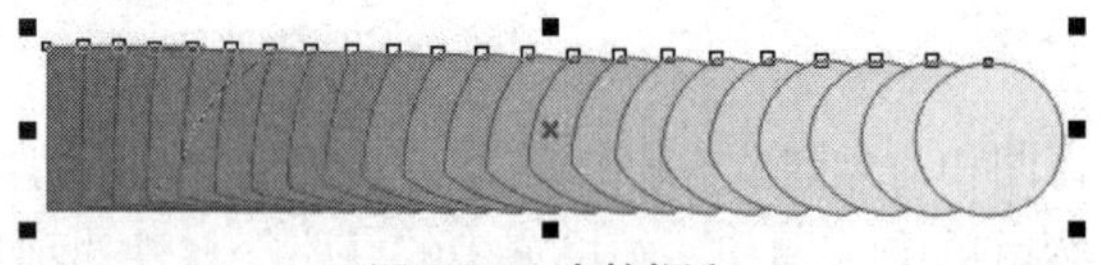

图 4-13　直接调和

02 顺时针调和：按经过色谱的一条顺时针路径来调和起始和结束对象的颜色，如图 4-14 所示。

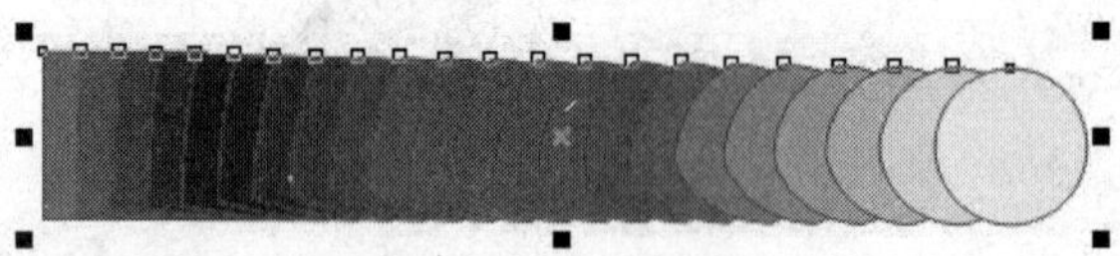

图 4-14　顺时针调和

03 逆时针调和：按经过色谱的一条逆时针路径来调和起始和结束对象的颜色，如图 4-15 所示。

图 4-15　逆时针调和

04 对象加速调整：调和对象上的方向线中间的滑块是上下两个三角形，这两个三角形用于控制渐变的加速度。在默认状态下，中间对象的距离与颜色变化都是均匀的，如图 4-16 所示。

图 4-16　对象加速调整

05 上面一个滑块设置图形变化的加速度，下面一个滑块设置色彩变化的加速度。经过加速，就有了一种所谓的变化趋势，滑块向哪边加速，中间对象与颜色就越靠近那边。默认情况下，两个加速度是锁定同步的，调整其中一个滑块，另一个滑块也会跟着改变，加速后的效果如图 4-17 所示。

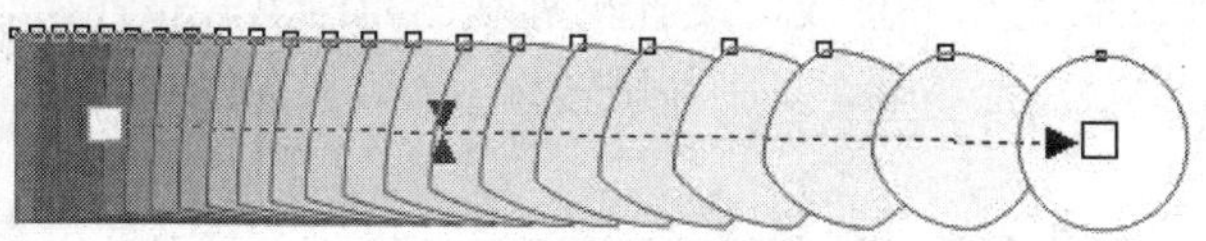

图 4-17　加速后的效果

06 双击其中一个三角形，可以看到两个三角形呈现不同的颜色，如图 4-18 所示。并且可以分别设置不同的加速度，如图 4-18 所示，再双击，则表示重新锁定两个加速度。

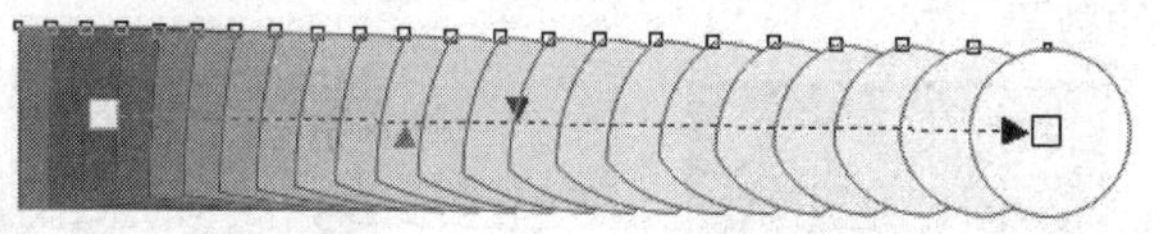

图 4-18　分别设置不同加速度

调和数量。创建调和后，想调整调和中间图形的数量，可在属性栏的“步数或调和形状之间的偏移量”20中输入精确的数值即可，设置不同步数的显示效果如图 4-19 所示。

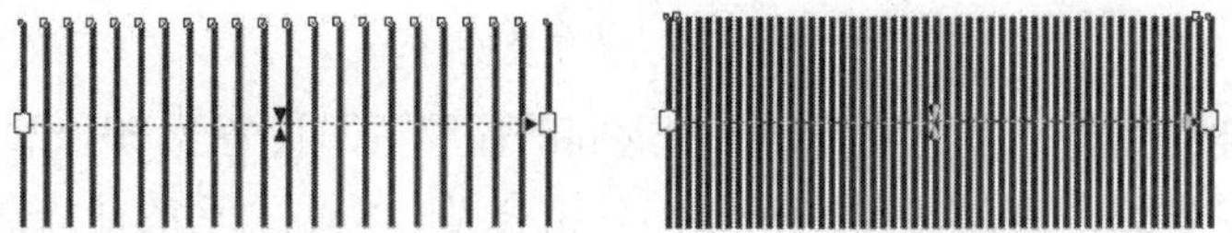

图 4-19　调和数量

映射节点。图形节点数量和节点顺序会影响调和效果，图形色彩的渐变方向也会影响调和效果。

当 CorelDRAW 创建好一个调和后，系统会自动找到起始对象的第一个节点，并将它映射到结束对象的第一个节点，如图 4-20（a）所示。

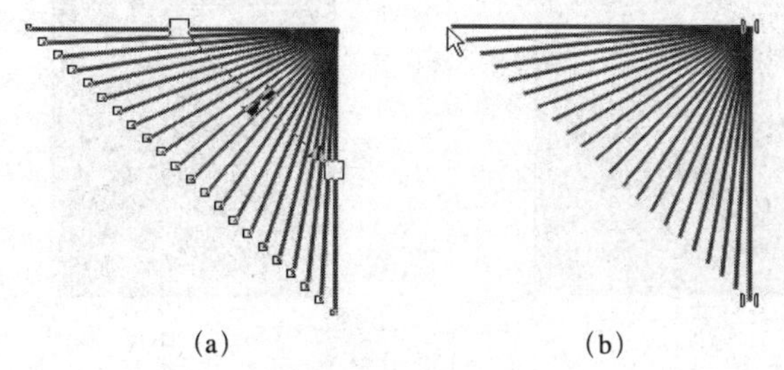

(a)　　(b)

图 4-20　映射节点

节点的顺序不同，调和中就会出现翻转交错的现象。想重新让其节点对齐，可单击“调和”泊坞窗中的“杂项调和选项”按钮，单击“映射节点”按钮，光标会变成一个黑色的弯曲箭头。用此箭头先单击起始对象上的一个节点，再去单击结束对象上的相对应的节点，如图 4-20（b）所示。改变节点后的效果如图 4-21 所示。

图 4-21　改变结点后的效果

4.1.4　实例——制作奇妙的线条图案

01 使用【矩形】工具，绘制矩形，填充黑色作为背景单击右键，在弹出的菜单中选择“锁定对象”命令，再单击“手绘工具”，按住 Ctrl 键绘制水平直线，设置轮廓颜色为白色。按住 Ctrl 键，捕捉移动中心点至右端，复制并旋转 90°，效果如图 4-22 所示。

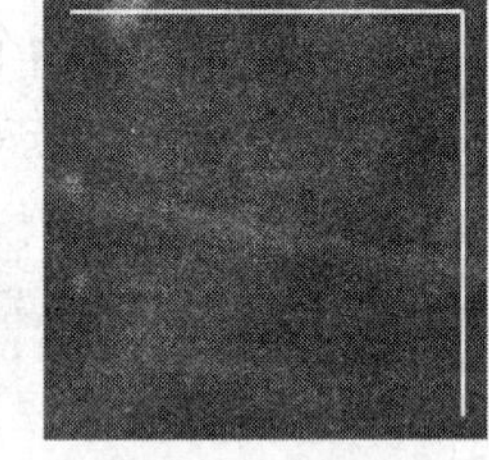

图 4-22　绘制轮廓

02 单击工具箱中的【交互式调和】工具，按下左键从上面线条向下拖曳鼠标，产生如图 4-23（a）所示的调和效果。

03 单击属性栏上的“调和”泊坞窗中的【杂项调和选项】按钮，单击【映射节点】按钮，用提示箭头先单击上面曲线的起始节点，再单击右边曲线的终止节，得出如图 4-23（b）所示的效果。

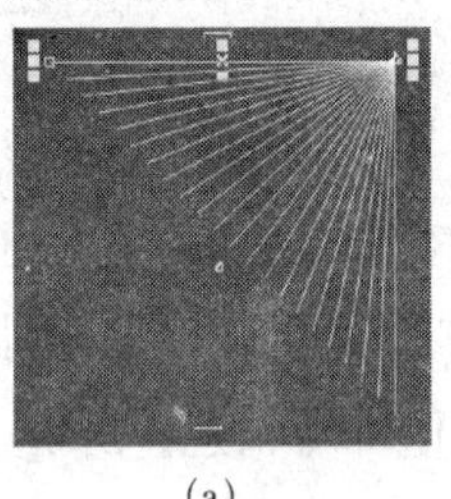

（a）　　（b）

图 4-23　调和及映射

04 在属性栏中将“步长或调和形状之间的偏移量”设置为 50，单击右键，在弹出的菜单中选择“群组”命令，或按下 Ctrl+G 组合键，将调和后的曲线群组起来。

05 按空格键切换至“选择工具”，再按下小键盘上的“+”键原地复制一个，然后单击属性栏上的【左右、上下镜向】按钮，翻转后的效果如图 4-24（a）所示。

06 选择上面的两个调和对象，单击右键，在弹出的菜单中选择“群组”命令，或按【Ctrl+G】组合键，将它们两个群组起来，按下“+”键再次复制，按空格键切换至选择工具，再次按下属性栏上的【左右、上下镜向】按钮，翻转后的效果如图 4-24（b）所示。

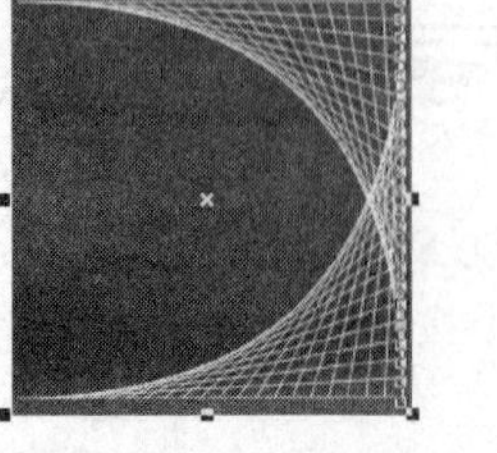

（a）

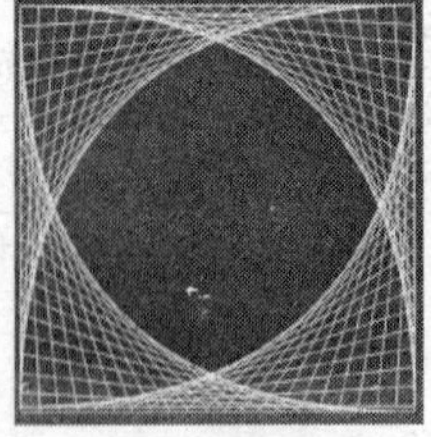

（b）

图 4-24　复制线群

07 双击选择工具，选择全部对象后单击右键，在弹出的菜单中选择“群组”命令，或按【Ctrl+G】组合键将其群组，再按小键盘上的“+”键复制，缩小后将群组后的图形旋转90°，效果如图4-25所示。

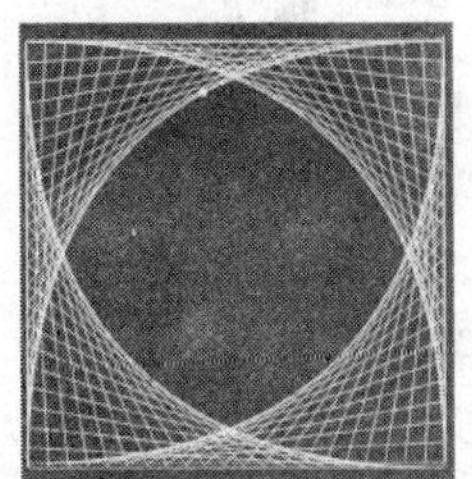

图4-25　复制线群

08 单击【椭圆】工具，按住Ctrl键绘制一个圆形。再按住Shift键连续选择其他图形，按下C键【垂直居中对齐】与E键【水平居中对齐】，将圆形置于所有图形正中间，如图4-26（a）所示。

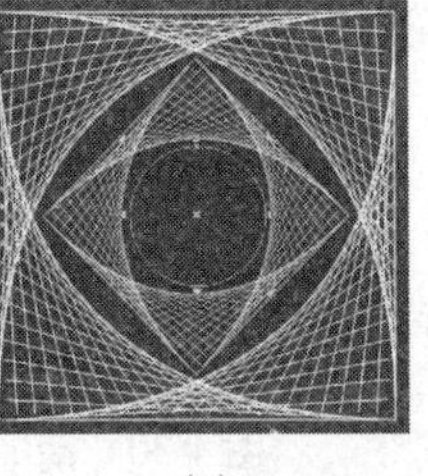

(a)　(b)

图4-26　新建椭圆

09 再次按住Shift键，拖动左边的控制柄，将圆形向中间缩小，到合适的位置点下右键复制，得到如图4-26（b）所示的图形。

10 单击【交互式调和】工具，从圆上拖曳光标至中间小圆，将两个圆形进行调和，再将属性栏中的“步长或调和形状之间的偏移量”设置为7。

11 选中调和后的图形，执行【排列】|【群组】命令，或按下【Ctrl+G】组合键，将它们群组，再按下小键盘上“+”键复制，旋转45°，所得效果如图4-27（a）所示。

12 按住Alt键单击调和后的圆，选中下面的图形，再按小键盘上的“+”键复制，然后旋转−45°，所得最终效果如图4-27（b）所示。

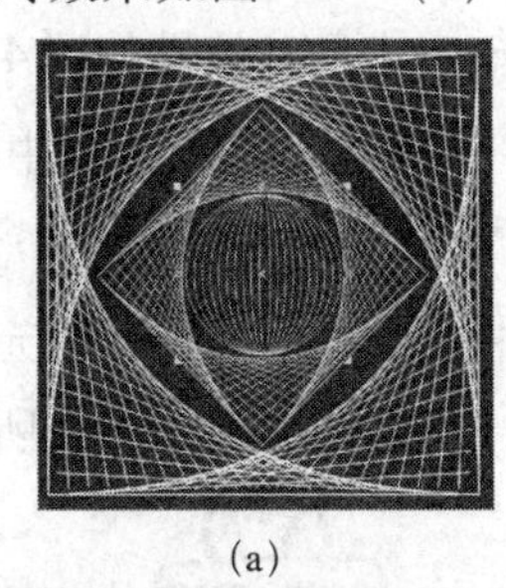

(a)　(b)

图4-27　调和及旋转

4.1.5　创作质感文字

01 运行CorelDRAW X4程序，执行“文件|新建”命令，新建一个空白文档。

02 使用“文字工具”输入文字，填充蓝色。拖动上面的控制柄，将文字向下压扁后双击，当控制柄变为旋转、倾斜控制柄时，再拖动上面的水平倾斜按钮，将文字放置至如图 4-28 所示的位置。

图 4-28　输入文字并变形

03 按住 Ctrl 键，垂直向上复制一个字。再单击工具箱中的【填充】工具，选择“渐变填充”，随后会弹出“渐变填充方式”对话框，进行参数设置。填充渐变后的效果如图 4-29 所示。

04 单击【交互式调和】工具，从上面向下拖曳鼠标，两个文字调和后的形态如图 4-30 所示，一种清凉的文字效果就制作完毕了。

如果觉得这种质感不够理想，可适当更换颜色，以制造不同的文字效果。

图 4-29　复制文字

图 4-30　清凉文字最终效果

4.1.6　交互式轮廓图工具

使用【交互式轮廓图】工具可以给指定对象增加同心的轮廓线，这些轮廓线可以向对象的中心靠拢，也可以远离对象的边缘线。用它可以制作出朦胧的边缘，给对象增加一种奇异的美感。

向外添加轮廓线，操作步骤如下:

01 在工具箱中选择【文本】工具，在画面上单击并输入“美丽”文字，再在工具箱中选择【挑选】工具，确认文字输入，然后在属性栏中设定为 隶书，在默认 CMYK 调色板中单击黄色，将文字填充为黄色，效果如图 4-31 所示。

02 在工具箱中选择【交互式轮廓图】工具，在属性栏中单击【向外】按钮，在【轮廓图步数】文本框 1 中输入“1”，在【轮廓图偏移】文本框 1.0 mm 中输入“2.00mm”，在【轮廓色】调色板中选择黑色，在【填充色】调色板中选择黑色，单击【线性轮廓图颜色】按钮，即可得到如图 4-32 所示的效果。

图 4-31　输入文字并填充黄色

图 4-32　为文字添加轮廓

03 在菜单中执行【排列】|【拆分轮廓图群组】命令，将轮廓图拆分，再在工具箱中选择【挑选】工具，先在空白处单击取消选择；再单击外面的黑色对象，然后在默认CMYK调色板中单击白色，右键单击黑色，得到如图4-33（a）所示的效果。

04 在工具箱中单击【轮廓】工具下的2点轮廓，得到如图4-33（b）所示的效果。

05 向内添加轮廓线，接着上面进行操作，用挑选工具单击青色文字来选择文字；在工具箱中单击交互式轮廓图工具，再在属性栏中单击【向内】按钮，设定【轮廓图步数】为“8”，【轮廓图偏移】为“0.5mm”，填充色为白色，即可得到如图4-33（c）所示的效果。

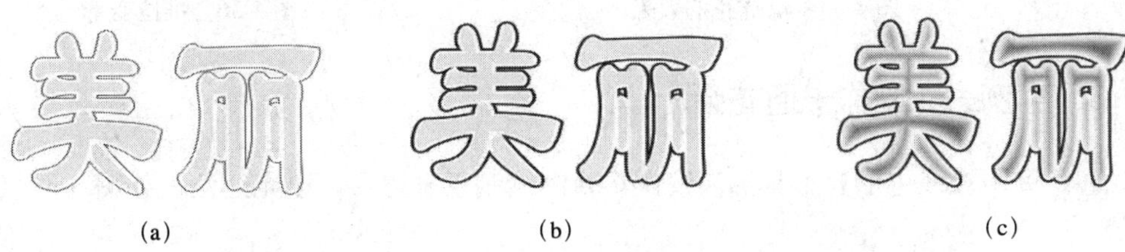

图4-33　拆分轮廓、设置轮廓宽度、设置向内轮廓

提示：

在属性栏中有许多预设的轮廓图，可以直接选区所需要的轮廓图，如果要清除轮廓图，直接在属性栏中单击图标。

4.1.7　交互式变形工具

使用【交互式变形】工具可以对对象进行多种随意变形，创造出奇异的效果，但是位图与段落文本不能应用此效果。变形工具分【推拉变形】工具、【拉链变形】工具、【扭曲变形】工具3种，可以将任一种效果应用到对象上，也可以用几种变形，甚至是一种变形多次操作来创建许多有趣的效果，它也拥有良好的可控性。

【推拉变形】工具是将对象进行两个方向的放射，将光标在对象上单击并左右移动，可以推进对象的边缘，或拉出对象的边缘。

推拉变形工具的使用方法如下：

(1) 从图形中间向左移得，对象边角向内缩产生边缘光滑的放射物，如图4-34所示。

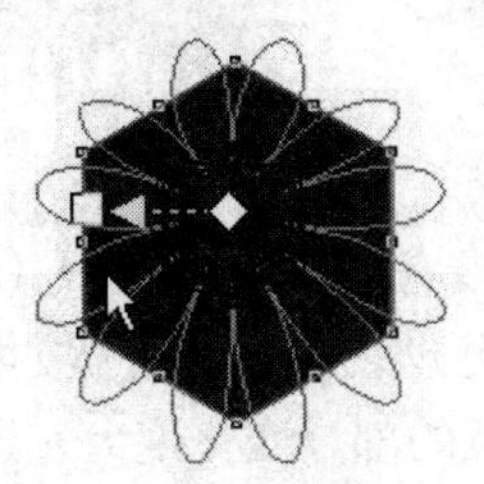

图4-34　边缘光滑的放射形

(2) 从图形中间向右移动，对象边角变尖锐出现类似爆炸花的效果，如图 4-35 所示。

(3) 拖动起始点的位置不同，变形的形状也不同，如图 4-36 所示。

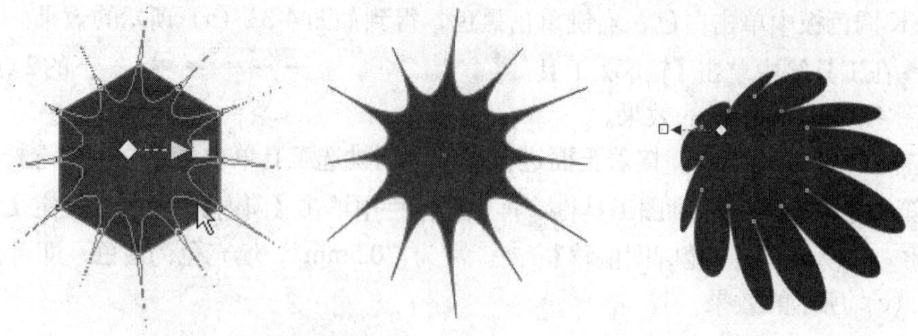

图 4-35 爆炸花的效果　　图 4-36 推拉变形

4.1.8 实例——制作卡通花朵

01 单击【多边形】工具，按住 Ctrl 键绘制正五边形，填充红色，如图 4-37（a）所示。

02 单击【交互式轮廓图】工具，向内拖曳鼠标，在属性栏中将“轮廓图步长”设置为 3，“轮廓图偏移”设置为 3，内层填充颜色为黄色，效果如图 4-37（b）所示。

03 再单击【交互式变形】工具，选择【推拉变形】，在属性栏中将“推拉失真幅度”设置为 −80。去除轮廓颜色后的效果如图 4-37（c）所示。

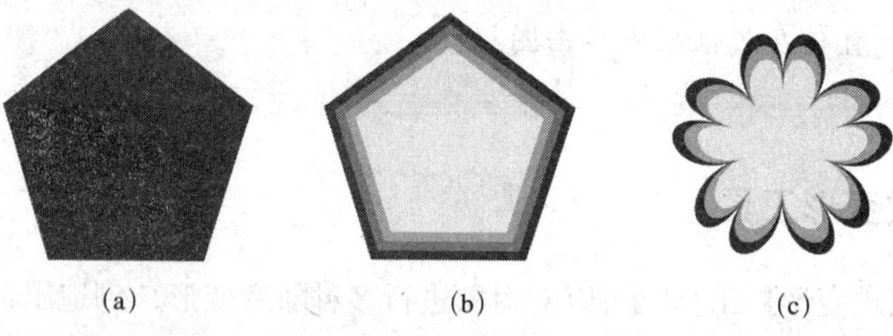

(a)　(b)　(c)

图 4-37 推拉变形

【拉链变形】类似于“粗糙笔刷”，它会沿着图形的边沿产生锯齿形状的变形，拖动的幅度越大，效果越奇特、越复杂。

观察图 4-38，看看设置不同的失真振幅与失真频率对图形产生的影响。

图 4-38 拉链变形

随机变形：按下此按钮，锯齿的变化幅度没有规律如图 4-39（a）所示。

圆滑变形：按下此按钮，锯齿将进行平滑处理，使过渡自然如图 4-39（b）所示。

局部变形：按下此按钮，靠近变形方向起点的部分变化度大，远离的部分变化幅度小，如图 4-39（c）所示。

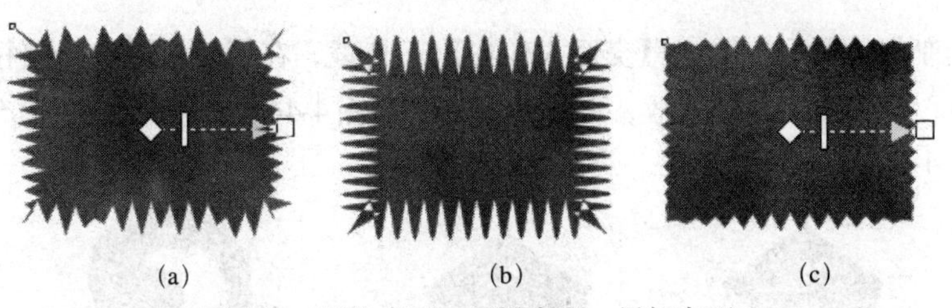

(a)　(b)　(c)

图 4-39　随机变形、圆滑变形、局部变形

4.1.9　实例——制作叶子

01 单击【多边形】工具，按住 Ctrl 键绘制正五边形，填充为绿色，再将五边形变形至如图 4-40（a）所示的形状。

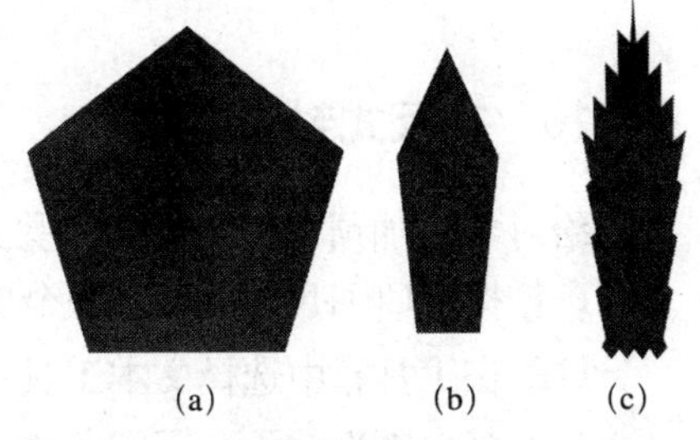

(a)　(b)　(c)

图 4-40　变形效果

02 单击【交互式变形】工具中的【拉链变形】工具，从图形上端向上拖动鼠标，如图 4-40（b）所示，变形后的效果如图 4-40（c）所示。

03 使用【交互式填充】工具，调整参数如图 4-41 所示，从下向上拖动鼠标，再将调色板中的黄色拖至顶端的控制滑块中，产生如图 4-42（a）所示的渐变效果，再去除轮廓，效果如图 4-42（b）所示。

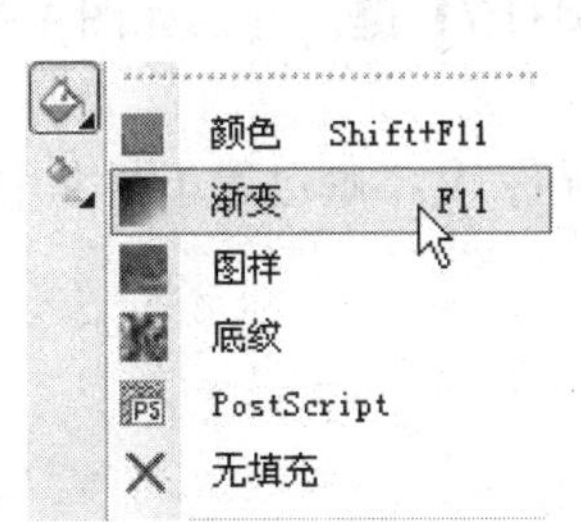

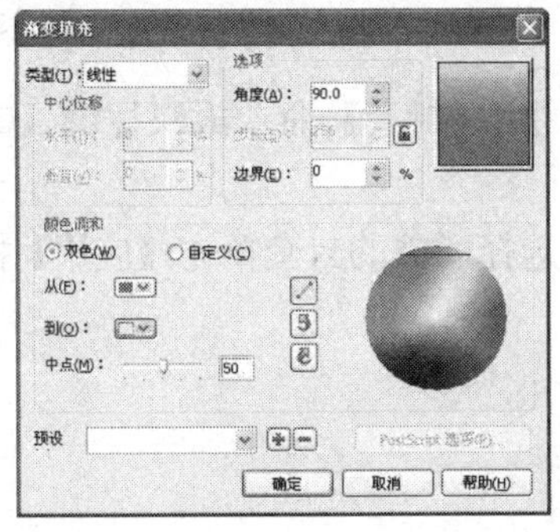

图 4-41　交互式填充

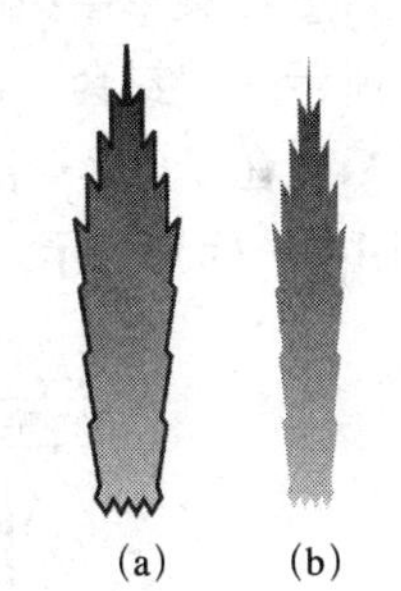

(a)　(b)

图 4-42　填充效果

04 与前面制作的花朵进行组合，复制花朵，更改颜色后的效果如图 4-43 所示。

图 4-43　最终效果

【扭曲变形】可以将对象任意扭转，以创建旋转的漩涡效果。

选择绘制好的图形，单击【交互式变形】工具，在属性栏中选择【扭曲变形】工具，在中心位置按下左键不放，再拖动鼠标，如图 4-44（b）所示，图形产生扭曲后的效果如图 4-44（c）所示。

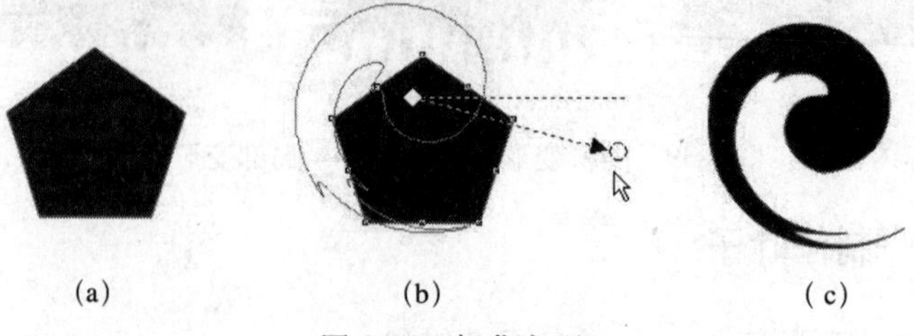

(a)　　(b)　　(c)

图 4-44　扭曲变形

4.1.10　交互式封套工具

给对象添加预设封套操作步骤如下：

01 按【Ctrl+N】键创建一个新文件。

02 在工具箱中选择文本工具，然后输入“北京欢迎您”文字，选择【挑选】工具并设置字体为 黑体 字体大小为 60 pt ，接着在默认调色板中单击红色，结果如图 4-45 所示。

图 4-45　输入文字并填充

03 在菜单中执行【效果】|【封套】命令或快捷键【Ctrl+F7】键，开启如图 4-46（a）所示的“封套”泊坞窗。

04 在“封套”泊坞窗中选择所需的封套单击【应用】按钮，文字则已置于封套中，如图 4-46（b）所示。

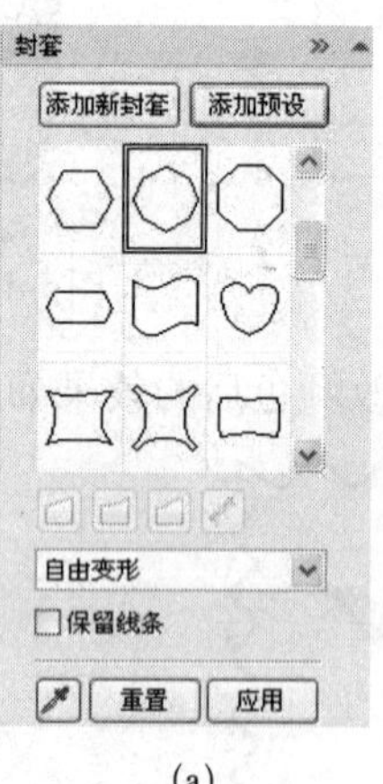

(a)　　(b)

图 4-46　为文字添加封套工具

提示：

填充可参照下一节内容，输入文字可参照后面文本工具一章。

05 按Ctrl+Z组合键撤销上步应用的封套，此时还保持着【交互式封套】工具的选择；移动指针到封套框上方中间节点上按下左键向所需的方向拖动，松开左键即可对文字进行变形，如图4-47所示。

图4-47 变形文字

06 运用【椭圆】工具，绘制一个椭圆，填充为蓝紫色。

07 在工具箱中选择【挑选】工具，按【Ctrl+D】组合键复制一组文字层，然后向下移到适当的位置,并填充黑色，结果如图4-48所示。

图4-48 绘制椭圆并复制文字

08 运用【挑选】工具选中上面的文字，在工具箱中选择填充工具下的渐变填充对话框，弹出【渐变填充】对话框，然后在“预设”列表中选择类型类型(T)：线性、角度角度(A)：90.0及颜色调和如图4-49（a）所示内容。其他不变，单击“确定”按钮，得到如图4-49（b）所示的效果。

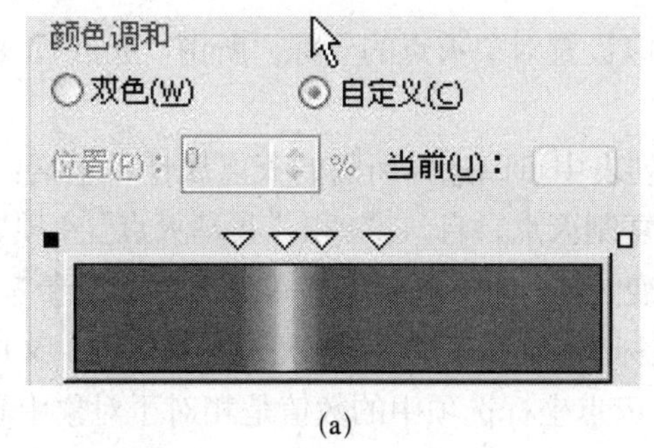

(a)

(b)

图4-49

09 再按【Ctrl+D】组合键复制这个文字，并运用属性栏的【垂直镜像】工具得到一个镜像图形，如图4-50所示。

10 应用【挑选】工具把镜像文字选中，拖曳黑框进行变形,使用交互式透明工具，对镜像的文字进行透明设置，是指透明度为50，这样就制作完成了，如图4-51所示。

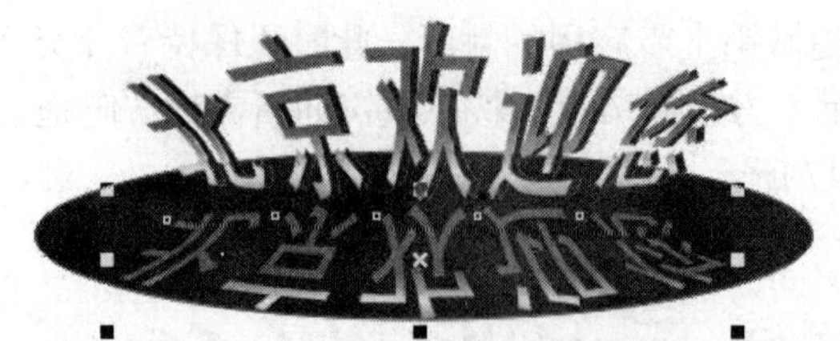

图 4-50 得到镜像图形

图 4-51 最终效果

4.1.11 交互式立体化工具

交互式立体化工具的属性设置。

在工具箱中选择【交互式立体化】工具，并在选择的对象进行立体化处理，立体化后的属性栏，如图 4-52 所示。

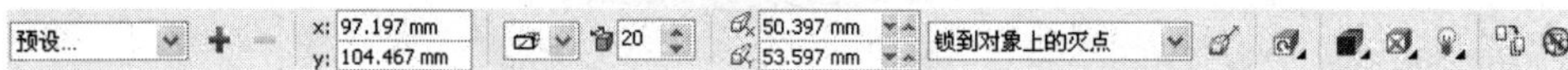

图 4-52 交互式立体化工具属性栏

各选项说明如下：

●【立体化类型】选项：在该列表中可以选择所需的立体化类型。

●【深度】选项：在该文本框中可以输入所需的立体进深长度。数值越大，立体化深度越大，否则相反。

●【灭点坐标】选项：在该文本框可以设置对象灭点的坐标。所谓“灭点”，是指对象各点延伸线向消失点处延伸的相交点。

●【灭点属性】选项：在该列表中可以选择所需的灭点属性，包括：“锁到对象上的灭点”、“锁到页上的灭点”、“复制灭点，自...”和“共享灭点”4 项。

●【VP 对象/VP 页面】按钮：单击该按钮变为按钮；就可以将灭点以页面为参考，并且灭点坐标选项中的数值是相对于页面的坐标原点距离。如果再次单击按钮，又成为按钮，此时就以立体化对象为参考；并且灭点坐标选项中的数值是相对于对象中心的距离。

●【立体的方向】按钮：单击该按钮，弹出如图 4-53（a）所示的“立体方向旋转”对话框，在中间的圆中的“4” 字上按下左键进行拖动，可以调整立体化对象的视图角度；单击按钮，将调整后的视图角度还原，单击按钮，弹出“旋转值”对话框，如图 4-53（b）所示，并在 X、Y 和 Z 文本框中输入所需的数值，来调整立体化对象的视图角度。

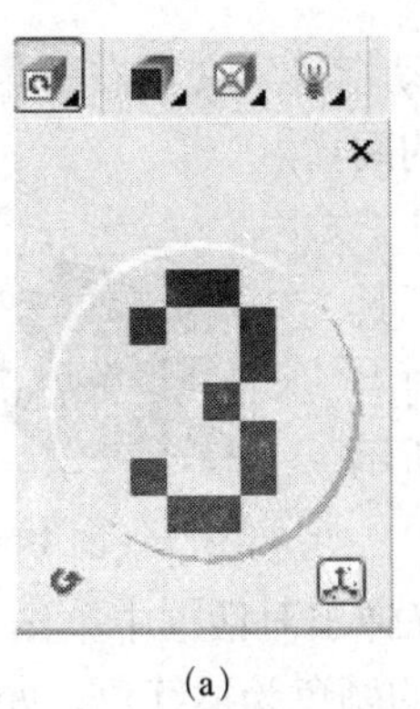

(a)

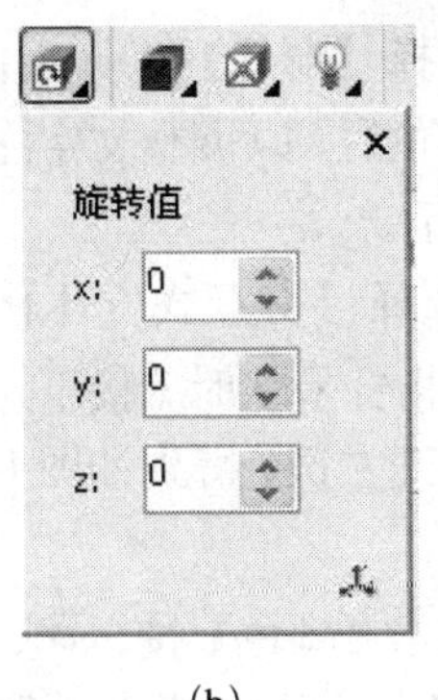

(b)

图4-53 立体的方向对话框

○【颜色】按钮：单击该按钮，弹出如图4-54（a）所示的对话框，并在其中可以单击、或按钮来设置所需的立体化颜色。

○【斜角修饰边】按钮：单击该按钮，弹出如图4-54（b）所示的对话框；用户可根据需要选择立体化后的对象是否制作成斜角效果。

○【照明】按钮：单击该按钮，弹出如图4-54（c）所示的对话框，并在其中可以设置立体化对象的光源效果。

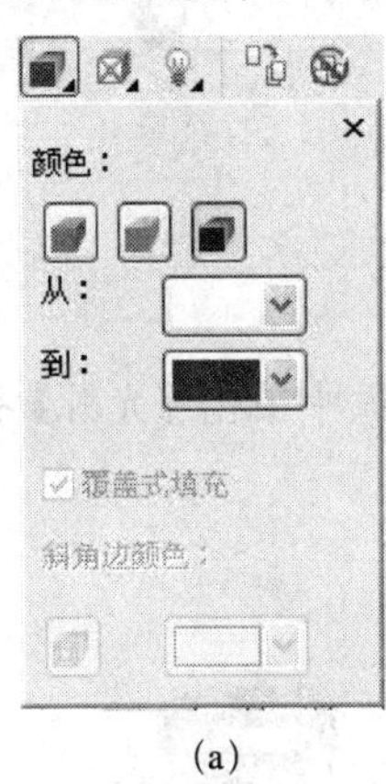

(a)

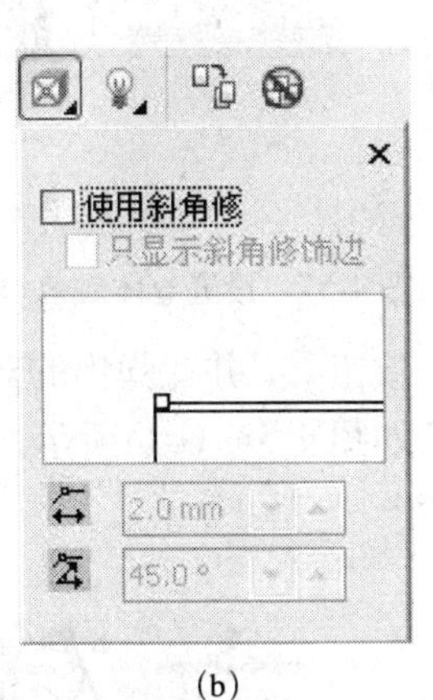

(b)

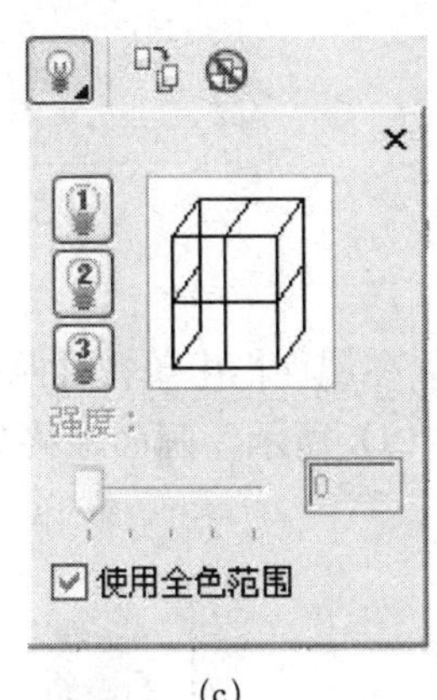

(c)

图4-54 立体化对话框

4.1.12 实例——制作特效立体字

使用交互式立体工具，可以制作出各种立体效果，为实际提供简捷方便的设计途径。操作步骤如下：

01 按【Ctrl+N】键新建一文件，在工具箱中选择【文本】工具，接着在绘图窗口中单击并输入“立体字”，选择挑选工具确认文字输入，再在属性栏中设定字体为“黑体”，字体大小为“180”，结果如图4-55（a）所示。

(a) (b)

图4-55 输入文字

02 在工具箱中选择【形状】工具，移动指针到文字右下角的图标上，按下左键向左边拖移到适当的位置，以调整文字之间的间距，如图4-55（b）所示。

03 在工具箱中选择【交互式立体化】工具，移动指针到文字上指针呈状时，按下左键向右上方拖到适当的位置松开左键，得到如图4-56所示的立体化效果。

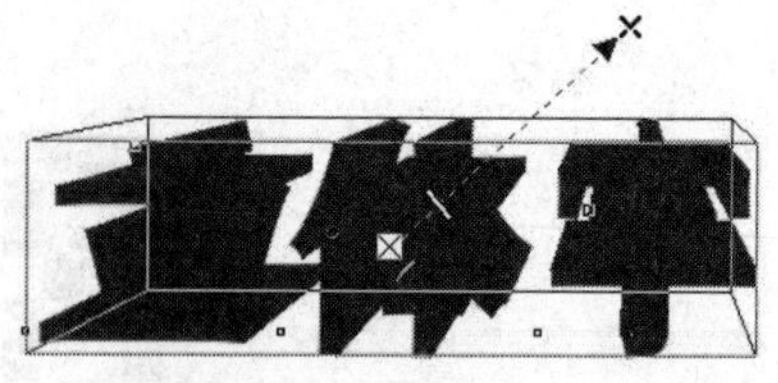

图4-56　立体化效果

04 在属性栏中单击【颜色】按钮，并在弹出对话框中单击【使用递减的颜色】按钮，然后再设定【从】的颜色为黄色，【到】的颜色为橘红色，如图4-57（a）所示，画面效果如图4-57（b）所示。

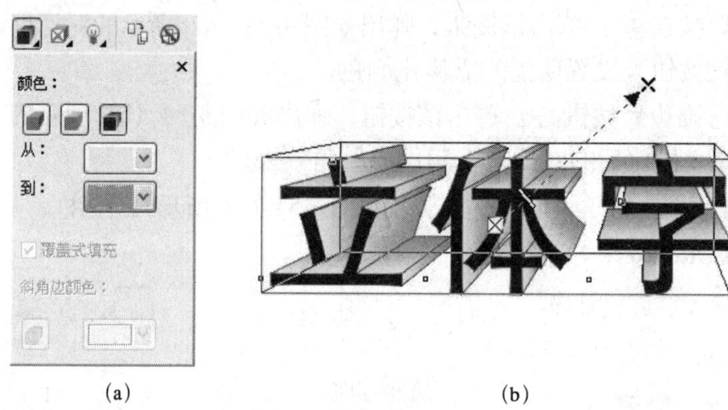

（a）　（b）

图4-57　设置立体颜色

05 在属性栏中单击【照明】按钮，并在弹出的对话框中单击【光源】按钮，如图4-58（a）所示，画面最终效果如图4-58（b）所示。

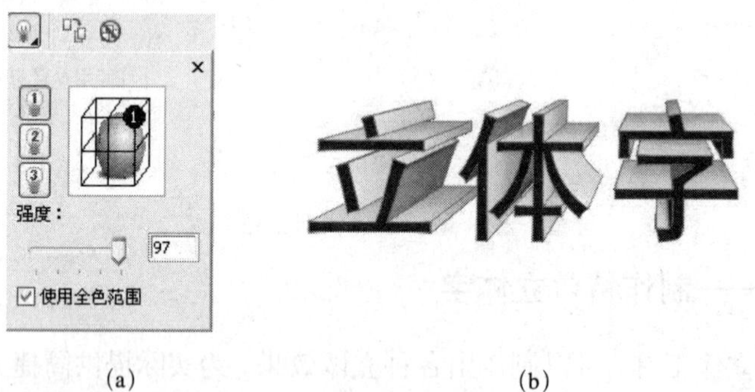

（a）　（b）

图4-58　照明参数设置及最终效果

4.1.13　交互式阴影工具

如果在绘图窗口中绘制并选择了一个对象，选择工具箱中【交互式阴影】工具，并在属性栏的“预设列表”中选择一种阴影类型，其属性栏如图4-59所示。

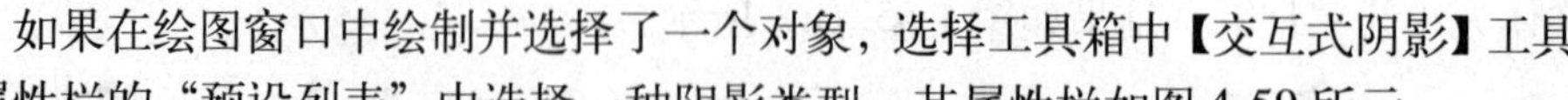

图4-59　交互式阴影工具属性栏

各选项说明如下：

●【阴影角度】选项：在该文本框中可以输入所需的阴影角度。

●【阴影的不透明】选项：在该文本框中输入数值，可以设置阴影的不透明度。

●【阴影羽化】选项：在该文本框中输入数值，可以设置阴影的羽化程度，数值越大，羽化越大，否则相反。

●【阴影羽化方向】按钮：单击该按钮，弹出如4-60（a）所示的对话框，用户可以从中选择所需的羽化方向，如“向内”、“中间”、“向外”和“平均”。

●【阴影羽化边缘】按钮：只有在“阴影羽化方向”对话框中选择了“向内”、“中间”或“向外”按钮时，该按钮才成活动状态，单击该按钮，弹出如图4-60（b）所示的对话框，用户可以在其选择所需的羽化边缘方式。

●【淡出】选项：在该文本框中输入数值可设置阴影的淡化效果，数值越大，阴影的颜色越淡。

●【阴影延伸】选项：在该文本框中输入数值可设置阴影的延伸距离，数值越大，阴影的长度越长。

●【阴影颜色）按钮：在其下拉调色板中可以选择生成阴影的颜色，如4-60（c）所示。

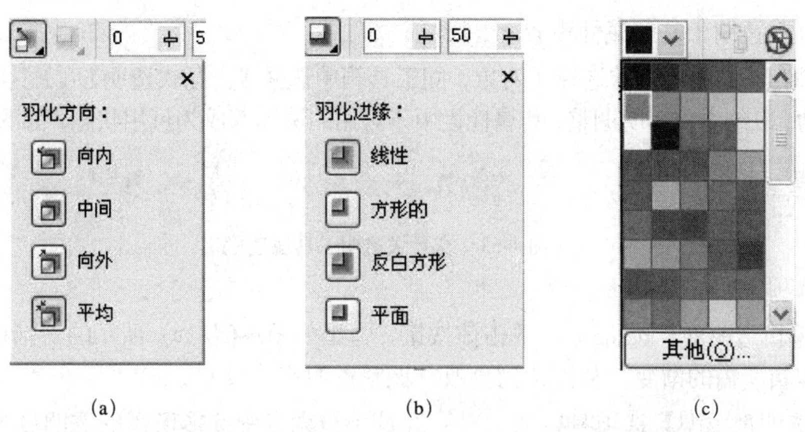

图4-60　阴影羽化方向、阴影羽化边缘、阴影颜色工具栏

4.1.14　实例——使用交互式阴影工具制作特效字

操作步骤如下：

01 按【Ctrl+N】键新建一文件，在工具箱中选择【矩形】工具，绘制出一个适当大小的矩形，在默认CMYK调色板中单击黄色，右键单击“无”，可以清除轮廓线。

02 在工具箱中选择【文本工具】，接着在绘图窗口中单击并输入“阴影”文字，再选择挑选工具确认文字输入，然后在属性栏设定字体为“黑体”，字体大小为“150”，结果如图4-61所示。

03 在工具箱中选择【交互式阴影】工具，接着在属性栏的【预设列表】中选择“Pers Top Left”，即可得到如图4-62（a）所示的效果。

04 在属性栏中设定【阴影的不透明】为“50”，【阴影羽化】为“15”，投影色设置为红色得到如图 4-62（b）所示的效果，这样投影字就制作完成了。

图 4-61　输入文本并设定属性

(a)　　　　(b)

图 4-62　设置投影

4.1.15　交互式透明工具

交互式透明工具的属性设置。

如果在画面中绘制并选择了对象，同工具箱中选择【交互式透明】工具，然后在对象上拖动，以给对象透明调整，其属性栏中不可用的选项都成为可用状态，如图 4-63 所示。

图 4-63　交互式透明工具属性栏

各选项说明如下：

●【编辑透明度】按钮：单击该按钮，弹出如图 4-64（a）所示的对话框，用户可以其中编辑所需的渐变，从而达到更改与调整透明度的目的。

●【透明度类型】选项：在该下拉列表中选择所需的透明度类型，如图 4-64（b）所示。

●【透明度操作】选项：在该下拉列表中可以选择所需的混合模式，从而达到特殊的效果，其下拉列表如图 4-64（c）所示。

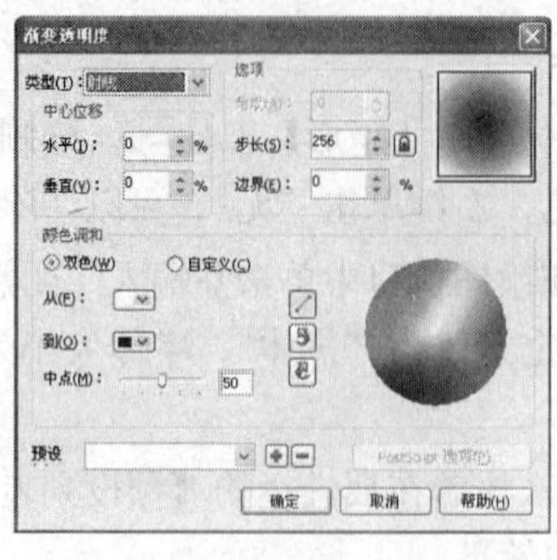

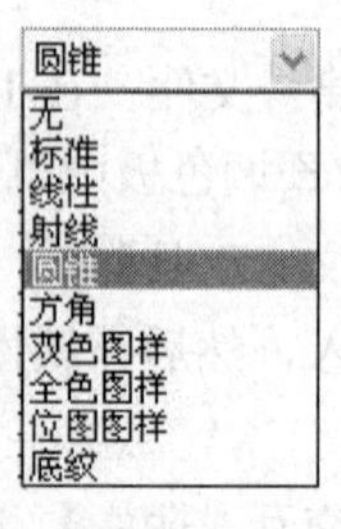

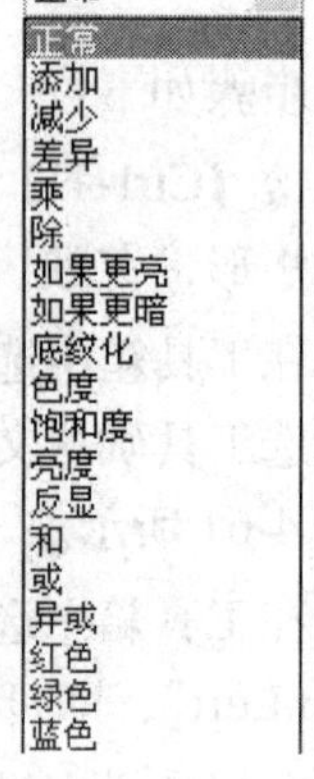

(a)　　　　(b)　　　　(c)

图 4-64　交互式透明工具下拉菜单

●【透明中心点】选项：在该文本框中输入数值调整透明的强度，数值越大透明度越高，数值越小透明度越低。

●【渐变透明角度和边衬】选项：在 45.0 °文本框中输入所需的角度来调整渐变透明角度；在 13 % 文本框中输入数值来调整渐变透明的边衬。

●【透明度目标】选项 全部：在该下拉列表可以将透明度应用于对象的某一部分。

●【冻结】按钮：单击该按钮可以将所选对象的透明效果冻结。这样当移动对象时，对象之间产生的效果将不会改变，再单击【冻结】按钮时可以将当前冻结的对象取消冻结。

使用交互式透明工具操作步骤如下：

01 先按【Ctrl+N】组合键新建一个文件，再按【Ctrl+I】键导入本书附带光盘中\JPG\第4章\图1.jpg图片，如图4-65（a）所示。

02 接着再按【Ctrl+I】键导入本书附带光盘中\JPG\第4章\图2.jpg图片，并使它和前面的图片叠加在一起，如图4-65（b）所示。

(a)

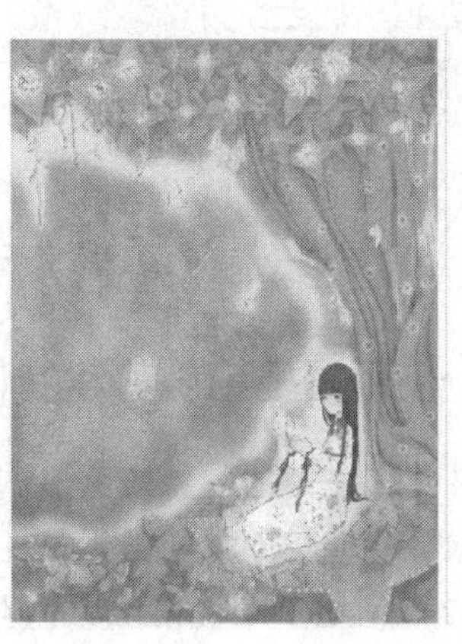

(b)

图4-65 导入图片

03 在工具箱中选择【交互式透明】工具，在属性栏中的【透明度类型】射线 列表中选择“射线”，如图4-66（a）所示，就可得到如图4-66（b）所示的效果。

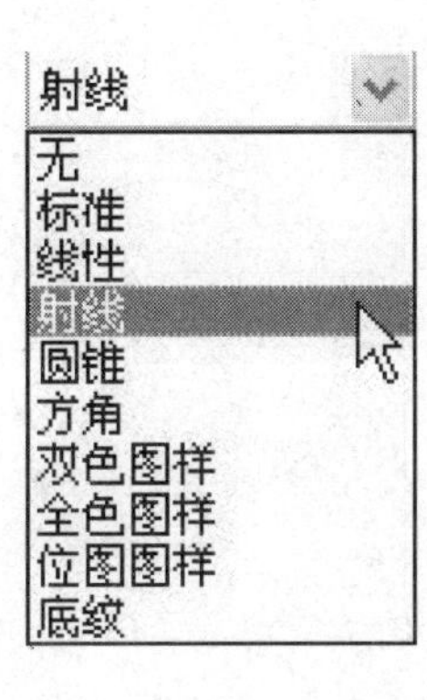

(a)

(b)

图4-66 选择透明度类型

04 接着在属性栏的【透明中心点】文本框 0 中输入“0”后按Enter键。

05 在属性栏的【渐变透明边衬】文本框 32 % 中输入“32”后按Enter键。

06 选择工具箱中的【形状】工具，单击后面的图形，对角上的节点向内移动，对它的边缘进行修改，如图4-67（a）所示，最终得到效果如图4-67（b）所示。

(a)

(b)

图4-67　调整节点修正边缘及最终效果

4.1.16　实例——使用图框精确剪裁制作相框

CorelDRAW X4允许在其他对象或容器内放置矢量对象和位图（如照片）。容器可以是任何对象。将对象放到比该对象小的容器中时，对象（也称为内容）就会被裁剪以适合容器的形状，这样就创建了图框精确剪裁对象。

操作步骤如下：

01 按Ctrl+N组合键新建一个文件导入一张图片，如图4-68（a）所示。

02 在工具箱中选择【椭圆】工具，在页面打印区域内绘制出一椭圆形，如图4-68（b）所示。

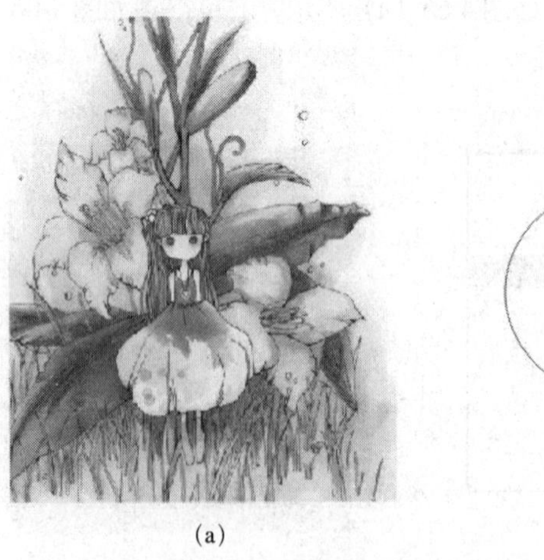

(a)

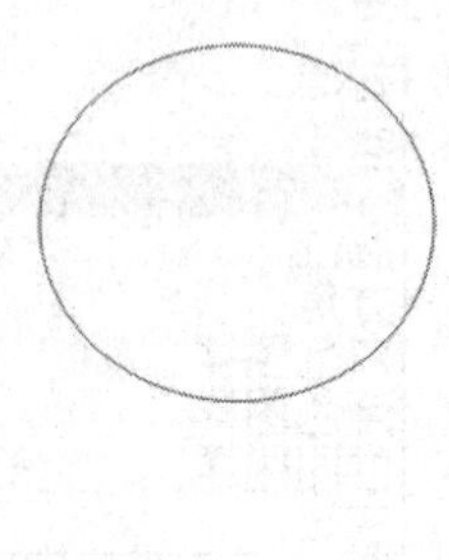

(b)

图4-68　导入新图片、绘制椭圆

03 选中该图片，如图4-69所示，在菜单中执行【效果】|【图框精确剪裁】|【放置在容器中】命令，然后移动粗箭头到复制的矩形内单击，得到如图4-70（a）所示的效果。

04 在选中精确裁剪后的图形后，用鼠标右键单击无填充去掉填充边框，如图4-70（b）所示。

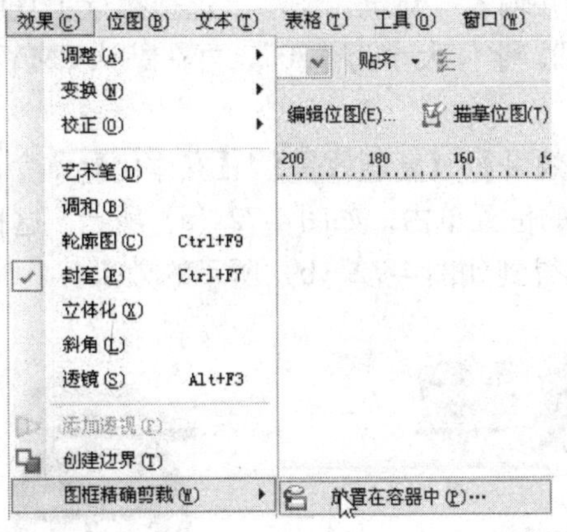

图4-69 菜单栏

(a) (b)

图4-70 精确剪裁、去掉填充边框

提示：

在菜单中执行【效果】|【图框精确剪裁】|【编辑内容】命令，再单击图片以选择它，然后将图片缩小到适当大小，并将它排放到适当的位置。如果用户编辑效果满意后，在菜单中执行【效果】|【图框精确剪裁】|【结束编辑此级别】命令，这样就制作完成了。

4.2 填充工具

4.2.1 复制效果

【复制效果】命令可以使选择对象应用指定对象的效果，在修改原对象效果时，复制效果的对象效果不会改变。

在我们编辑过程中通常会遇到许多效果相同的对象，如果我们重复同样的方法制作同样的效果，岂不是太浪费时间了。如果使用“复制效果”命令将效果应用于对象上，就节省时间多了。

操作步骤如下：

01 按【Ctrl+O】组合键打开前面绘制好的立体字作品，接着在工具箱中选择文本工具，在画面下方单击并输入“建筑”文字，选择挑选工具确认文字输入，然后在属性栏中设定字体为“黑体”，字体大小为“80”，再在默认 CMYK 调色板中单击黑色，结果如图 4-71 所示。

02 在菜单中执行【效果】|【复制效果】|【立体化】命令，接着移动粗箭头到立体文字“立”下方立体效果的位置单击，如图 4-72（a）所示；这样就把前面的立体效果复制到“建筑”文字上了，得到如图 4-72（b）所示的效果。

立体字
建筑

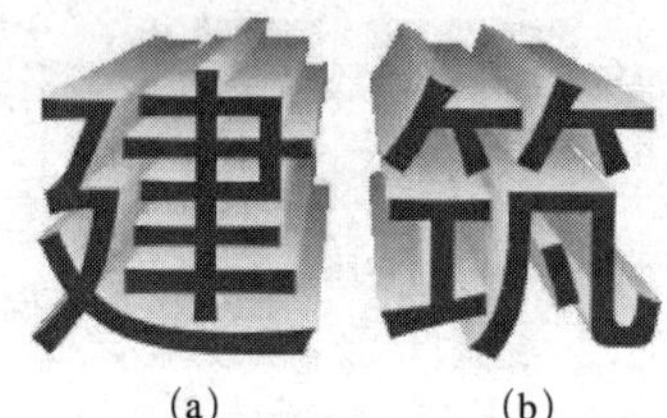

(a)　　(b)

图 4-71　打开文件并输入字体　　图 4-72　复制立体效果

提示：

如果对效果不满意可以选择挑选工具，然后在菜单中执行【效果】|【清除变形】命令，可以还原为原始状态。也可以通过属性栏中的按钮，这样也可以还原为原始状态。

4.2.2 克隆效果

“克隆效果”命令可以将选择的对象应用所指定对象的效果，并且在修改原效果时，克隆效果也跟着改变。

操作步骤如下：

01 按【Ctrl+O】组合键打开一个文件，用挑选工具框选左上方的一组文字，如图 4-73（a）所示。

新北京迎奥运　　新北京迎奥运

(a)　　(b)

图 4-73　克隆效果

02 在菜单中执行【效果】|【复制效果】|【建立套封自】命令，然后移动粗箭头到套封“北京欢迎您”文字上单击，则会得到如图4-73（b）所示的效果，这样就把上边的套封效果复制到这组文字上了。

4.2.3 轮廓工具

使用轮廓颜色对话框设置轮廓颜色操作步骤如下：

利用轮廓工具可以设置轮廓的属性（包括：轮廓颜色、轮廓样式、轮廓宽度、轮廓转角、书法等），也可以将轮廓设为无（即清除轮廓色）。轮廓工具包括：【轮廓画笔】对话框、颜色 Shift+F12【轮廓颜色】对话框、×【无轮廓】、【细线轮廓】、1/2点【1/2点轮廓】、1点【1点轮廓】、2点【2点轮廓】、8点【8点轮廓】、16点【16点轮廓】和24点【24点轮廓】。

使用轮廓画笔对话框设置轮廓属性操作步骤如下：

01 按Ctrl+O组合键打开一幅图案，在工具箱中选择【挑选】工具，选择该图案如图4-74（a）所示。

02 在工具箱中选择【轮廓画笔】对话框，并在弹出的“轮廓色”对话框中设置颜色为橘红，宽度为0.176，在“样式”列表中选择所需的样式，其他为默认值如图4-74（b）所示，单击“确定”按钮，得到如图4-74（c）所示的效果。

使用轮廓颜色对话框设置轮廓颜色。

(a)

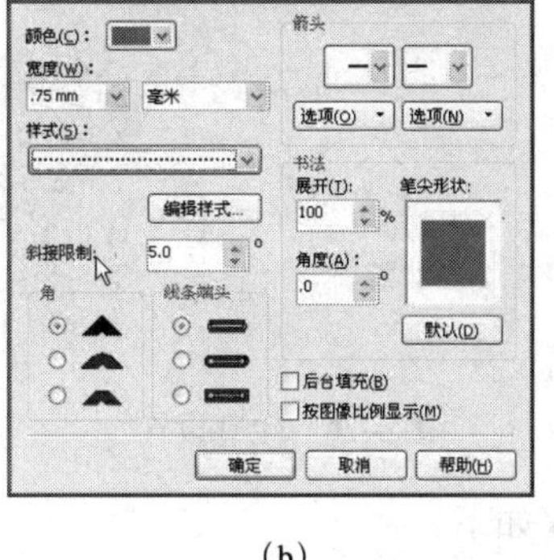

(b)

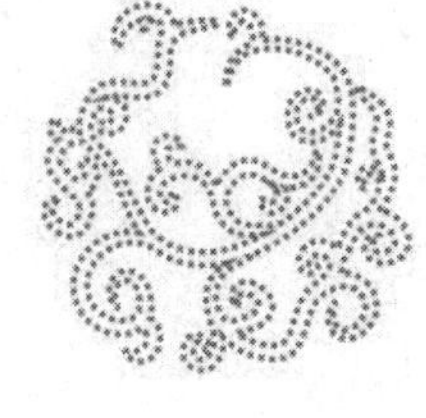

(c)

图4-74 改变线属性

提示：

对线的设置在前面已经介绍过，请参照第2.1节。

接着上节进行讲解，在工具箱中选择 颜色 Shift+F12【轮廓颜色】对话框，弹出“轮廓色”对话框，在颜色预览区中拖动小方框到所需的颜色区域，如图4-75（a）所示，单击“确定”按钮，即可将轮廓色设为所选择的颜色，如图4-75（b）所示。

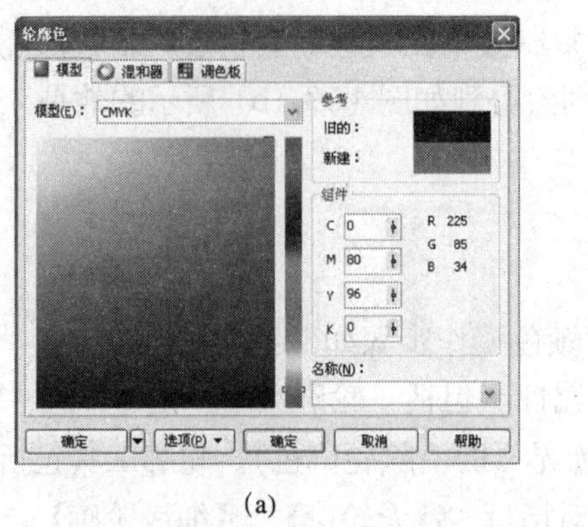

(a) (b)

图 4-75 使用轮廓对话框设置轮廓颜色

利用【无轮廓】工具✕可使轮廓线没有颜色，但是该对象还是存在的；利用【细线轮廓】工具可使轮廓线成为细线。

操作步骤如下：

以上个图案为例，在默认 CMYK 调色板中单击黄色,再在工具箱中选择【无轮廓】工具✕即可将所选对象的轮廓设为无（通常我们称为清除轮廓色），效果如图 4-76（a)所示。

在工具箱中选择【细线轮廓】工具，然后在默认 CMYK 调色板中右键单击绿色，将轮廓设为绿色的细线轮廓，效果如图 4-76（b)所示。

(a) (b)

图 4-76 轮廓设置

其他轮廓笔工具操作步骤如下：

同样以上图案为例，在工具箱中选择— 1/2 点点轮廓，即可将轮廓的宽度设为 1 / 2 点宽，效果如图 4-77（a)所示。

(a) (b)

图 4-77 1/2 轮廓设置

在工具箱中选择 2点2点轮廓，即可将轮廓的宽度设为2点宽，效果如图4-77 (b)所示。

4.2.4 滴管工具和颜料桶工具

利用滴管工具吸取所需颜色，然后再用颜料桶工具进行填充刚吸取的颜色，当我们帮一幅作品中的某一颜色时，用眼睛观看是很难看准的，有了滴管工具就比较简单了。

操作步骤如下：

按【Ctrl+O】组合键打开一幅图案，该图案为群组对象，如图4-78 (a)所示，接着按【Ctrl+I】组合键，导入一张图片，如图4-78 (b)所示。

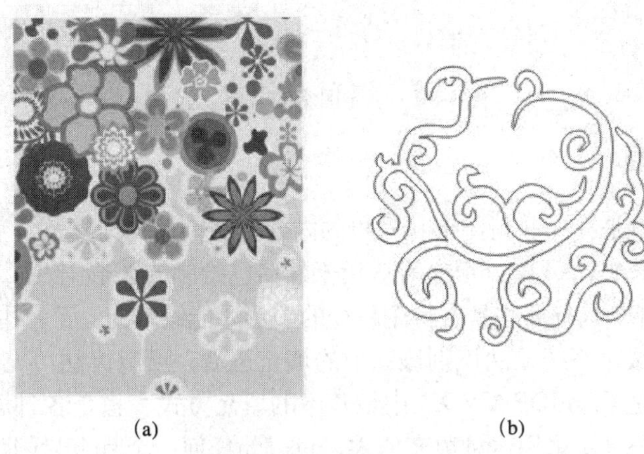

(a) (b)

图4-78 打开图案、导入图片

在工具箱中选择【滴管】工具，接着在属性栏的示例颜色(示例对象属性或颜色)列表中选择“示例颜色”，然后移动指针到图片中单击吸取所需的颜色，在工具箱中选择【颜料桶】工具，然后移动指针到图案上适当的位置单击，以填充所吸取的颜色为边框，结果如图4-79所示。

图4-79 填充边框颜色

提示：

用户可以按Shift键直接切换滴管工具和颜料桶工具。

接着在图案的其他需要填充相同颜色的对象上用吸管工具单击，以选择相同颜色，填充颜色后的效果如图 4-80 所示。

图 4-80　填充图案的其他位置

4.2.5　填充工具

所谓填充，就是在一些封闭形状对象的内部区域输入均匀颜色、位图、渐变颜色或图样。在 CorelDRAW X4 中，填充可应用于任何已绘制的图形上。

在通常情况下，只有那些具有封闭路径的图形才能被填充；而一些开放路径的图形，不具备封闭的区域，系统无法识别该图形的填充边沿，所以无法填充。

均匀填充，是 CorelDRAW X4 中最基本的填充方式，也是各种填充方式中操作最为简便、直观的一种。采用这种填充方式，可以为任何一个具有封闭路径的图形对象填充均匀的纯色。

给对象填充纯色可以通过调色板、填充颜色对话框或者是颜色泊坞窗来选择颜色。

1．使用调色板来填充均匀颜色

执行【窗口】|【调色板】命令，可找到所需要的调色板，如图 4-81 所示。

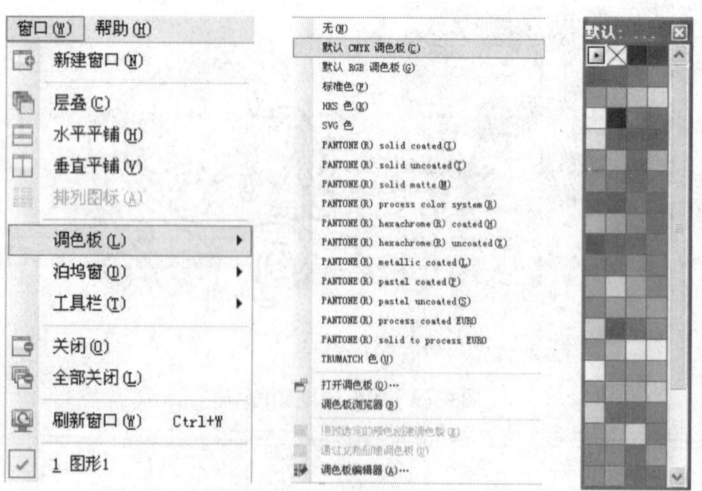

图 4-81　调色板对话框

（1）选择对象，左键单击调色板中的颜色，即可将选择的颜色填充到对象，也可直接从调色板上把色彩拖动到对象的填充区域，来设置对象颜色，如图 4-82 所示。

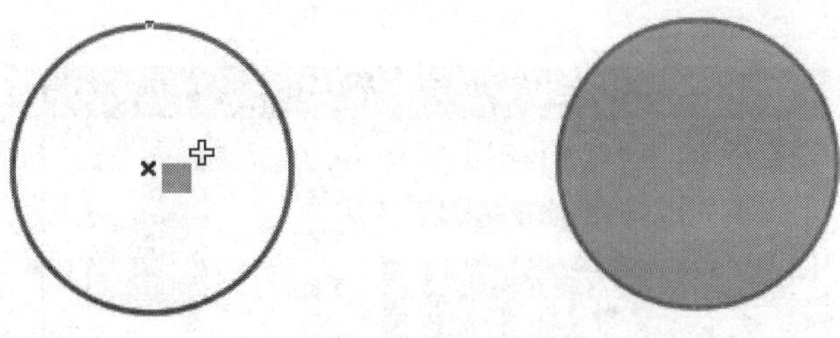

图 4-82　填充区域

（2）选择对象，右键单击调色板中的颜色，来设置该对象的轮廓色。也可直接从调色板上把色彩拖到对象的边线上，来设置该对象的轮廓色，如图 4-83 所示。

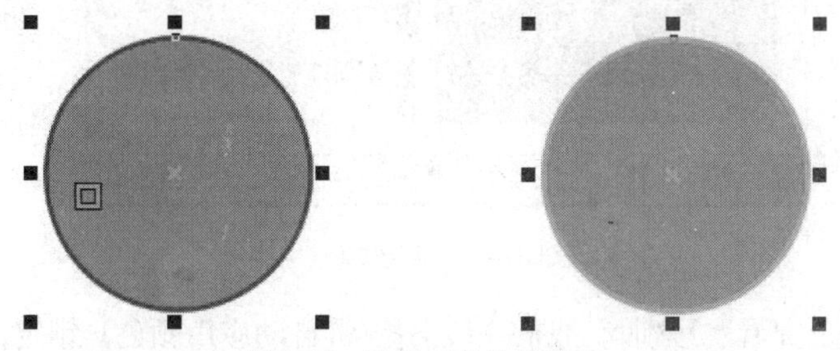

图 4-83　设置对象的轮廓色

（3）对准调色板中的某种颜色，按下鼠标左键静止 1 秒钟以上，可以展开一个小调色板，小调色板中的颜色都是一些同类色，可自由选择一种，如图 4-84 所示。

（4）左键单击调色板中的“无填充”按钮☒，可去除对象填充颜色；单击右键，可去除对象轮廓颜色。

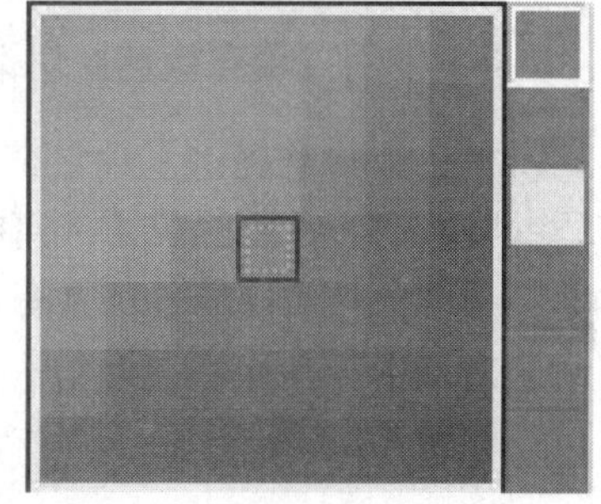

图 4-84　小调色板显示的同类色

2．颜色泊坞窗

以上颜色具有不可视性特点，我们不能立即看到对象的颜色变化，如果想直观地观察颜色的变化，可选择【窗口】|【泊坞窗】|【颜色】命令，可看到如图 4-85 所示的颜色泊坞窗。

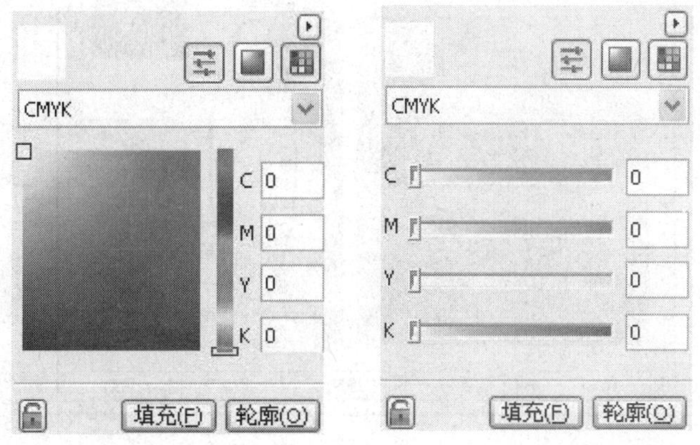

图 4-85　颜色泊坞窗

在【颜色】泊坞窗中有3种调整颜色的方式：【显示颜色滑块】、【颜色查看器】和【显示调色板】。一般都是切换到“颜色查看器”来调整颜色，如图4-86所示，这样更为直观。

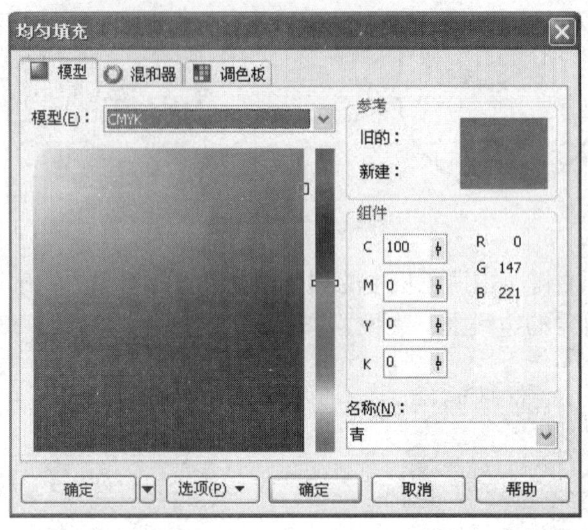

图4-86　标准填充

在使用【颜色查看器】时，我们一般会把(自动应用颜色）锁定，这样当我们改变了颜色设置后，泊坞窗口与当前颜色会自动应用到所选择的对象上。

3．使用【填充颜色】对话框来填充均匀颜色

调色板只是提供了少量常用的颜色，在绘图和设计中，远远满足不了我们的要求。CorelDRAW X4中提供了丰富的调色工具，可以方便、快捷地调色。

用调色板调出的色彩具有任意性，如果要选择精确颜色。可单击工具箱中的“填充颜色对话框”按钮或按组合键【Shift+F11】键，会弹出如图所示4-87的对话框。

在图4-87所示的标识处输入颜色的CMYK值，可获得精确的颜色。

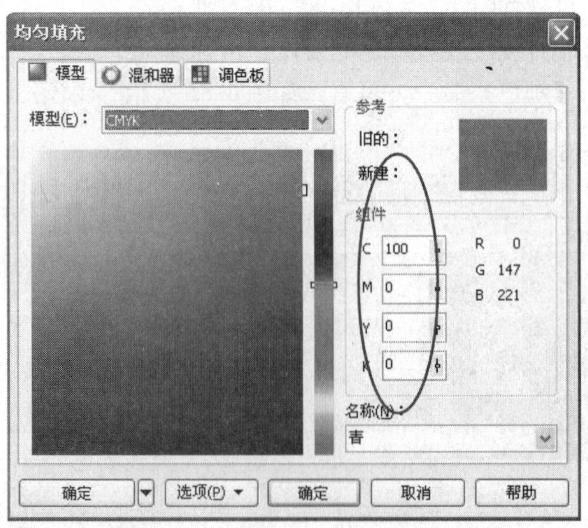

图4-87　输入颜色的CMYK值

CMYK颜色模型使用下列组件来定义颜色：青色（C）、品红（M）、黄色（Y）、黑色（K），青色、品红、黄色和黑色组件为CMYK颜色包含的青色、品红、黄色和黑色墨水量，用0%到100%来测量。很多印刷资料都是采用CMYK颜色模型印刷的。

RGB颜色模型使用下列组件来定义颜色：红色（R）、绿色（G）、蓝色（B），红色、绿色和蓝色组件为RGB颜色包含的红、绿和蓝光的量，用0～255的值来测量。将红光、蓝光和绿光添加在一起时，如果每一组件的值都为255，则显示白色。如果每一组件的值都为0，则结果为纯黑。显示器使用RGB颜色模型。

RGB颜色只能在显示器中看到，无法正确输出，在绘图时要尽量避免使用RGB颜色。

渐变式填充也叫喷泉式填充，它是给对象增加两种或多种颜色的平滑渐变，是为对象创建特殊填充效果的方法之一，它可使对象具有很强的层次感和金属光泽。

单击“渐变式填充工具”，会弹出一个如图4-87所示的【渐变填充】对话框。

通过上面的对话框，现在来逐一讲解它们的功能。

1．渐变填充的类型

渐变填充类型：线性渐变、射线渐变、圆锥渐变和方形渐变4种，如图4-88所示。

（1）线性渐变填充：沿着对象作直线流动，如图4-89（a)所示。

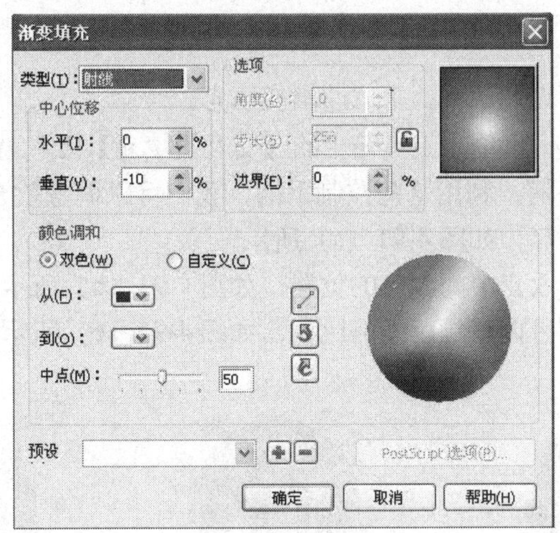

图4-88 【渐变填充】对话框

（2）射线渐变填充：从对象中心向外辐射，如图4-89（b）所示。

（3）圆锥渐变填充：产生光线落在圆锥上的效果，如图4-89（c）所示。

（4）方形渐变填充：以同心方形的形式从对象中心向外扩散，如图4-89（d）所示。

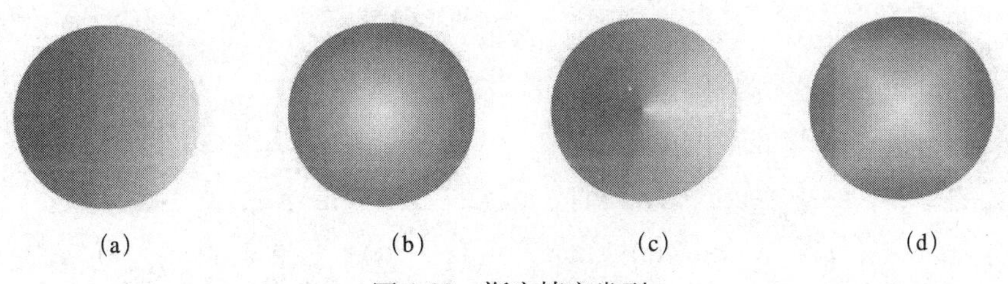

图4-89 渐变填充类型

2．渐变填充的分类

渐变填充又分为双色渐变填充和自定义渐变填充两种。双色渐变填充只能设置两种色彩的平滑过渡。两种颜色可以在图 4-90（a）标识处进行设置。

自定义渐变填充可以包含两种或两种以上颜色，可以在填充渐变的任何位置定位这些颜色，如图 4-90（b）所示。

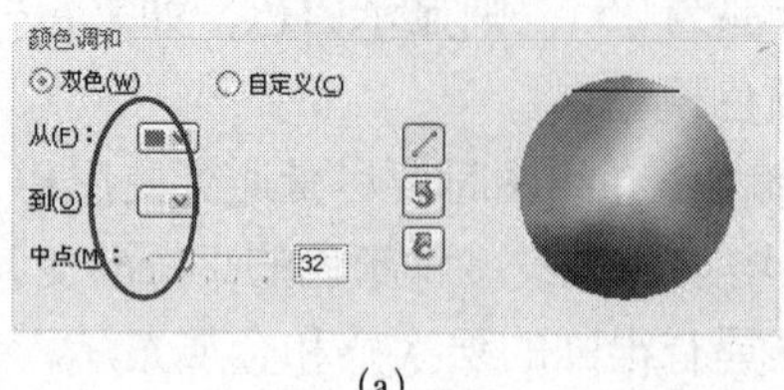

(a)

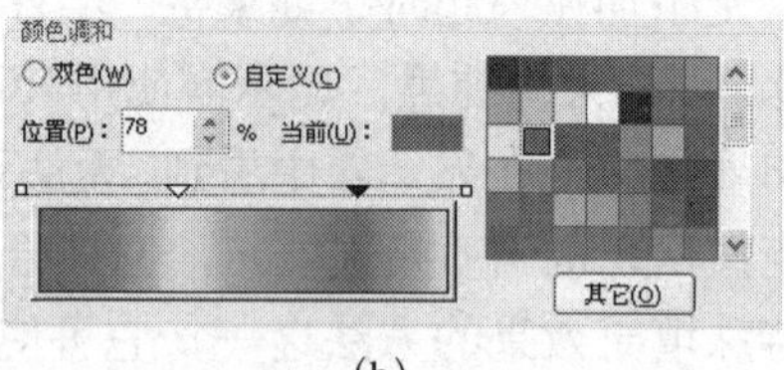

(b)

图 4-90　双色渐变填充、自定义渐变填充

提示：

在颜色编辑上面双击，可添加一个颜色邮码，然后在调色板右面选择合适的颜色。如果想要删除一种颜色，双击相应的颜色邮码即可。

结合【交互式填充】工具来修改渐变填充。

应用渐变填充后，再单击工具箱中的【交互式填充】工具，可以看到图形上出现了用来控制颜色的手柄，利用这些控制手柄，我们可以调整填充的颜色、填充的角度、中心点、中点和边衬等，如图 4-91（a）所示。

移动中心点，可改变中间颜色的位置，如图 4-91（b）所示。

移动颜色边衬，可调整颜色间的比例，如图 4-91（c）所示。

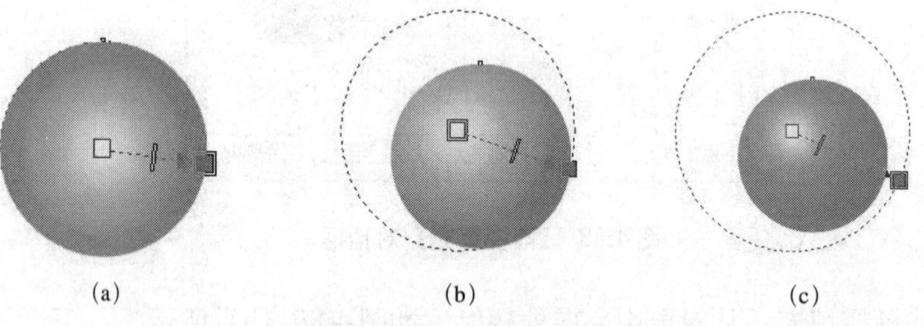

(a)　(b)　(c)

图 4-91　控制手柄调整渐变填充

默认情况下，渐变步长值设置处于锁定状态，也就是默认的 256 级灰度值，这时的颜色过渡很自然，显示及打印质量较好，如图 4-92（a）所示。

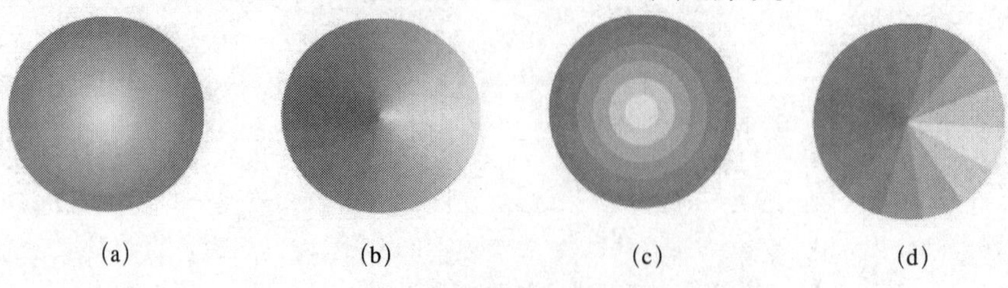

(a)　(b)　(c)　(d)

图 4-92　默认渐变步长值与步长为 8 的效果

但是，在应用渐变填充时，可以解除锁定渐变步长值设置，并指定一个适用于打印与显示质量的填充值。下面解除锁定，将渐变步长值设置为 8，效果如图 4-92（d）所示。

4.2.6　实例——绘制礼品盒

01 打开 CorelDRAW X4，执行“文件 | 新建”命令，或按下【Ctrl+N】组合键，新建一个空白文档。

02 使用【矩形】工具绘制一个普通的矩形，填充为绿色，如图 4-93（a）所示，在单击工具箱中的【交互式填充】工具，向左上角拖曳鼠标，产生从绿色到白色的渐变效果，如图 4-93（b）所示。

(a)

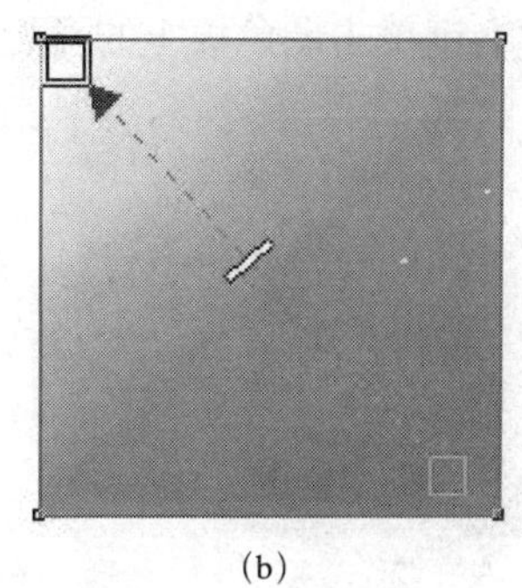
(b)

图 4-93　绘制矩形并填充颜色

03 单击【交互式立体化】工具，向右上角拖曳鼠标，使矩形产生立体效果，在属性栏中将“深度”设置为 10，对准立体化控制方向线单击，可将立体化对象进行旋转，旋转至如图 4-94（a）所示的效果。

04 执行【排列】|【拆分】命令或按【Ctrl+K】组合键，将立体化对象打散成 3 个独立的图形，再单击【交互式填充】工具，单击分散后的图形，会看到每个图形上面都出现了控制方线，拖动控制滑块，调整渐变颜色至图 4-94（b）所示的效果。

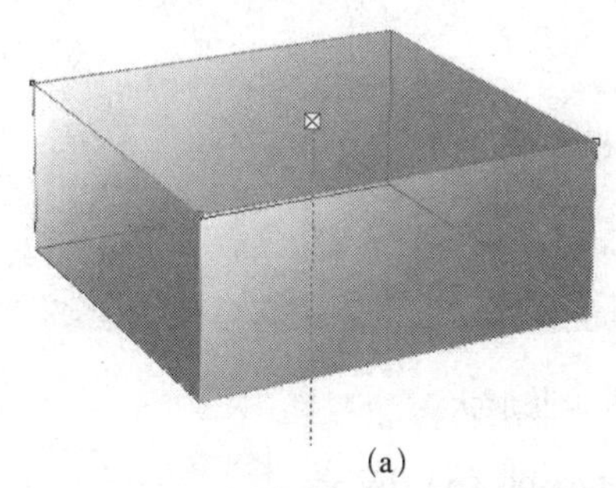
(a)

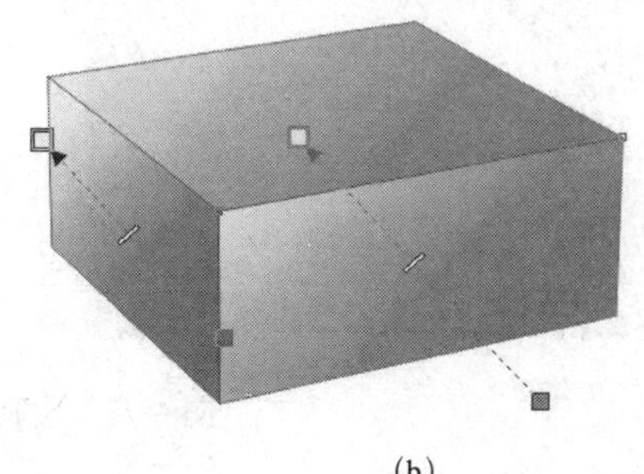
(b)

图 4-94　立体化图像、调整渐变颜色

05 使用【贝赛尔】工具绘制丝带，用【形状】工具调整至如图 4-95（a）所示的形状，在调整过程中注意透视关系，最后将图形填充为深绿色。

06 选择丝带，单击【填充】工具中的【渐变填充】工具，在弹出的对话框中，设置类型为线性，角度为 105，边界为 27，自定义色彩为绿白绿，填充渐变后的效果如图 4-95（b）所示。

(a)　　　　(b)

图 4-95　绘制丝带、设置丝带渐变填充效果

07 使用同第 5、6 步相同的方法处理好另一根丝带，如图 4-96（a）所示效果，选择全部图形，右键单击调色板上的【无轮廓】按钮⊠，去除轮廓，效果如图 4-96（b）所示。

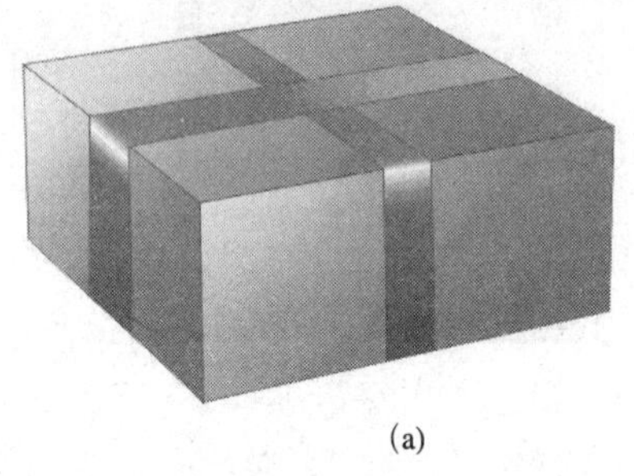

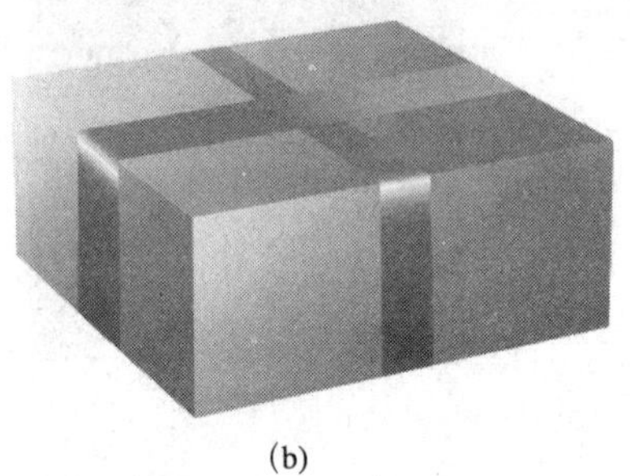

(a)　　　　(b)

图 4-96　绘制丝带并设置填充效果、去除轮廓

08 使用【贝赛尔】工具绘制花朵（为了看清结构，在这里先将其填充白色），结合【形状】工具调整至如图 4-97 所示的效果，在绘制的过程中还要注意图形的叠放次序。

图 4-97　绘制花朵并调整形状

09 选择绘制好的图形，填充为绿色，如图 4-98（a）所示。

10 选择一个图形，再单击工具箱中的【交互式填充】工具，从下往上拖曳鼠标，将调色板中的暗绿色拖曳至上面的控制滑块中，再将白色拖曳至中间，得出如图 4-98（b）所示的效果。用同样的方法填充暗调部分，暗调部分的颜色相对来说要深些，如图 4-99（a）所示。

11 用同第 10 步的方法填充其他的图形，填充渐变的效果如图 4-99（b）所示，选择这些图形，右键单击调色板中的“无填充”按钮，将图形轮廓去除。

(a)

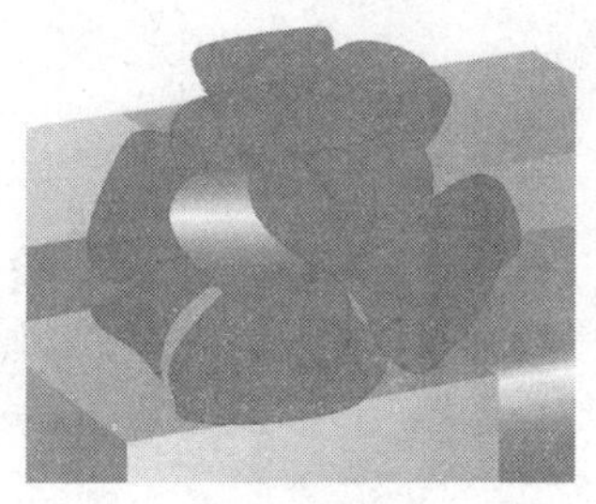
(b)

图 4-98　填充绿色、填充渐变效果

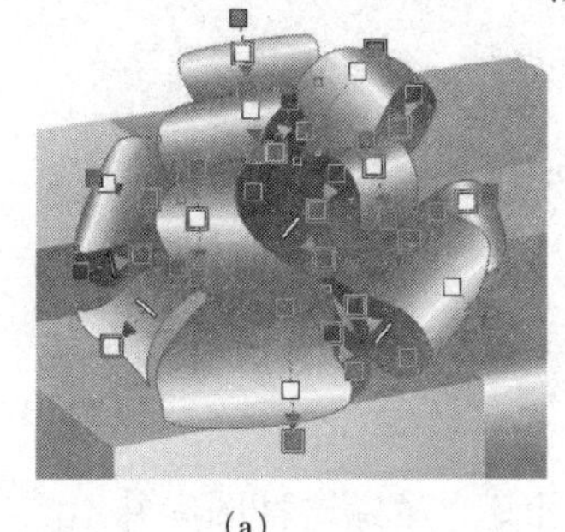
(a)

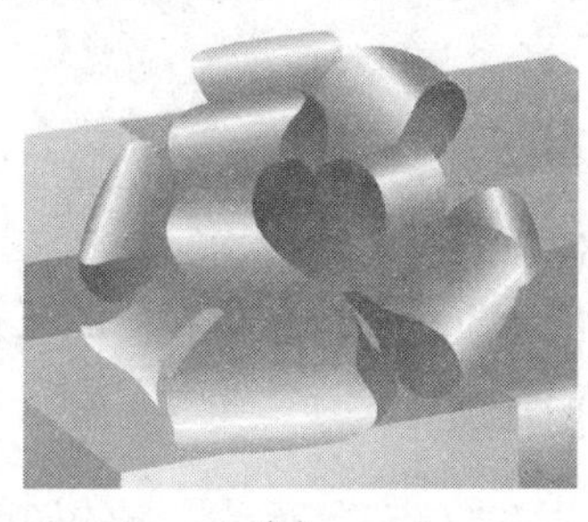
(b)

图 4-99　填充暗调渐变效果、花朵明暗调效果

12 下面再为包裹加上些条纹。使用【矩形】工具绘制矩形，填充黄色并去除轮廓线，然后复制并放置至如图 4-100（a）所示的位置。

13 单击【交互式调和】工具，从左边图形拖曳鼠标至右边图形，将它们进行调和，将属性栏上的“步长或调和形状之间的偏移量”设置为6，并单击【交互式透明】工具，在属性栏中选择“标准透明”，将“透明度”设置为50%，所得效果如图4-100（b）所示。

(a)　　(b)

图 4-100　为包裹加条纹、使用交互式调和工具

14 执行“效果|图框精确剪裁|放置在容器中”命令，用提示箭头去选择盒子右边，放置后的效果如图 4-101（a）所示。

15 用同第 13～14 步的方法处理其他几个面的纹理，如图 4-101（b）所示，这样一个包装盒就绘制完成了。

提示：

本实例主要是形态的绘制，交互式工具的使用，填充工具的使用及图框精确裁剪的使用。

(a)

(b)

图 4-101　图框精确裁剪、处理其他面的条纹得到最终效果

图案填充分为图样填充、应用底纹填充和 PostScript 填充 3 种填充方式，在本节就来学习这几种图案填充的应用。

图样填充分为双色，全色和位图三种。

1. 双色图样填充

双色图样填充仅包含两种指定的颜色的位图图案，虽说这种图案并不漂亮，但作为背景填充时，可以显示出一种独有的魅力。

（1）选择要填充的图形，单击工具箱中【填充】工具中【图案填充】对话框如图 4-102（a）所示。

（2）填充双色图案后的效果如图 4-102（b）所示。

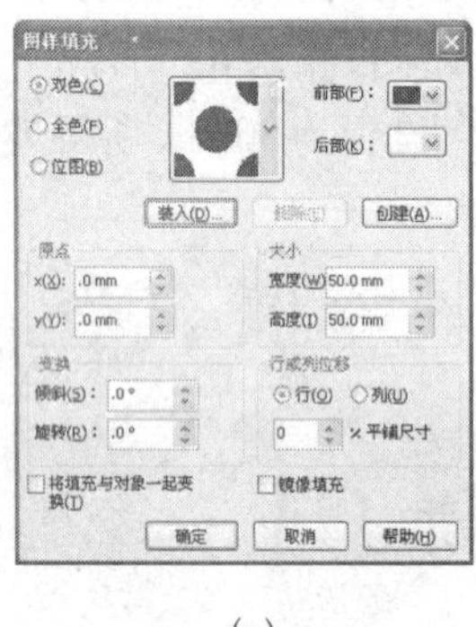

(a)

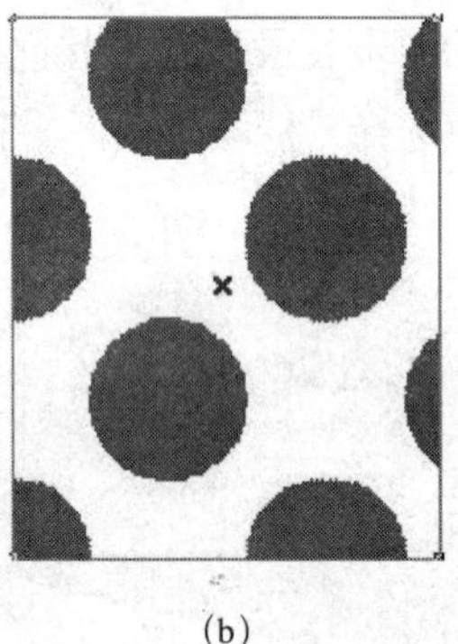

(b)

图 4-102　图案填充对话框、填充双色图案后的效果

（3）更改双色图样。单击对话框中如图 4-103（a）所示的位置，在弹出的图案中选择满意的一个，填充后的效果如图 4-103（b）所示。

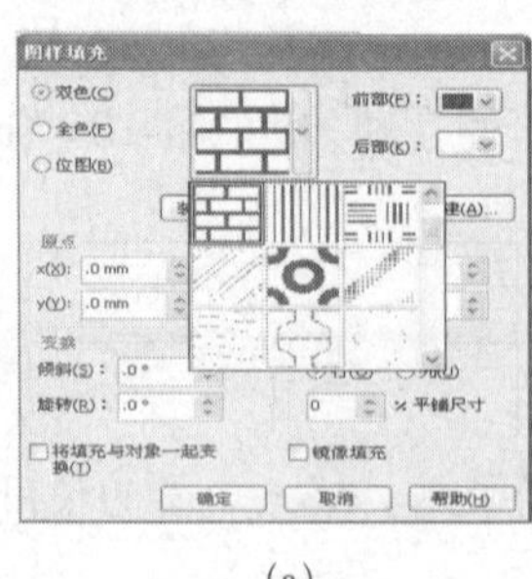

(a)

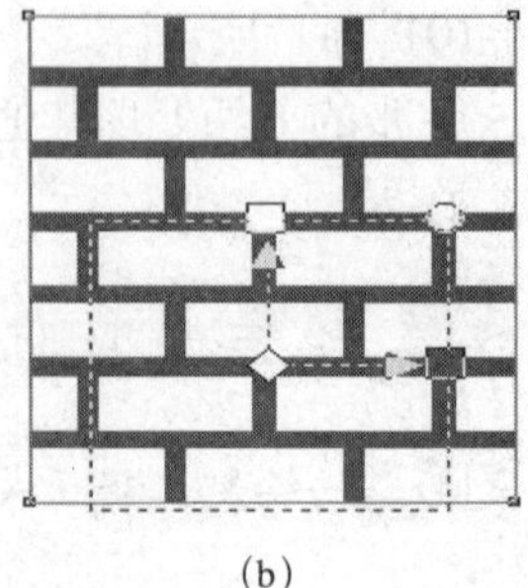

(b)

图 4-103　更改双色图样对话框、填充后的效果

(4) 单击工具箱中的【交互式填充】工具，使用控制手柄来调整手柄各部分作用。

"前部颜色控制块"，用来调整横向倾斜和上下拉伸，同时代表前景色，可以直接从调色板上把颜色拖曳到这个点上。如图 4-104 (a) 所示。

"后部颜色控制块"，用来调整纵向倾斜和左右拉伸，同时代表背景色，可以直接从调色板上把颜色拖曳在这个点上，如图 4-104 (b) 所示。

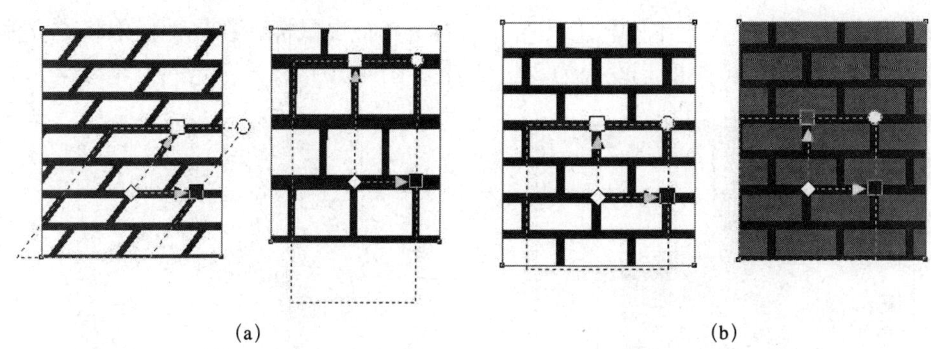

(a)　　(b)

图 4-104 "前部颜色控制块"和"后部颜色控制块"

用鼠标拖动图样变换控制柄，可将图样进行缩放、旋转、倾斜等操作。

如果希望图样填充根据用户对填充对象所作的操作而变化，可以勾选对话框中的"将填充与对象一起变换"，这样可以指定要求填充随对象而变换。

2.全色图样填充

全色图样由比较复杂的失量图形构成，可以由线条和填充组成。但是全色图样填充中的图案颜色不能更改。

选择要填充的对象，单击工具箱中【填充】工具中的【图案填充】对话框。在弹出的对话框中选择全色图样填充，如图 4-105 (a) 所示。填充全色图样后的效果如图 4-105 (b) 所示。

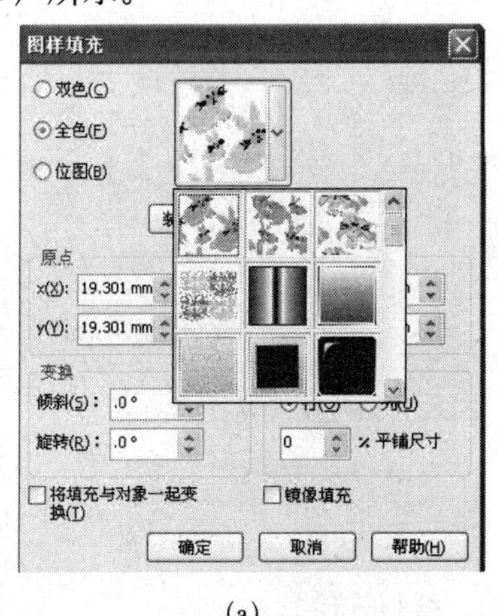

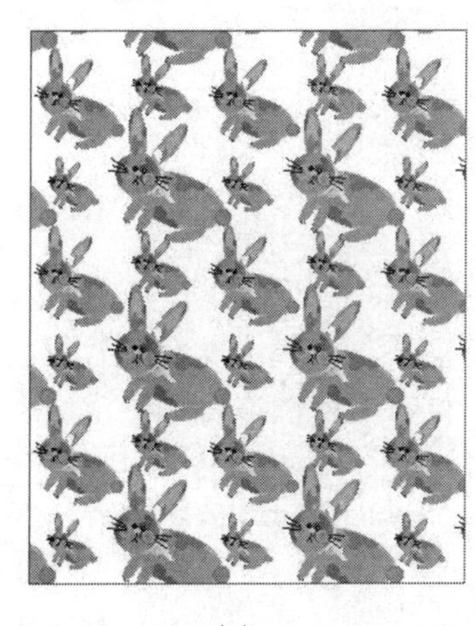

(a)　　(b)

图 4-105 选择全色图样填充、填充填充全色图样后的效果

绘制完成之后可以通过单击工具箱中的【交互式填充】工具，使用控制手柄来调整全色图案，达到理想图形。

3. 位图图样填充绘制音箱

这是一种位图图像，其复杂性取决于其大小、图像分辨率。

01 使用【矩形】工具绘制矩形，再单击工具箱中的【填充】工具，打开【图案填充】对话框，选择如图4-106（a）所示的位图图案。进行填充并单击【交互式填充】工具，再调整控制手柄，将图案进行倾斜后的效果如图4-106（b）所示。

02 再使用【交互式立体化】工具，向右上角拖曳鼠标，在属性栏中将"立体化类型"设置为大前端，"深度"设置为20，产生如图4-107（a）所示的三维效果。

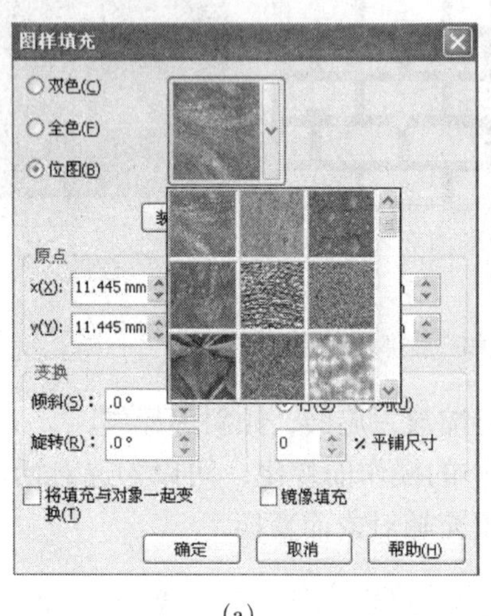

(a)

(b)

图4-106 选择位图图案、调整后的图案效果

03 使用【椭圆】工具，按住Ctrl键绘制一个圆，如图4-107（b）所示，然后再单击【交互式填充】工具，向右下角拖曳鼠标，圆形将默认从黑到白进行渐变填充，如图4-108（a）所示。

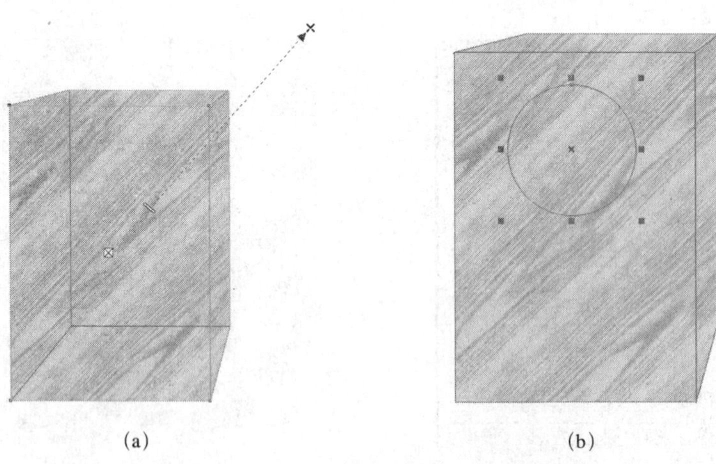

(a) (b)

图4-107 设置三维效果、绘制圆形

04 按住Shift键，将圆形4个角的控制柄向中间拖动，到合适的位置后按下右键复制，单击属性栏上的镜像按钮，将圆形左右、上下镜像各一次，效果如图4-108（b）所示。

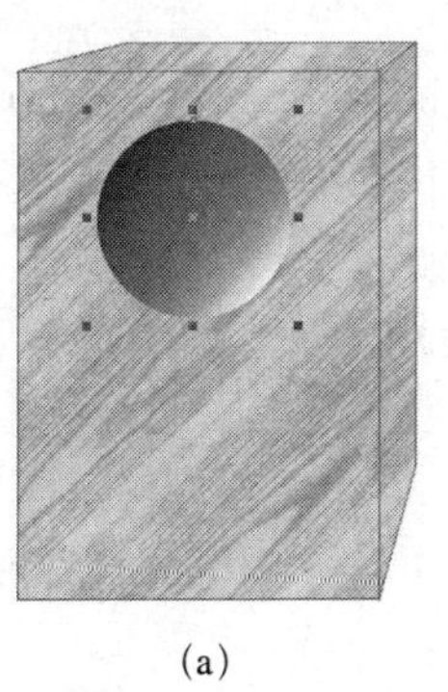
(a)

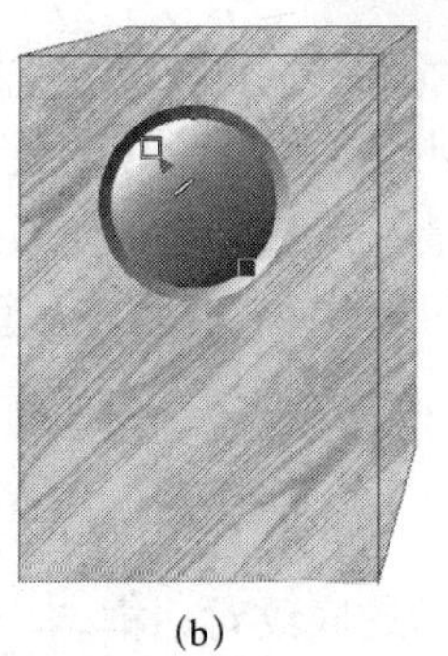
(b)

图 4-108　渐变填充、设置圆形立体效果

05 再次缩小复制，填充黑色，如图 4-109（a）所示。选择所有圆形，单击右键，在弹出的菜单中选择“群组”命令，或按下【Ctrl+G】组合键，将它们群组起来。再按住 Ctrl 键向下垂直移动并复制，缩小放置至如图 4-108（a）所示的位置。

06 选择三维对象，执行“排列 | 拆分”命令，或按【Ctrl+K】组合键，将立体对角拆分开来，再按下【Ctrl+U】组合键，取消群组，选择右边的图形，按小键盘上的“+”键将其复制一个并填充为褐色，如图 4-109（b）所示，再使用【交互式透明】工具，在属性栏中选择“标准透明”，“透明度”设置为 30。选择全部对象，去除轮廓后效果如图 4-110（a）所示。

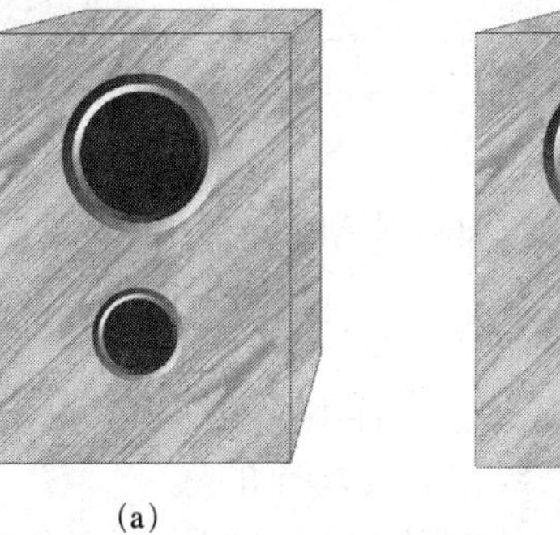
(a)　(b)

图 4-109　复制得到小圆形、拆分立体并制作暗部右侧面效果

07 用同第 6 步的方法复制上面图形，填充为褐色，再使用“交互式透明工具”，将“透明度”设置为 70，如图 4-110（a）所示，用同样的方法复制前面矩形并填充褐色，然后添加透明线性透明效果。

08 选择工具箱中的【交互式阴影】工具，设置投影如图 4-110（b）所示。

(a)

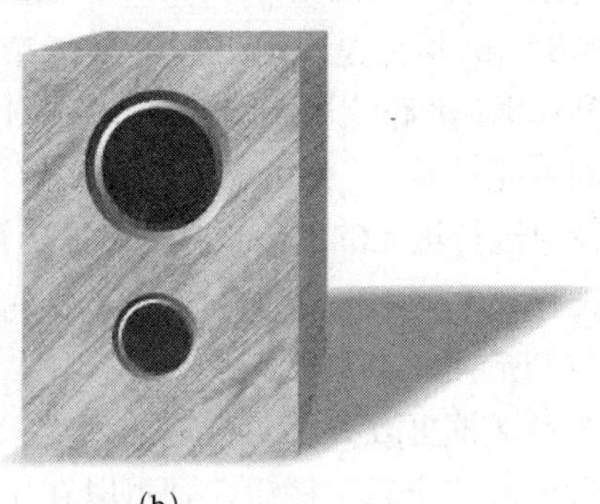
(b)

图 4-110　去除轮廓并制作上侧暗部和前侧亮部立体效果、设置投影

底纹填充功能很强大，它是随机生成的，能够用来为对象进行填充的小块图案，可用于赋予对象自然的外观，增强绘图的效果。但是，底纹填充还会增加文件大小以及延长打印时间，占用大量的系统资源，使系统的速度下降，因此对于比较大的对象，要慎重使用，以免自己的机器出现问题，应适度使用。

1. 底纹填充的使用

选择要填充的对象，单击工具箱中“填充工具”中的【底纹填充】对话框，可弹出如图 4-111（a）所示的底纹对话框。

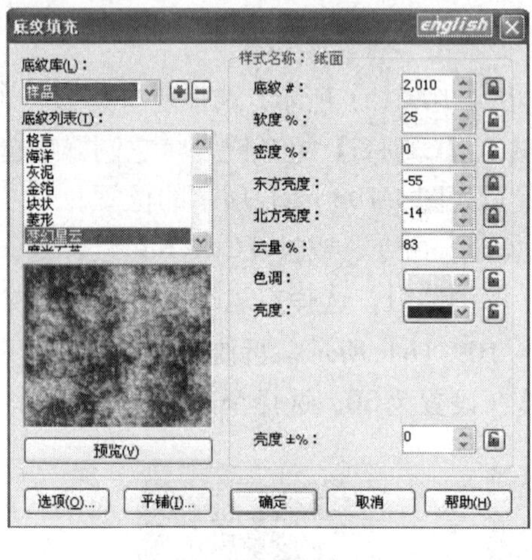

(a)

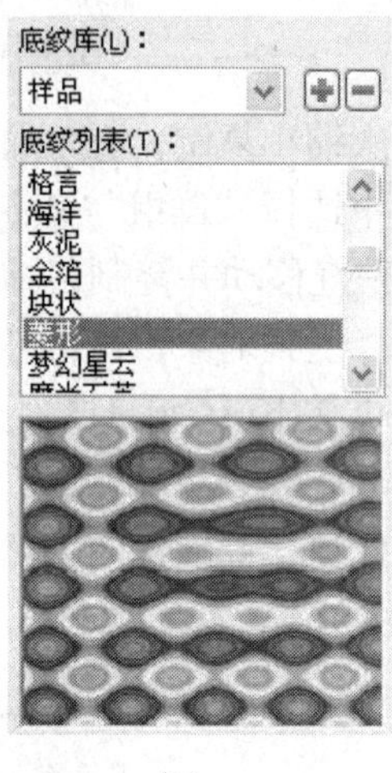

(b)

图 4-111　底纹对话框、底纹预览

2. 底纹的更改

(1) 在底纹库中选择一个样本，每一个样本都包含了许多底纹，在列表中选择一个底纹作为要填充的底纹，选中的底纹会在预览窗口显示，如图 4-111（b）所示。

(2) 在对话框右边的数值框中，可设置底纹的各项参数，这些参数是根据底纹的不同而不断变化的。利用它们可以更改底纹的颜色、密度、亮度等。单击“预览”按钮就可以观看底纹的效果。

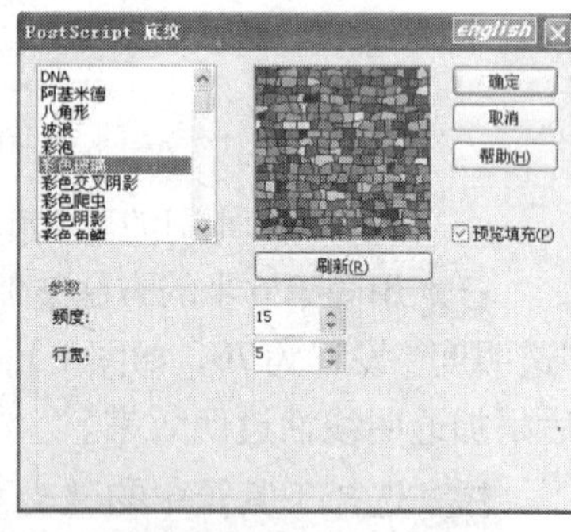

图 4-112　PostScript 填充对话框

PostScript 填充是一种底纹非常复杂的填充方式，所以使 PostScript 底纹填充的图形，在打印或屏幕更新时，花费时间可能较长。

选择要进行填充的对象，再单击工具箱中的【填充】工具，选择【PostScript 填充】对话框按钮，会弹出一个如图 4-112 所示的对话框。

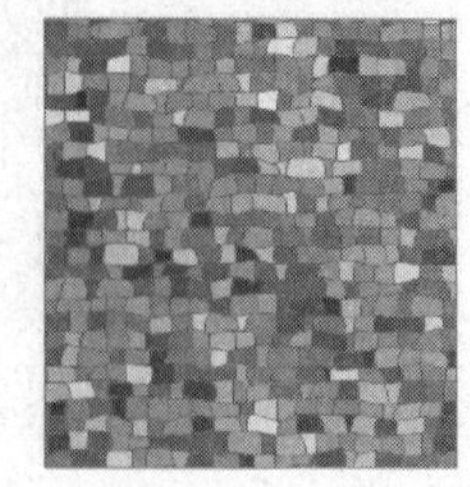

图 4-113　更改参数后的效果

通过对话框更改大小、行宽与列宽、前景与背景等参数，然后单击“刷新”按钮，则可以在该钮上方的预览窗口观看更改参数后的效果，效果如图 4-113 所示。

4.2.7　交互式网状填充工具

在对象中填充网状填充时，可以产生丰富颜色变化的独特效果。

01 使用椭圆工具绘制椭圆，转换节点为曲线节点，调整图形为心形。单击【交互式网状】工具，在属性栏中指定行数和列数，如图 4-114（a）所示，添加网状后的效果如图 4-114（b）所示。

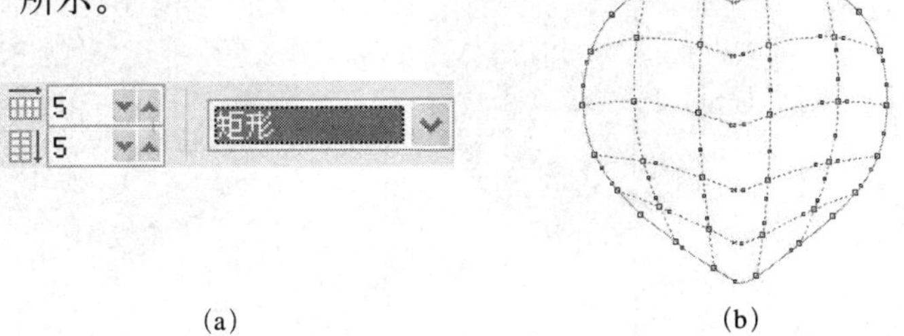

(a)　　(b)

图 4-114　交互式网状结构属性栏、绘制心形并添加网状

02 能设置颜色的是那些十字交叉节点，其他的节点是用来微调颜色的，如果想去除多余节点，可在属性栏中把"曲线平滑度"设置为 2 左右，清除节点后的效果如图 4-115（a）所示。

03 除了普通的框选节点方式外，还可按住 Shift 键、选择不连续的节点。如果按住 Alt 键，可像套索工具一样进行任意选择所需要的节点。

04 将调色板中的颜色拖动网格或者网格点上，如图 4-115（b）所示，可以对网格局部进行填充。

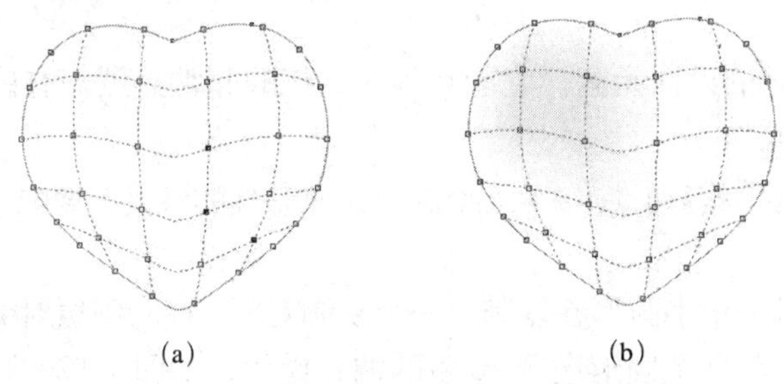

(a)　　(b)

图 4-115　去除多余节点、填充局部网格

05 按住 Ctrl 键，再单击调色板中的颜色，当前颜色会与前面的颜色混合成新的颜色，重复操作混合色越接近后选色彩，效果如图 4-116（a）所示。

06 先选择要添加颜色的节点，如图 4-115（a）所示，再按住 Ctrl 键单击调色板中的黄色，并调整周围色彩，调整后的颜色如图 4-116（a）所示。

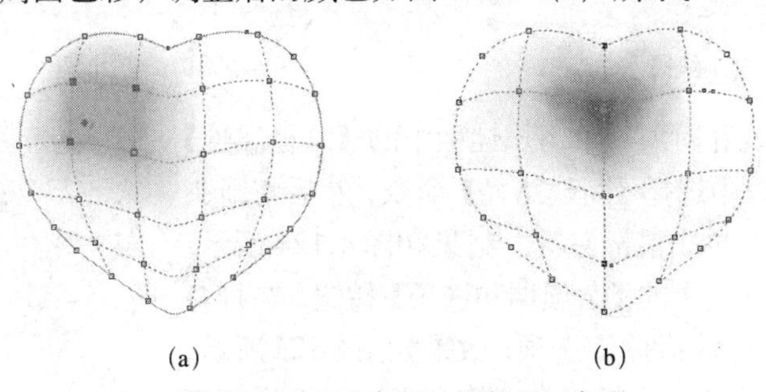

(a)　　(b)

图 4-116　复合色彩、调整周围色彩

07 如果觉得颜色不够好，还可以对图形的网格节点上进行任意的调整，最终效果如图 4-117（b）所示。

08 最后使用交互式阴影工具添加投影，效果如图 4-118 所示。

还可以在网格线上双击则可以添加叉节点，再次双击则可将节点或交点删除。

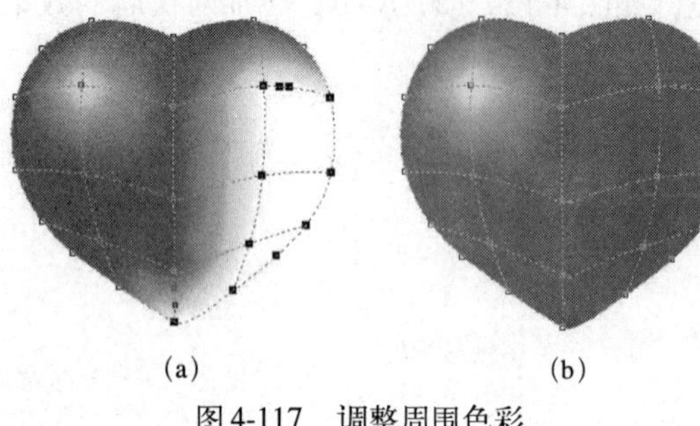
(a) (b)

图 4-117 调整周围色彩

图 4-118 添加投影

提示：

使用了网状填充后，将不能再使用【交互式填充】工具与交互式工具（交互式阴影除外），如果要移除网状填充，那么单击属性栏上的“清除网状”按钮即可。

4.2.8 绘制焰火

焰火是一个很好的设计元素，它能将画面烘托的非常热烈，有感染力视觉效果强，下面我们进行实例操作。

01 首先，以【手绘】工具手工绘制一条随意性的线段，要随意乱画，如图 4-119 所示。

02 接着，绘制一个小圆形并复制出一个复制对象，移动到原对旁边；然后取得【交互式调和】工具，将两个圆形进行 20 步的调和操作，如图 4-120 所示。

图 4-119 绘制线段

图 4-120 绘制小圆

03 选择这个调和对象，单击属性栏中的【路径属性】按钮，在打开的面板中选择【新建路径】命令，然后将箭头指向随意画的线段，单击鼠标左键，结果如图 4-121 所示。

04 再单击属性栏中的【杂项调和选项】按钮，在打开的面板中选择【沿全路径调和】选项，效果如图 4-121 所示。

05 将调和步数调大一些，步数的多少是根据你的机

图 4-121 杂项调和

器放置情况而定，总之，步数越大，耗时越长。然后在渐变效果的任意一个圆形上单击右键，在菜单中选择“分离”，然后全选所有对象，在属性栏上单击“解散所有群组”按钮，再选择路径线段将其删除；接着选择所有的图形进行群组，并填充为黄色；复制这个群组对象，重新填充为红色，再将它缩小，按下【Shift + PageDown】组合键将它排列在原群组对象之后；最后使用【交互式调和】工具，为两组物件添加渐变效果，画面上产生了爆炸状效果，如图 4-122 所示。

06 下面再画一段路径曲线，要有一定弧度；然后定义次线段为两组对象调和的路径，并选择属性栏中的“沿全路径调和”选项，这时，爆炸性效果就比较像焰火了，对象的位置分离出来并填上一种比较显眼的颜色，这样焰火就完成了。将这个调和对象放置在一个黑色的矩形背景之上，并设置调和对象的轮廓无填充，效果会更好，如图4-123所示。

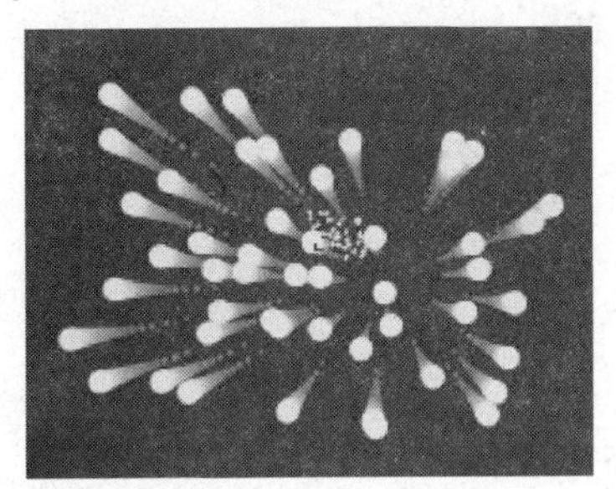

图 4-122　爆炸状效果

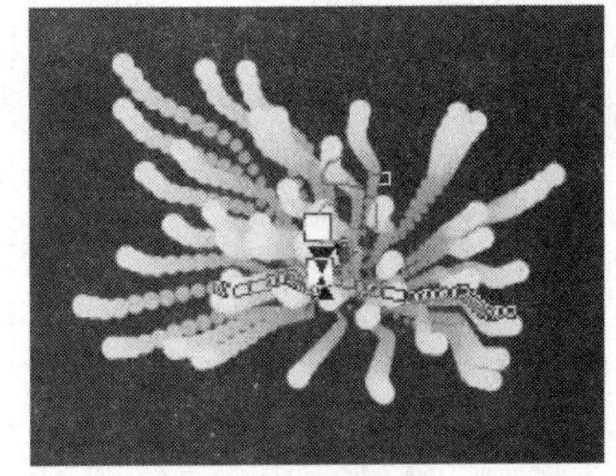

图 4-123　沿全路径调和

07 下面这段焰火是没有渐变路径的，但是在属性栏中设置了 30° 的渐变旋转方向；而且我将完成的效果又复制了一个，又旋转一定的角度，并且将分离出的物件换了个填色，这样就好像一个多彩焰火一样，如图 4-124 所示。

08 这一幅菊花状焰火是将调和效果两端的对象都填充为和背景一样的黑色，而拆分点定位在了调和路径的中心位置上，并填充鲜艳的颜色一于是就产生了中这种意想不到的精彩效果，如图 4-125 所示。

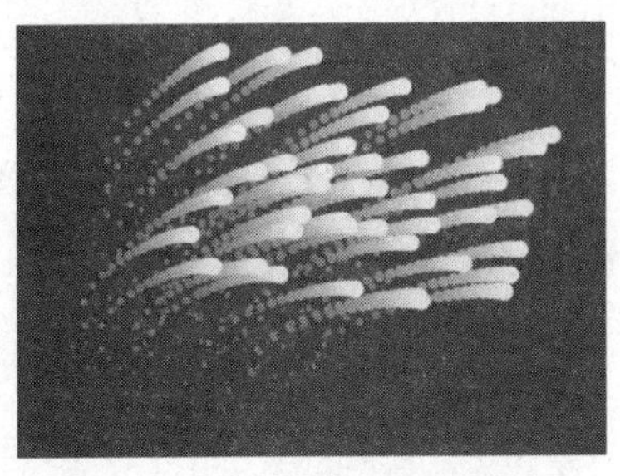

图 4-124　无渐变路径的焰火效果

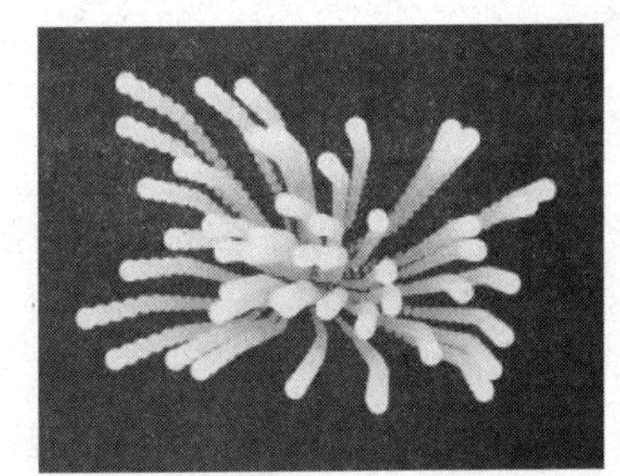

图 4-125　菊花状焰火

其实利用交互式调和工具可也绘制出千变万化的焰火，这其中的奥秘主要在于路径的形状和物件与色彩加速的设置及渐变旋转角度上，你可以尝试绘制出更漂亮的效果。

CorelDRAW X4

第5章 文本编辑

CorelDRAW X4 具有强大的文本处理功能。可对应用图形效果的少量文本进行美术字编辑，可对需要大量编排的格式文本进行段落文本编辑。可以在绘图窗口中直接添加段落文本和美术字。

编辑文本有两种方式：在绘图窗口直接进行编辑和在【编辑文本】对话框中进行编辑。对美术字文本可以应用立体化、调和、封套、透视、透镜、图框精确裁剪和阴影等特殊效果。

处理段落文本时，可以使用缩进、分栏、首字下沉和添加项目符号等格式编排，以及拼写检查、更改大小写等编辑功能。段落文本框溢出时有链接的问题，可以在不同的文本框之间进行链接，也可以在文本框及其他对象之间进行链接。

5.1 美术文字

5.1.1 文本属性设置

操作步骤如下：

01 在工具箱中选择【文本】工具，属性栏中就会显示其相关的选项，如图 5-1 所示。

图 5-1 【文本】属性栏

各选项说明如下：

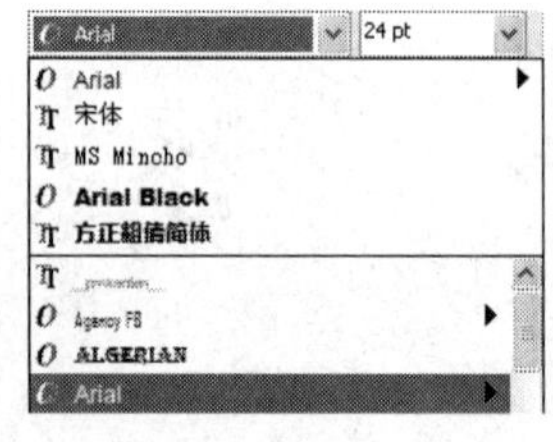

图 5-2 字体列表

● 【旋转角度】选项：在此处输入角度，可以使文本按照设置的角度进行顺时针（输入负值）或逆时针（输入正值）旋转。

● 【字体列表】选项：如果在绘图窗口中选择了文本，那么用户可直接在该下拉列表中选择所需的字体，如图 5-2 所示。

● 【字体大小列表】选项：如果在绘图窗口中选择了文本，那么用户可直接在该下拉列表中选择所需的字体大小，也可直接在该文本框中双击，再输入 1～3000 之间的数字，来设置字体的大小，数值越大，字体的大小就越大。

● 【粗体】按钮：单击该按钮，可以将选择的文字加粗。

● 【斜体】按钮：单击该按钮，可以将选择的文字倾斜。

● 【下划线】按钮：单击该按钮，可以为选择的文字添加下划线。

● 【水平对齐】按钮：单击该按钮，弹出如图 5-3 所示的菜单、并在其中选择所需的对齐方式。

● 【显示|隐藏项目符号】按钮：单击该按钮成凹下（即选择）状态时为所选的段落添加项目符号，再次单击该按钮取消它的选择，即可隐藏项目符号。

● 【显示|隐藏首字下沉】按钮：单击该按钮成选择状态时将所选段落的首字下沉，再单击该按钮取消它的选择时，则取消首字下沉。

● 【文本格式化】按钮：单击该按钮，弹出如图5-4所示的对话框，用户可以在其中为字符进行格式化。

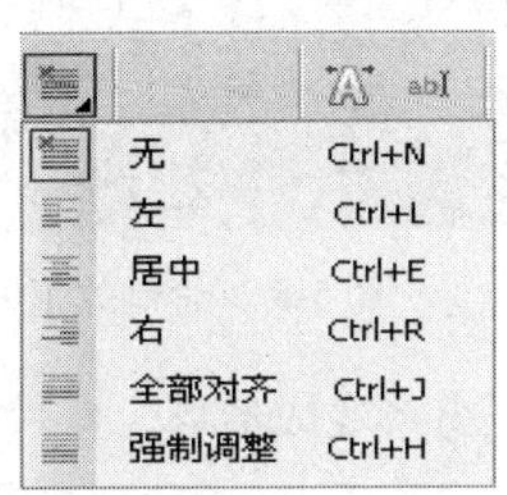

图5-3 【水平对齐】菜单

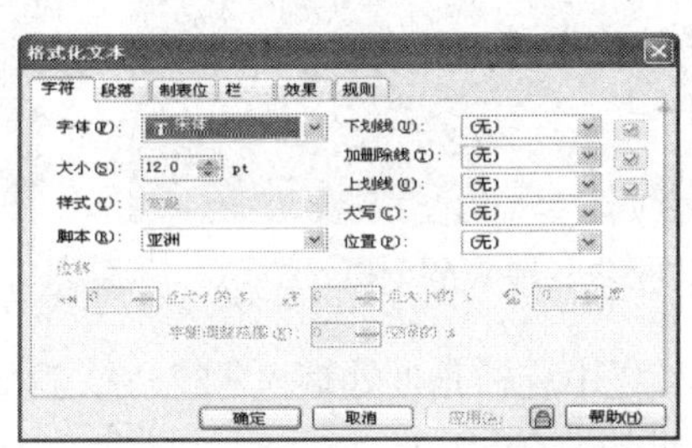

图5-4 【格式化文本】菜单

● 【编辑文本】按钮：单击该按钮，弹出如图5-5所示的对话框，用户可在其中对文本进行编辑。

● 【水平排列文本】和【垂直排列文本】按钮：单击按钮，可以将垂直排列的文本转换为水平排列的文本，单击按钮，可以将水平排列的文本转换为垂直排列的文本。

02 如果在绘图窗口中没有选择任何对象的情况下，在属性栏的 BankGothic Md BT（字体列表）中选择所需字体，它会弹出【文本属性】对话框，可根据需要选择所需的选项，选择好后单击【确定】按钮，如图5-6所示，即可将该属性应用于创建的新对象。

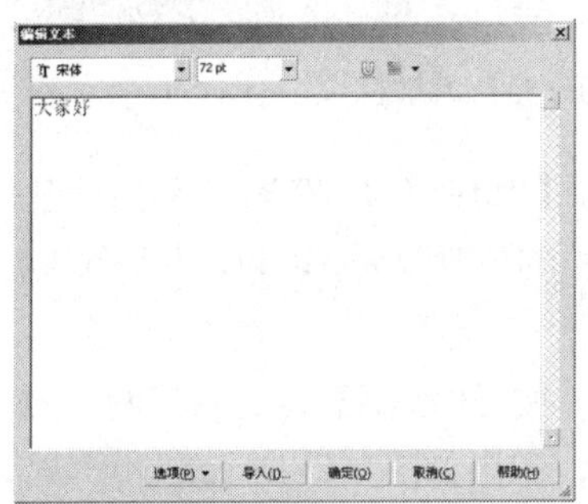

图5-5 【编辑文本】对话框

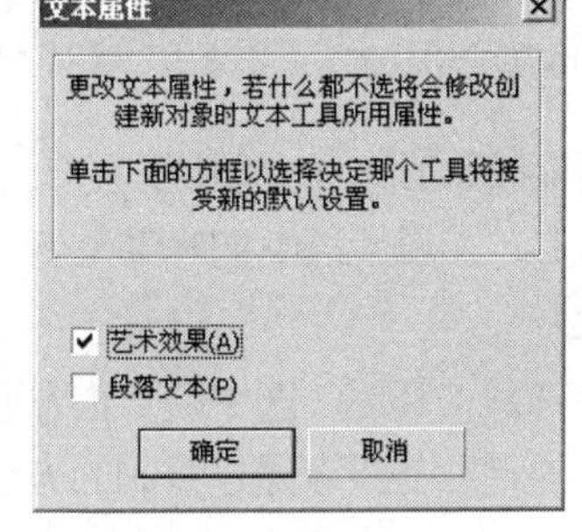

图5-6 【文本属性】对话框

5.1.2 文字的输入与编辑

前面介绍了文本工具的属性设置，下面介绍怎样在画面中输入所需要的文字并对文字进行编辑。

操作步骤如下：

01 按【Ctrl+N】键，新建一个A4幅面的页面，并在属性栏中单击【横向】按钮，将页面设置为横向。

02 按【Ctrl+I】键或在属性栏单击【导入】按钮，导入本书附带光盘中\JPG\第五章\恭贺新禧背景.jpg图片，如图5-7所示。

03 使用矩形工具，绘制一个25mm × 25mm正方形，并在右侧的调色板“黄色”图标上单击左键，将该正方形填充为黄色，如图 5-8 所示。

图 5-7　导入的文件

图 5-8　绘制的正方形

04 在属性栏中旋转角度处输入 45.0 °，这时正方形变成菱形，且对象大小改变成为 35.555mm，效果如图 5-9 所示。

05 使用【挑选】工具，把导入的图片和绘制的正方形同时选中，在属性栏中选择【对齐和分布】按钮，在弹出的对话框中按照如图 5-10 所示的参数进行调节后的效果如图 5-11 所示。

图 5-9　旋转后的正方形

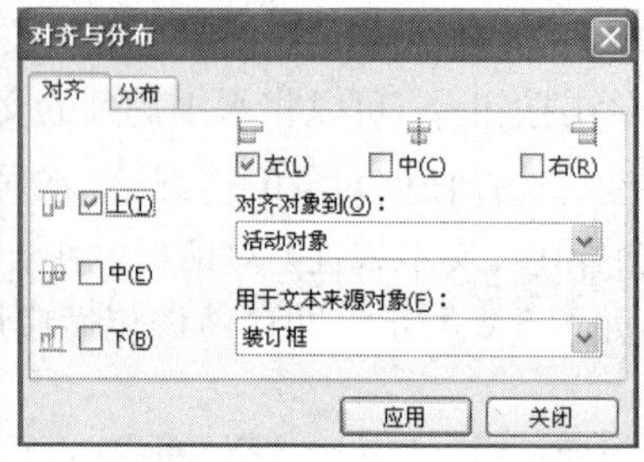

图 5-10　【对齐和分布】属性栏

图 5-11　对齐后的图形效果

06 使用【挑选】工具，选中正方形，按【Ctrl+C】和【Ctrl+V】组合键，在原位复制一个等大的正方形，在属性栏中把对象大小一栏的数值改为 31mm，并填充为红色后效果如图 5-12 所示。

07 用【挑选】工具，选中两个正方形，按【Ctrl+G】键，将这两个图形群组。

08 同样，通过绘制或者通过复制的方法，作出如图 5-13 所示的图形效果。

图 5-12　复制并填色后的效果

图 5-13　绘制的图形效果

09 在工具箱中选择【文本】工具，按照如图 5-14 所示的属性进行设置，选择自己所熟悉的中文输入法，输入“新春快乐”四个字，并填充为黄色，效果如图 5-15 所示。

10 按【Ctrl+K】键，将文字拆分为“新”、“春”、“快”、“乐”四个独立的文字。使用【挑选】工具分别选择四个字，放在图 5-16 所示的位置上。

图 5-14 【文本】属性栏设置

图 5-15 输入的文字

图 5-16 文字拆分并移动位置的效果

11 在工具箱中选择【文本】工具字，按照如图 5-17 所示的属性进行设置，输入“恭贺新禧”四个字，并填充为橘红色，如图 5-18 所示。

12 选择【轮廓】工具中的【画笔】，在弹出的对话框中按照图 5-19 的参数进行设置后的效果如图 5-20 所示。

图 5-17 【文本】属性栏设置

图 5-18 输入的文字

图 5-20 文字添加轮廓后的效果

图 5-19 【轮廓笔】属性栏设置

13 在工具箱中选择【形状】工具，出现如图 5-21 所示的标志，用鼠标拖动箭头后调节文字的间距后的效果如图 5-22 所示。

图 5-21 修改文字间距

图 5-22 修改文字间距后的效果

14 选择【文本】工具，按住左键在“贺”和“新”上拖曳，把这两个文字选中，如图5-23所示。

15 使用【挑选】工具，选中绘制的圆形，选择菜单【排列】|【顺序】|【置于此对象后】，在文字“恭贺新禧”上单击左键，将绘制的圆形放置在文字后，效果如图5-24所示。

图5-23　选择文字

图5-24　文字输入编辑后的效果

16 选择【椭圆形】工具，绘制一个圆形，并用【渐变】工具，按如图5-25所示的参数进行设置，并使用【交互式填充】工具进行调节后的效果如图5-26所示。

17 使用【挑选】工具，选中绘制的圆形，选择菜单【排列】|【顺序】|【置于此对象后】，在文字“恭贺新禧”上单击左键，将绘制的圆形放置在文字后，效果如图5-27所示。

18 选择绘制的圆形，按【Ctrl+C】和【Ctrl+V】键，在原位复制一个圆形，并在右侧的调色板的☒(无色)上单击左键后选择选择菜单【效果】|【透镜】命令在弹出的对话框中按照图5-28所示进行参数设置，出现如图5-29所示的效果。

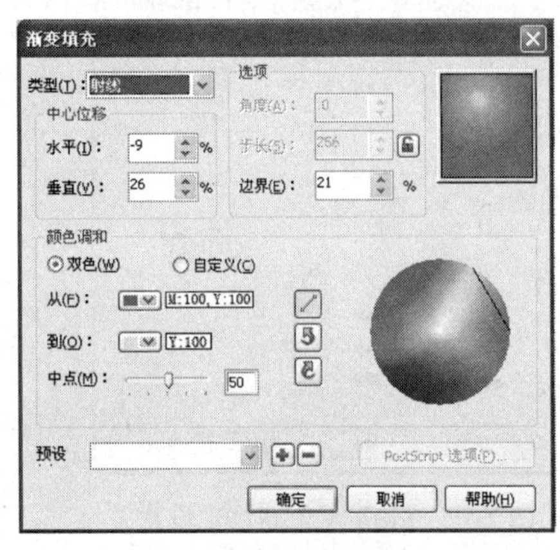

图5-25　【渐变】对话框

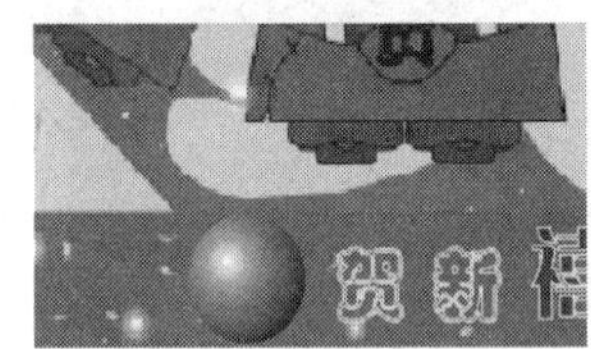

图5-26　绘制并填色后的效果

图5-27　排列顺序后的效果

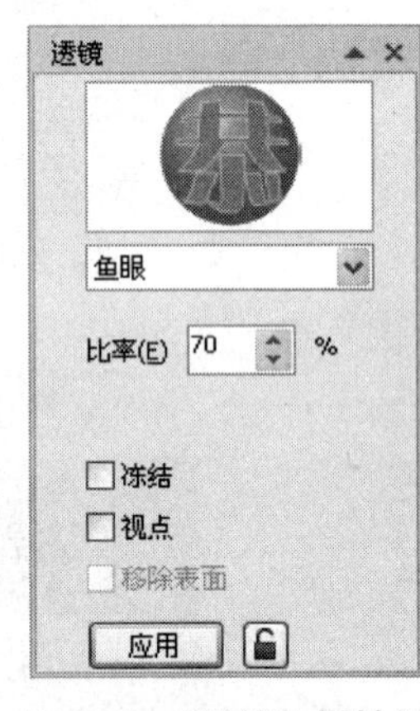

图5-28　【透镜】属性栏

19 按照同样的方法，制作出最终的文字效果，并相应的把文字放大，最终效果如图5-30所示。

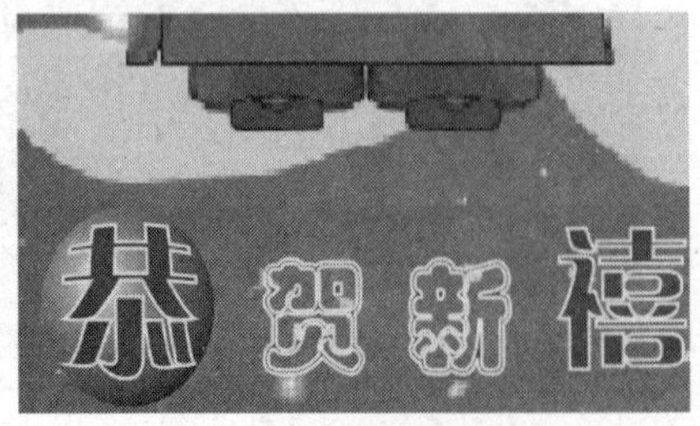

图5-29　添加【透镜】后的效果

图5-30　最终文字输入与编辑效果

5.1.3 将美术字转化为曲线

在编辑与排版时，不可避免地会用一些不是计算机系统自带的特殊字体，但是当编辑好并保存后，再在另一台计算机（这台计算机没有安装这些特殊字体）中打开时，就会弹出一个【替换字体】警告对话框，此时系统只好以默认与选择的特殊字体最相似的字体进行替换。下面提供两种方法来解决这个问题。

（1）在保存文件时，将所选用的特殊字体连同文件一起保存到磁盘中（或通过局域网将这些特殊字体安装到局域网中另一台计算机中），然后将选用的特殊字体拷贝到另一台计算机中的“Windows | Fonts”文件夹中，当再打开具有特殊字体的文件时就不会出现【替换字体】警告对话框了。

（2）将所选用的特殊字体的文字转换为曲线。但是将文字转换成曲线后，就不能再使用文本属性设置了，而只能将其作为曲线进行编辑。

下面就来讲解如何将文字转换为曲线并对该曲线进行编辑。

操作步骤如下：

01 按【Ctrl+O】键新建一个200mm × 200mm的文件，在工具箱中选取【文本】工具字，在页面打印区输入“大庄园”三个汉字，再选择【挑选】工具确认文字输入，然后在属性栏中设定字体和字号大小为 文鼎新艺体简 120 pt，并给文字填充为C:100, Y:100的绿色，结果如图5-31所示。

02 在工具箱中选择【形状】工具，移动光标到文字右边的图标上，按下左键向左拖动，如图5-32所示，拖动到合适的位置时松开左键，将文字的间距调小，结果如图5-33所示。

图5-31 输入文字 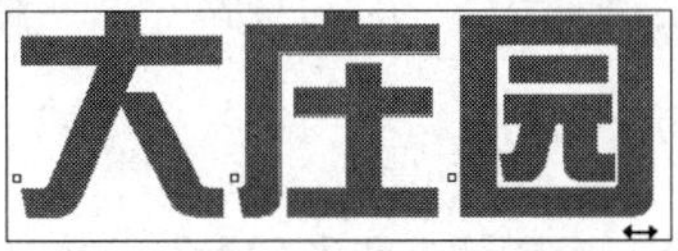　　图5-32 拖动时的状态 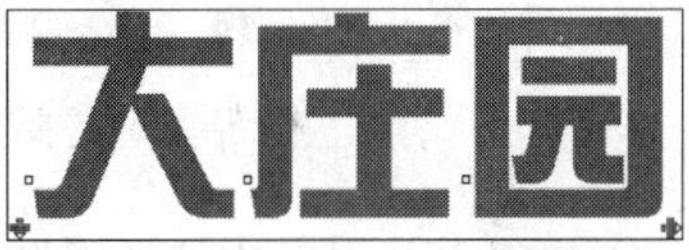　　图5-33 调整文字间距

03 在菜单中执行【排列】|【变换】|【倾斜】命令，在弹出的对话框的参数设置和效果如图5-34所示。

04 在菜单中执行【排列】|【转换为曲线】命令，将文字转换为曲线，文字的轮廓线上会出现许多可以调节的节点与控制点，接着在菜单中执行【排列】|【拆分曲线】命令，效果如图5-35所示。

图5-34 文字的倾斜效果

图5-35 文字转换为曲线的效果

CorelDRAW

05 在工具箱中选择【形状】工具，按住Shift键单击“大”字的“捺”比画上所有的9个节点，如图5-36所示，在属性栏中选择(删除节点）图标后效果如图5-37所示。

06 按照第5步的方法，对文字进行节点调节后的效果如图5-38所示。

图5-36　选择节点　　图5-37　删除节点后的效果　　图5-38　删除节点

07 在工具箱中选择【折线】工具，绘制如图5-39所示的图形，并用【挑选】工具把转换为曲线的文字和绘制的图形同时选中，在属性栏中选择(后减前）图标，出现如图5-40所示的图形效果。

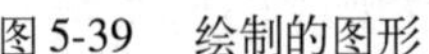

图5-39　绘制的图形

图5-40　【后减前】后的效果

08 在工具箱中选择【形状】工具，按住Shift键单击“庄”字的笔画上的2个节点，如图5-41所示，并向右拖动后的效果如图5-42所示。

图5-41　选择节点

图5-42　移动节点后的效果

09 在工具箱中选择【形状】工具，选中“大”字左下方的节点，如图5-43所示。拖动到如图5-44所示的位置。

图5-43　选择节点

图5-44　移动节点后的效果

10 在“大”字曲线段中适合的位置双击鼠标左键，添加如图5-45所示的节点，并相应地移动几个节点的位置，制作出如图5-46所示的效果。

图5-45　添加的节点

图5-46　移动节点后效果

11 同样的方法制作出如图5-47所示的效果。

12 在工具箱中选择【形状】工具，选中如图5-48所示的节点，并在属性栏中选择(转换直线为曲线）图标，将直线转换为曲线段，并用鼠标调节控制杆上的控制点，然后按照所需要的形式拖动，得到如图5-49所示的效果。

图5-47 添加并移动节点

图5-48 选择节点

图5-49 转换为曲线后效果

13 用相同的方法，选择需要转换为曲线段的节点，并调节控制杆上的控制点，进行曲线的调节，效果如图5-50所示，接着制作出如图5-51所示的效果。

图5-50 调节曲线后的效果

图5-51 调节的图形效果

14 在工具箱中选择【贝塞尔】工具，绘制一个图形的曲线，并在页面右侧的调色板上的“绿”色上单击左键，填充C:100,Y:100的绿色，在(无色)上单击右键，去除轮廓色后结果如图5-52所示。

15 用同样的方法绘制出如图5-53所示的效果。

16 在工具箱中选择【贝塞尔】工具并配合【形状】工具，绘制出如图5-54所示的图形。

图5-52 绘制的图形效果

图5-53 绘制的图形效果

图5-54 绘制的图形

17 在工具箱中选择【渐变】工具，按照如图5-55所示的参数进行设置，并用工具箱中【交互式填充】工具进行调节后的效果如图5-56所示。

18 在菜单中使用【排列】|【顺序】|【到页面后面】命令，并选中“大庄园”图形，在调色板中选择白色进行填充后效果如图5-57所示，至此作品完成。

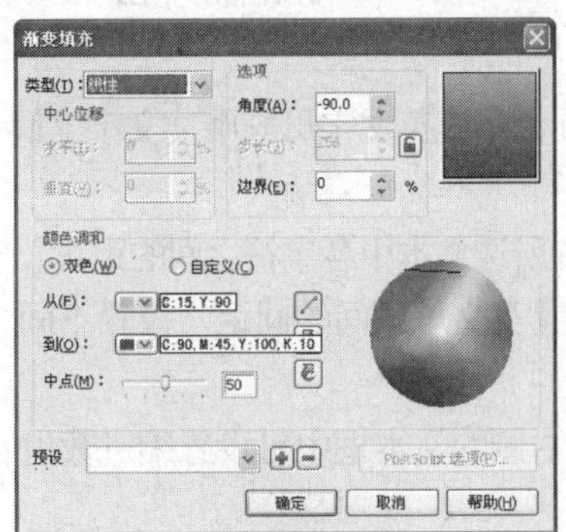

图5-55 【渐变填充】对话框

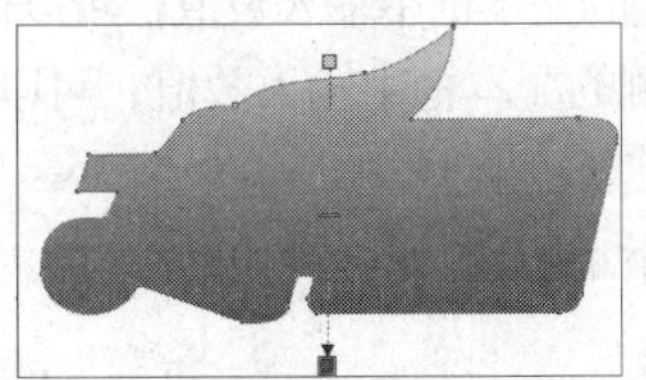

图5-56 【交互式填充】调节后效果

图5-57 完成后效果

5.2 段落文本

当作品中需要编排很多文本时，利用段落文本可以方便、快捷地输入和编辑文本。另外，段落文本在多页面文件中可以从一个页面流动到另一个页面，编辑起来非常灵活方便。本节就来详细讲解段落文本的输入方法、属性设置，并进行实例制作。

5.2.1 段落文本的输入方法

输入美术文本时，每行文字都是独立的，行的长度随着文字的编辑而增加或缩短，但不能自动换行。而使用段落文本时，系统会将输入的所有文字作为一个对象进行处理，行的长度由文本框的大小和形状来限制，即当输入的文字至文本框的右边界时，文字将自动换行。

单击工具箱中的字按钮（快捷键为F8键），将鼠标光标移动到需要输入文字的位置，按住左键拖曳，绘制一个段落文本框，然后选择一种合适的输入法，即可在绘制的段落文本框中输入文字。在输入文字的过程中，当输入的文字至文本框的边界时会自行换行，无须手动调整。

5.2.2 【段落格式化】命令

选取菜单栏中的【文本】|【段落格式化】命令，将弹出如图5-58所示的【段落格式化】泊坞窗。

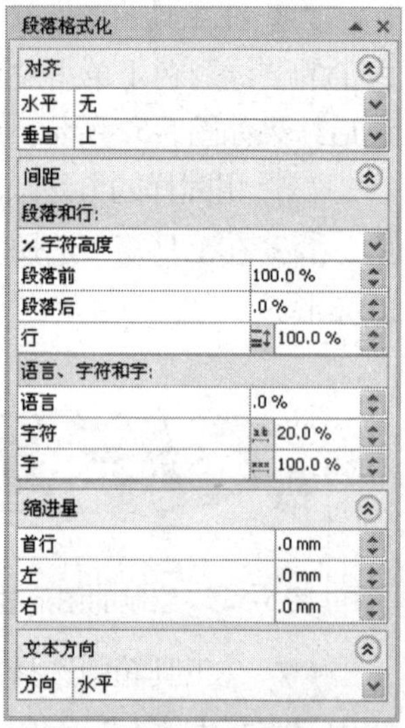

图5-58 【段落格式化】泊坞窗

●【水平】选项：单击右侧的倒三角按钮，可在弹出的下拉列表中设置所选文本在水平方向上的对齐方式。

●【垂直】选项：单击右侧的倒三角按钮，可在弹出的下拉列表中设置所选文本在垂直方向上的对齐方式。

●【%字符高度】选项：单击右侧的倒三角按钮，可以在弹出的下拉列表中设置垂直间距的单位，包括“%字符高度”、“点”和“点大小的%”3个选项。

●【段落前】选项：在右侧的文本框中输入数值，可以设置当前段落与前一段文本之间的距离。

●【段落后】选项：在右侧的文本框中输入数值，可以设置当前段落与后一段文本之间的距离。

●【行距】选项：在右侧的文本框中输入数值，可以设置文本中行与行之间的距离。

●【语言】选项：在右侧的文本框中输入数值，可以设置数字或英文字母与中文文字之间的距离。

●【字符】选项：在右侧的文本框中输入数值，可以设置所选文本中各字符之间的距离。

●【单词】选项：在右侧的文本框中输入数值，可以设置英文单词间的间距，设置不同参数后的英文单词之间的距离。

●【首行】选项：用于指定所选段落首行的缩进量。在右侧的文本框中可设置缩进数值的大小。

●【左】选项：用于指定所选段落除首行外其他各行的缩进量。

◎【右】选项：用于指定所选段落到段落文本框右侧的缩进量。

◎【方向】选项：设置段落文本的排列方向。

5.2.3 段落文本的文本框设置

本节主要介绍如何显示隐藏在文本框中的文字以及对文本框的设置。

1. 显示文本框中隐藏的文字

当在文本框中输入了太多的文字，超过了文本框的大小时，文本框下方位置的□符号将显示为▼符号。将文本框中隐藏的文字完全显示的方法主要有以下几种。

（1）将鼠标光标放置到文本框的任意一个控制点上，按住鼠标左键并向外拖曳，调整文本框的大小，即可将隐藏的文字全部显示。

（2）单击文本框下方的▼符号，此时鼠标光标将显示为▤图标，将其移动到合适的位置后，单击鼠标或按住鼠标左键并拖曳再绘制出一个文本框，此时绘制的文本框中将显示超出了第一个文本框大小的那些文字，并在两个文本框之间显示蓝色的连接线，如图5-59所示。

图5-59 文本框的连接状态

（3）重新设置文本的字号或选取菜单栏中的【文本】|【段落文本框】|【文本适合框架】命令，也可将文本框中隐藏的文字全部显示。

提示：

使用【文本适合框架】命令显示隐藏文字时，文本框的大小并没有改变，而是文字的大小发生了变化。

2. 文本框的设置

文本框分为固定文本框和可变文本框两种，系统默认的为固定文本框。

当使用固定文本框时，利用【文本】工具绘制的文本框大小决定了在文本框中能输入文字的多少，这种文本框一般应用于有区域限制的图像文件中。当使用可变文本框时，文本框的大小会随输入文字的多少而随时改变，这种文本框一般应用于没有区域限制的图像文件中。

选取菜单栏中的【工具】|【选项】命令（快捷键为【Ctrl+J】键），在弹出的【选项】对话框左侧依次选取【文本】|【段落】命令，然后在右侧的参数设置区中勾选如图5-60所示的【按文本缩放段落文本框】选项，然后单击"确定"按钮，可将固定文本框设置为可变文本框。

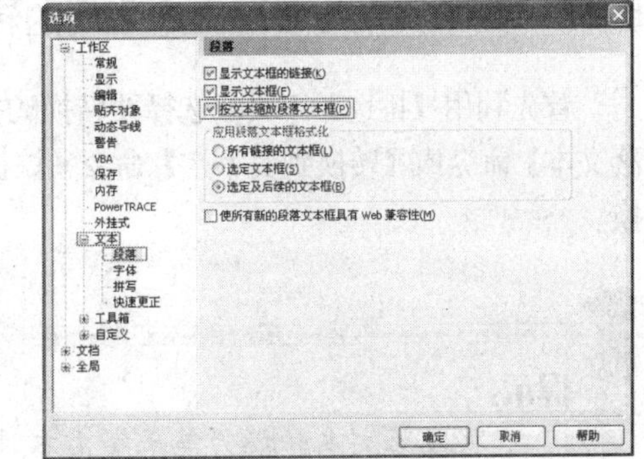

图5-60 【选项】对话框

CorelDRAW

5.2.4 文本绕图

在 CorelDRAW 中，可以将段落文本围绕图形进行排列，使画面更加美观。段落文本围绕图形进行排列称为文本绕图。

利用【文本】工具输入段落文本，然后绘制任意图形或导入位图图像，将图形或图像放置在段落文本的上方，然后单击属性栏中的【段落文本换行】按钮，将弹出如图 5-61 所示的【绕图样式】选项面板。

图 5-61 【绕图】面板

文本绕图主要有两种方式。一种是围绕图形的轮廓进行排列；另一种是围绕图形的边界框进行排列。

- 在【轮廓】和【方角】选项中单击任一选项，即可设置文本绕图效果。
- 在【文本绕图偏移】选项下方的文本框输入数值，可以设置段落文本与图形之间的间距。
- 如要取消文本绕图，可单击【换行样式】选项面板中的【无】选项。

选择不同文本绕图样式后的文本绕图效果如图 5-62 所示。

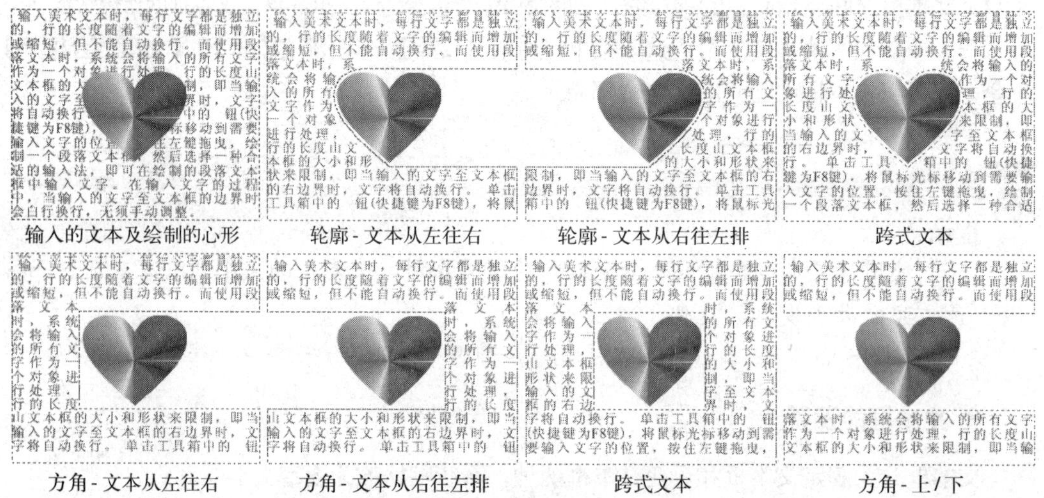

图 5-62 选择不同文本绕图样式后文本效果

5.2.5 美术文本与段落文本之间的转换

首先利用【挑选】工具选择要转换的文本，然后选取菜单栏中的【文本】|【转换到段落文本】命令或【转换到美术字】命令（快捷键为【Ctrl+F8】键），即可将选择的文本进行转换。

提示：

将段落文本转换为美术字文本时，段落文本框中的文字必须全部显示，否则无法使用此命令。

5.2.6 邀请函

本节通过邀请函设计来进一步学习段落文本的输入与编辑方法。

01 单击工具栏中的【导入】按钮，导入本书附带光盘中\JPG\第5章\邀请函背景.jpg的图片，然后将其调整至如图5-63所示的大小形态。

02 单击工具箱中的【矩形】工具，在背景图片的左侧绘制出如图5-64所示的白色无外轮廓线的矩形。

图5-63 导入并调整后的图片

图5-64 绘制的矩形图形

03 按住Ctrl键，将鼠标光标移动到如图5-65所示的变形控制点上，按住左键并向右拖曳镜像图形，镜像后在不释放鼠标左键的情况下，再单击右键，将图形在水平方向上镜像复制，其状态如图5-66所示。

图5-65 鼠标光标放置的位置

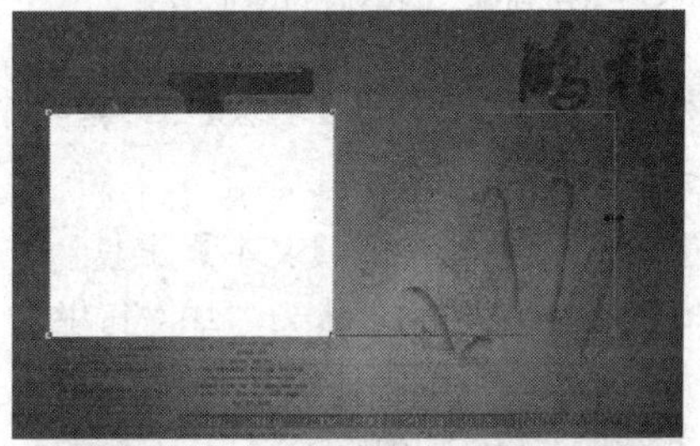

图5-66 镜像复制图形时的状态

04 将鼠标光标移动到复制出的图形上方中间的控制点上，按住鼠标左键并向下拖曳，将图形调整到如图5-67所示的大小。

05 单击工具箱中的【星形】工具，依次设置属性栏中选项的参数为5 53，然后按住Ctrl键，绘制出如图5-68所示秋橘红色（M：60,Y：80）无外轮廓线的五星图形。

图5-67 调整后的图形

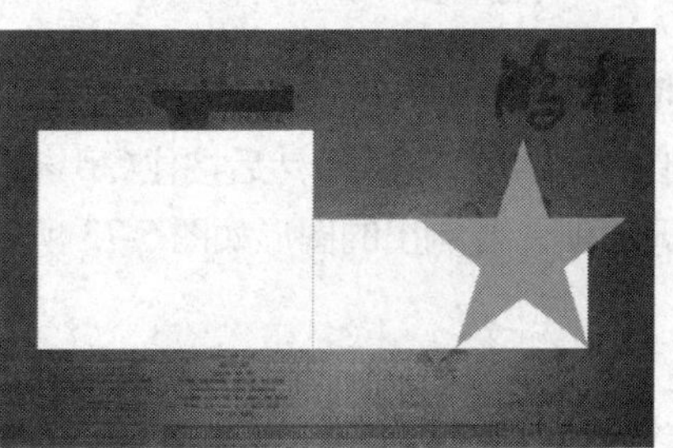

图5-68 绘制的五星

06 单击工具箱中的【形状】工具，在复制出的白色矩形上单击鼠标左键将其选择，然后单击属性栏中的【转换为曲线】按钮，将其转换为具有曲线的可编辑性质。

07 按住 Ctrl 键，依次将转换为曲线后的图形右侧的两个节点向左水平拖曳，调整后的图形形态如图 5-69 所示。

08 利用【挑选】工具将绘制的五星图形选中，然后按键盘数字区中的"+"键，将其在原位置复制。

09 按住 Shift 键，依次将复制出的五星图形、调整后的矩形图形和左边的白色大矩形图形同时选择，然后单击属性栏中的【焊接】按钮，将选择的图形焊接为一个整体。

10 单击工具箱中的【交互式阴影】工具，将鼠标光标移动到结合后图形的中心位置，按住鼠标左键并向左上方拖曳，为其添加交互式阴影效果。

11 依次设置属性栏中选项的参数为 88 5，添加交互式阴影后的图形效果如图 5-70 所示。

图 5-69　调整后的图形效果

图 5-70　添加交互阴影后的效果

12 单击工具箱中的【手绘】工具，按住 Ctrl 键，在画面中绘制出如图 5-71 所示的灰色（K:30）直线。

13 单击工具箱中的【文本】工具，在五星图形上依次输入如图 5-72 所示的白色文字，其中数字"08"的字体为"华文行楷"，读者可以用其他类似的字体来替代。

图 5-71　绘制的直线

图 5-72　输入的文字

14 利用【挑选】工具将五星图形和输入的白色文字全部选择，然后按住 Ctrl 键向左移动复制，复制出的图形如图 5-73 所示。

15 将数字"08"选择，然后单击工具箱中的按钮，弹出【轮廓笔】对话框，设置各选项及参数如图 5-74 所示。

图 5-73　复制出的图形

16 单击“确定”按钮，设置轮廓属性后的文字效果如图 5-75 所示。

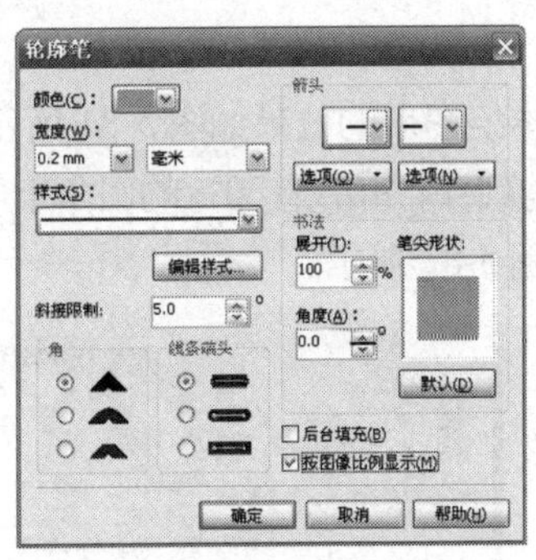

图 5-74 【轮廓笔】对话框

图 5-75 设置轮廓属性后的文字效果

17 将文字“中国哈尔滨”和下方的英文字母选择，然后将鼠标光标移动到【调色板】中的“30%黑”色块上单击左键，将其填充色修改为浅灰色。

18 将复制出的五星图形选择，移动鼠标光标到【调色板】中的“黑”色块上单击右键，将其外轮廓线颜色设置为黑色，然后在【调色板】上方的按钮☒上单击左键，将五星图形的填充色去除，复制出的图形调整后的效果如图 5-76 所示。

19 单击工具箱中的【文本】工具字，在右侧的白色矩形上输入如图 5-77 所示的黑色文字和英文字母，并利用【手绘】工具绘制一条【轮廓宽度】为“0.25mm”的直线。

图 5-76 调整后的图形效果

图 5-77 输入的文字和英文字母

20 继续利用工具箱中的【文本】工具字，在画面中按住鼠标左键并拖曳，绘制出如图 5-78 所示的文本框，然后在文本框中输入如图 5-79 所示的黑色文字。

图 5-78 绘制出的文本框

图 5-79 输入的文字

21 将五星图形选择，然后单击属性栏中的按钮，在弹出的【绕图样式】选项面板中选择如图 5-80 所示的绕图样式。

图 5-80　选择的文本绕图方式

22 单击【确定】按钮，文本绕图后的效果如图 5-81 所示。

23 利用【矩形】工具，绘制四个角都为 30° 的圆角矩形，并填充秋橘红色(M：60,Y：80)，如图 5-82 所示。

图 5-81　文本绕图后的效果

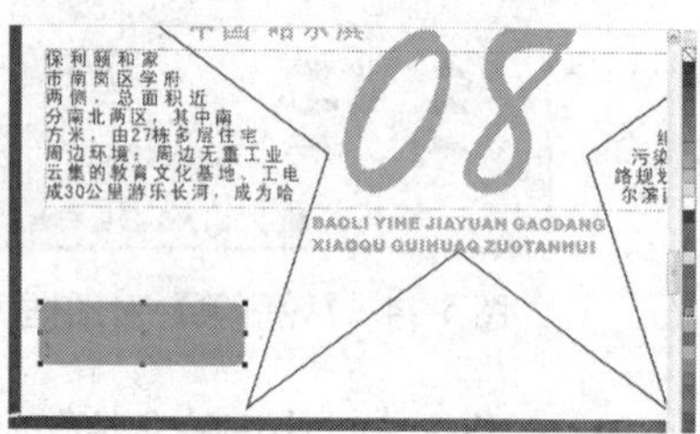

图 5-82　绘制的圆角矩形

22 仍利用工具箱中的【文本】工具；在秋橘红色的圆角矩形中输入如图 5-83 所示的白色联系方式文字。单击【导入】按钮，导入本书附带光盘中的图片，完成邀请函的设计，如图 5-84 所示。

图 5-83　输入的文字

图 5-84　邀请函的最终效果

5.3　文本适配路径

当需要将文字沿特定的框架进行编辑时，可以采用文本适配路径或适配图形的方法。文本适配路径命令是将所输入的美术文本按指定的路径进行编辑处理，使其达到意想不到的艺术效果。

5.3.1　沿路径文本的输入方法

沿路径输入文本时，系统会根据路径的形状自动排列文本，所使用的路径可以是闭合的图形也可以是未闭合的曲线。其优点在于文字可以按任意形状排列，并且可以轻松地制作各种文本排列的艺术效果。

首先利用工具箱中的绘图或线形工具，绘制出闭合或开放的图形作为路径。然后单击工具箱中的按钮，将鼠标光标移动到路径的外轮廓上，当鼠标光标显示为形态时，单击插入文本光标。依次输入需要的文本，此时输入的文本即可沿图形或线形的外轮廓排列；如将鼠标光标放置在闭合图形的内部，当鼠标光标显示为形态时单击，此时图形内部将根据闭合图形的形状出现虚线框，并显示插入文本光标，依次输入需要的文本，所输入的文本即以图形外轮廓的形状进行排列。

5.3.2 属性设置

文本适配路径后，此时的属性栏如图5-85所示。

图5-85 文本适合路径的属性栏

- 【文字方向】选项：单击此选项，可以在弹出的下拉列表中设置适配路径后的文字相对于路径的方向。
- 【与路径距离】选项：设置文本与路径之间的距离。参数为正值时，文本向外扩展；参数为负值时，文本向内收缩。
- 【水平偏移】选项：设置文本在路径上偏移的位置。数值为正值时，文本按顺时针方向旋转偏移；数值为负值时，文本按逆时针方向旋转偏移。
- 【镜像文本】选项：对文本进行镜像设置。单击按钮，可使文本在水平方向上镜像；单击按钮，可使文本在垂直方向上镜像。
- 【捕捉标记】选项：如果设置了此选项，在调整路径中的文本与路径之间的距离时，会按照设置的【标记距离】参数自动捕捉文本与路径之间的距离。

5.3.3 文本适合路径练习

下面通过实例来练习文本适配路径的操作方法。

01 单击工具栏中的【导入】按钮，导入附带光盘中\JPG\第五章\美女.jpg的图片。

02 利用工具箱中的【贝塞尔】工具沿人物的轮廓绘制如图5-86所示的线形路径。

03 利用工具箱中的【形状】工具将线形路径调整成如图5-87所示的形态。

04 选取工具箱中的字工具，将鼠标光标放置到路径起始点位置，如图5-88所示。

图5-86 绘制的图形

图5-87 调整后的线形

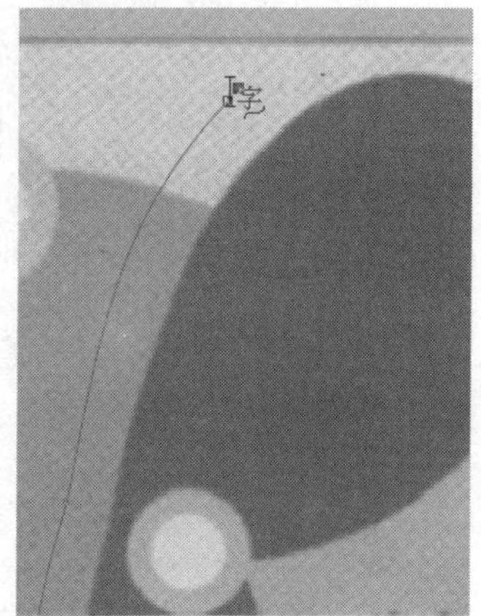

图5-88 鼠标光标的显示形态

05 在线形路径上单击鼠标左键，然后沿着路径输入如图 5-89 所示的文字。

06 单击工具箱中的工具，将路径上的文字选择。

07 在工具栏或属性栏右边的灰色区域单击鼠标右键，在弹出的菜单选项中选择如图5-90所示的【文本】选项，将【文本】属性栏显示在绘图窗口中。

图 5-89　输入的文字

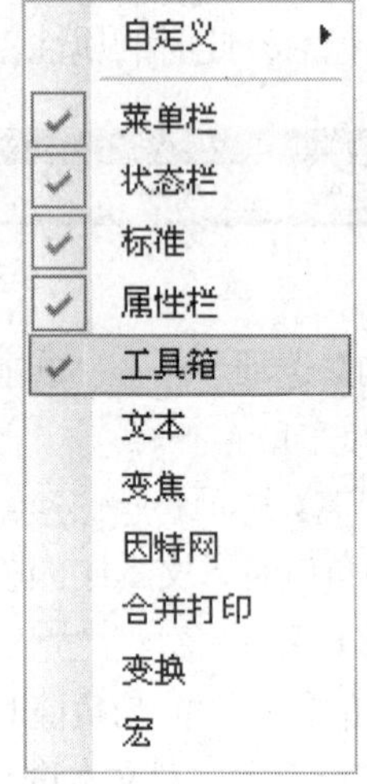

图 5-90　选择【文本】选项

08 在【文本】属性栏中单击按钮，将沿路径排列的横向文本改为竖向文本，如图 5-91 所示。

09 在【文本】属性栏中将文本的大小设置为“14pt”，然后按回车键，确认文本的大小设置。

10 单击工具箱中的【形状】工具，利用形状工具连续拖动文本下边的符号，调整文本的间距，调整后的形态如图 5-92 所示。

图 5-91　改为竖向排列的文本

图 5-92　调整间距后的文本

11 单击工具箱中的工具，点击线形路径，单独将路径选取，然后在【调色板】上方的按钮处单击鼠标右键将轮廓线去除，此时文本沿路径排列形态如图 5-93 所示。

12 按照同样的方法，制作出右侧的文字效果。使用【矩形】工具绘制一个圆角矩形，并用【文字】工具添加文字效果，如图 5-94 所示。

图 5-93 文本沿路径排列的效果

图 5-94 最终的效果

5.4 综合练习

本节主要结合绘图工具和文字工具的输入和编辑等命令，综合训练 CorelDRAW X4 中对文字输入和编辑的理解和运用。

图 5-95 【打开】的素材

01 按【Ctrl+O】键，打开本书附带的光盘\CDR\第 5 章\特效练习\青春背景素材.cdr 文件，如图 5-95 所示。

02 在工具箱中使用【文字】工具，按照 宋体 135 pt 设置属性栏参数，输入文字“春”，并选择【填充】工具，按如图 5-96 所示的参数进行设置，填充后效果如图 5-97 所示。

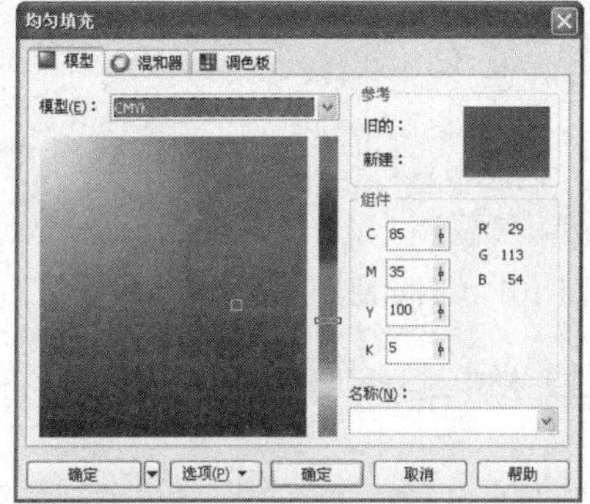

图 5-96 【填充】对话框

图 5-97 填充后的效果

03 选择菜单【窗口】|【泊坞窗】|【对象管理器】，使用【挑选】工具，选中“春”字，选择菜单【排列】|【转换为曲线】，该美术字文本变为曲线，【对象管理器】中的变化如图5-98所示。

04 选择菜单【排列】|【拆分曲线】命令（或者按【Ctrl+K】键），此时该曲线被拆分为4个曲线。拆分后效果如图5-99所示。

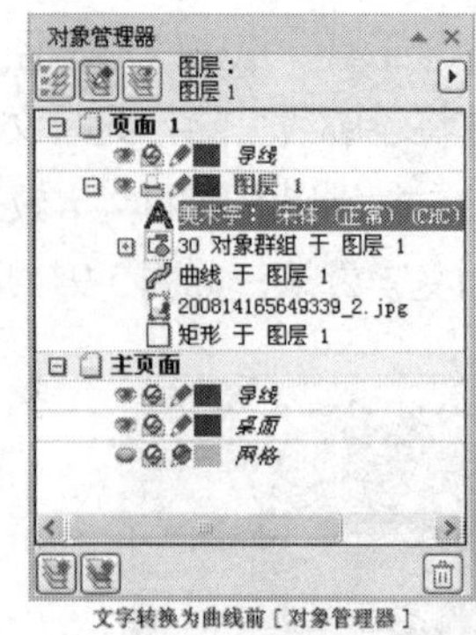

文字转换为曲线前［对象管理器］

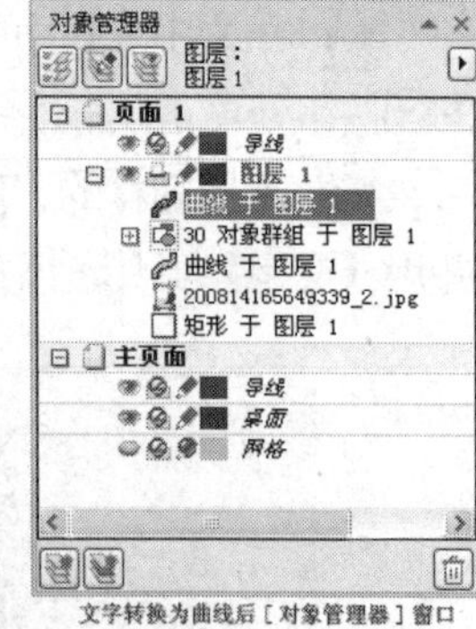

文字转换为曲线后［对象管理器］窗口

图5-98　转换为曲线前后【对象管理器】对比

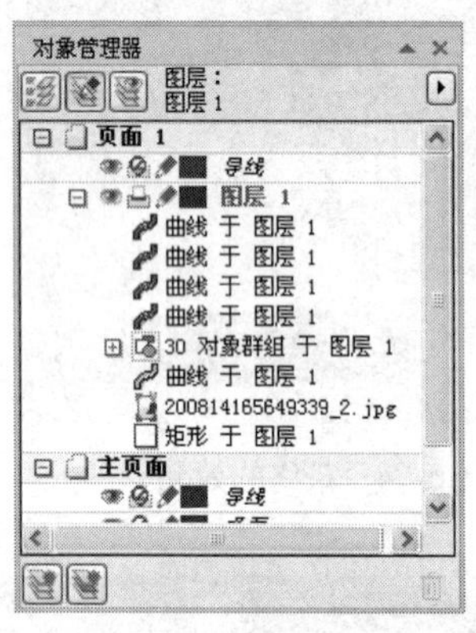

图5-99　拆分曲线后效果

05 使用【挑选】工具选择曲线下方的“口”形图形，在键盘上按Delete键后效果如图5-100所示。

06 使用【形状】工具选择剩下的曲线（或按F10键），用鼠标左键在图形“春”字“捺”上的6个节点上分别双击（删除节点），节点被删除后效果如图5-101所示。

图5-100　删除曲线后效果

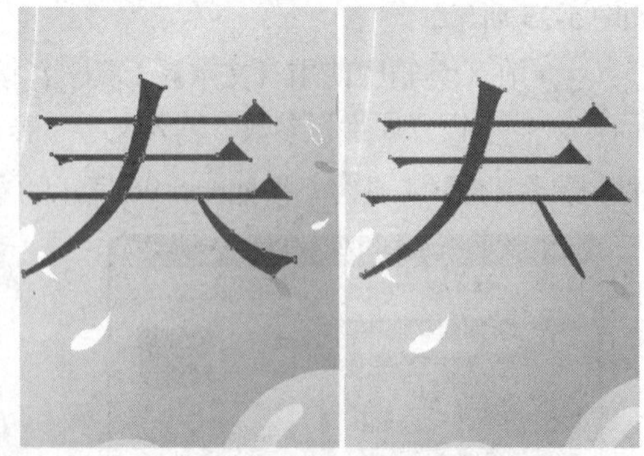

图5-101　删除曲线上多余节点后效果

07 使用【形状】工具选择右侧节点，并在【属性】栏中选择（转换曲线为直线）后，效果如图5-102所示。

08 同第6步，将图形调节成如图5-103所示的效果。

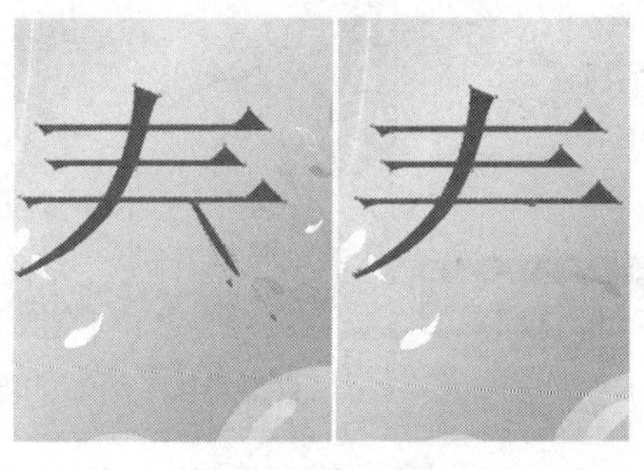

图 5-102 应用【转换曲线为直线】命令

图 5-103 删除曲线上多余节点后效果

09 使用【形状】工具选择如图 5-104 所示的节点，在【属性】栏中选择(转换直线为曲线）后，并对节点的曲线进行编辑，编辑后的效果如图 5-105 所示。

10 同样，经过对节点进行编辑，绘制出如图 5-106 所示的效果。

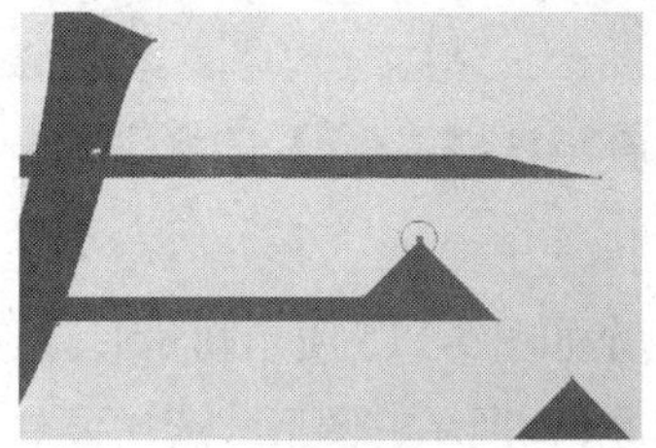

图 5-104 选择要编辑的节点

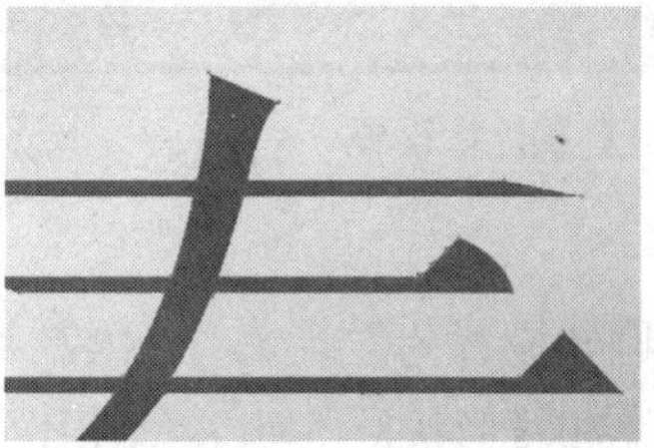

图 5-105 编辑节点后的效果

图 5-106 编辑节点后的效果

11 使用【贝塞尔】工具和【形状】工具绘制出如图 5-107 所示的图形，选择菜单【编辑】|【复制属性自】命令在弹出的对话框中按照图 5-108 所示的参数进行设置，单击【确定】后光标变成箭头图标，在“春”字上单击左键，将其的填充色复制给绘制的图形，如图 5-109 所示。

12 同样，使用【贝塞尔】工具和【形状】工具绘制出如图 5-110 所示的图形，并填充上颜色。

图 5-107 绘制的曲线

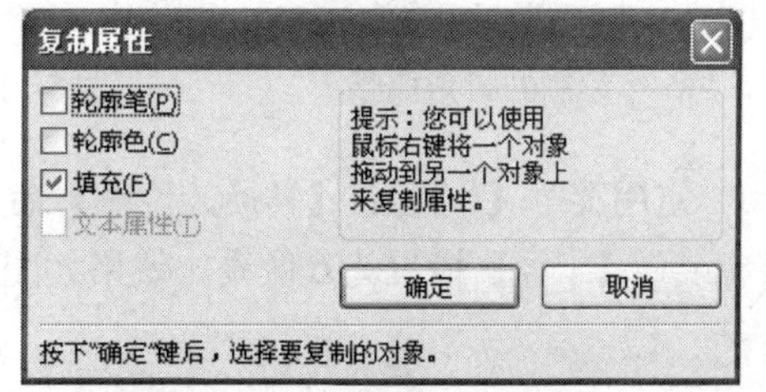

图 5-108 【复制属性】对话框

图 5-109 复制颜色后的效果

图 5-110 绘制的图形的效果

13 使用【椭圆形】工具，按照图5-111所示【椭圆形】属性栏的参数进行设置，绘制出如图5-112所示的图形。

图5-111 【椭圆形】属性栏设置

图5-112 绘制的图形

14 选择【艺术笔】工具，按照图5-113所示【艺术笔】属性栏的参数进行设置，并填充为：C:85，M:35，Y:100，K:5的颜色，如图5-114所示。

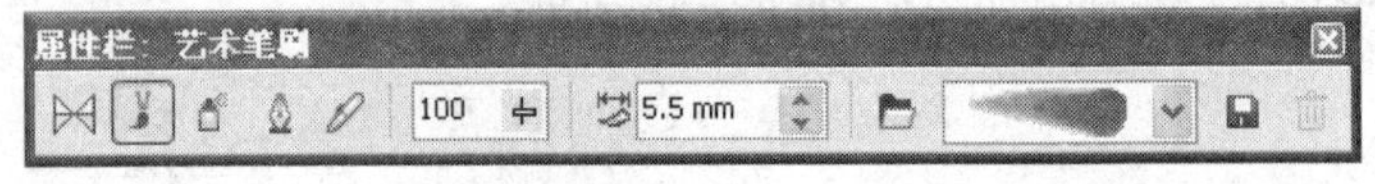

图5-113 【艺术笔】属性栏设置

图5-114 【艺术笔】并填色后效果

15 使用【矩形】工具，圆角设置为100 100 100 100，绘制并填充如图5-115所示圆角形。

16 使用【贝塞尔】工具和【形状】工具绘制出如图5-116所示的图形，选择菜单【排列】|【造型】|【造型】命令，按照图5-117所示的参数进行设置，相交后并填充：C:15，M:0，Y:95，K:0的黄绿色，如图5-118所示。

图5-115 绘制的圆角矩形

图5-116 绘制的图形

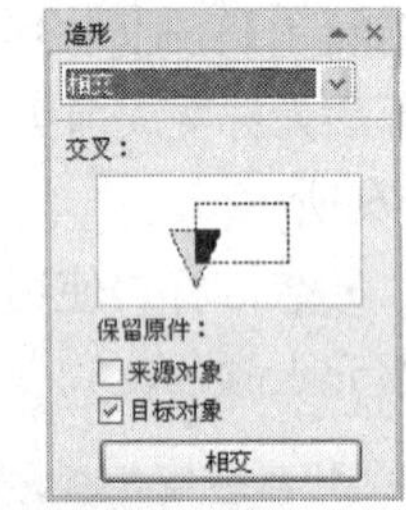

图5-117 【造型】属性栏

17 使用菜单【位图】|【转换为位图】命令，使用菜单【位图】|【模糊】|【高斯式模糊】命令，【半径】设置为6像素，效果如图5-119所示。

图5-118 【相交】并填充颜色后的效果

图5-119 使用【高斯式模糊】后效果

18 使用【交互式透明】工具，按照图5-120所示参数进行设置后的效果如图5-121所示。

19 按照第16～18步的操作，绘制出另外的文字效果，如图5-122所示。

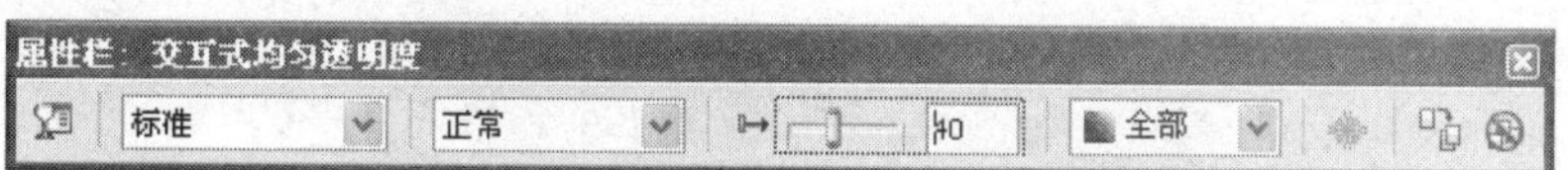

图5-120 【交互式透明】对话框设置

图5-121 添加【交互式透明】后效果

图5-122 绘制的图形效果

20 使用【贝塞尔】工具和【形状】工具，并配合填充工具，绘制出如图5-123所示的叶子和花卉效果。

21 使用【挑选】工具，把文字部分全部选中，使用【交互式阴影】工具，按照图5-124所示参数进行设置后效果如图5-125所示。

图5-123 添加叶子后的效果

图5-124 【交互式阴影】对话框设置

22 使用【文字】工具输入如图5-126所示的效果，即完成此作品绘制。

图5-125 添加交互阴影后效果

图5-126 完成后的文字效果

CorelDRAW

CorelDRAW X4

第 6 章 对象的组织和排列

一幅复杂的作品，如果不经过合理的组织和排列，就会杂乱无章，分不清主次与前后，也就很难达到优美而精彩的效果。

我们在绘制设计作品的过程中，经常是由多个图形对象组成的，为了便于管理，这多个图形对象既可以结合，也可以分离。群组是将多个对象捆绑在一起，进行相同的操作。例如：在不改变多个对象之间的相对位置而移动多个对象。结合命令可融合多条曲线、直线和形状，以创建一个全新的形状。焊接、修剪和交叉对处理对象的重合部分十分有效。合理地组织与安排对象能够有效地提高工作效率。

6.1　群组与取消群组

使用【群组】命令可以将多个不同的对象结合在一起，作为一个有机整体，统一应用某些编辑格式或特殊效果，达到在绘图中控制多个对象的目的。

6.1.1　将多个对象进行群组

操作步骤如下：

01 将本书附带的光盘中\CDR\第6章\“cool字、cdr”文件打开，如图6-1所示。

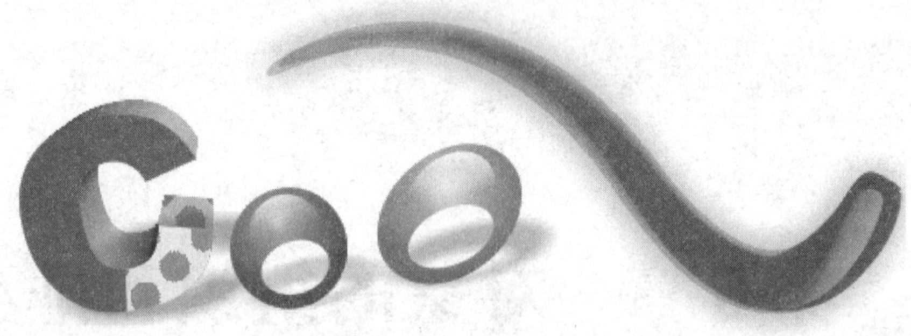

图6-1　打开的图形文件

02 单击工具箱中的【挑选】工具，运用框选的方法选取所有的图形，然后选择下拉菜单【排列】|【群组】命令或单击属栏中的(群组）图标，如图6-2所示。此时，选中的图形就被群组了。

图6-2　群组按钮

提示：

将对象进行群组除了用以上介绍的方法外，还可以将准备群组的对象全部框选，运用键盘上的【Ctrl+G】组合键执行此群组命令。

6.1.2 取消群组

用【选择】工具选中被群组的对象，然后选择下拉菜单【排列】|【取消群组】命令或单击属性栏中的(取消群组）按钮。此时，选中的群组对象就被取消群组了。

提示：

如果要将群组的对象取消组合，除了用以上介绍的方法外，还可以将准备取消群组的对象选中，运用键盘上的【Ctrl+U】组合键执行取消群组命令。

6.2 结合与拆分对象

6.2.1 结合命令

可以从两个对象或多个对象创建出一个对象，而且该对象的属性将都变为与这些对象最底层的对象相同的属性，而重合的部分将变为透明。

拆分对象命令可以把结合的对象，拆分成多个相同属性的对象（即还原为最底层的对象属性），拆分后的其他对象将不会还原为原始的填充色。

操作步骤如下：

01 按【Ctrl+N】新建一个200mm × 200mm的方形文件。

02 选择【椭圆形】工具画一个直径为80mm的圆形，将中心点定位在（100，150）位置上，在右侧默认的CMYK调色板“红”色上单击鼠标左键，填充为红色，并在调色板☒（无色）上单击鼠标右键，把该圆形轮廓线去掉，如图6-3所示的效果。

03 按【Ctrl+C】和【Ctrl+V】组合键，复制一个同心的圆形，并在属性栏中把对象大小更改为65mm，并填充为黄色。运用同样的方法再复制两个同心圆，直径分别为50mm和35mm，填充上不同的颜色，如图6-4所示。

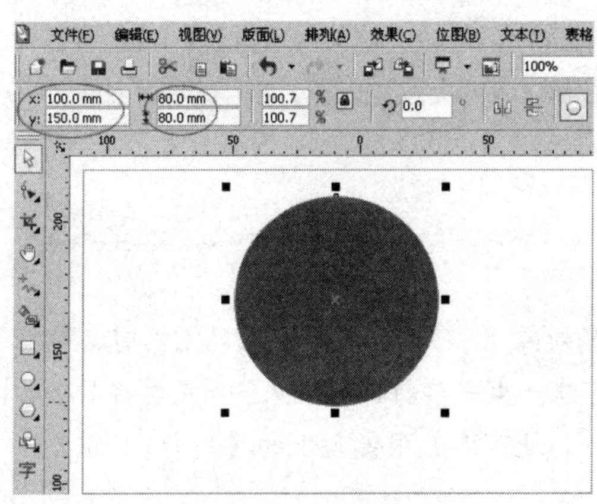

图6-3 绘制圆形

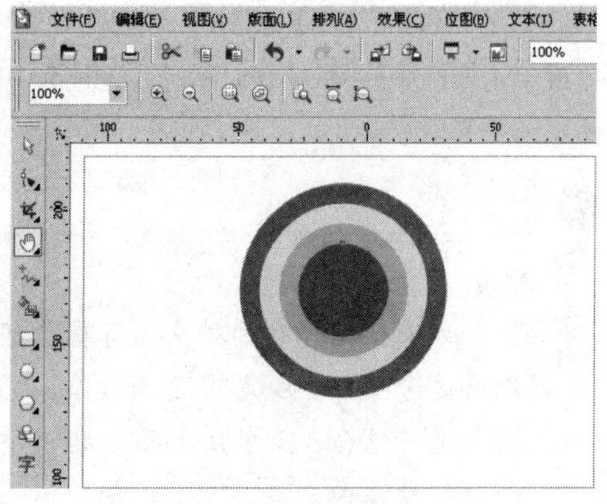

图6-4 复制的同心图形

04 双击【选择】工具，把四个圆形同时选中，在属性栏中选择(对齐和分布）图标，弹出对齐和分布对话框，如图 6-5 所示。选择下对齐，如图 6-6 所示。

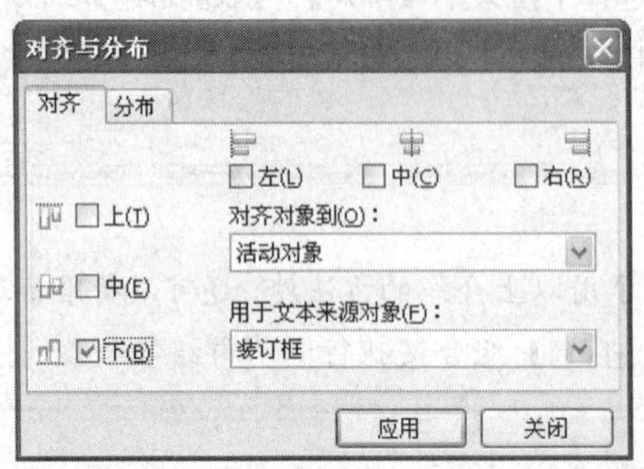

图 6-5 【对齐和分布】对话框

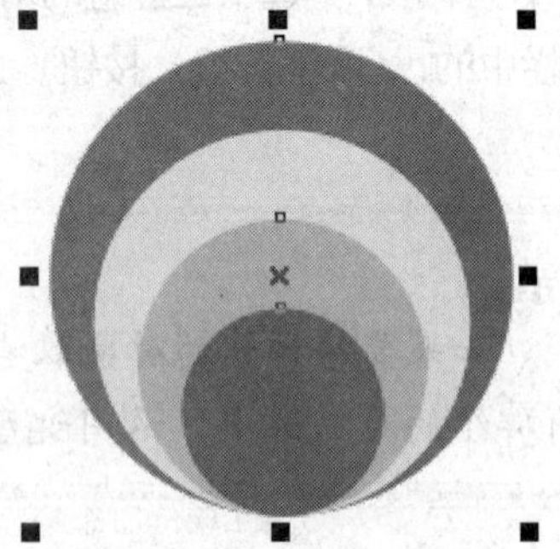

图 6-6 对齐后的效果

05 选择下拉菜单【排列】|【结合】命令或单击属栏中的(结合）图标，此时选中的图形就被结合了，并且变成了红色的物体，如图 6-7 所示。

06 选择下拉菜单【排列】|【变换】|【旋转】命令，在弹出的对话框中输入如图 6-8 所示的数值，并单击【应用到再制】三次，出现如图 6-9 所示的效果。

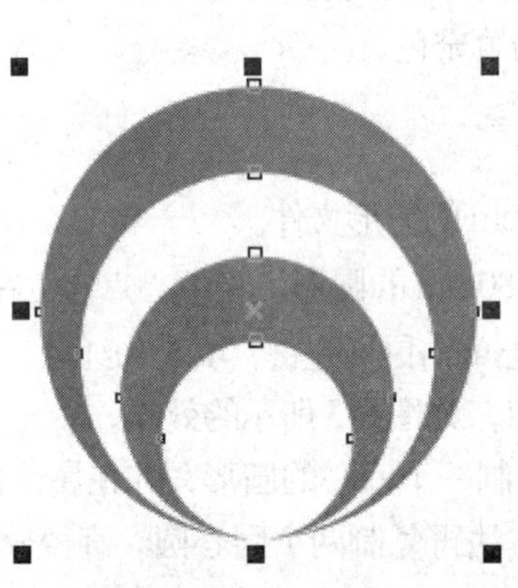

图 6-7 结合后的效果

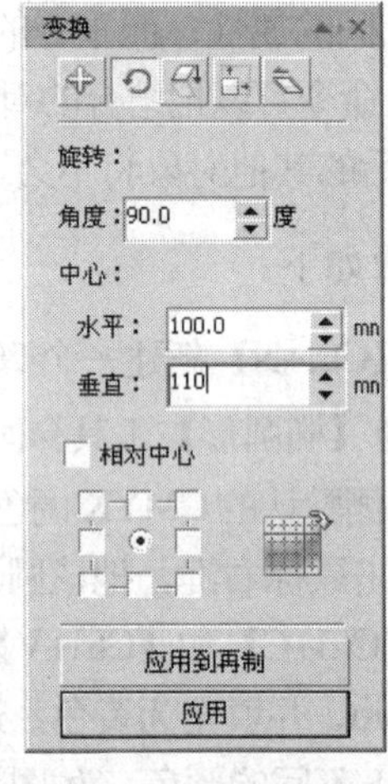

图 6-8 旋转对话框

07 双击【选择】工具，把四个图形同时选中，选择下拉菜单【排列】|【结合】命令或单击属栏中的(结合）图标，此时选中的图形就被再次被结合了，并且出现了如图 6-10 所示的特殊效果。

提示：

如果把结合后的对象（有重合部分的对象），移动到其他对象的上面时，可以通过透明部分观看下面的对象，这样可以产生一些特殊的效果。如果要将多个对象进行结合，除了用上面介绍的方法外，还可以选用键盘上的【Ctrl+L】组合键执行结合命令。

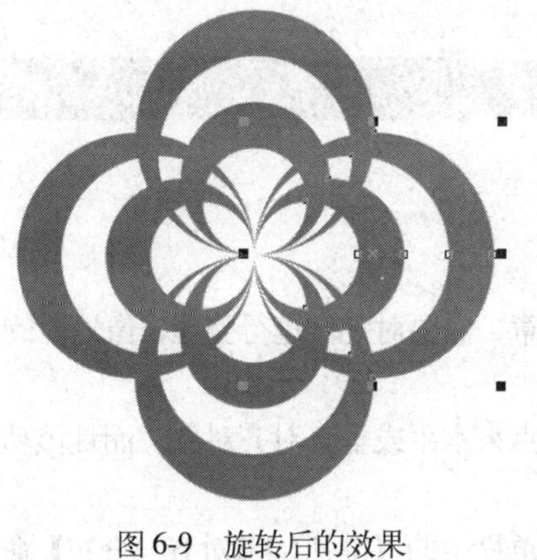
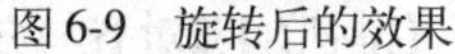
图 6-9 旋转后的效果

图 6-10 结合后的效果

6.2.2 分离对象

对于已结合的多个对象，可以使用【分离】命令，取消对象的结合状态。只需选中已结合的对象，单击属性栏中的(分离) 即可。

操作步骤如下：

选中刚才所做的结合后的图形，选择下拉菜单【排列】|【拆分曲线】命令，可以得到如图 6-11 所示的效果，又变成了结合前的 16 个圆形。

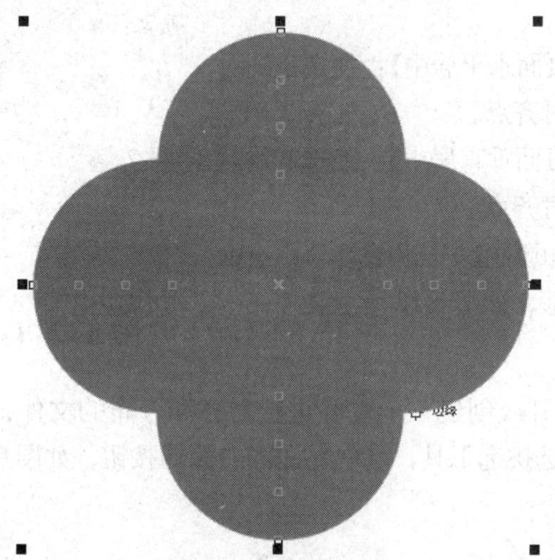
图 6-11 拆分后的效果

提示：

如果要将已经结合的对象进行分离，除了上面介绍的方法外，还可以运用键盘上的【Ctrl+K】组合键执行分离命令。拆分后的对象是以结合前的对象数为准，如果是以 16 个对象进行结合，则执行【拆分】命令后的对象，同样也有 16 个，只是它们都具有最底层的属性而已。用户可以先取消选择，再分别单击它们，即可发现它们是独立体。

6.3 对齐和分布

6.3.1 对齐

当用户绘制了多个对象后，发现它们杂乱无章，需要对它们进行整理，像这样的操作可以利用【对齐】和【分布】来完成。

使用【对齐】功能，可以指定按边界或中心点来水平或垂直对齐对象，而且该功能还可以与网格、辅助线协同使用。

选中绘制的两个或两个以上的对象，单击菜单栏中的【排列】|【对齐与分布】命令，其下拉菜单中的命令作用如下。

- 左对齐【左对齐】：以选定对象的左边界为对齐参考点。
- 右对齐【右对齐】：以选定对象的右边界为对齐参考点。
- 顶端对齐【顶端对齐】：以选定对象的上边界为对齐参考点。
- 底端对齐【底端对齐】：以选定对象的下边界为对齐参考点。
- 水平居中对齐【水平居中对齐】：以选定对象的水平方向中心为对齐参考点。
- 垂直居中对齐【垂直居中对齐】：以选定对象的垂直方向中心为对齐参考点。
- 在页面居中【在页面居中】：使选定的对象以页面中心为对齐参考点。
- 在页面水平居中【在页面水平居中】：使选定的对象以页面的水平中心为对齐点。
- 在页面垂直居中【在页面垂直居中】：使选定的对象以页面的垂直中心为对齐点。
- 对齐和分布(A)…【对齐和属性】：单击该命令，会弹出【对齐与分布】对话框，如图6-12所示。

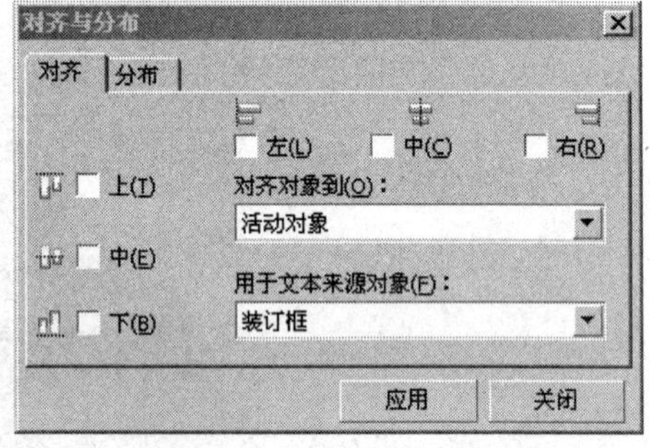

图6-12 【对齐与分布】对话框

操作步骤如下：

01 【Ctrl+O】键打开或创建一个需要进行对齐和分布的文件，如图6-13所示。

02 在工具箱中点选挑选工具，选中左面和右面的按钮，如图6-14所示。

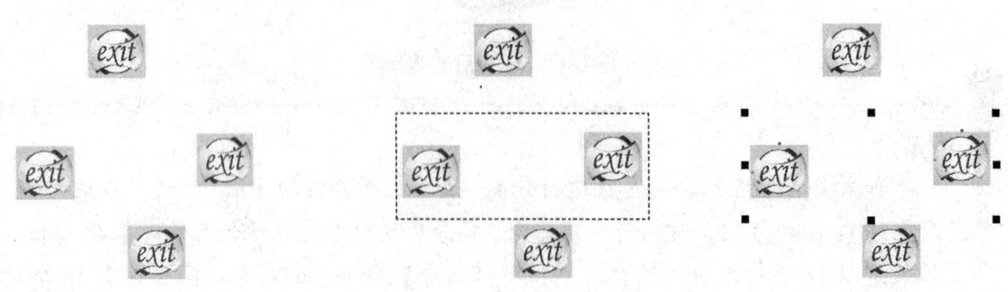

图6-13 打开的文件

图6-14 选择对象

03 在菜单中执行【排列】|【对齐和分布】命令，也可以直接在属性栏中单击按钮，弹出【对齐和分布】对话框，并在其中勾选【上】复选框，如图6-15所示。单击【应用】按钮，即可将选择的两个按钮顶部对齐，如图6-16所示。

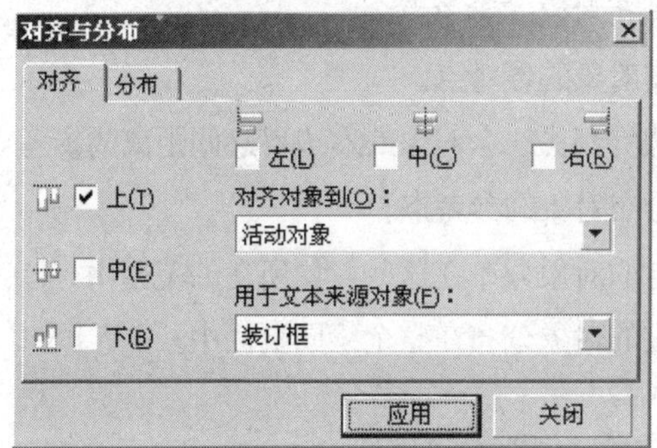

图6-15 【对齐与分布】对话框

图6-16 对齐对象

04 在工具箱中选挑选工具，选中上面和下面按钮，如图6-17所示，再在【对齐和分布】对话框中取消【上】复选框的勾选，再勾选【左】复选框，如图6-18所示，然后单击【应用】按钮，即可将选择的两个按钮左对齐，画面效果如图6-19所示。

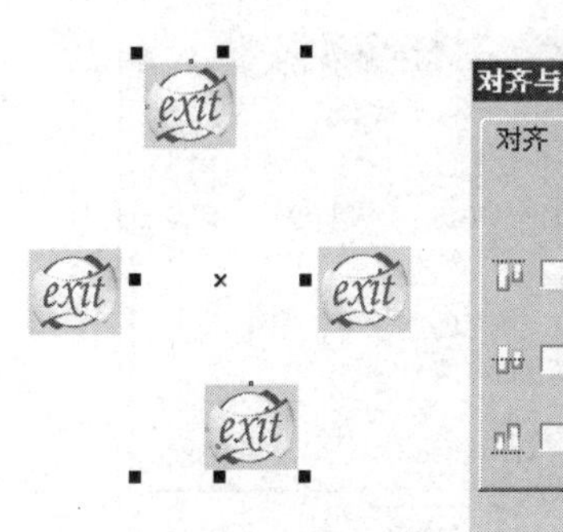

图6-17 选择对象

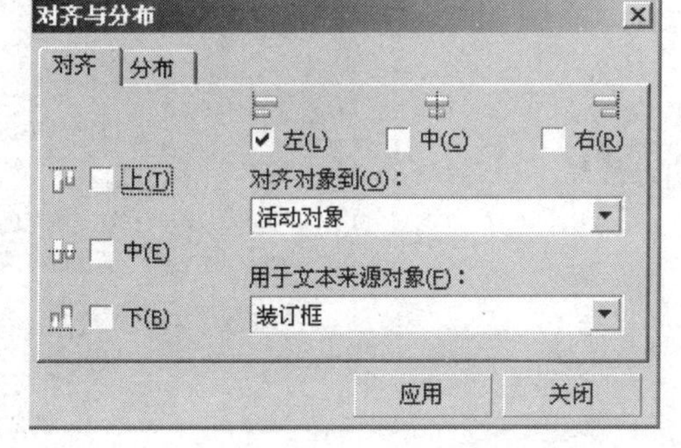

图6-18 【对齐与分布】对话框

图6-19 对齐对象

6.3.2 分布

单击菜单栏中的【排列】|【对齐与分布】|【对齐和属性】命令，在打开的【对齐与分布】对话框中单击【分布】标签，对话框呈现如图6-20所示的状态。

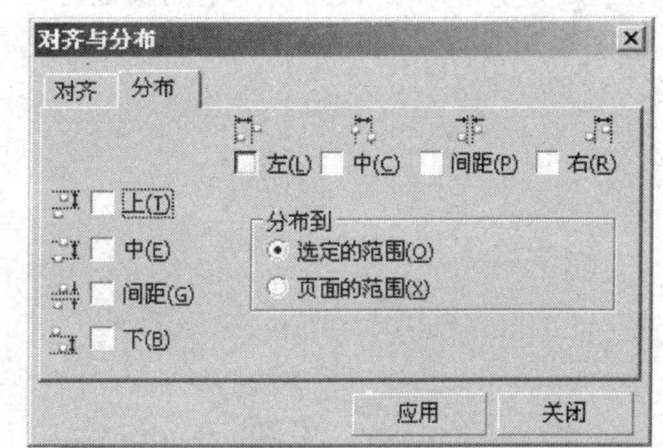

图6-20 【分布】对话框

该对话框中的左侧各个选项决定对象在垂直方向的分布规则，上方的选项决定对象在水平方向的分布规则。

- 上(T)【上】：分布时以对象的上边界为参考点。
- 中(E)【中】：分布时以对象的中心为参考点。

○ 间距(G)【间距】：分布时以一个对象的上边界与另外一个对象的下边界之间的距离为参考点。

○ 下(B)【下】：分布时以对象的下边界为参考点。

○【左】：分布时以对象的左边界为分布对象的参考点。

○【中】：分布时以对象的中心为分布对象的参考点。

○【间距】：分布时以一个对象的左边界与另一个对象的右边界之间距离为参考对象。

○【右】：分布时以对象的右边界为分布对象的参考点。

○ 选定的范围(O)【选定的范围】：将选定的对象分布在这些对象所在的范围中。

○ 页面的范围(X)【页面的范围】：将选定的对象分布在整个绘图页面中。

操作步骤如下：

使用【分布】命令可以将选择的对象按指定位置均匀分布。

01 接着上面已经对齐的文件，在属性栏中单击群组按钮，将上面和下面按钮进行群组，再用挑选工具选中全部对象，如图6-21所示。

02 再在【对齐与分布】中单击【分布】标签，在左边和上方勾选【中】复选框，如图6-22所示，先单击【应用】按钮，再单击关闭按钮，即可得到如图6-23效果。

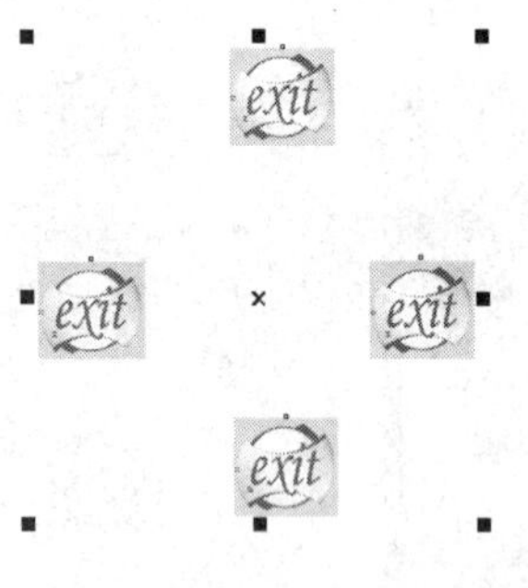

图6-21 选择并群组对象

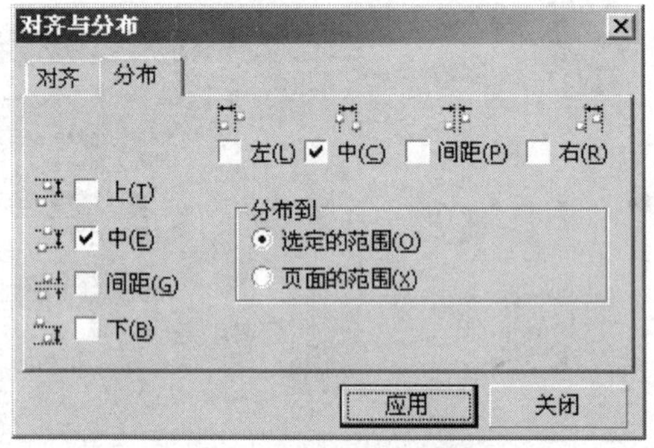

图6-22 【对齐与分布】对话框

我们也可以用【对齐和分布】命令把选定的对象等间距分布。

01 【Ctrl+O】键打开一个需要进行对齐和分布的文件，并且每个按钮都是群组的对象，如图6-24所示。

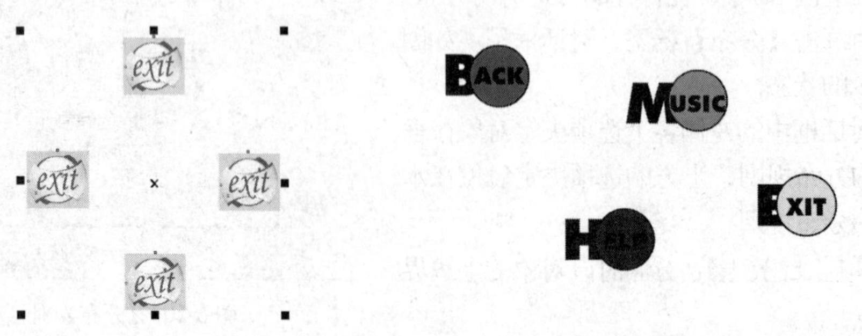

图6-23 分布对象

图6-24 打开的文件

02 用挑选工具选中全部对象,在菜单中执行【排列】|【对齐和分布】命令，弹出【对齐和分布】对话框，单击【对齐】标签，在左边勾选【中】复选框，如图 6-25 所示，先单击【应用】按钮，如图 6-26 所示。

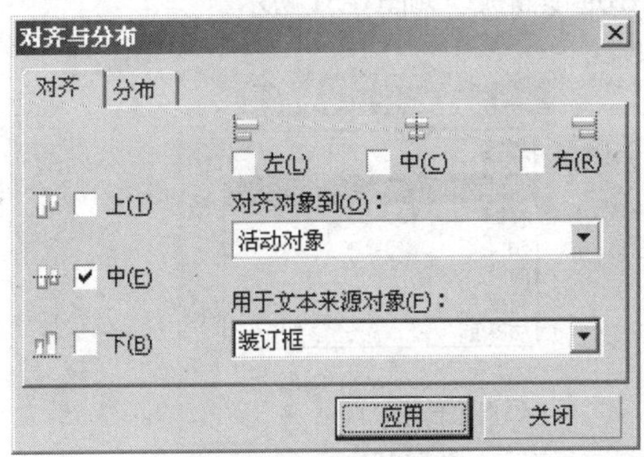

图 6-25　【对齐】对话框

图 6-26　对齐后效果

03 单击【分布】标签，在上边勾选【间距】复选框，如图 6-27 所示，单击【应用】按钮，如图 6-28 所示，可以把选定的按钮水平等间距排列。

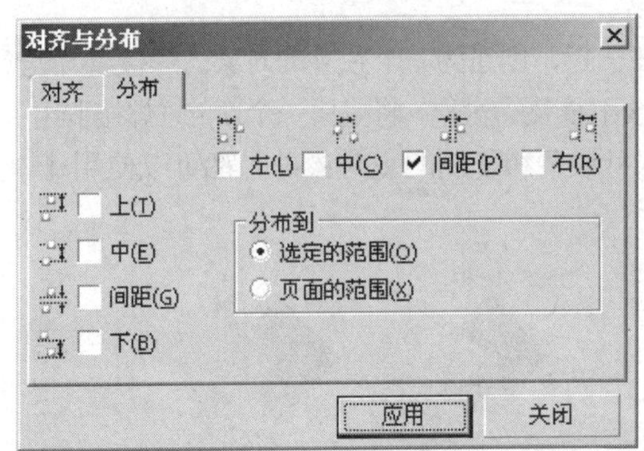

图 6-27　【分布】标签

图 6-28　对齐和分布后效果

6.4　整形对象

在 CorelDRAW X4 中，提供了一些特殊组合对象的命令，它们主要位于菜单栏【排列】|【造型】的子菜单中，如图 6-29 所示。

焊接命令可将两个或多个对象创建成一个对象，同样是以底层的对象为基准，只要是在它前面的对象都将变为最底层对象一样的属性。

可以通过焊接和交叉对象来创建不规则形状，用户几乎可以焊接或交叉任何对象，但是不能焊接或交叉段落文本、尺度线。

相交会从两个或多个对象重叠的区域创建对象。这个新建对象的形状可以是简单的，也可以是复杂的，这取决于相交的形状。新建对象的填充和

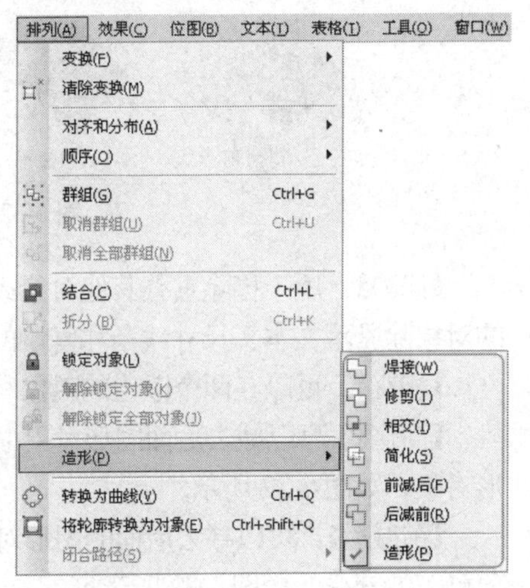

图 6-29　【造型】菜单

轮廓属性取决于定义为目标对象的那个对象。

修剪命令可以用一个对象去裁切另一个对象。

单击子菜单中的【造型】命令，会弹出如图6-30所示的【造型】对话框。在弹出的【造型】对话框中单击选项板上的下拉箭头，弹出选项面板，如图6-31所示。

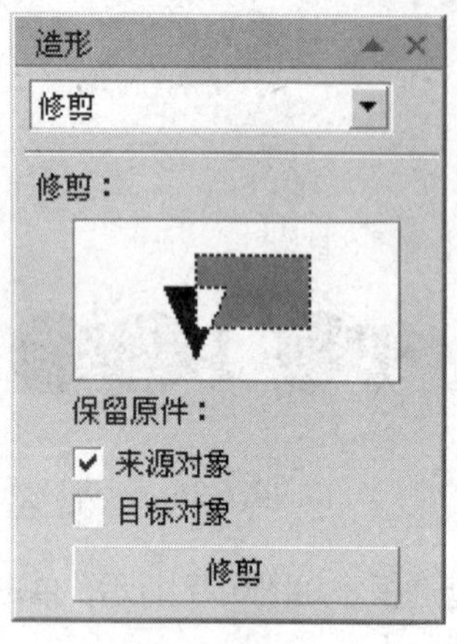

图6-30 【造型】对话框

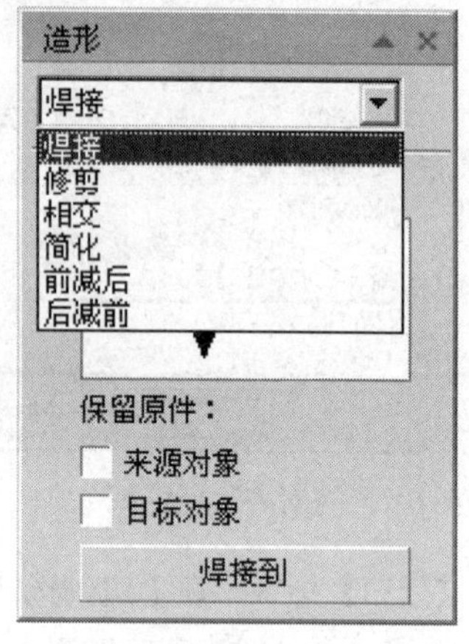

图6-31 【造型】选项下拉菜单

【焊接】：可以把两个以上的对象放在一起，创建为一个独立的对象。焊接重叠轮廓对象，创建的对象只有一个单独的轮廓；焊接不重叠的对象，将生成一个新的"焊接群组"。在CorelDRAW中创建的对象除段落文本、尺寸线条和复制的主对象外，都可以使用【焊接】命令，如图6-32所示。

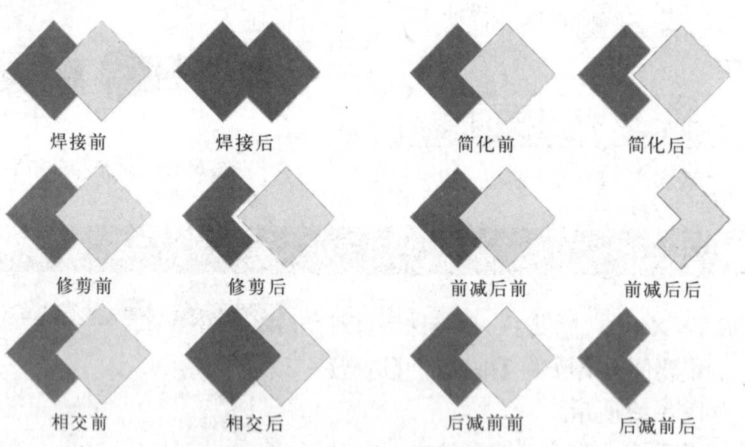

图6-32 执行【造型】命令

【修剪】：用于移除重叠其他对象或被重叠的区域而改变对象的形状，在CorelDRAW中的对象除段落文本、尺寸线条和复制的主要对象以外都可以使用该命令，如图6-32所示。

【相交】：可以在两个以上的对象相重叠区域中创建新的对象，如图6-32所示。

【简化】：可以减去后面图形对象中与前面图形对象的重叠部分，并保留前面和后面的图形对象，如图6-32所示。

【前减后】：可以减去后面的图形对象及前、后图形对象的重叠部分，只保留前面图形对象剩下的部分，如图6-32所示。

【后减前】：可以减去前面的图形对象及前、后图形对象的重叠部分，只保留后面图形对象剩下的部分，如图6-32所示。

操作步骤如下：

01【Ctrl+N】键新建一个文件，选择工具箱中【多边形】工具下的【星形】工具，属性栏中设置如图6-33所示，绘制一个直径为150mm的红色十二角星图形。

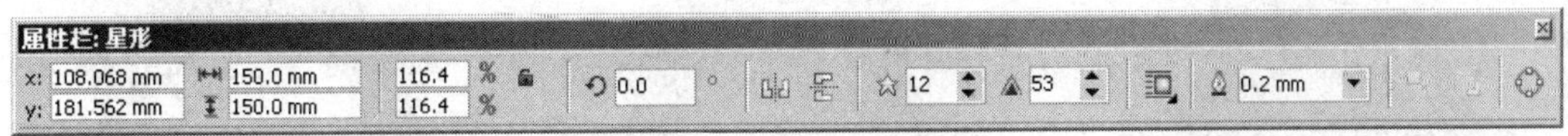

图6-33 【星形】属性设置

02 选择工具箱中的【椭圆形】工具，按住Ctrl的同时拖动鼠标，绘制一个直径为105mm的黄色正圆形，并用下拉菜单【排列】|【对齐和分布】命令将这两个图形中心对齐，如图6-34所示，对齐后效果如图6-35所示。

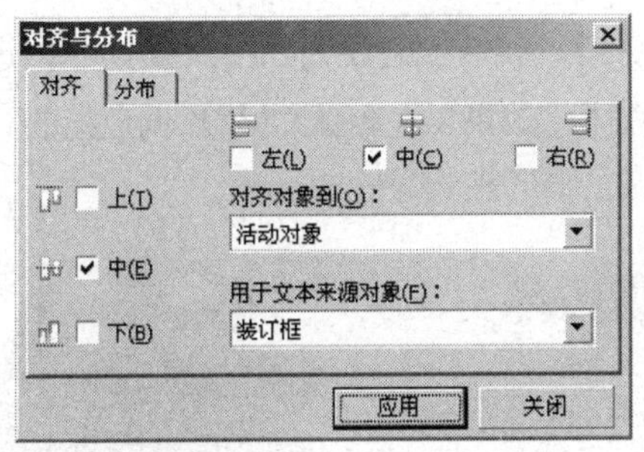

图6-34 【对齐】对话框

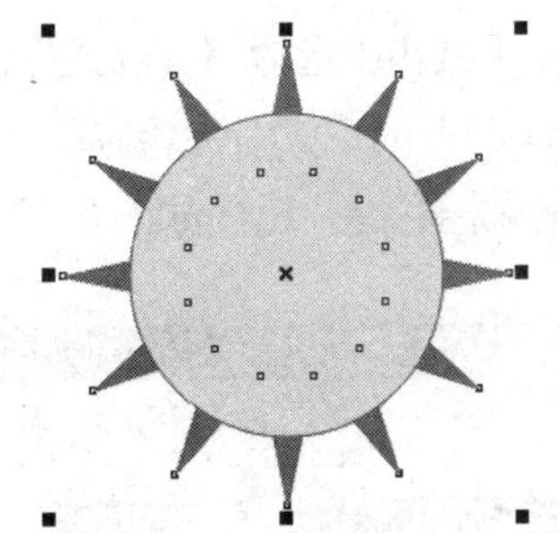

图6-35 对齐后的效果

03 选择下拉菜单【排列】|【造型】|【造型】命令，在弹出的【造型】对话框中单击选项板上的下拉箭头，弹出相交选项面板，按图6-36所示的情况设置。相交后的效果如图6-37所示。

04 按照第02步的形式，绘制一个直径为85mm的正圆形，并和相交后的图形进行对齐，效果如图6-38所示。

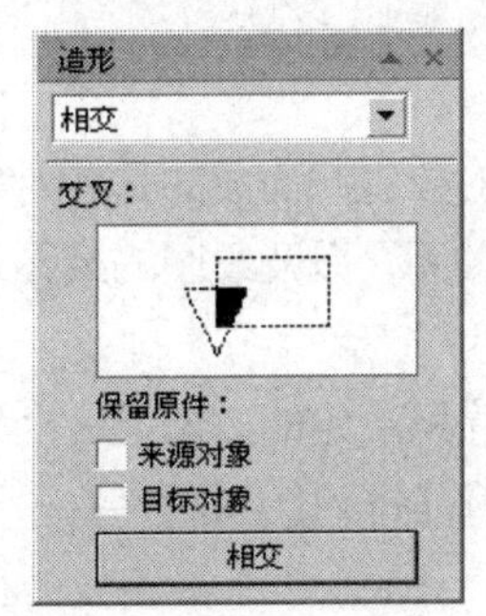

图6-36 【相交】对话框

图6-37 相交后的效果

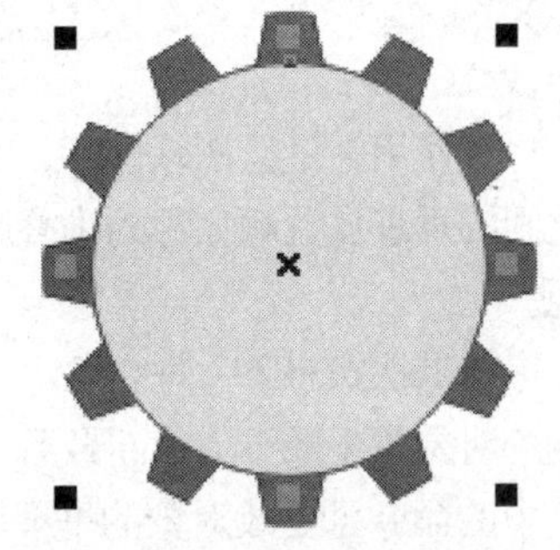

图6-38 对齐后的效果

05 选择挑选工具选中对齐后的图形，在属性栏中选择焊接图标，焊接后的效果如图6-39所示。

06 同第02步，绘制一个直径为60mm的正圆形，并和焊接后的图形进行对齐，效果如图6-40所示。

07 使用挑选工具选中对齐后的图形，在属性栏中选择(后减前)图标，会出现如图6-41所示的齿轮平面图效果。

图6-39　焊接后的效果

图6-40　对齐后的效果

图6-41　后减前后的效果

08 在工具箱中选择【交互式立体化工具】，属性栏的设置如图6-42所示，选择"预设|Vector-extrude 1"的形式对齿轮应用交互式立体化效果，在默认CMYK调色板的(无填充)图标上单击鼠标右键，出现如图6-43所示的立体形式的齿轮图形。

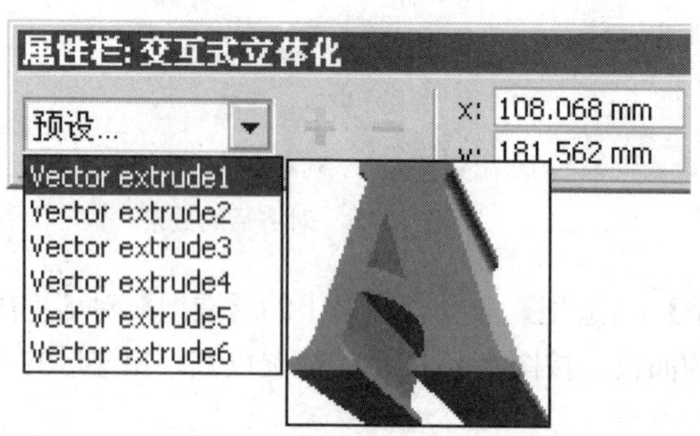

图6-42　交互式立体化工具属性栏

图6-43　立体形式的齿轮效果

6.5　更改对象次序

在使用矢量绘图软件时，绘图作品通常是由一系列互相堆叠的对象组织而成的，各对象之间的垂直放置顺序称为堆叠顺序，该顺序将决定对象之间的相互关系，以及绘图的最终外观。

在默认状态下，堆叠顺序都是由对象被添加到绘图页面上的顺序所决定的，即第一个绘制的对象位于最下方，而最后一个绘制的对象位于最上方，通过执行【排列】|【顺序】子菜单中的命令可更改对象的堆叠顺序。

- 【排列】|【顺序】对话框如图6-44所示。
- 【到图层前面】命令：是指将所选对象排列到所有对象的最前面（最顶层）。
- 【到图层后面】命令：是指将所选对象排列到所有对象的最后面（最底层）。
- 【向前一层】命令：是指将所选对象按排列次序向前移动一位。

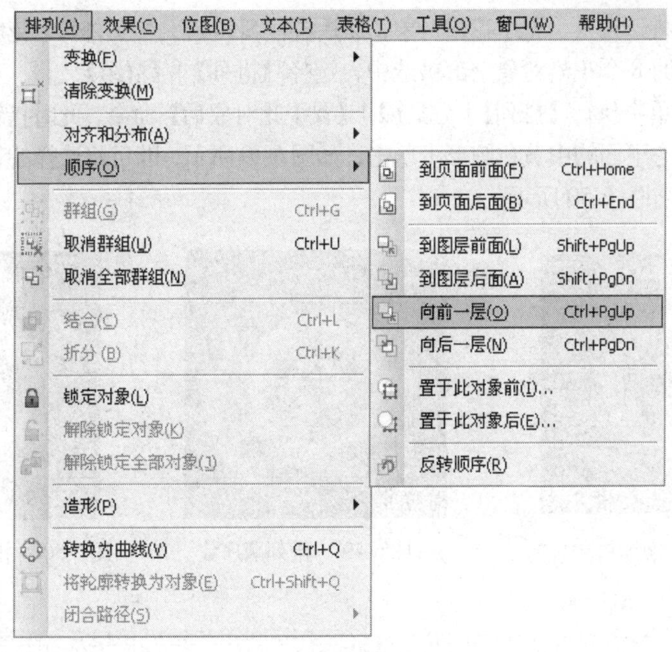

图 6-44　顺序对话框

◎【向后一层】命令：是指将所选对象按排列次序向后移动一位。

◎【置于此对象前】命令：需要指定一个对象，把所选择的对象移向所指定对象前面。

◎【置于此对象后】命令：需要指定一个对象，把所选择的对象移向所指定对象后面。

◎【反转顺序】命令：在菜单中执行【排列】|【反转顺序】命令，可以将所选的所有对象的顺序进行颠倒，即最前面的对象将排放到最后面。

操作步骤如下：

01 【Ctrl+O】键打开本书附带光盘中\CDR\第六章\图案.cdr的文件，如图6-45所示。

02 选择矩形工具，按住Ctrl键同时拖动鼠标，绘制一个边长为170mm的正方形，并在属性栏中把该正方形的中心调节在画面的中心，如图6-46所示。

03 在默认CMYK调色板中单击蓝色，效果如图6-47所示，该正方形是最后绘制的对象，它位于最上方，因此它把下方的所有对象全部遮盖。

图 6-45　打开文件

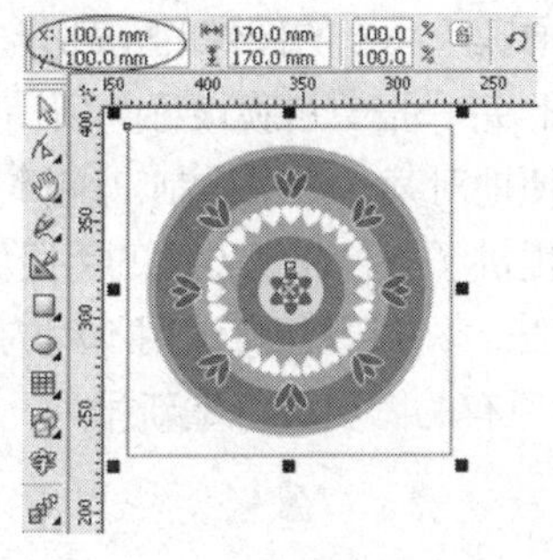

图 6-46　绘制正方形

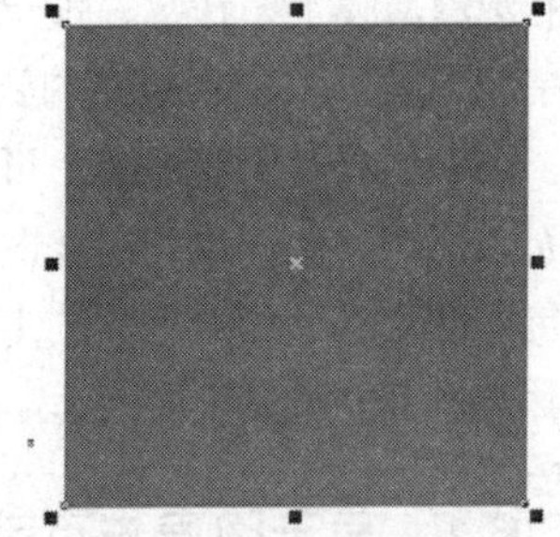

图 6-47　填充正方形

04 在菜单中执行【排列】|【顺序】|【到页面后面】命令，此时会把该正方形放到整个页面的最下方，如图6-48所示。

05 选择挑选工具，选中花瓣对象，然后按住Shift键，在另外7个花瓣对象上分别单击鼠标左键，此时8个花瓣对象全部被选中，选择【排列】|【群组】。

06 在菜单中执行【排列】|【顺序】|【置于此对象后】命令，此时指针变成粗箭头，再移动粗箭头到它下面的中黄色圆形上单击，如图6-49所示，即可将选择的花瓣排放在中黄色的圆形下面，如图6-50所示。

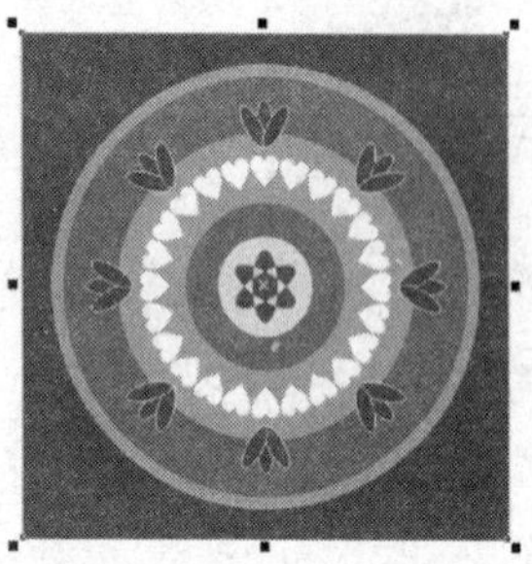

图6-48　排列顺序后的效果

图6-49　排列顺序

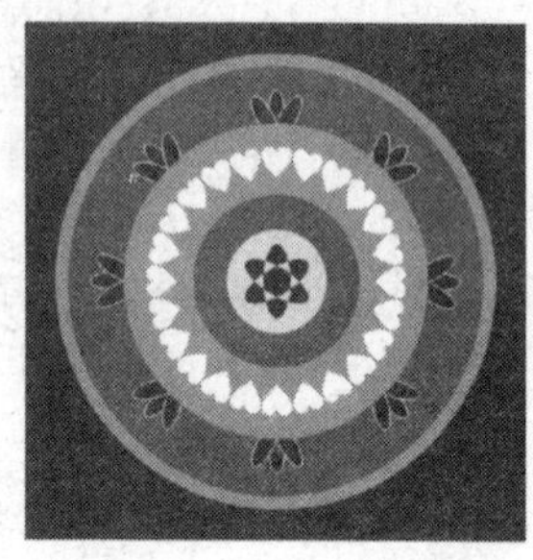

图6-50　排列顺序后的效果

提示：

可以通过打开【窗口】|【泊坞窗】|【对象管理器】后，使用鼠标选中要更改位置的对象，然后通过拖曳的方法把该对象放置在所需要的位置处，也可以达到更改对象次序的目的。

6.6　使用对象管理器对图形进行管理

当我们在设计一幅精美而复杂的作品时，就有必要使用对象管理器来进行管理，也就是利用页面和图层来进行管理。

页面就好像是一本书的每一页，在每一页上都可设计用户想要的作品。

所谓“图层”，我们通过在纸上的图像与计算机上画的图像作一比较，以更深入地了解图层的概念。通常纸上的图像是一张纸一个图，而计算机上的图像是可以将它画在多张如透明的塑料薄膜上，在每一张塑料薄膜上画上的图像的一部分，最后将这多张的塑料薄膜叠加在一起，就可浏览到最终的效果，每一张塑料膜被称为所谓的图层。

利用【对象管理器】可方便地对某一图层绘制、编辑、粘贴和重定位一个图层上的元素而不影响其他图层，组合图像提供了一种非常方便的手段。在组合或合并图层前，图像中的每个图层都是相对独立的,这意味着你可以任意试用不同的图形、类型、不透明度和混合模式。并且还可创建一个新图层、对原有的图层进行重新排列、删除、合并等操作。

6.6.1　显示图层与页面

操作步骤如下：

01 按【Ctrl+N】键新建一个文件，并在属性栏中单击□(横向) 按钮，将页面设为横向。

02 在程序窗口的底部单击按钮，添加页面，在此添加了4页，并且第5页为当前可编辑页面，如图6-51所示，然后在菜单中执行【窗口】|【泊坞窗】|【对象管理器】命令，如图6-52所示，打开【对象管理器】泊坞窗。其中就会显示该文件中的相关信息，如图6-53所示。

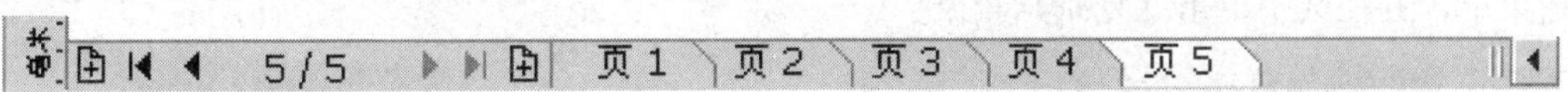

图6-51 页面控制栏

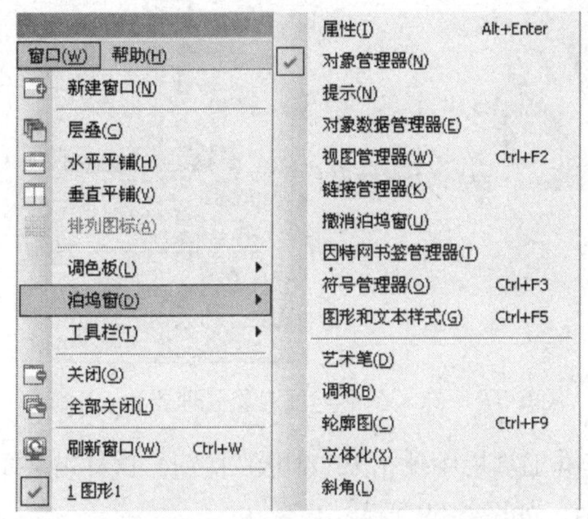

图6-52 【对象管理器】下拉菜单

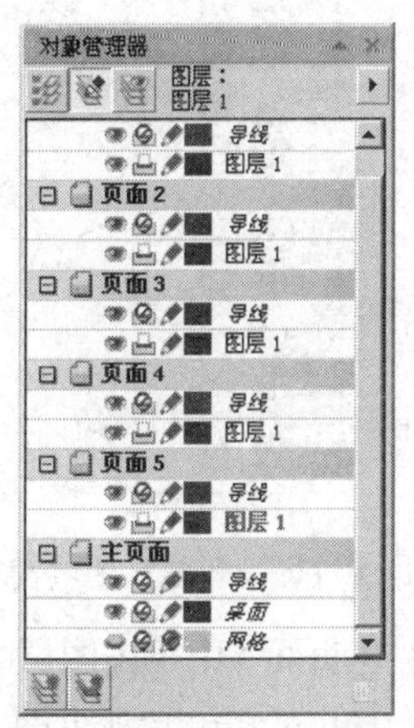

图6-53 【对象管理器】泊坞窗

03 在属性栏中单击(导入)按钮，并在【导入】对话框中选择附带光盘中\JPG\第6章\摩托车.jpg文件，然后单击【导入】按钮，再在页面中适当位置单击，导入该文件，如图6-54所示。此时就会在对象管理器中添加一个对象，如图6-55所示。

图6-54 导入图片

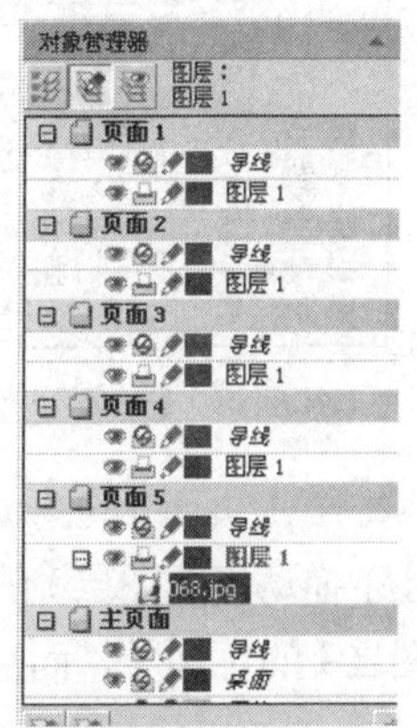

图6-55 【对象管理器】泊坞窗

04 如果单击图标可使该图层不可见，同时图标变为图标，如果单击图标变为灰色图标可将该图层锁定而不可编辑。

6.6.2 新建图层并在图层间移动和复制对象

操作步骤如下：

01 接着上节进行操作，在【对象管理器】泊坞窗中单击(新建图层)按钮，新建一个图层2，如图6-56所示。

02 在【对象管理器】泊坞窗中单击页面4中的图层2，按【Ctrl+I】键导入本书附带光盘中\CDR\第6章\标志图形.cdr的文件，同时在【对象管理器】泊坞窗中自动添加一个“3对象群组”，如图6-57所示，然后在“3对象群组”上右键单击弹出，如图6-58所示的快捷菜单，并在其中单击【复制】命令。

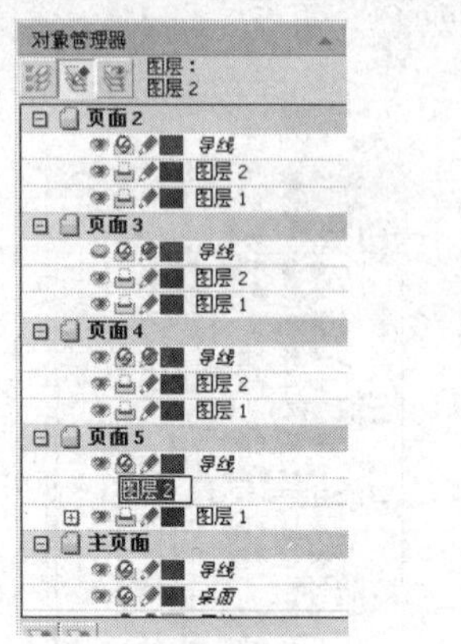

图6-56 【对象管理器】泊坞窗

图6-57 导入图形与【对象管理器】

03 在页面5中单击图层2，然后在标准工具栏中单击(粘贴)按钮，这样就将页面4的图层2中的对象粘贴到页面5的图层2中，如图6-59所示。

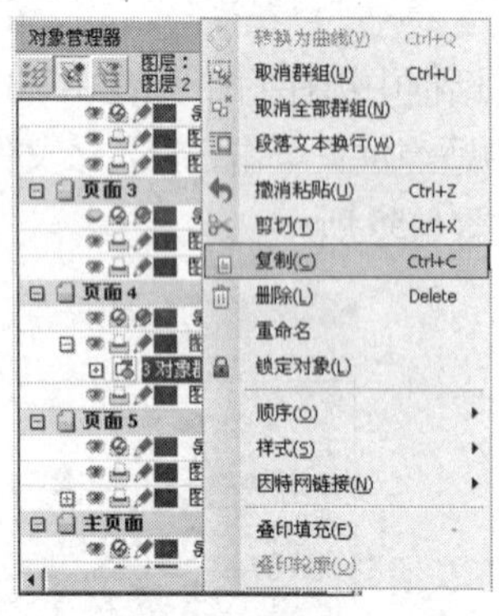

图6-58 【对象管理器】

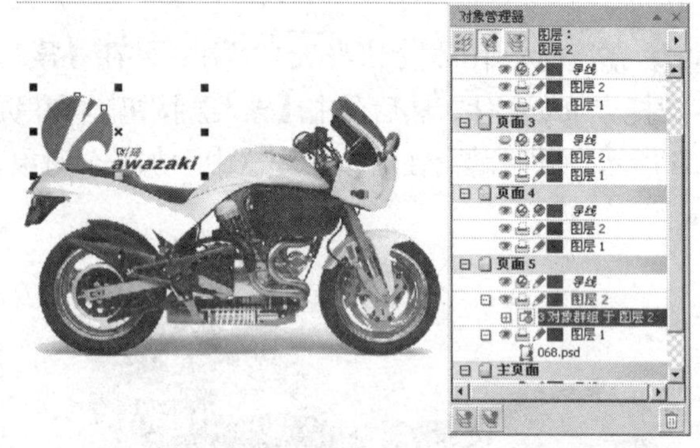

图6-59 【对象管理器】泊坞窗与画面

04 单击页面5的图层2前面的⊟使之变为⊞，将图层2折叠起来，然后在图层2上按下左键往下拖动（即图层1的下面成黑粗线时），如下图6-60（a）所示，松开左键图层2就已移到图层1的下面了，而且绘图区的图形对象也发生了变化，如下图6-60（b）所示。

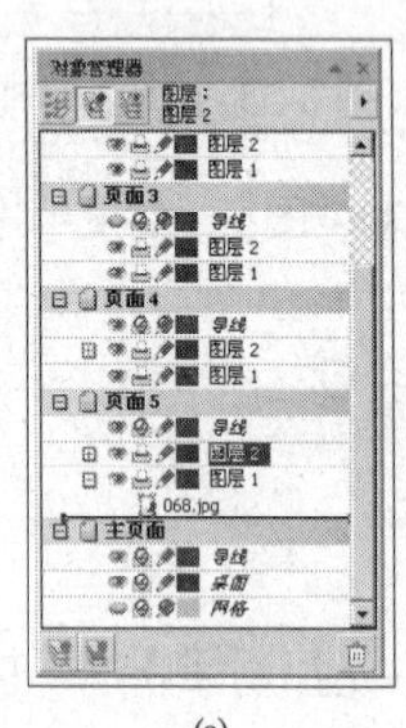

(a)

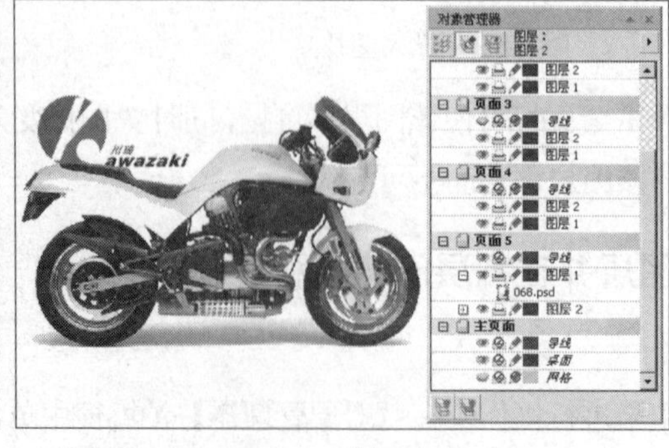

(b)

图6-60 改变对象次序

提示：

如果用户不再需要某个图层，可直接点选该图层然后单击（删除）按钮，即可将该图层删除。

6.7 锁定和解除锁定

使用【锁定对象】命令，不仅可以锁定一个或多个对象，还可以把群组对象固定在绘图页面的特殊位置，并同时锁定其属性。因此，使用该命令可以防止编辑完成的对象被意外改动。

操作步骤如下：

01 要锁定一个对象，先选中需要锁定的对象，单击菜单栏中的【排列】|【锁定对象】命令，如图6-61所示，此时对象四周的控制点变为小锁，表示此对象已被锁定，无法接受任何编辑，如图6-62所示。

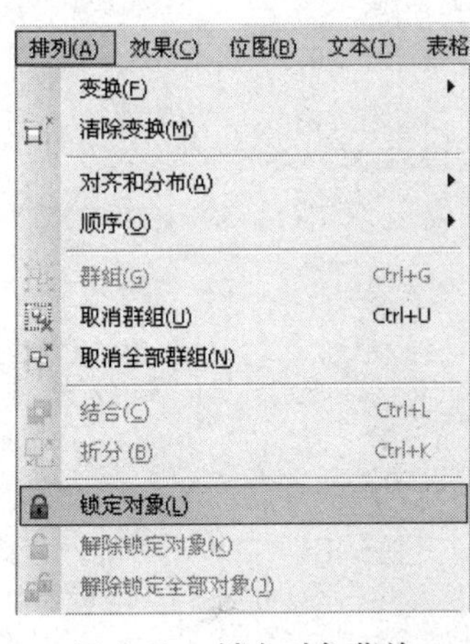

图6-61 锁定对象菜单

图6-62 锁定对象

02 如果对锁定的对象进行解锁，只需选取锁定的对象后，单击菜单栏中的【排列】|【解除对象锁定】命令即可。

提示：

可以通过在所需要锁定的对象上单击鼠标右键，打开菜单对对象进行锁定和解锁。

CorelDRAW X4

第7章 常用命令

在图形绘制和设计作品时，将工具和菜单命令结合起来使用，这样可以大大地提高工作效率。本章主要介绍CorelDRAW X4中一些常用菜单命令的应用方法，主要包括图形的变换、添加透视点及精确裁减等命令。这些命令都是在工作过程中最基本、最常用的命令，将它们熟练掌握也是进行图形绘制及效果制作的关键。

7.1 图形的变换

利用菜单栏中的【排列】|【变换】命令，可以精确地对图形进行移动、旋转、缩放以及倾斜操作。

7.1.1 图形的位置变换

利用菜单栏中的【排列】|【变换】|【位置】命令，可以将图形相对于页面可打印区域的原点（0，0）位置移动，还可以相对于图形的当前位置来移动。(0，0) 坐标的默认位置是绘图页面的左下角，当选取某个图形时，其相对位置就显示在【变换】对话框【位置】选项下方的文本框中。【变换】对话框具体设置如图 7-1 所示。

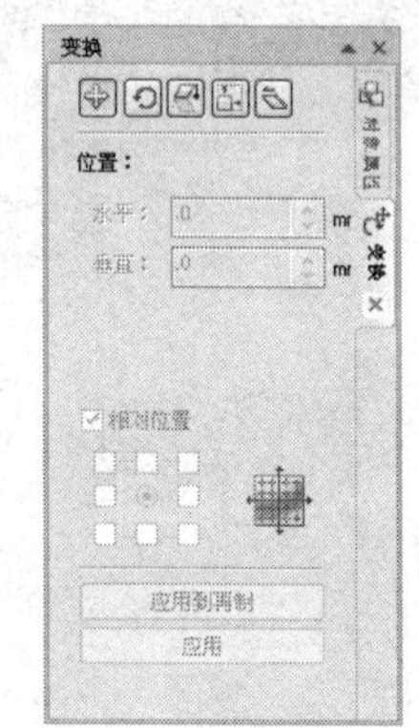

图 7-1 【变换】对话框

●【水平】选项：设置图形在水平方向上移动的距离。

●【垂直】选项：设置图形在垂直方向上移动的距离。

●【相对位置】：设置图形在位置变换时的相对关系。勾选此项，单击下面的方框来设置图形移动时相对于自身的哪一个位置进行移动。

●【应用到再制】：单击此按钮，可将选择的图形移动至设置的位置。

●【应用】：单击此按钮，可将选择的图形先复制后再移动至设置的位置。

操作步骤如下：

01 按【Ctrl+N】键，新建一个 200mm × 50mm 的正方形页面。在工具箱中选择基本形工具，并在属性栏中选择心形工具，如图 7-2 所示。在页面中画一个 25mm × 25mm 的心形，并把心形中心点定位在（25，25）的坐标上，并填充上红色，如图 7-3 所示。

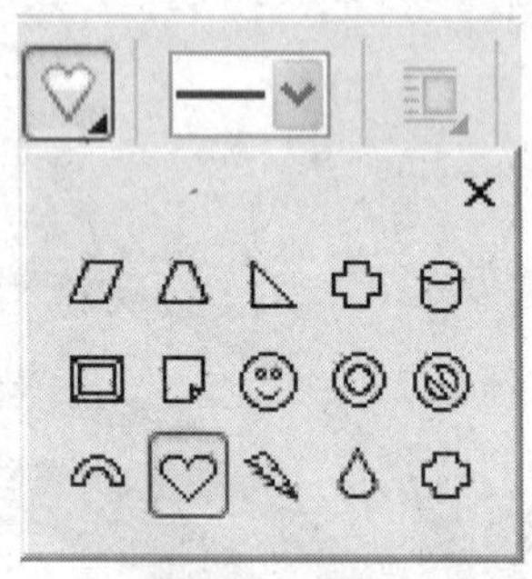

图 7-2 心形工具的选择

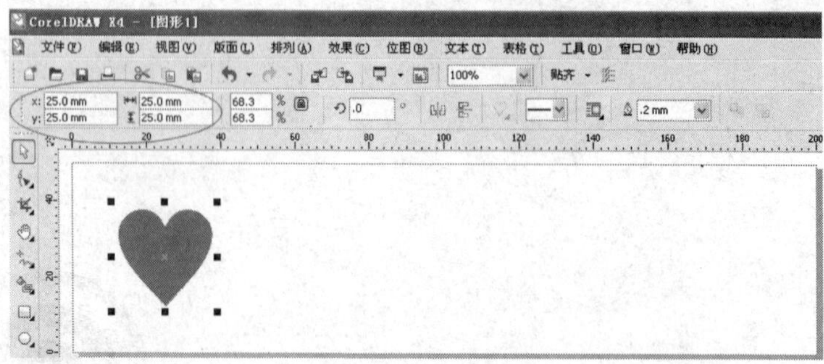

图 7-3 绘制心形图形

02 选择【排列】|【变换】|【位置】命令，在弹出的对话框中设置如图 7-4 所示的参数。

03 单击【应用到再制】按钮，出现如图 7-5 所示效果。再在【应用到再制】按钮上单击4次，绘制出如图7-6所示效果。

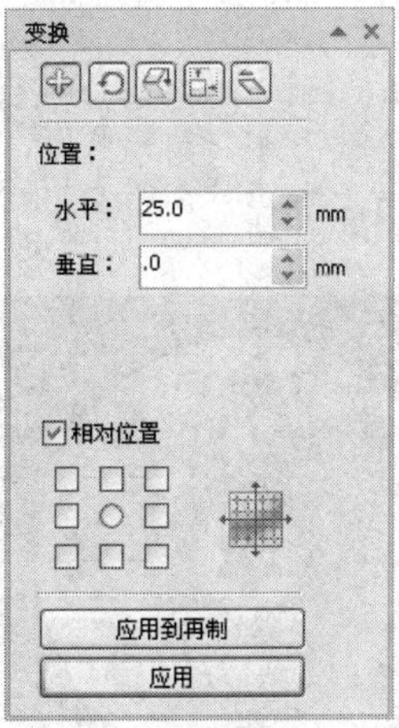

图7-4 【变换】对话框设置

图7-5 再制后的效果

图7-6 【位置】变换的最终效果

7.1.2 图形的旋转变换

利用菜单栏中的【排列】|【变换】|【旋转】命令，可以精确地旋转图形的角度。在默认状态下，图形是围绕中心来旋转的，但也可以将其设置为围绕特定的坐标或围绕图形的相关点来进行旋转。

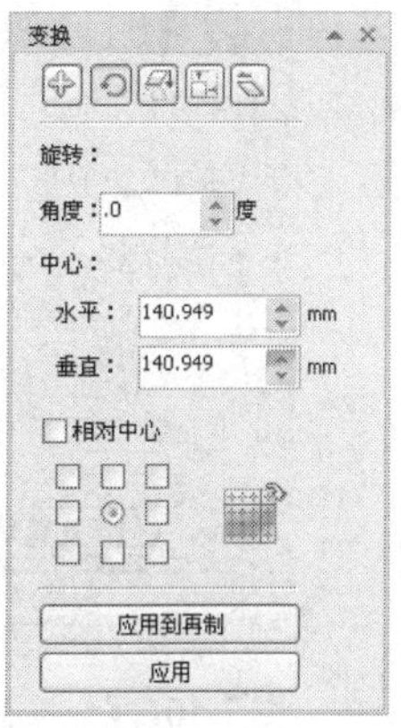

图7-7 【变换】对话框

●【变换】对话框如图7-7所示，具体设置如下。

●【角度】选项：用来设置图形的旋转角度。参数为正值时，图形将按照逆时针旋转；参数为负值时，图形按顺时针旋转。

●【中心】选项组：默认状态下，是以选顶图形的中心为旋转中心的。当设置【水平】和【垂直】选项中的数值时，可以重新设置图形的旋转中心的坐标位置。

●【相对中心】选项：设置所选图形在进行旋转时，旋转中心的相对位置。取消该选项勾选时，在【中心】选项中设置的数值为旋转中心在绘图窗口中的绝对位置。另外，在【相对中心】选项处于勾选状态时，单击下方的任意方框，可以设置所选图形在旋转变换时旋转中心点位于图形自身的哪一位置。

操作步骤如下：

01 在本书附带光盘中打开\CDR\第7章\图形.cdr文件，如图7-8所示。

02 在工具箱中选择【心形】工具，按住 Ctrl 键，画一个长和宽均为 15mm 的白色心形，并把中心点定位在（100，140）坐标上，如图 7-9 所示。

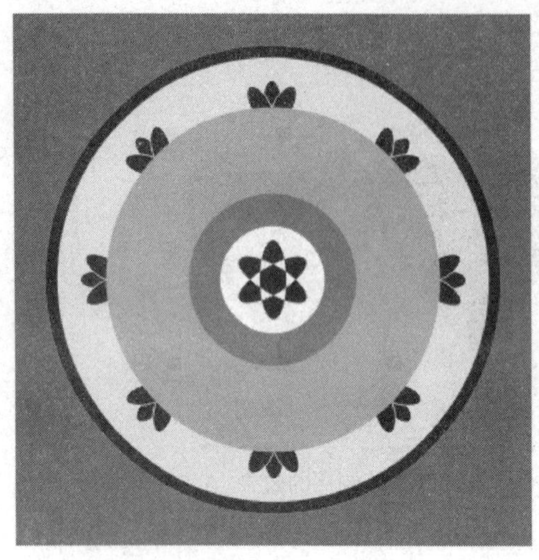

图 7-8　打开图形

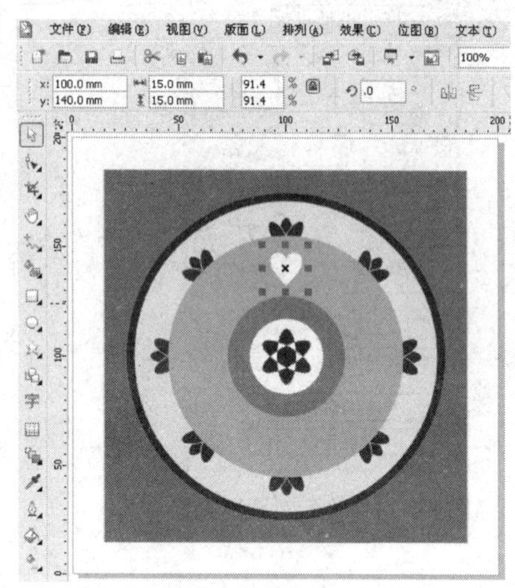

图 7-9　绘制心形

03 选择【排列】|【变换】|【旋转】命令，在弹出的对话框中设置如图 7-10 所示的参数。

04 单击【应用到再制】按钮“17”次，绘制出如图 7-11 所示的图形效果。

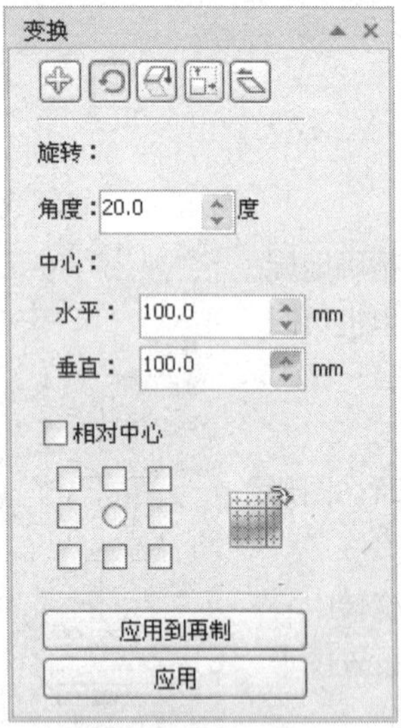

变换
旋转：
角度：20.0 度
中心：
水平：100.0 mm
垂直：100.0 mm
相对中心
应用到再制
应用

图 7-10　【变换】对话框设置

图 7-11　【旋转】变换的最终效果

7.1.3　图形的缩放及镜像变换

利用菜单栏中的【排列】|【变换】|【比例】命令，可以对图形进行缩放或镜像等操作。图形的缩放可以按照设置的比例来改变图形的大小，在默认状态下，图形是从中心位置开始缩放的，但也可以设置图形按其他的点进行缩放。图形的镜像可以在水平、垂直或同时在两个方向上进行。

【变换】对话框如图7-12所示，具体设置如下：

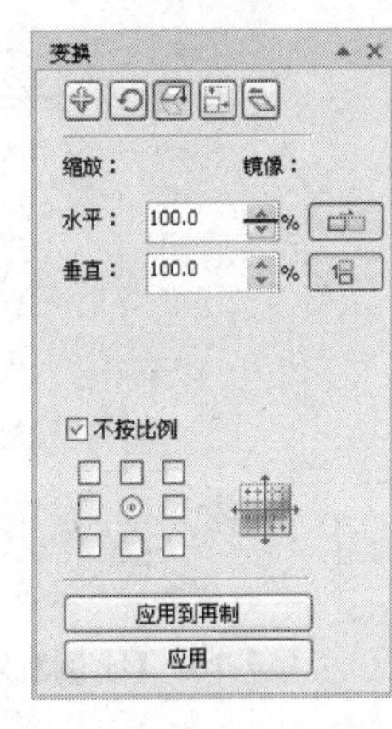

图7-12 【变换】对话框设置

1. 图形的缩放变换

●【比例】选项组：在【水平】和【垂直】选项的文本框中输入数值，可以设置所选图形的水平和垂直缩放比例。

●【不按比例】选项：设置在缩放图形时是否等比例缩放。不勾选该选项，表示图形在缩放时等比例缩放。若该项处于勾选状态时，单击下方任意方框，可以设置所选图形在缩放变换时按图形自身的哪一位置进行缩放。

操作步骤如下：

01 按【Ctrl+N】键，新建一个200mm × 200mm的正方形页面，在工具箱中选择【心形工具】，按住Ctrl键，画一个长和宽均为50mm的红色心形，并把中心点定位在（100，100）坐标上，如图7-13所示。

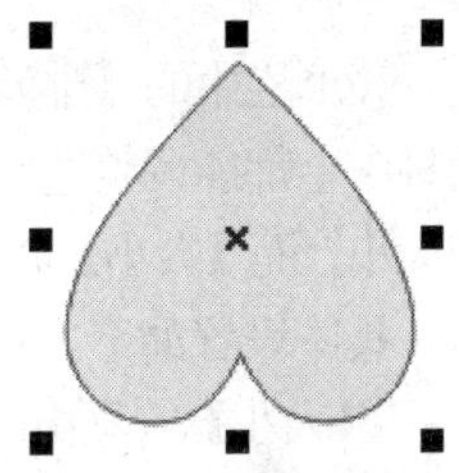
图7-13 绘制心形

02 选择【排列】|【变换】|【比例】命令，在弹出的对话框中设置如图7-14所示的参数。

03 在【不按比例】选项处于不同的方框位置时，缩放效果如图7-15所示。

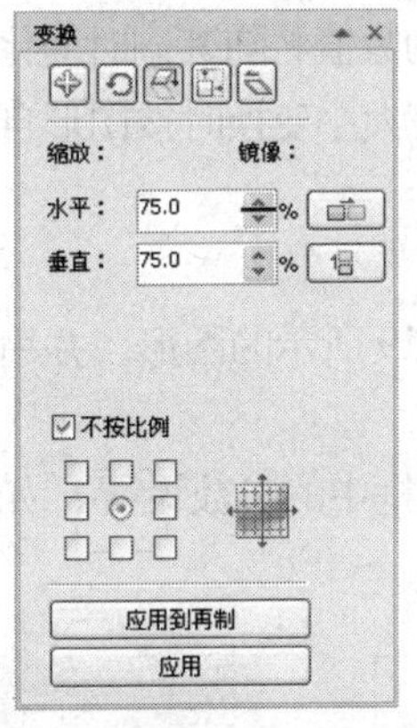

图7-14 【比例】对话框中设置

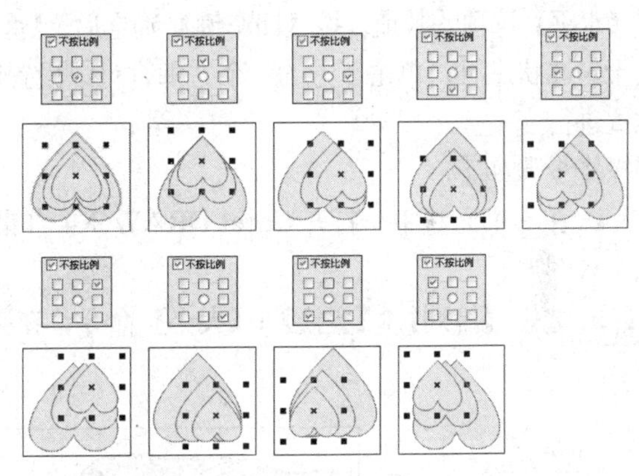

图7-15 【比例】不同参数设置效果

2. 图形的镜像变换

●【水平镜像】按钮：激活此按钮，选择的图形将在水平方向上镜像。

●【垂直镜像】按钮：激活此按钮，选择的图形将在垂直方向上镜像。同时激活【水平镜像】按钮 和【垂直镜像】按钮 时，选择的图形将分别在水平和垂直方向上镜像。

●【不按比例】选项：当此选项处于勾选时，单击下方的任意方框，可以设置所选图形在镜像变换时按图形自身的哪一位置进行镜像。

01 接着用上一个心形图形，选择【排列】|【变换】|【比例】命令，在弹出的对话框中，选择镜像按钮，如图7-16所示。

02 选择【水平】和【垂直】镜像时，不同的镜像结果，效果如图7-17所示。

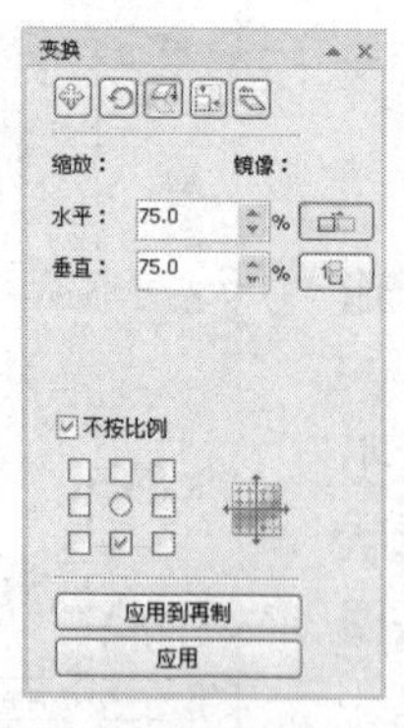

图 7-16 【比例】对话框镜像

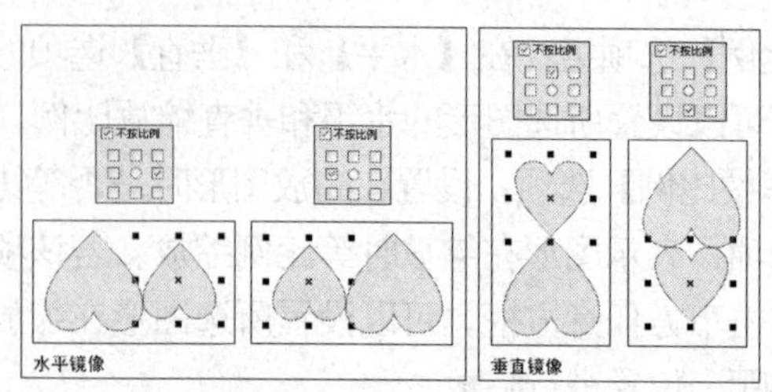

图 7-17 不同镜像方式效果

7.1.4 图形大小变换

菜单栏中的【排列】|【变换】|【大小】命令相当于【排列】|【变换】|【比例】命令，这两种命令都能调整选择图形的大小。二者的区别在于：【比例】命令是利用百分比来调整图形的大小，而【大小】命令是利用特定的度量值来改变图形的大小。【大小】对话框如图 7-18 所示，具体设置如下。

●【大小】选项组：在【水平】和【垂直】选项的文本框中输入数值，可以设置所选图形缩放后的高度和宽度。

●【不按比例】选项：不勾选该选项，对图形进行大小调整时，将保持图形的纵横比，即设置【水平】选项的数值，按【回车键】确定后，【垂直】选项的数值将随其同时变化。该选项处于勾选状态时，单击下方的一个方框，可以设置所选图形在大小变换时按图形自身的哪一位置进行变换。

操作步骤如下：

01 在本书光盘中，打开 Corel DRAW X4 自带的如图 7-19 所示的图形，并用挑选工具选中该图形。

02 选择【排列】|【变换】|【大小】命令，在弹出的对话框中的参数设置，如图 7-20 所示。

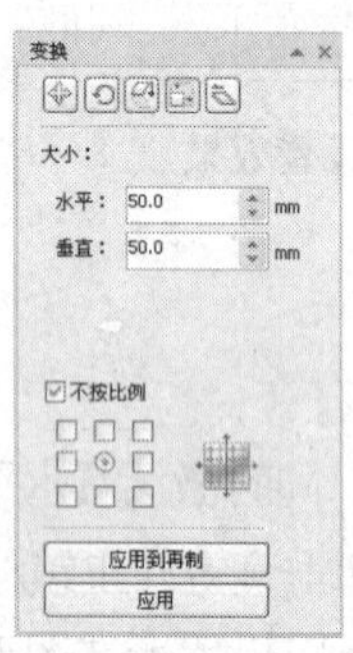

图 7-18 【变换】对话框设置

图 7-19 打开的图形

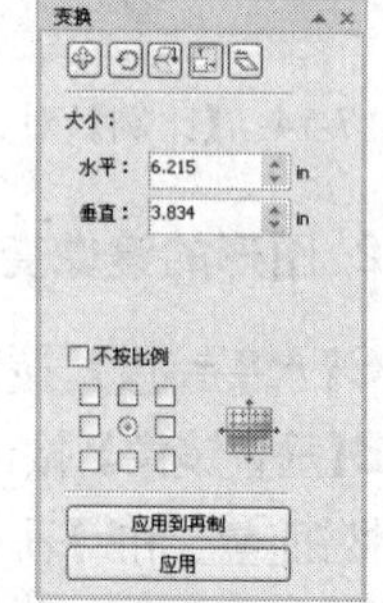

图 7-20 【变换】对话框设置

03 在对话框中按照如图 7-21 所示参数进行设置，在不勾选【不按比例】选项时，把【水平】选项中数值更改为“8”后，单击【应用到再制】按钮，效果如图 7-22 所示。

04 在对话框中按照如图 7-23 所示参数进行设置，在勾选【不按比例】选项时，把【水平】选项中数值更改为“8”后，单击【应用到再制】按钮，效果如图 7-24 所示。

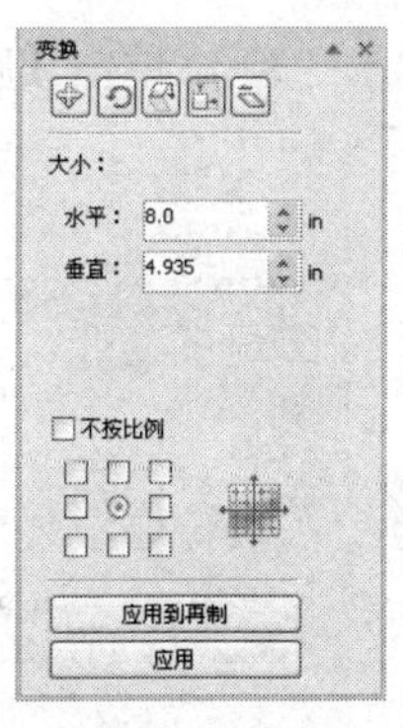

图 7-21 【变换】对话框设置

变换前　　按比例大小变换后

图 7-22 【大小】变换按比例变换效果

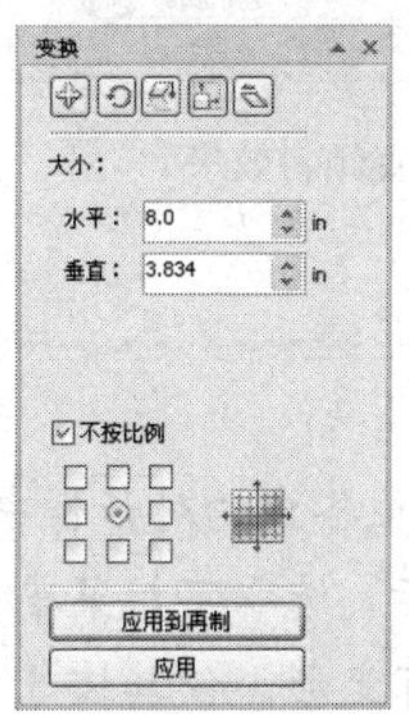

图 7-23 【变换】对话框设置

变换前　　不按比例大小变换后

图 7-24 【大小】变换不按比例变换效果

7.1.5 图形的倾斜变换

菜单栏中的【排列】|【变换】|【倾斜】命令可以使选择的图形按照设置的度数倾斜，从而产生景深感和速度感。

◎【倾斜】对话框如图 7-25 所示，具体设置如下。

◎【倾斜】选项组：在【水平】和【垂直】选项的文本框中输入数值，可以设置所选图形倾斜的角度，取值范围为“−75°～75°”。在【水平】选项中输入正值时，选定的图形向左侧方向倾斜；输入负值时，选定的图形向右侧方向倾斜。在【垂直】选项中输入正值时，选定的图形向上侧方向倾斜；输入负值时，选定的图形向下侧方向倾斜。

◎【使用锚点】选项：在默认状态下，图形的倾斜中心是此图形的旋转中心。当勾选【使用锚点】选项时，可单击下方的任意方框来设置图形的倾斜中心点。

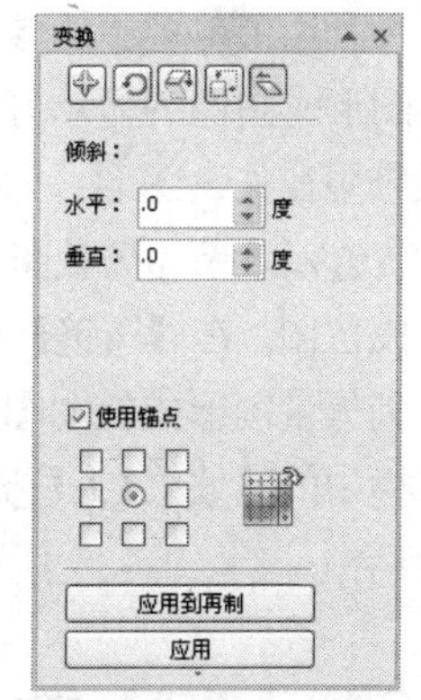

图 7-25 【变换】对话框设置

操作步骤如下：

01 在本书光盘中，打开如图 7-26 所示的图形，并用挑选工具选中该图形。

02 选择【排列】|【变换】|【倾斜】命令，在【水平】选项中输入“30”，单击【应用】后，效果如图 7-27 所示。

图 7-26 打开的图形

03 选择【排列】|【变换】|【倾斜】命令，在【垂直】选项中输入“30”，单击【应用】按钮后效果如图 7-28 所示。

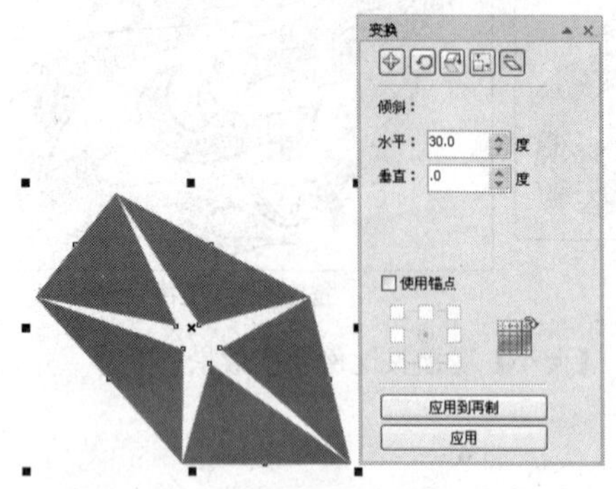

图 7-27　水平倾斜效果

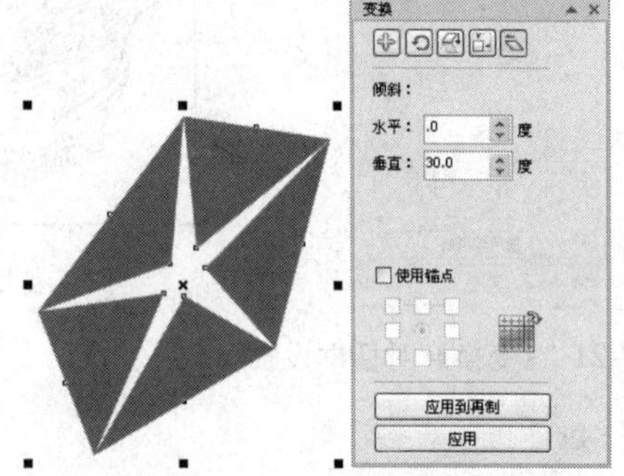

图 7-28　垂直倾斜效果

提示：

在【变换】对话框中，分别单击上方的按钮，可以切换至各自的对话框中，另外，当为选择的图形应用了除【位置变换】外的其他变换后，选取下拉菜单栏中的【排列】|【清除变换】命令，可以清除图形应用的所有变形，使其恢复为原来外观。

7.2 【透镜】效果命令

利用菜单栏中的【效果】|【透镜】命令，可以改变位于透镜下面图形或图像的显示方式，而不会改变其原有的属性。透镜效果可以应用在矢量图形、文字或位图图像中，对矢量图形应用透镜效果时，透镜效果为矢量图形，同样，应用于位图图像时，透镜效果将变成位图。在【透镜】对话框中提供了“11”种透镜，每种透镜应用到矢量图形或位图图像上时，都会产生特殊的艺术效果。选取菜单栏中的【效果】|【透镜】命令，将弹出如图 7-29 所示的【透镜】对话框。

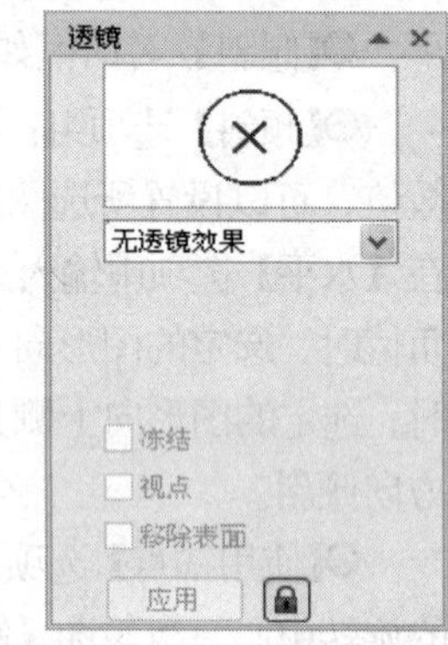

图 7-29　【透镜】对话框

7.2.1 【透镜】样式

单击【透镜】对话框中的按钮，可以在弹出的下拉列表中选择透镜样式，如图 7-30 所示。

图 7-31 所示为图形应用不同【透镜】样式时，所产生的特殊效果对比。

- 【无透镜效果】选项：取消透镜效果。
- 【使明亮】选项：可以使透镜下面的图形更亮或更暗。
- 【颜色添加】选项：可以为透镜下面的图形添加颜色。单击下方【颜色】选项右侧的按钮，可以在弹出的【颜色】列表中设置需要添加的颜色；通过设置【比率】选项的参数，可以设置添加颜色的强度。

●【色彩限度】选项：可以过滤掉图形下面的色彩，显示出图形中设置的黑色或其他的所有颜色。透镜下面图形中的白色和高光颜色显示为透镜颜色，黑色和暗色显示为黑色。通过设置下方【比率】选项的参数可以设置转换成透镜颜色和黑色的数量，设置的参数越大，转换成透镜颜色和黑色的数量就越多；参数越小，则对下面的图形应用淡色和黑色。

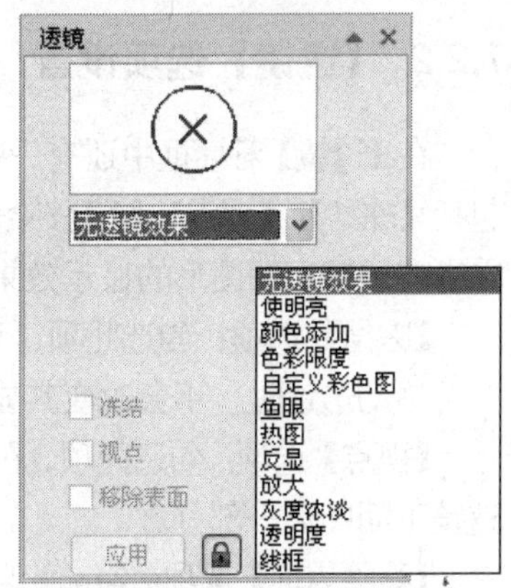

图 7-30 【透镜】样式选择

●【自定义彩色图】选项：可以使透镜下面的图形的颜色显示为指定的两种颜色之间的颜色范围。可以设置这个颜色范围的起始色和结束色及这两种颜色的渐变。

●【鱼眼】选项：可以使透镜下面的图形出现放大或缩小的变形效果。通过调整下方【比率】选项的参数，可以设置放大或缩小的程度。

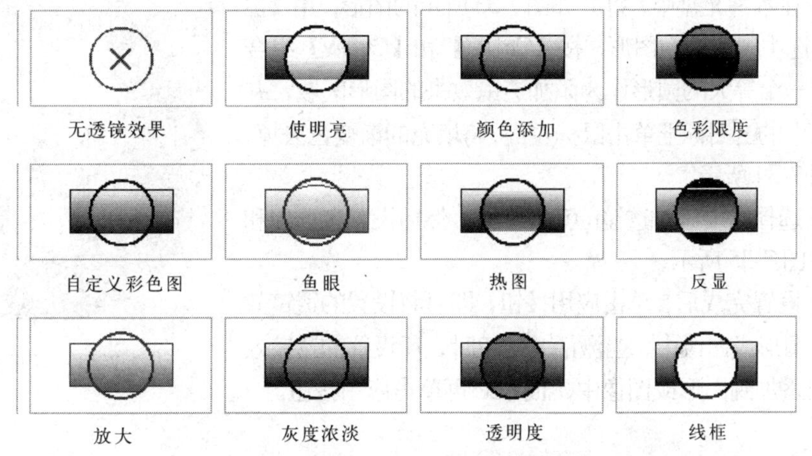

图 7-31 应用不同【透镜】样式后的图形效果对比

●【热图】选项：可以通过在透镜下方的图像区域模仿颜色的冷暖度等级来创建红外图像的效果。通过设置下方的【调色板旋转】选项的参数，可以设置显示为暖色的颜色和显示为冷色的颜色。

●【反显】选项：可以将透镜下面的图形反相显示。

●【放大】选项：可以按指定的倍率放大图形上的某个区域。放大镜会取代原始图形的填充，使图形看起来是透明的，通过设置下方的【数量】选项，可以设置透镜下面的图形的放大倍数，参数设置范围为“1～100”。

●【灰度浓淡】选项：可以将透镜下方图形区域的颜色变为等值的灰度，来赋予透镜下面的图形以双色调外观显示。

●【透明度】选项：可以使透镜下面的图形看起来像透明的着色胶片或彩色玻璃效果。

●【线框】选项：可以使透镜下面的图形或图像显示为设置的填充和轮廓颜色。当透镜下面的图形没有填充颜色时，这些图形的外观显示不会改变；当不需要透镜来使图形的轮廓或填充产生变化时，只需将其左侧的勾选取消即可。

7.2.2 【透镜】选项设置

在【透镜】对话框中还有一些所有透镜样式共有的选项，包括【冻结】、【视点】和【移除表面】，通过设置这些选项可以影响透镜下面图形的显示效果，如图7-32所示。

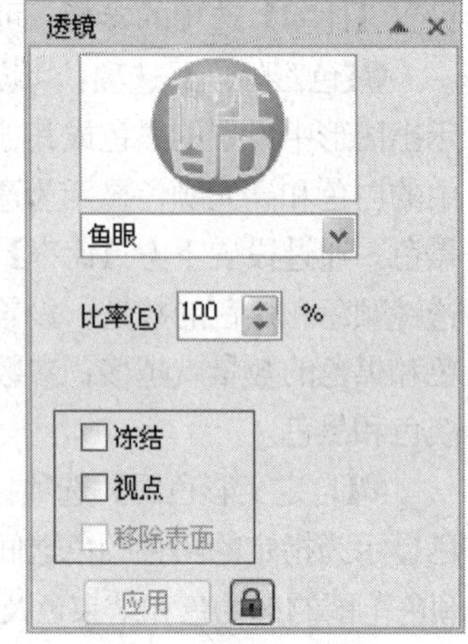

图7-32 【透镜】选项设置

【冻结】选项：勾选此项，可以固定透镜中当前的内容。当再移动透镜时，不会改变其显示的内容。

【视点】选项：勾选此项，在不移动透镜的前提下只显示透镜下面图形一部分。

【移除表面】选项：勾选此项，透镜只显示它所覆盖的其他图形的区域，而不显示透镜所覆盖的空白区域。

7.2.3 【透镜】效果应用

【透镜】效果命令基本操作。

01 在本书光盘中，打开如图7-33所示的图形，用【挑选】工具选中圆形渐变图形，按【Ctrl+C】和【Ctrl+V】组合键，复制一个等大的圆形作为添加透镜效果的图形区域，并在调色板上的☒图标上单击鼠标左键，将填充的渐变色去掉，效果如图7-34所示。

图7-33 打开的图形

02 选择需要添加透镜的鱼眼样式，然后设置各选项和参数，如图7-35所示。

03 设置完成后，单击应用按钮，即可将设置的透镜效果添加到图形或图像中。当激活🔒按钮时，所设置的透镜效果将直接添加到图形或图像中，而不必再单击应用按钮。

图7-34 设置添加透镜区域

图7-35 添加鱼眼的透镜效果

7.3 【添加透视点】命令

利用菜单栏中的【效果】|【添加透视点】命令，可以对矢量图形制作各种形式的透视形态。

【添加透视点】命令的使用方法非常简单，具体操作如下。

01 将添加透视点的图形选择。

02 选择菜单栏中的【效果】|【添加透视点】命令，此时在选择的图形上即会出现红色的虚线网格，且当前使用的工具会自动切换为【形状】工具。

03 将鼠标光标移动到网格的角控制点上，按住鼠标左键拖曳，即可对图形进行任意角度的透视变形调整，如图7-36所示。

图7-36 图形添加透视点前后的效果

7.4 【精确裁减】命令

使用【精确裁减】命令可以将选择的图形或图像放置到指定的容器中，容器可以是图形，也可以是文字，并可以对放置在容器中的图形进行提取或修改范围。

7.4.1 【精确裁减】命令应用

将选择的图形或图像放置在指定容器中的具体操作如下。

01 确认绘图窗口中有导入的图像及作为容器的图形存在。

02 利用【选择】工具将图像选中，然后选取菜单栏中的【效果】|【精确裁减】|【放置在容器内】命令，此时鼠标光标将显示为箭头图标。

03 将鼠标放置在绘制的图形上单击，释放鼠标后，即可将选择的图像放置到指定的图形中。图像放置于容器中的过程，如图7-37所示。

选择的图形

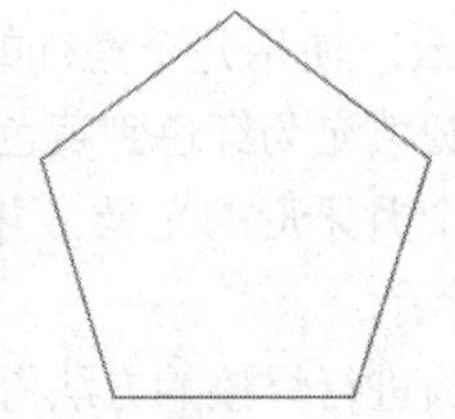

绘制的容器

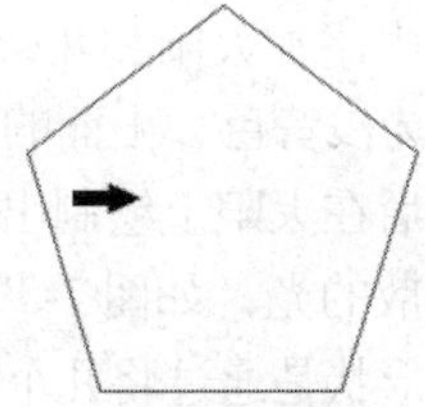

鼠标光标单击的位置

图像置入后的效果

图7-37 图像放置于容器中的过程示意图

7.4.2 精确裁减效果的编辑

默认状态下，执行【精确裁减】命令后是将选取的图像放置在容器的中心位置。当选取的图像比容器小时，图像将不能完全覆盖容器；当选取的图像比容器大时，在容器内只能显示图像中心的局部位置，并不能一步达到想要的效果，此时可以进一步对置入容器内的图像进行位置、大小以及旋转等编辑，来达到想要的效果，操作步骤如下。

01 选择需要编辑的图框精确裁减图形。

02 选取菜单栏中的【效果】|【精确裁减】|【编辑内容】命令，此时，图框精确裁减容器内的图形将显示在绘图窗口中，其他图形将在绘图窗口中隐藏。

03 按照需要来调整容器内图片的大小、位置以及方向等。

04 调整完成后，选取菜单栏中的【效果】|【精确裁减】|【完成编辑这一级】命令，或者单击绘图窗口左下角的“完成编辑符号”按钮，即可应用编辑后的容器效果。

05 如果需要将放置到容器中的内容与容器分离，可以执行菜单栏中的【效果】|【精确裁减】|【提取内容】命令，就可以将置入容器中的图像与容器分离，使容器和图片恢复为以前的状态。

7.5 绘制流氓兔

01 使用椭圆工具绘制一个的圆，填充为蓝到白的渐变颜色,这样可以用来模拟天空背景。接着在下面绘制地面，同样绘制一个椭圆，填充为淡紫色，同时选中两个对象，先选择紫色对象，再选天空椭圆，在属性栏中选择【相交】工具，然后删除紫色大的多余椭圆，得到如图 7-38 所示效果。

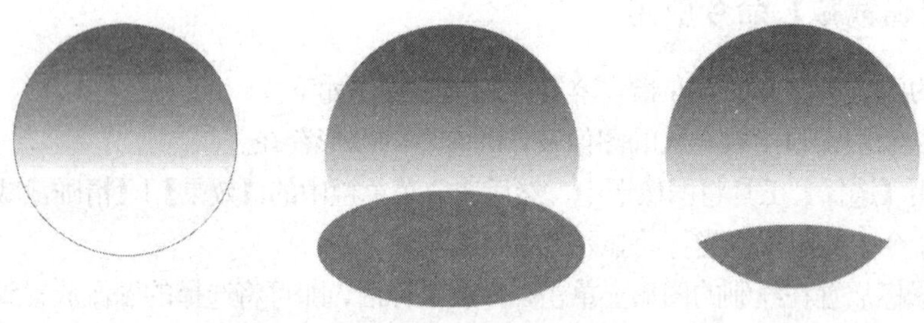

图 7-38 绘制大圆、椭圆、编辑椭圆

02 现在在天空中添加太阳和几朵白云。使用几个叠加的椭圆绘制出太阳的轮廓，将最下面的椭圆填充为浅黄色，上面的椭圆填充为红色到黄色的渐变颜色，这是一个卡通化的太阳图案；最后在太阳上绘制出一个月牙形的光晕，并【贝赛尔曲线】工具在太阳的四周绘制出发散的光，如图 7-39 所示。

03 这个云彩的形状是通过将几个椭圆进行焊接的方法得到的。首先绘制一些椭圆，将它们重叠放置在一起，选择它们，并单击栏中的【焊接】按钮进行焊接，现在得到一个封闭的云彩图形，如图 7-40 所示。

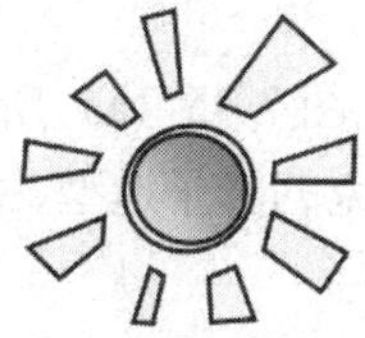

图 7-39　绘制太阳发散的光和光晕

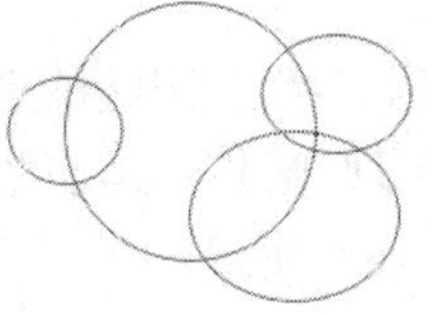

图 7-40　绘制云彩图形

04 同样的方法再制作一些云彩，并将这些云彩放置在天空背景中，排列在太阳图案的前后；将这些云彩图形填充为白色，轮廓无填充，并使用【交互式透明】工具添加渐隐的透明效果，如图 7-41 所示。

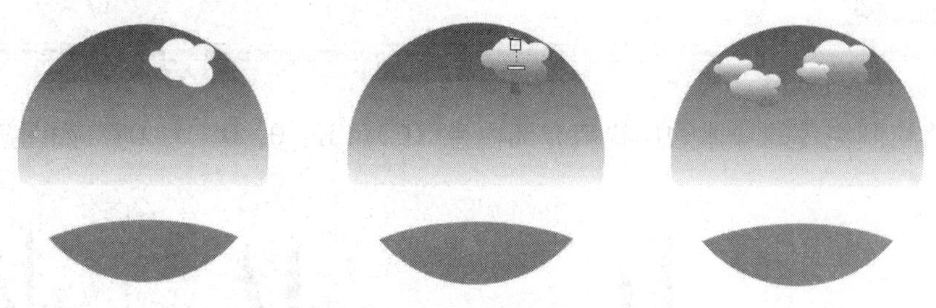

图 7-41　置入背景透明效果复制

05 现在这个画面基本完善了，最后选择画面中除了背景大圆外的其他所有元素（你可以将所有的图形对象选择，再按下键盘上的 Shift 键单击背景大圆将其不选），将它们统统置入到这个背景大圆容器中，选择云于太阳，使用工具箱中的【交互式阴影】工具绘制投影，最终效果如图 7-42 所示。

06 运用【手绘】工具和【形状】工具绘制一条闭合的曲线，作为流氓兔的头部造型，并将其填充为灰色（C:0,M:0,Y:0,K:20），如图 7-43（a）所示。

07 确认绘制的头部造型处于被选择状态，按下键盘中的“+”键，将绘制的头部直接在原处复制一个，然后用【形状】工具调整复制得到的形状，将其填充为白色，并去除外轮廓线，如图 7-43（b）所示。

图 7-42　置入太阳阴影效果

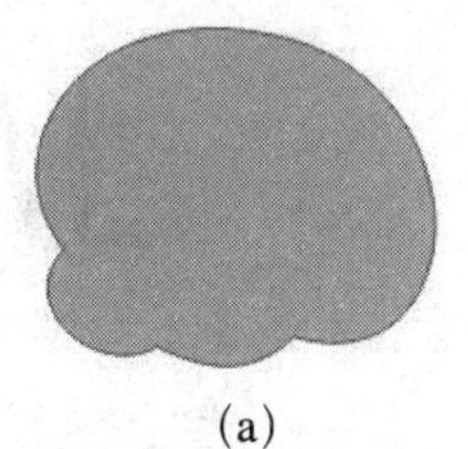

(a)

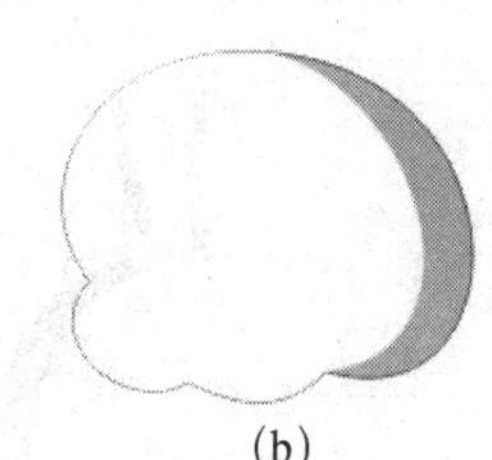

(b)

图 7-43　绘制头部造型

08 运用【手绘】工具和【形状】工具绘制闭合曲线作为流氓兔的耳朵造型，如图 7-44（a）所示。

09 将图 7-44（a）所示的闭合曲线填充为橘黄色。

10 用框选的方法将耳朵选取并进行群组，然后运用移动复制的方法将耳朵复制一个，如图 7-44（b）所示。

11 运用【手绘】工具绘制眼睛的造型，如图 7-45（a）所示。

12 运用工具箱中的【椭圆】工具绘制流氓兔的鼻子造型，并填充为黑色（C:0,M:0,Y:0,K:100），如图 7-45（a）所示。

13 运用【手绘】工具和【形状】工具绘制出身体的形状，如图 7-45（b）所示。

提示：

绘制身体的形状时，一定要将其绘制为闭合的曲线，这样才能将绘制的曲线填充上颜色。

14 将绘制完成的身体的形状填充为白色（CMYK：0、0、0、0），如图 7-45（b）所示。

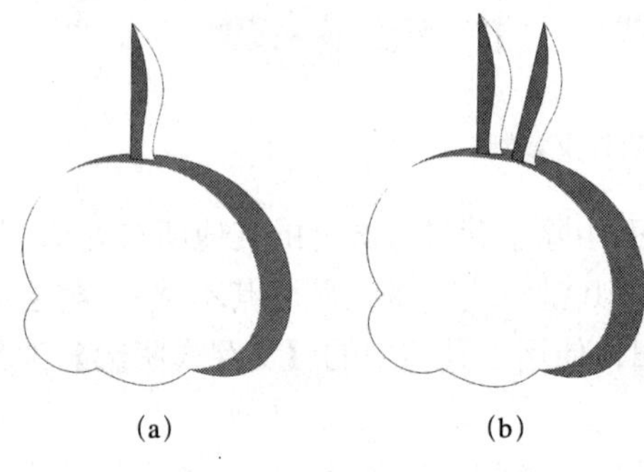

(a)　(b)

图 7-44　绘制耳朵 复制

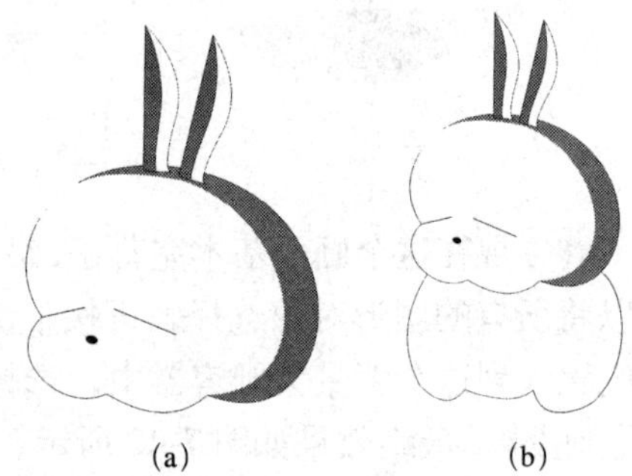

(a)　(b)

图 7-45　绘制眼睛和鼻子 绘制身体形状

15 运用【手绘】工具和【形状】工具，绘制出作为阴影的曲线并进行填充，效果如图 7-46（a）所示。

16 运用【艺术笔】工具绘制出流氓兔的手部造型，如图 7-46（b）所示。

17 运用框选的方法将流氓兔造型全部选取，然后运用移动复制的方法复制一个后，然后将其缩小，并适当旋转效果如图 7-47 所示。

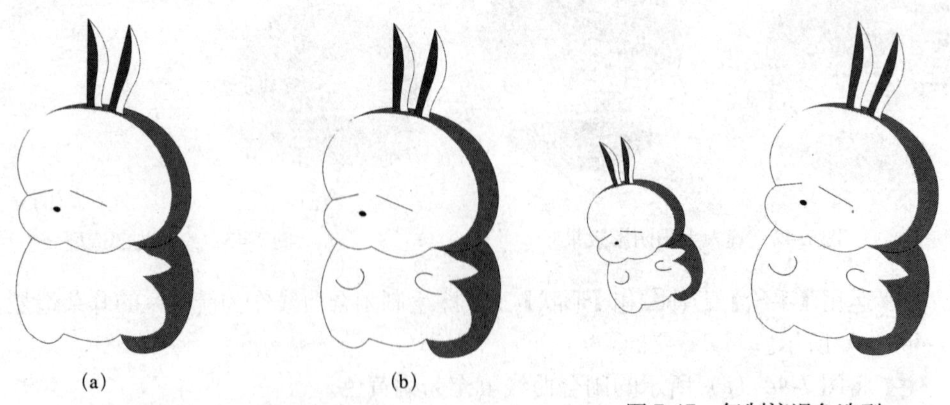

(a)　(b)

图 7-46　绘制阴影 手部造型

图 7-47　复制流氓兔造型

18 接下来我们把绘制好的流氓兔进行群组，然后把它移动到前面绘制的圆形天空背景上，效果如图 7-48 所示。

图 7-48 置入背景

19 运用【交互式阴影】工具为两个流氓兔添加投影,这样一个小插图就绘制完成了，效果如图 7-49 所示。

图 7-49 最终效果图

20 按【Ctrl+S】键，文件名命名为“流氓兔”，存储文件。

CorelDRAW X4

第 8 章　位图操作与处理

虽然CorelDRAW是创建矢量对象的专业绘图软件，它的位图处理功能也很强大，本章主要向大家讲述CorelDRAW的位图处理功能。在对位图处理的功能上，它能以扫描及从数码相机输入等方式获取位图，根据需要将其与当前绘图很好地融合。或者也可以把在CorelDRAW中创建的图形输出成位图，供其他应用程序使用。

8.1　在CorelDRAW X4中使用位图

CorelDRAW X4的位图处理功能比较强大，在【效果】|【调整】子菜单中包括了各种用于调整位图颜色的命令选项。【位图】菜单集中了编辑位图、转换位图颜色模式以及数量众多的特效滤镜。读者在处理位图时，可以反复使用该命令测试需要的效果。

一般情况下可以通过两种途径来获取位图。

（1）直接从素材图库或者扫描图像中选择位图，然后导入到当前工作区。

（2）将使用CorelDRAW X4编辑完成的矢量图形转换为位图。

8.1.1　导入位图

CorelDRAW X4中的位图图像是作为一个独特的对象类型来处理的，可以对其直接使用各种特殊效果，也可以将CorelDRAW X4中创建的图形转换为位图，以便在其他程序中使用。本节将详细介绍从外部环境获取位图的方法，在下面的实例中以具体的操作进行演示。

操作步骤如下：

01 运行CorelDRAW X4并新建一个工作文档，执行【文件】|【导入】命令，或者单击工具栏上的【导入】按钮，都可以打开“导入”对话框。

02 在对话框中的“查找范围”下拉列表中选择位图所在的驱动器或者文件夹，选中对话框中的“预览”复选框，这样就可通过预览窗口浏览图像，如图8-1所示。

03 选择要导入的文件，单击【导入】按钮，这时光标变成特殊的角框图形，单击并拖动鼠标显示出一个红色的虚线框。在合适的位置单击，虚线框的大小决定了导入位图的大小，如图8-2所示。

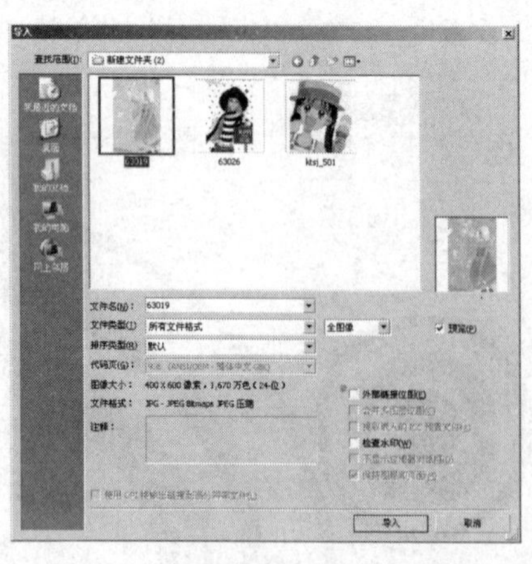

图8-1　打开【导入】对话框

图8-2　导入位图

提示:

单击【导入】按钮后，在绘图窗口直接单击鼠标、位图将以原来的尺寸放置；如果配合按下 Alt 键拖动鼠标，则可以创建不成比例的位图；在按下“导入”按钮的同时按下空格键，可以使导入的位图图片与原图片的尺寸一样。

04 当导入位图时，将“文件类型”框中的文件格式设置为“所有的文件格式”，这样可以兼容不同的文件格式，另外在【状态栏】和【对象属性】泊坞窗中详细提供了位图的信息，其中包括图像的色彩模式、尺寸和分辨率，如图 8-3 所示。

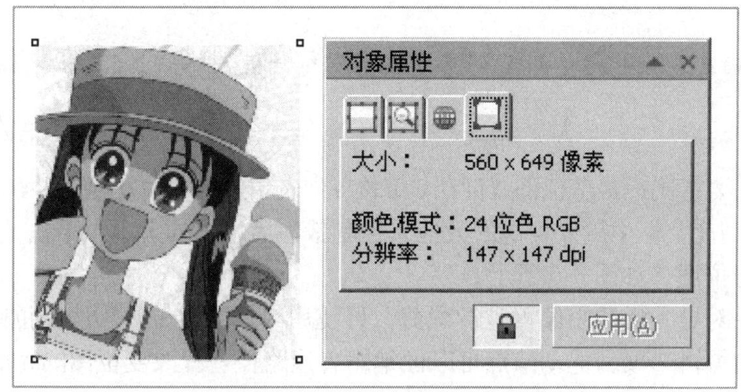

图 8-3　对象属性泊坞窗

05 如要从扫描仪获取位图，首先连接好扫描仪，并安装其驱动程序。然后在 CorelDRAW X4 中执行【文件】|【获取图像】|【选择源】命令。在打开的【选择来源】对话框中选择一种扫描仪，单击“选定”按钮。将需要的图像放置在扫描仪上，执行【文件】|【获取图像】|【获取】命令即可。

8.1.2　裁剪位图

在使用位图时，可以在导入到绘图页面之前按照位图所需要部分对其进行裁剪或者将位图导入进行绘图页面后，裁剪位图。裁切位图可以移除不想要的部分，但是不会影响分辨率，也不会修改剩余部分的大小。

01 执行【文件】|【导入】命令，在【导入】对话框“文件类型”框右侧的列表中选择【裁剪】选项，然后选择要导入的位图及格式。完毕后，单击【导入】按钮，弹出【裁剪图像】对话框，如图 8-4 所示。

02 在预览窗口内拖动裁剪框上的边角控制柄，可从水平、垂直方向裁剪图像；也可以拖动剪切框的一个边角控制柄，进行双向剪切。将光标放在裁剪框内，指针变成于形状，这时单击并拖动鼠标可移动裁剪框在图像上的位置。调整完毕后单击【确定】按钮，在绘图窗口中单击，导入裁剪后的位图，效果如图 8-5 所示。

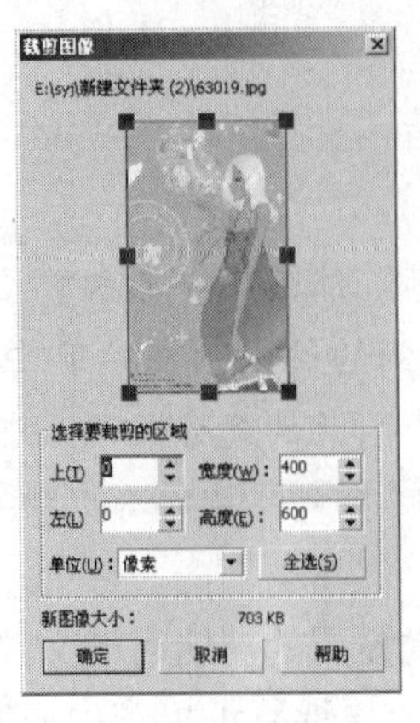

图 8-4　裁切图像对话框

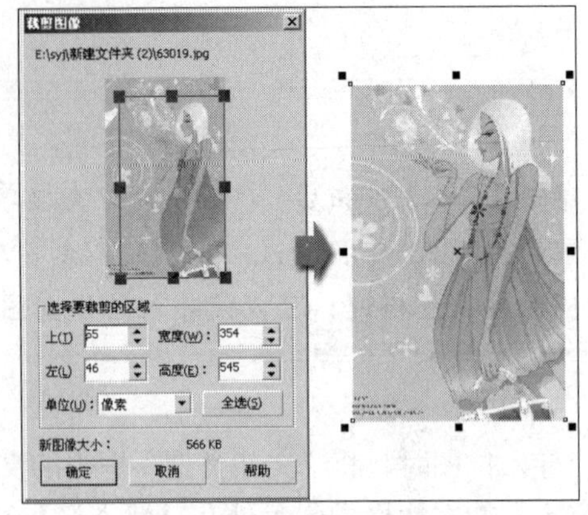

图 8-5　导入裁切后的位图

提示：

当确定裁剪框的大小后，“裁剪图像”对话框底部会出示“新图像大小”的信息。

03 如果要精确地裁剪位图，可在“单位”列表中选择单位类型，并在“上”、“左”、“宽度”和“高度”框中输入精确的数值来控制裁剪后位图的大小，单击“全选”按钮，则可重新裁剪位图，如图 8-6 所示。

04 如果对导入后的图像再进行裁剪，可使用【形状】工具选择位图，属性栏中将显示节点的编辑选项。拖动节点可以像编辑普通路径一样改变位图的轮廓形状，如图 8-7 所示。

提示：

改变位图轮廓形状时，按住 Ctrl 键拖动节点，从节点的原始位置沿水平或垂直方向移动。框选位图上所有的节点，按下键盘上的 Delete 键可将节点全部移除，重新建立位图的原始框架。

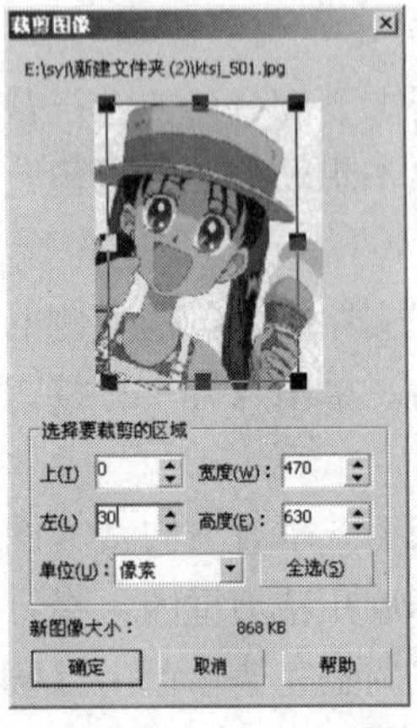

图 8-6　精确裁减位图选项

图 8-7　导入后编辑位图

05 对编辑的形状满意后，使用【选择】工具选样位图后执行【位图】|【裁剪位图】命令，或者单击属性栏下的【裁剪位图】按钮，都可完成位图的裁剪操作。

06 使用【选择】工具选择位图，再次单击可以显示出旋转和倾斜手柄，在选择框的正中显示出中心旋转标记。

8.1.3 转换位图

对于在CorelDRAW X4中创建的矢量图，将其转换成位图，就可以应用各种特殊效果。如当前为位图，可以通过设置位图的颜色模式和选项对图像进行调整。CorelDRAW X4提供了将矢量图转换成不同颜色模式位图的功能，本节将详细介绍在CorelDRAW X4编辑完成的矢量图形转换为位图的方法。

01 执行【文件】|【打开】命令，将本书附带光盘\CDR\第8章\Plane.cdr文件打开，参照图8-8所示，使用【选择】工具将图形选择。

02 执行【位图】|【转换为位图】命令，打开【转换为位图】对话框，在【分辨率】下拉列表中选择一种分辨率；"颜色模式"下拉列表中可选择矢量图转换位图所包含的颜色数量和种类，在后面的章节中我们会更加详细地对【颜色模式】进行介绍，如图8-9所示。

图8-8 选择矢量图形

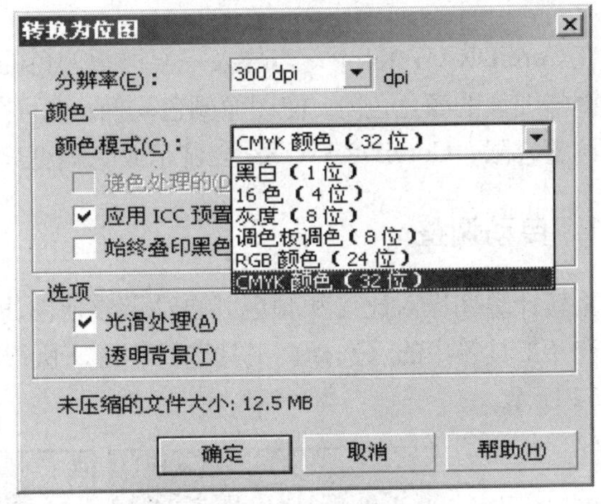

图8-9 转换位图的几种颜色模式

03 下面是复选框的主要功能。

○【递色处理的】：功能可改善位图颜色之间的过渡。

○【应用ICC预置文件】：功能可应用当前的颜色预制文件。

○【总是叠印黑色】：功能通过用含95%或更多黑色的对象叠印下面的任何对象，始终叠印黑色可以创建颜色补漏。

○【反锯齿】：功能可使转换后的位图边缘光滑。

○【透明背景】：功能叫保留矢量图中的透明区域再转换成位图后依然透明。

04 通过设置各选项，单击【确定】按钮，将矢量图转换成位图，可以对转换后的位图图像使用【位图】|【艺术笔触】|【彩色蜡笔画】滤镜，应用一个滤镜后的效果，如图8-10所示。

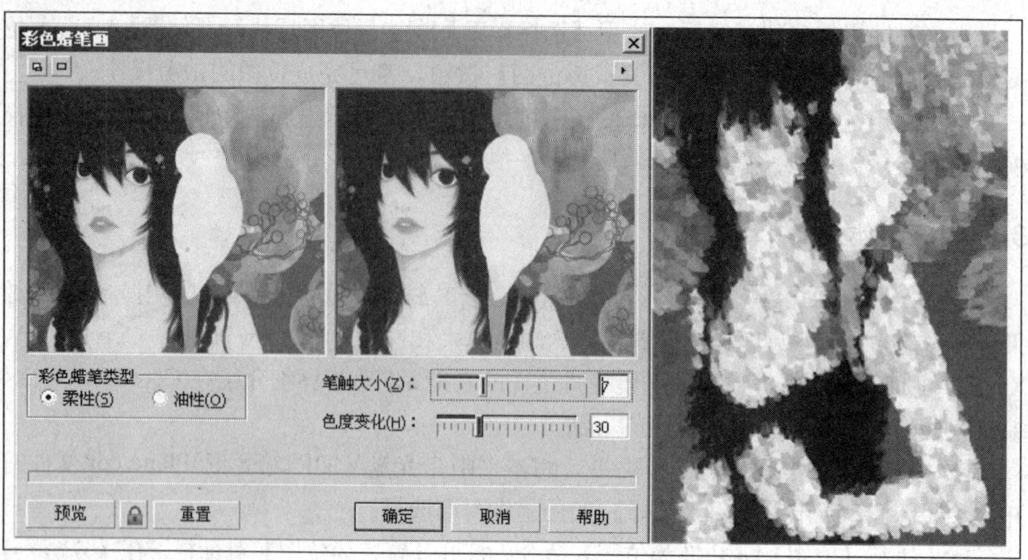

图 8-10　对位图添加滤镜后的效果

8.2　调整位图

在 CorelDRAW X4 中，当导入一幅严重偏色的图像时，通过执行相应的命令，可以自动调整图像的颜色色阶，使图像颜色均衡；也可以指定要在位图中隐藏和显示的颜色。通过调整容限，CorelDRAW X4 会显示或隐藏更广泛的颜色。

8.2.1　自动调整

重新计算图像对比度和颜色并自动调整使图像达到均衡。

选择工具箱中的【选择】工具选择位图，执行【位图】|【自动调整】命令，效果如图 8-11 所示。

图 8-11　自动调整图像

8.2.2　图像 Lab 调整器

该命令和【自动调整】命令相似，使用【图像 Lab 调整器】命令可以可视地观察图像，通过设置各个选项对图像进行细致的调整。

01 按下【Ctrl+Z】键，恢复图像原始状态，执行【位图】|【图像 Lab 调整器】命

令，打开【图像 Lab 调整器】对话框，如图 8-12 所示。

02 当鼠标移动至每个选项位置时，在对话框右下方的【提示】框中都会显示该选项的功能介绍，根据各选项的功能介绍，在对话框中进行设置，单击【确定】按钮关闭对话框，效果如图 8-13 所示。

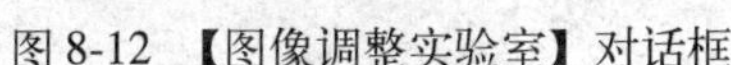

图 8-12 【图像调整实验室】对话框　　图 8-13 调整图像效果

8.2.3 重取样

重新设定图像文件的尺寸和分辨率。

01 按下【Ctrl+Z】键，执行【位图】|【重取样】命令，也可单击属性栏中的“重取样位图”按钮，打开【重新取样】对话框，如图 8-14 所示。

02 “图像大小”类参数和“分辨率”类参数主要用于设置修改后图像的大小。

03 勾选“光滑处理”复选框，可以最大限度地避免曲线外观参差不齐现象发生；“保持纵横比”复选框，可以保持位图的比例；如果要保持文件大小，启用“保持原始大小”复选框。

04 了解了各选项功能后，在对话框中进行设置，调整图像大小，如图 8-15 所示。

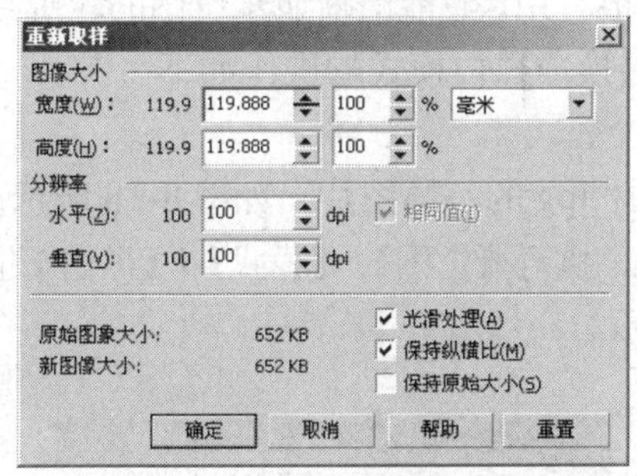

图 8-14 【重新取样】对话框　　图 8-15 调整图像大小

8.2.4 扩充位图

使用【扩充位图】命令，可添加或移去现有图像周围的工作区，对图像添加的画布为白色。

01 要自动扩充位图边框以覆盖整个图像，读者可执行【位图】|【扩充位图】|【自动扩充位图】命令。

02 使用“选择”工具选择位图，执行【位图】|【膨胀位图】|【手动扩充位图】命

令，打开【位图边框扩充】对话框，如图 8-16 所示。

03 在“宽度”和“高度”框中键入要扩充的像素值数字，或者在百分比框中键入要扩充位图百分比值，使用原始位图的大小作为参考，启用“保持纵横比”复选框，按比例扩充位图的边框。

04 在对话框中设置参数，单击【确定】按钮关闭对话框，调整后效果如图 8-17 所示。

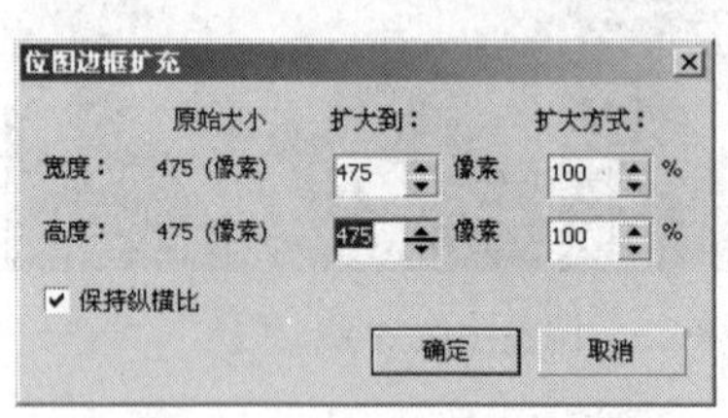

图 8-16 【位图边框扩充】对话框

图 8-17 手动扩充位图后效果

8.3 改变位图颜色模式

在 CorelDRAW X4 中位图可以选择 7 种不同的颜色模式，它们分别是黑白模式、灰度模式、双色调模式、调色板模式、RGB 模式、Lab 模式和 CMYK 模式。位图采用不同的颜色模式，在屏幕上显示的效果有很大区别，各自的特点和转换方式如下。

8.3.1 黑白模式

黑白模式指 1 位的颜色模式，这种模式将图像保存为两种纯色，通常是黑和白，没有层次的变化。该模式对绘制艺术线条和简单图形很有用，它能清晰显示位图的轮廓线，其屏幕刷新速度比其他的颜色模式都快，将位图转换成黑白模式的操作如下。

操作步骤如下：

01 导入本书附带光盘 \JPG\ 第 8 章 \ 汽车图片.jpg 的一幅图片，如图 8-18 所示。

02 使用【选择】工具，选择打开的汽车图片，执行【位图】|【模式】|【黑白 1 位】命令，打开【转换为 1 位】对话框，如图 8-19 所示。

图 8-18 导入的素材

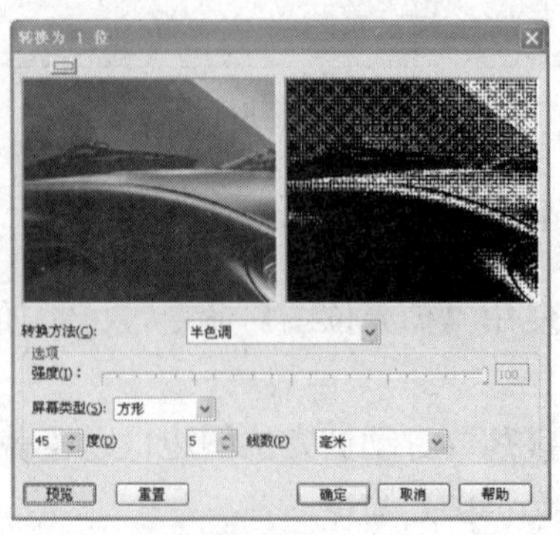

图 8-19 打开“转换为 1 位”对话框

03 默认情况下，对话框显示两个预览窗口，左侧显示位图原来效果，右侧显示作用后的效果。单击预览窗口上□的按钮，可使预览窗口变成一个，显示改变颜色后的效果如图8-20所示。单击□按钮，预览窗口又变成两个，对比显示位图效果。

04 在“转换方法”列表中提供了7种转换选项，选择“线条图”选项可通过拖动“阈值”滑块调整黑白效果，如图8-21所示。调整完毕后，单击【确定】按钮调整图像效果。

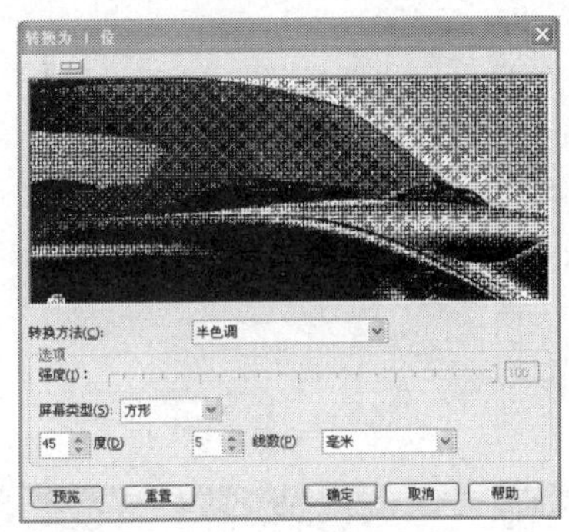

图8-20　切换预览窗口

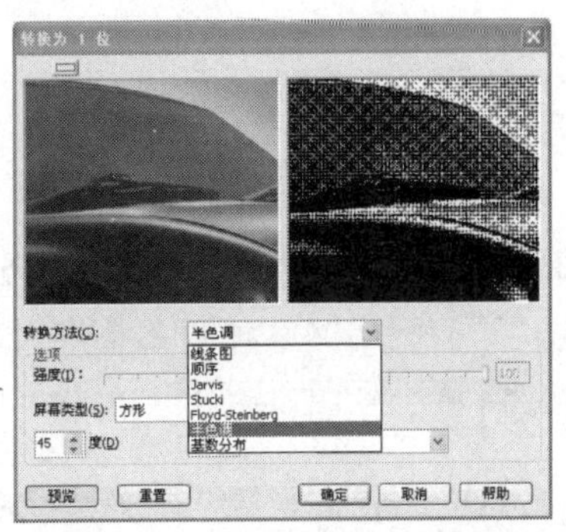

图8-21　线条图选项效果

提示:

该阈值默认设置为“128”，小于该值的颜色都转换为白色，大于该值的颜色都转换为黑色。每个值之间没有过渡颜色，被转换后的位图黑白效果对比强烈。

05 在这7种转换选项中，“半色调”的设置选项最多，它主要使用形状不同的点来产生黑白图像。在“屏幕类型”列表中选择不同的点样式，设置单位及线条数，对于某些屏幕类型还可以设置半色调网屏的角度，如图8-22显示了两种比较有代表性的黑白效果。

8.3.2　灰度模式

将位图转换成灰度模式，可产生类似黑白照片的效果。在灰度图像中，每个像素都有一个“0（黑色）～255（白色）”之间的亮度值。该转换模式没有对话框，按下【Ctrl+Z】键返回到上步操作，保持图像的选择状态，执行【位图】|【模式】|【灰度8位】命令，效果如图8-23所示。

图8-22　将位图转换为黑白模式

图8-23　将位图转换为灰度模式

8.3.3　双色调模式

双色调是在灰度位图的基础上另外又加了“1-4”种颜色，双色调可以是单色调、双色调、三色调或者四色调，这取决于用户添加的颜色数目。

操作步骤如下：

01 使打开的汽车图片保持图像选择状态，然后执行【位图】|【模式】|【双色调】命令，打开【双色调】对话框，如图8-24所示。

02【双色调】对话框内有两个选项卡，默认情况下显示“曲线”选项卡。在“类型”下拉列表中有“4”种油墨类型，如图8-25所示。在此选择“双色调”。

提示：

单色调可创建一种墨水打印的灰阶图像；双色调可创建两种墨水打印的灰阶图像。通常，一种墨水为黑色，另一种墨水是彩色。相应的三色调和四色调可创建“3”种和“4”种颜色墨水大约内的灰阶图像。

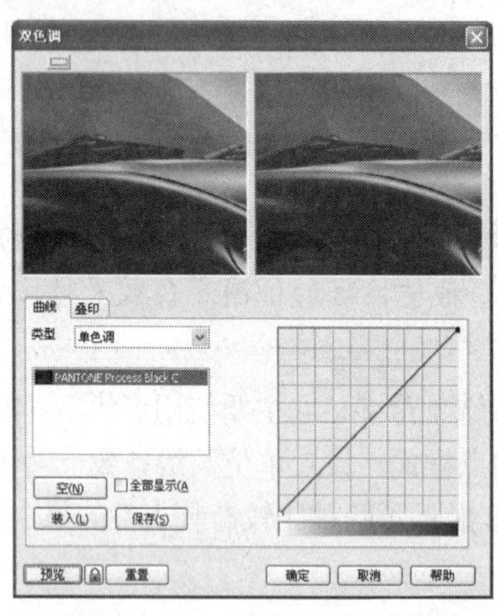

图8-24　打开【双色调】对话框

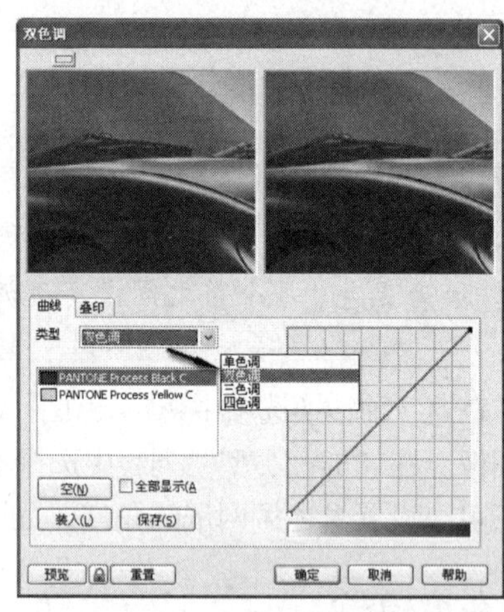

图8-25　类型下拉列表

03 此时颜色列表窗中显示两个色块，即默认的黑色和黄色，如图8-26所示。在任意色块上双击，都可以打开【选择颜色】对话框，选择新的颜色来替换默认的颜色。

04 替换完颜色后，单击网格上的墨水色调曲线创建一个节点，该节点调整曲线上这一点的颜色百分比，调整色调曲线的形状，从而改变油墨浓度，效果如图8-27所示。

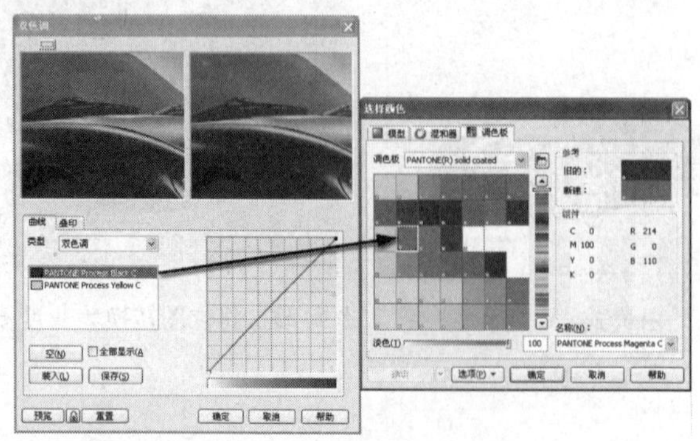

图8-26　替换默认颜色

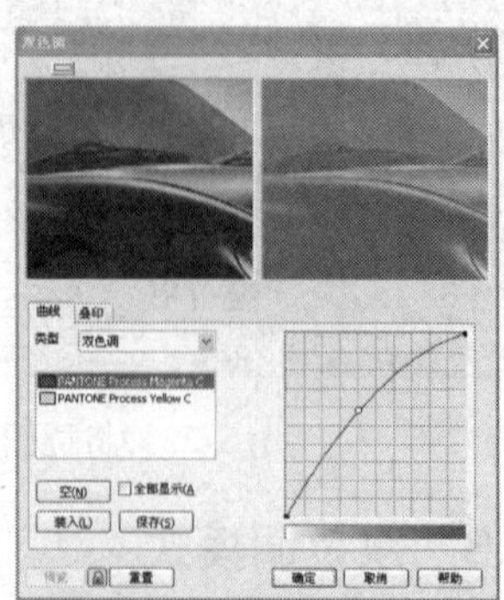

图8-27　改变油墨浓度

05 选择“全部显示”复选框，在油墨曲线网格中会显示所有的油墨曲线，以整体观察油墨浓度的分布情况，如图 8-28 所示。

06 只有选择双色调以上的色调类型，“叠印”选项卡才可以使用，如图 8-29 所示。勾选“使用叠印”复选框，双击要编辑的颜色，可选择新的颜色来替换默认的颜色。例如在此选择蓝色。

07 了解了设置双色调模式的方法，设置其他几个色调的方法都非常相似，在此就不再讲述，图 8-30 显示了转换成不同色调的位图效果。

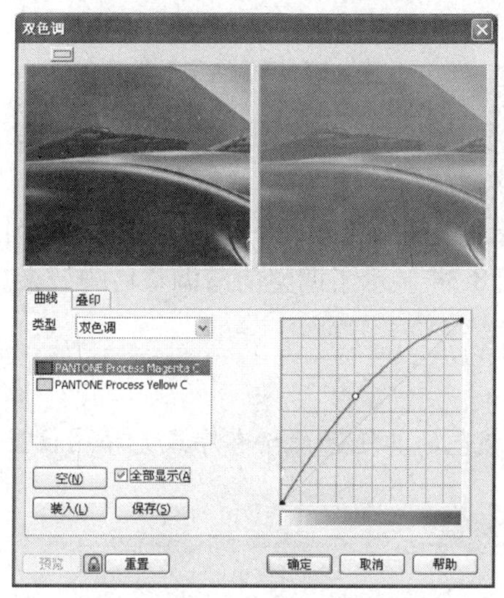

图 8-28　显示所有油墨曲线

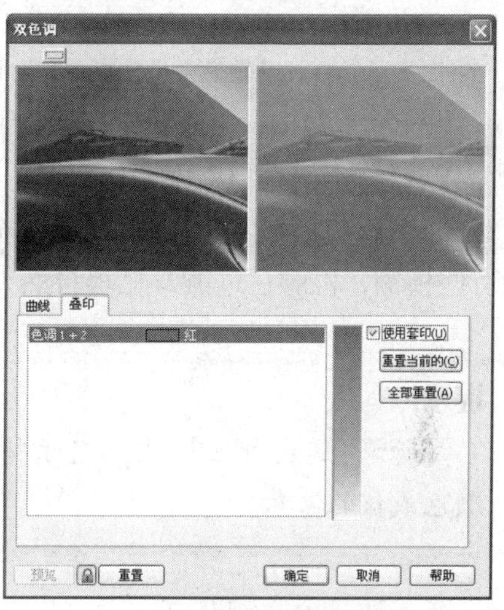

图 8-29　叠印选项卡

图 8-30　转换成不同色调的位图效果

8.3.4　调色板模式

调色板模式是 8 位颜色模式，能够使用 256 种颜色来保存和显示图像。当用户创建的作品要用于 Web 发布时，可以将复杂的图像转换成调色板模式，从而减小文件大小。

操作步骤如下：

01 使打开的汽车图片保持图像选择状态，然后执行【位图】|【模式】|【调色板 8 位】命令，打开【转换至调色板色】对话框，如图 8-31 所示。

02 默认情况下，对话框显示“选项”选项卡。在“调色板”下拉列表中提供了多种调色板类型，如图 8-32 所示。

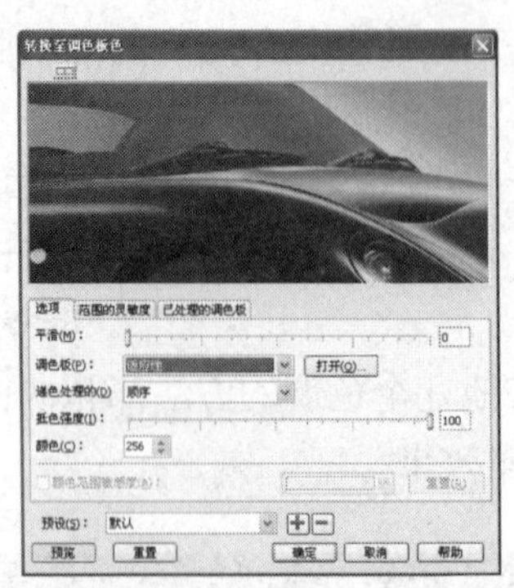

图 8-31 打开【转换至调色板色】对话框

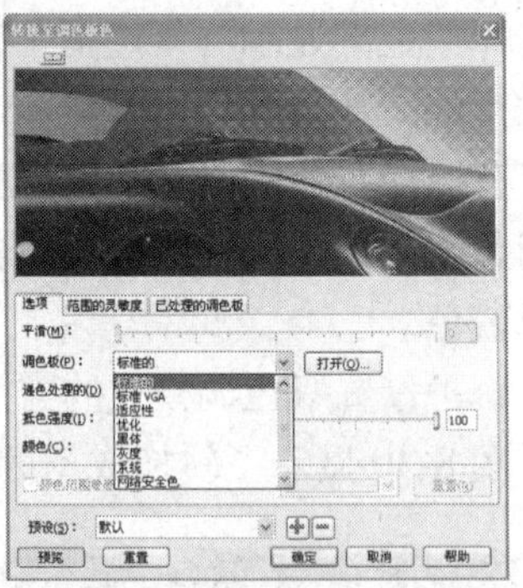

图 8-32 “调色板”选项

03 在“递色处理”列表中选择一种递色处理方式，拖动“抵色强度”滑块调整抵色处理效果，如图 8-33 所示。

04“平滑”选项用于控制图像中每个像素之间的色差，经过平滑处理后的图像外观稍微有些模糊，但颜色过渡却显得自然，图 8-34 显示了调整前与调整后的效果。

提示:

所谓“递色处理”，是相对于特定颜色的其他像素按有序或无序的位置指定颜色或值的像素。

图 8-33 “递色”选项

图 8-34 设置“平滑”值产生的效果

05 了解以上选项的功能后，参照图 8-35，设置对话框，设置完毕后单击【确定】按钮改变图像的颜色模式。

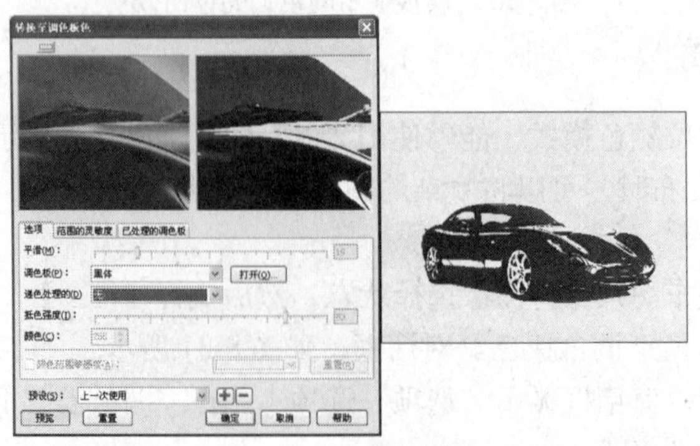

图 8-35 转换位图模式

8.3.5 RGB 模式

RGB 模式是最常用的一种颜色模式，该类型的颜色模式使用红色、绿色和蓝色“3”种原色来重建颜色。如果将位图转换为RGB模式，使用“选择”工具选择位图，然后执行【位图】|【模式】|【RGB 颜色 24 位】命令即可。该转换操作没有对话框，效果如图8-36 所示。

提示:

以上转换不同颜色模式所使用的位图原图就是RGB颜色模式，在图8-36中使用的是将RGB模式转换为灰度模式。

图 8-36 转换成灰度模式

8.3.6 Lab 模式

Lab模式创建基于亮度的颜色以及两个色度要素a（绿色到红色）和b（蓝色到黄色）。可以使用Lab颜色格式创建与设备无关的位图，这种位图包含CMYK和RGB两种颜色模型的色谱。该命令没有对话框，图 8-37 显示了位图转换成 Lab 模式后的效果。

8.3.7 CMYK 模式

CMYK 颜色模式是通用的印刷色，它包含了4中墨水颜色：青、品红、黄和黑。该颜色模式基于特定设备的颜色特性来决定颜色值，图像的颜色值在不同的设置上可能不一样。用户需要注意的是，将图像转换为CMYK模式之前，务必要正确调校系统。图8-38 显示了位图的 CMYK 模式效果。

提示:

CMYK 模式在使用过程中有一个严重的问题，它不能够准确全面地显示颜色，它的颜色空间要比RGB小，所有的颜色模式在转换时都是把位图转移到不同的颜色空间，这势必要损失一些颜色信息，尤其是RGB模式转换为CMYK颜色模式时，会出现颜色变暗的现象，并且这些改变无法恢复。

图 8-37　转换成 Lab 模式

图 8-38　转换成 CMYK 模式

8.4　位图中的特殊效果

在 CorelDRAW X4 中，可以对位图进行特殊效果的添加，位图中特殊效果下拉菜单命令在【位图】下拉菜单下面。

8.4.1　三维效果

单击下拉菜单栏中的【位图】|【三维效果】命令，在弹出的字菜单中包含了 7 种三维变换方式，分别为【三维旋转】、【柱面】、【浮雕】、【卷页】、【透视】、【挤近|挤远】、【球面】。用户可以导入一幅位图，分别使用上述命令，如图 8-39 所示。

图 8-39　7 种不同的三维效果

8.4.2　艺术笔触效果

单击菜单栏中的【位图】|【艺术笔触】命令，在弹出的子菜单中包括 14 种艺术笔触

效果，分别为“炭笔画”、“单色蜡笔画”、“蜡笔画”、“立体派”、“印象派”、“调色刀”、“彩色蜡笔画”、“钢笔画”、“点彩派”、“木版画”、“素描”、“水彩画”、“水印画”和“波纹纸画”。用户可以导入一幅位图，分别使用上述命令，如图8-40所示。

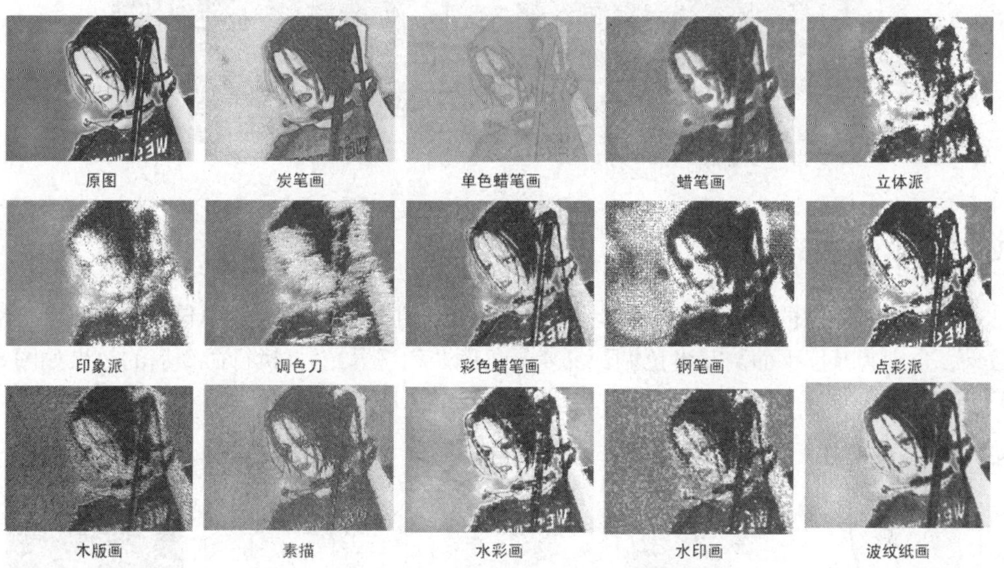

图8-40 14种不同的艺术笔触效果

8.4.3 模糊效果

单击菜单栏中的【位图】|【模糊】命令，在弹出的子菜单中包括9种艺术笔触效果，分别为“定向平滑”、“高斯式模糊”、“锯齿状模糊”、“低通滤波器”、“动态模糊”、“放射式模糊”、“平滑”、“柔和”和“缩放”。用户可以导入一幅位图，分别使用上述命令，如图8-41所示。

图8-41 9种模糊效果

8.4.4 相机效果

单击菜单栏中的【位图】|【相机】命令，在弹出的子菜单中只包括1种扩散效果，对象执行扩散和扩散后的效果如图8-42所示。

原图

扩散

图 8-42　扩散后的效果

8.4.5　颜色变换效果

单击菜单栏中的【位图】|【颜色变换】命令，在弹出的子菜单中包括 4 种艺术笔触效果，分别为【位平面】、【半色调】、【梦幻色调】和【曝光】，执行命令后的效果如图 8-43 所示。

原图

位平面

半色调

梦幻色调

曝光

图 8-43　4 种不同的颜色变换效果

8.4.6　轮廓图效果

单击菜单栏中的【位图】|【轮廓图】命令，在弹出的子菜单中包括 3 种艺术笔触效果，分别为【边缘检测】、【查找边缘】和【描摹轮廓】，执行命令后的效果如图 8-44 所示。

原图

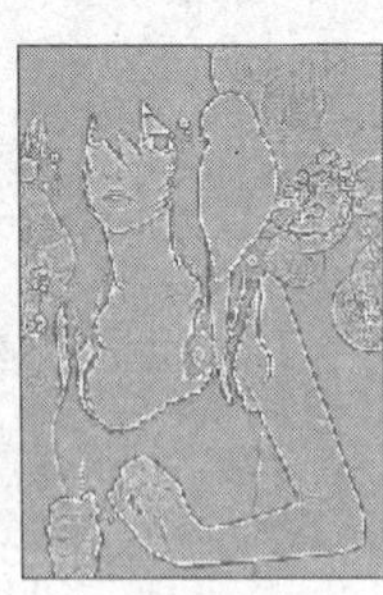
边缘检测

查找边缘

描摹轮廓

图 8-44　3 种轮廓图效果

8.4.7　创造性效果

单击菜单栏中的【位图】|【创造性】命令，在弹出的子菜单中包括 14 种创造性效果，分别为“工艺”、“晶体化”、“织物”、“框架”、“玻璃块”、“儿童游戏”、“马赛克”、

“粒子”、“散开”、“茶色玻璃”、“彩色玻璃”、“虚光”、“旋涡”和“天气”，执行命令后的效果如图 8-45 所示。

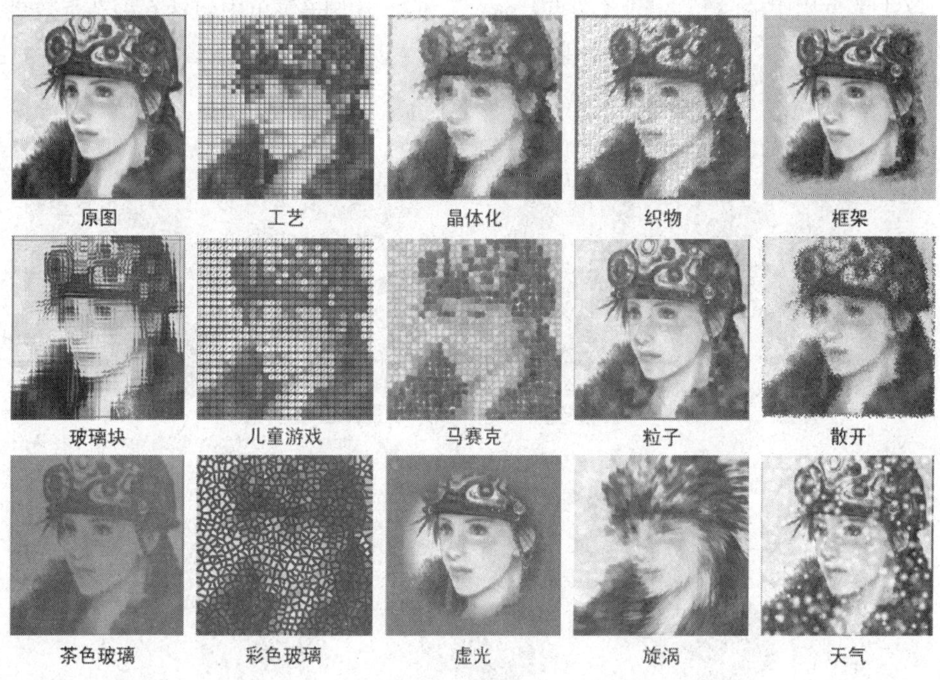

图 8-45　14 种创造性效果

8.4.8　扭曲效果

单击菜单栏中的【位图】|【扭曲】命令，在弹出的子菜单中包括 10 种扭曲效果，分别为“块状”、“置换”、“偏移”、“像素”、“龟纹”、“旋涡”、“平铺”、“湿笔画”、“涡流”和“风吹效果”，执行命令后的效果如图 8-46 所示。

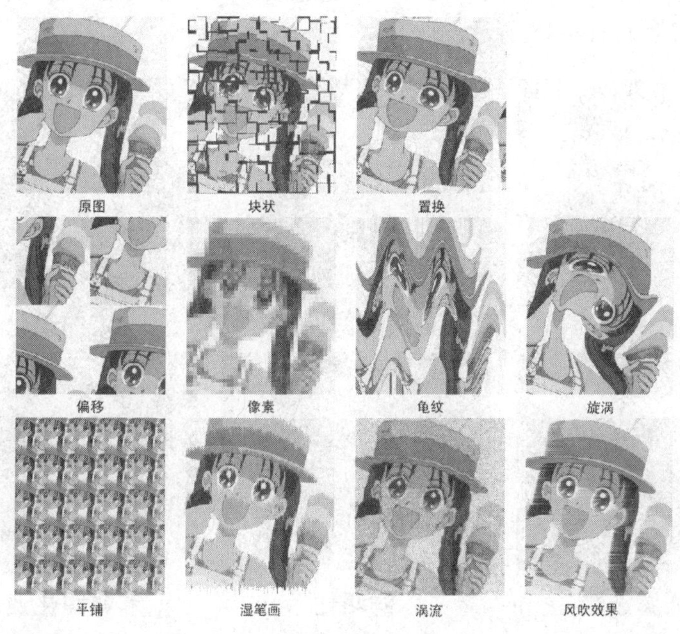

图 8-46　10 种扭曲效果

8.4.9 杂点效果

单击菜单栏中的【位图】|【杂点】命令，在弹出的子菜单中包括6种杂点效果，分别为“添加杂点”、“最大值”、“中值”、“最小”、“去除龟纹”和“去除杂点”，执行命令后的效果如图8-47所示。

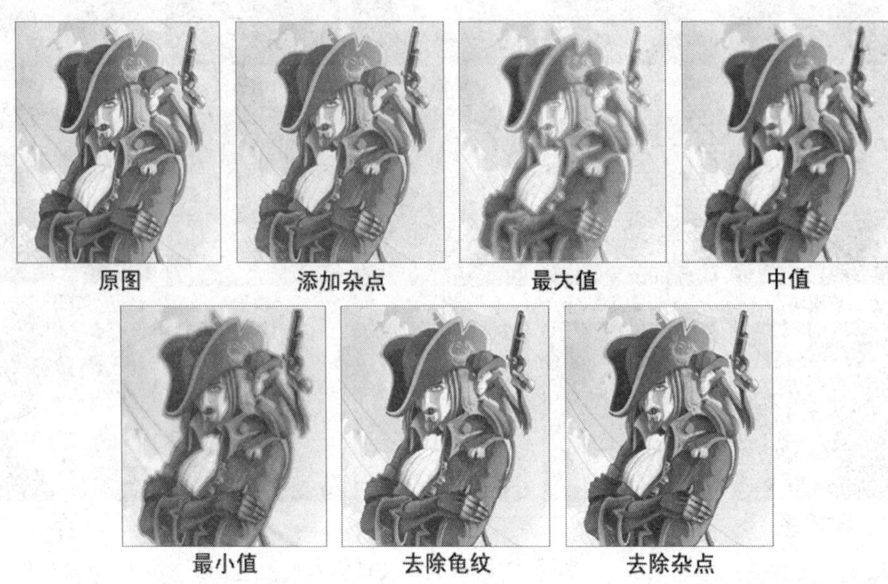

图8-47 6种杂点效果

8.4.10 鲜明化效果

单击菜单栏中的【位图】|【鲜明化】命令，在弹出的子菜单中包括5种鲜明化效果，分别为“适应非鲜明化”、“定向柔化”、“高通滤波器”、“鲜明化”和“非鲜明化遮罩”。执行命令后的效果如图8-48所示。

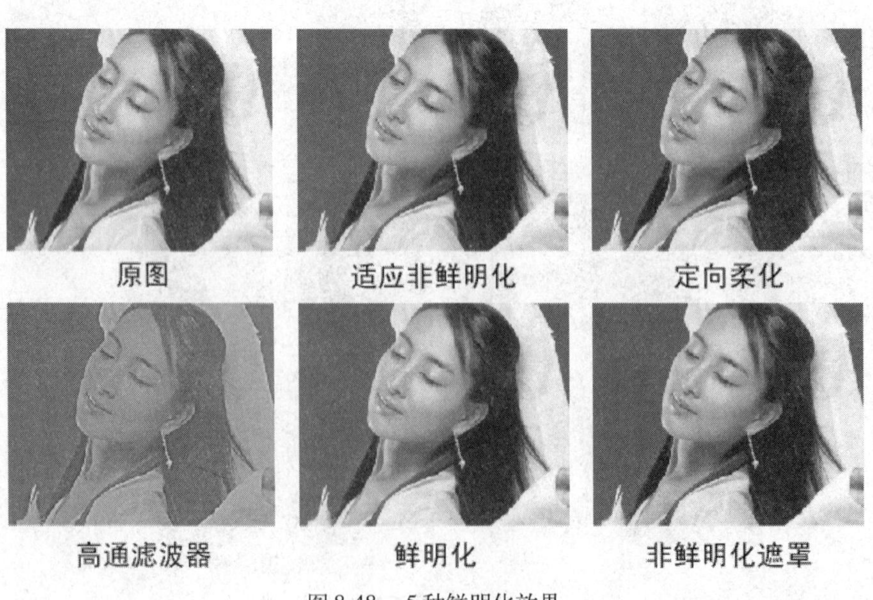

图8-48 5种鲜明化效果

8.5 绘制招财童子

01 新建一个文件，使用“版面”菜单下的“页面背景”出现背景填充对话框，选择纯色填充，填充红色，如图 8-49 所示。

02 运用【椭圆】工具绘制正圆形，按住 Ctrl 拖动鼠标绘制正圆，设置“笔尖粗度”4.0 mm为 4mm，并设置“边缘填充”为橘黄色内部填充为空“☒”。用同样的方式绘制如图绘制多个圆形，摆放位置如图 8-50 所示。

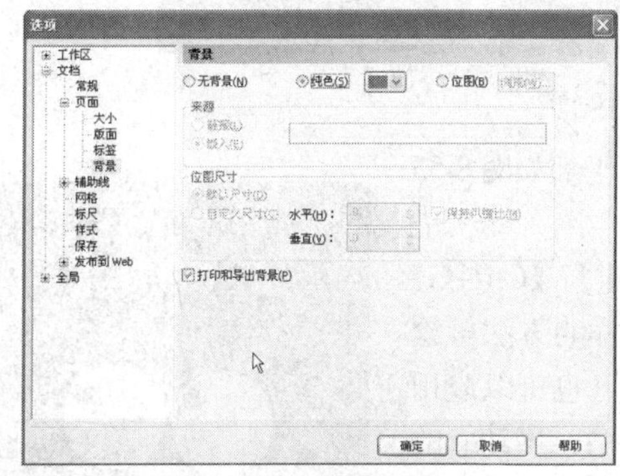

图 8-49 新建文件

图 8-50 绘制椭圆

03 再绘制一个椭圆如图，在椭圆上单击鼠标右键出现下拉菜单如图，选择转换为曲线，运用【形状】工具修改节点，效果如图 8-51 所示。

04 选择修改后的图形，应用【填充】工具中的【渐变填充】工具，设置如图 8-52 所示，得到一个背景图形，如图 8-53 所示。

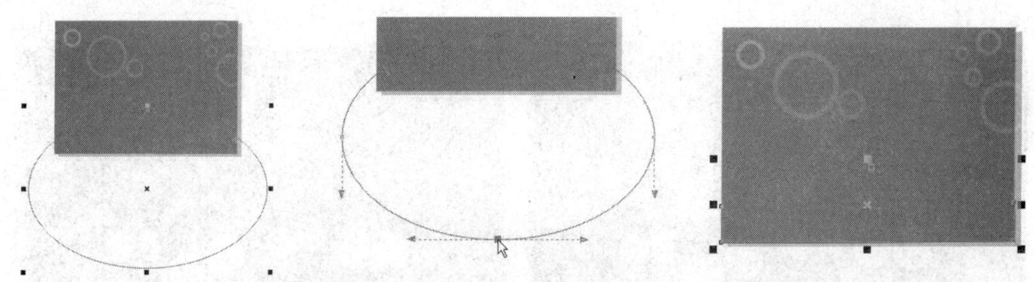

图 8-51 绘制椭圆

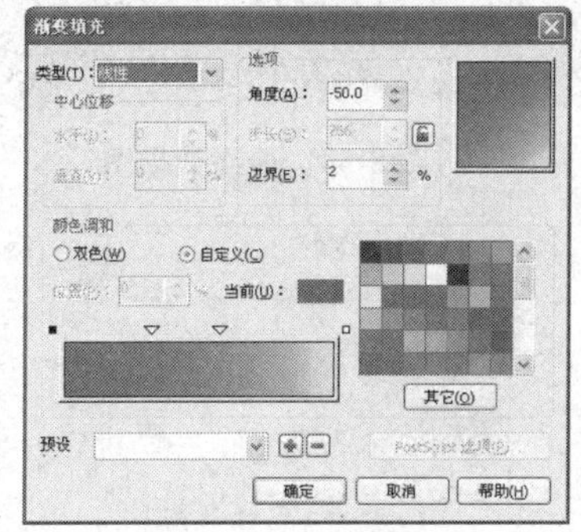

图 8-52 工具栏

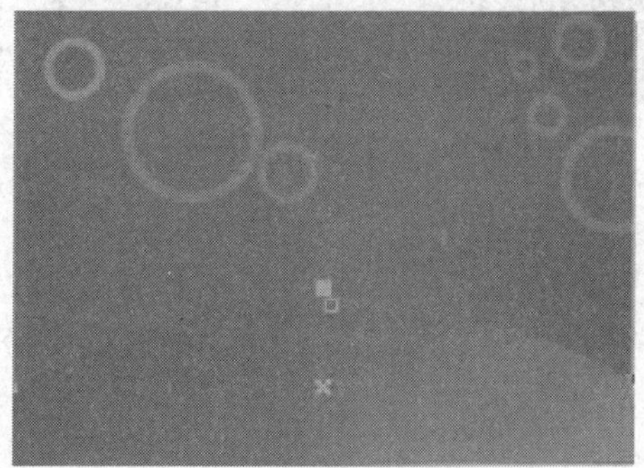

图 8-53 背景图形

CorelDRAW

05 运用【椭圆】工具绘制一个正圆形，并填充为黑色，再绘制正圆填充为白色，在绘制一个小圆填充为黑色如图，再绘制一个正圆，设置位饼形，运用【位饼形】工具，同样方法再绘制两个饼形，组合成如图 8-54 所示。

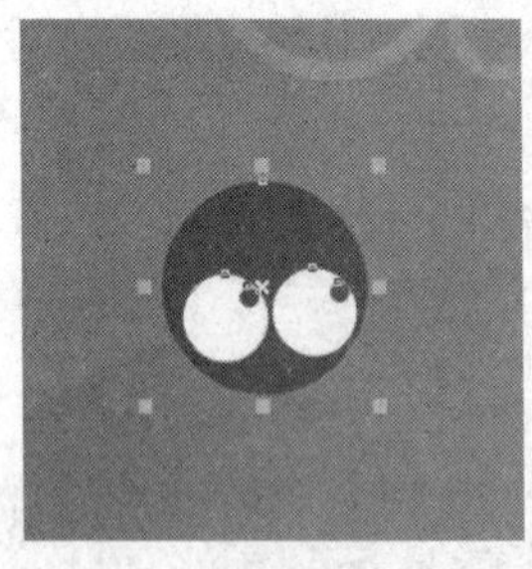

图 8-54　绘制头部

06 运用【贝塞尔曲线】工具绘制图形躯干部如图 8-55 所示。

07 运用选择工具，选择刚绘制的图形,并进行【Ctrl+G】群组，与刚绘制的背景图形进行组合，运用同样的方法再绘制三个相同图形，只是眼睛动态有差别的图形（也可以应用【Ctrl+C】键进行复制，按【Ctrl+V】键进行粘贴，移动它的位置，并解散群组调节眼睛的位置，形成不同的情态），如图 8-56 所示。

图 8-55　绘制躯干

08 最后输入文字绘图工具详解与 CorelDRAW X4 并设置字体与字号并移动到画面的右上角，效果如图 8-57 所示。

09 按【Ctrl+S】键，文件命名为“招财童子”，保存文件。

图 8-56　复制多个形体

图 8-57　最终效果图

第 9 章　精彩世界——综合设计[一]

9.1 绘制卡通图形——泡泡精灵

绘制动漫形象包括四个部分：第一步先导入背景图案，然后绘制卡通形象，在绘制会飞精灵以及泡泡形象，最终效果如图 9-1 所示。

图 9-1　最终效果

01 新建一个文件，并设置为横版 A4 篇幅。

02 选择文件菜单下得导入命令，出现对话框，选择背景文件，单击导入，找到本书附带光盘 \JPG\ 第 9 章 \ 泡泡精灵.jpg 文件，单击鼠标左键，效果如图 9-2 所示。

图 9-2　导入背景图形

03 在相应位置绘制卡通形象的面部，先运用【贝塞尔曲线】绘制一个封闭的图形，并使用【形状】工具对其进行修改，效果如图 9-3（a）所示，该图形选中的情况下在 CMYK 调板中用鼠标右键单击砖红色，效果如图 9-3（b）所示。

04 再用同样的方法绘制一个脸部形态，并内部填充为 R252、G208、B179 轮廓设置为无，效果如图 9-3（b）所示。

05 选中下面的图形填充白色，选择下面的图层可以按住 Alt 键单击该形象，单击一次向下选中一层，效果如图9-3（c）所示。

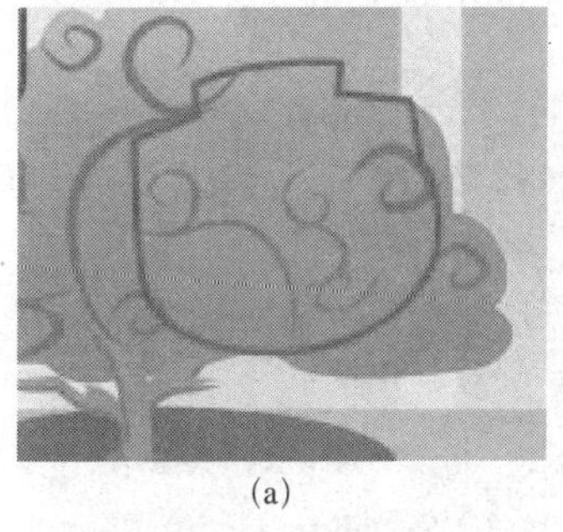
(a)

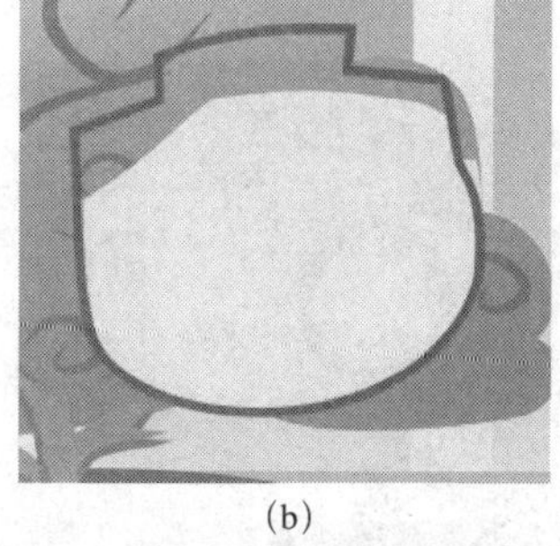
(b)

(c)

图9-3 绘制脸部

06 运用【贝塞尔曲线】绘制一个耳朵形态，内部填充为R252、G212、B196，轮廓填充为R128、G0、B0，如图9-4（a）所示，并在内部绘制一个橘色暗部如图9-4（b）所示。

07 把两个表现耳朵的形象按【Ctrl+G】键群组起来，Ctrl+D再制一个，并在属性栏中单击【水平镜像】按钮，得到一个镜像图形，并移动到适当位置，效果如图9-4（c）所示。

(a)

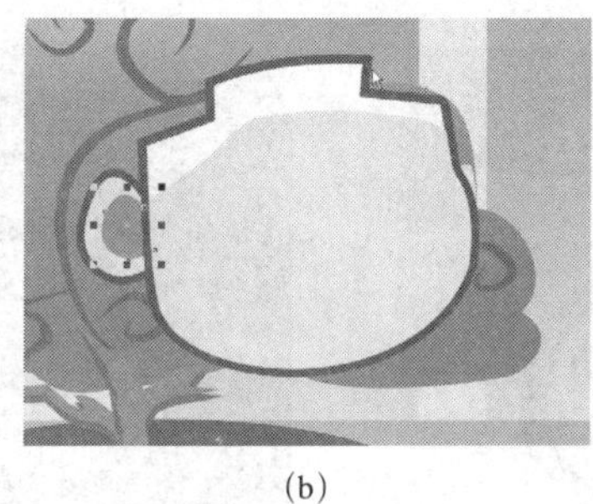
(b)

(c)

图9-4 绘制耳朵

08 同样运用【贝塞尔曲线】工具绘制一个桃形的闭合图形，并填充轮廓色为R128、G0、B0，效果如图9-5（a）所示，并进行【交互式填充】，在属性栏中选择线性填充，设置起始颜色为红色，结束颜色为白色，效果如图9-5（b）所示，运用手绘工具绘制一条线，设置颜色为R128、G0、B0，并移动到适当位置，效果如图9-5（c）所示。

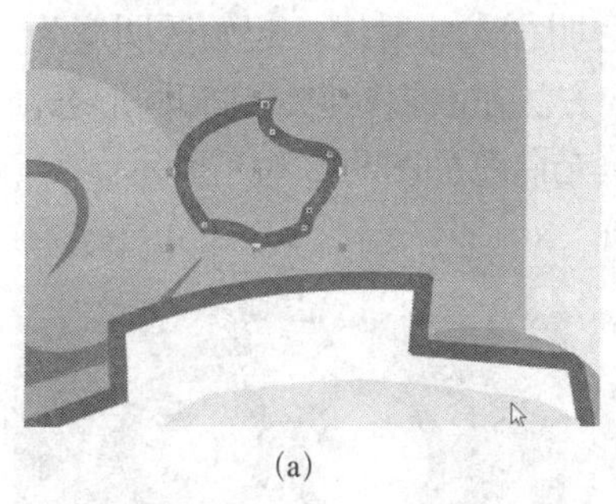
(a)

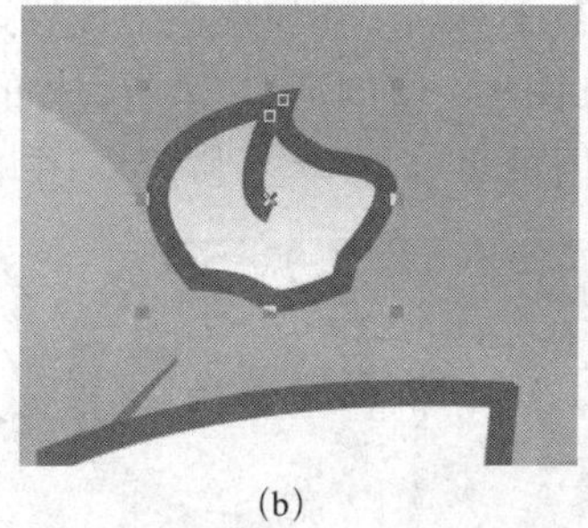
(b)

(c)

图9-5 绘制帽子装饰球

09 运用【椭圆】工具绘制一个正圆，按住Ctrl键拖动鼠标，得到正圆，边框填充为R128、G0、B0，内部填充为R200、G100、B0，并放在适当的位置，效果如图9-6（a）所示，同样的方法在绘制一个小一点的正圆，边框填充R128、G0、B0，内部填充为白色如图 9-6（b）所示，在白色正圆上在绘制两个正圆，一黑一白，这样眼睛就大致绘制完成了，效果如图 9-6（c）所示。

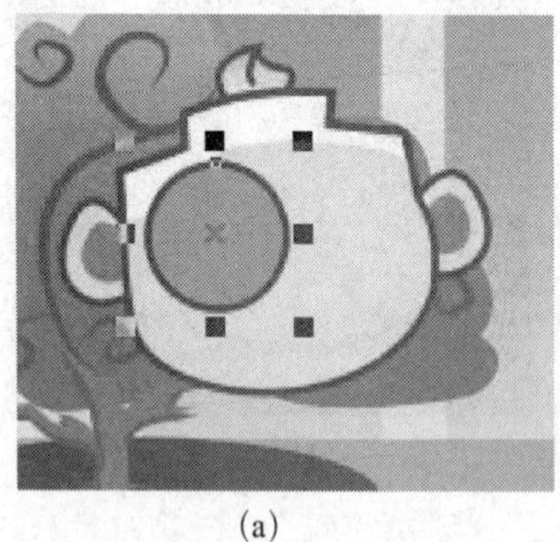
(a)

(b)

(c)

图 9-6　绘制帽子装饰球

10 接着运用【贝塞尔曲线】绘制眼镜腿，并填充为内部填充为橘色，边框填充为 R128、G0、B0，效果如图 9-7（a）所示。

11 把眼睛和眼睛群组按【Ctrl+G】键，按【Ctrl+D】键再制一个，并在属性栏中单击【水平镜像】按钮，得到一个镜像图形，并移动到适当位置，效果如图 9-7（b）所示。

(a)

(b)

图 9-7　绘制眼睛及眼镜

12 在脸部绘制一个正圆，并填充为 R292、G0195、B162，边框填充为无，效果如图 9-8（a）所示。

13 使用【交互式透明】工具，在属性栏中设置透明样式为射线，起始透明度为 0，结束透明度为 100，效果如图 9-8（a）所示，运用同样的方法在右脸处也创建相同形态，效果如图 9-8（b）所示。使用贝塞尔曲线绘制嘴形，并填充白色如图 9-8（c）所示。

(a)

(b)

(c)

图 9-8　绘制红脸蛋

14 在头部下面绘制上身形态如图 9-9（a）所示，内部填充蓝色 R100、G60、B0，边框填充为R128、G0、B0，效果如图9-9（b）所示，并把它放置到头部后面，选择【排列】|【顺序】|【在后面】，单击脸部即可，效果如图 9-9（c）所示。

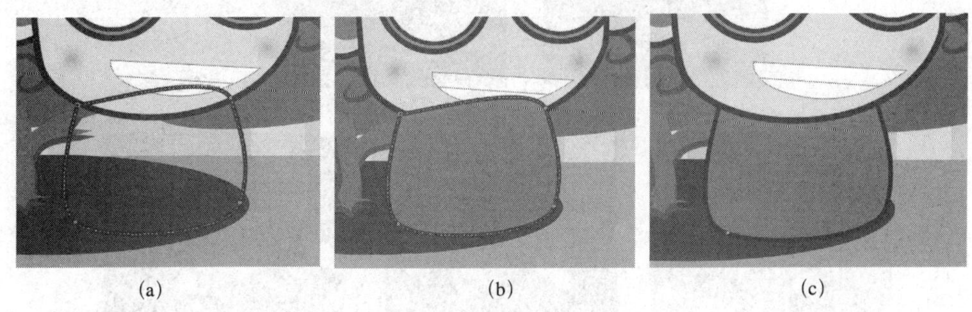

(a)　　(b)　　(c)

图 9-9　绘制上身形态

15 使用【贝塞尔曲线】绘制领子，并填充 R252、G212、B196，在绘制腿部如图，填充 70% 灰色效果如图 9-10 所示。

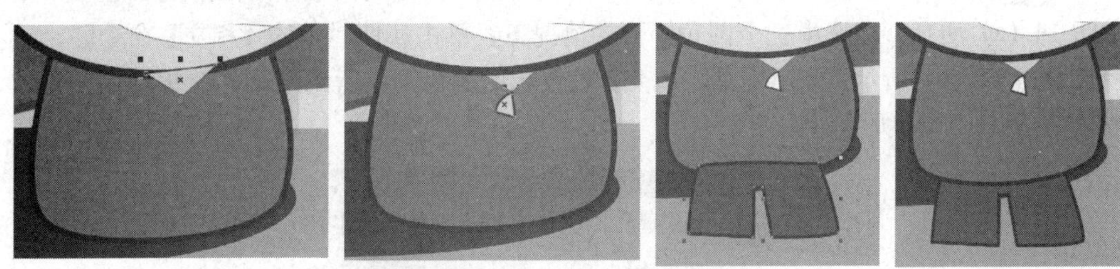

图 9-10　绘制衣领及下身形态

16 运用【椭圆】工具绘制一个与腿一样宽的椭圆，填充白色，在选中椭圆的情况下单击右键，选择将椭圆【转换为曲线】命令，运用【形状】工具修改为图 9-11（b）所示效果，并复制移动，效果如图 9-11（c）所示。

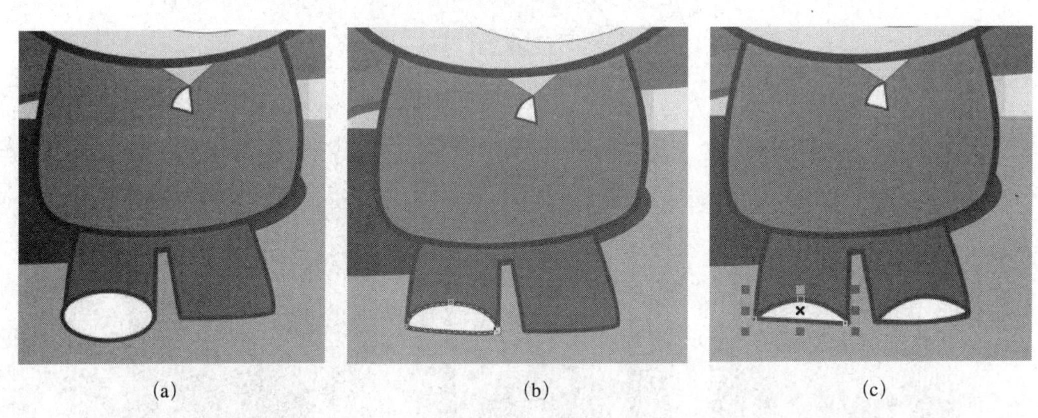

(a)　　(b)　　(c)

图 9-11　绘制脚部形态

17 运用【贝塞尔曲线】绘制衣服兜，并填充为白色，边框填充为砖红色效果如图 9-12 所示。

18 同样的方式绘制胳膊和手的形态，效果如图 9-12 所示。

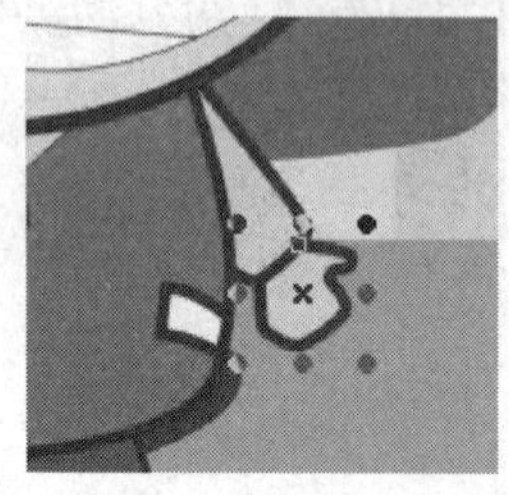
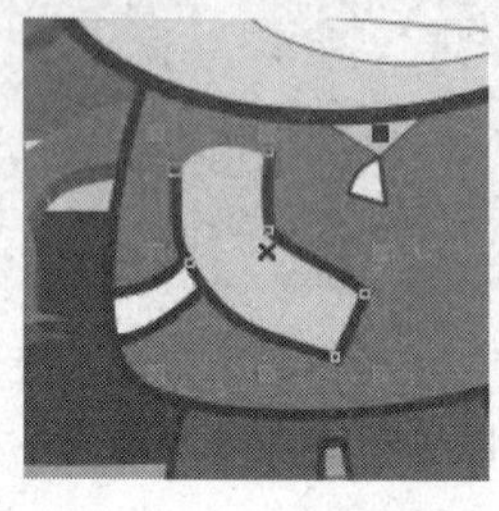
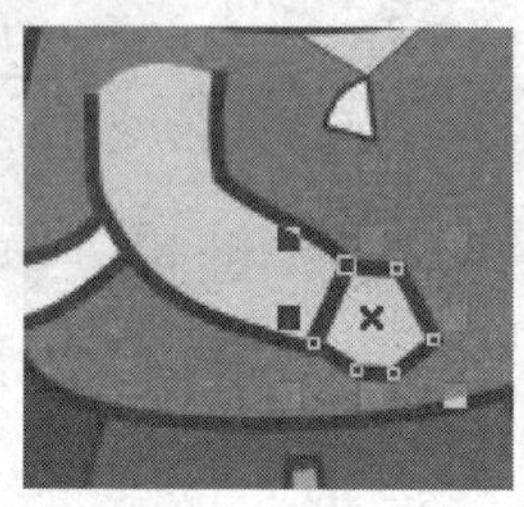

图 9-12　绘制衣服兜

19 接下来我们绘制手上的瓶子，绘制三个矩形，分别设置角的圆滑度如图 9-14（a）所示，在选中三个圆角矩形的情况下，单击属性栏中的【相交】命令，效果如图 9-14（b）所示，使用交互式填充，设置起始颜色为浅蓝到深蓝如图 9-13 所示，效果如图 9-14（c）所示。

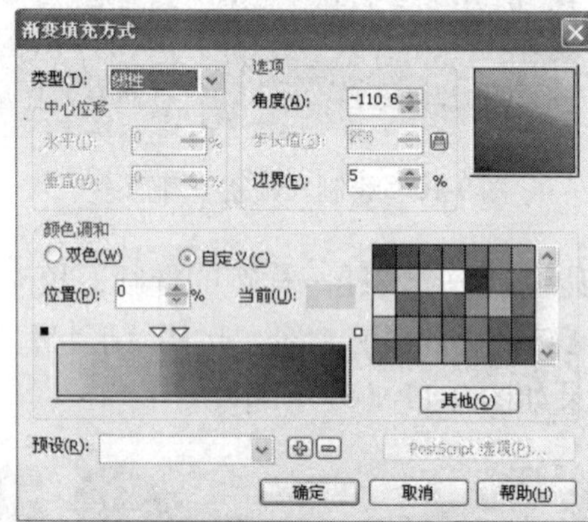

图 9-13　渐变填充对话框

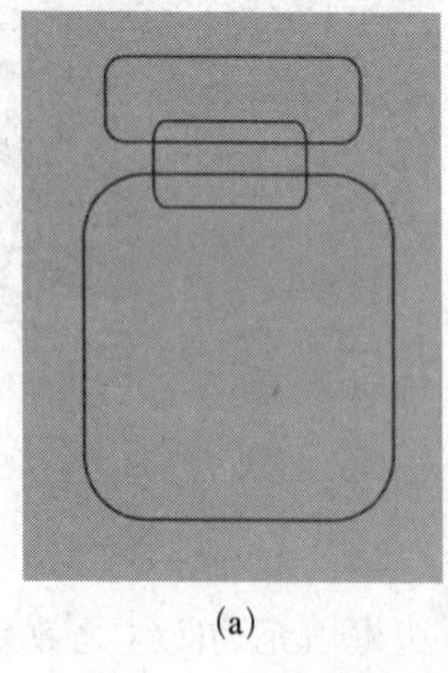
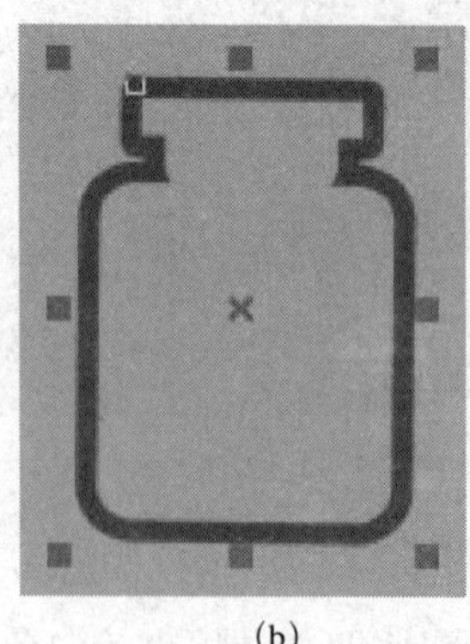

(a)　(b)　(c)

图 9-14　绘制瓶子

20 把瓶子绘制好后放置在手的后面，效果如图 9-15 所示。

21 绘制一个椭圆，填充为黑色，在选中椭圆的情况下选择排列|顺序|在后面，单击腿部即可，效果如图9-15（a）所示，选中椭圆工具，使用交互式透明工具，设置透明度为50，效果如图9-15（b）所示。

(a)

(b)

图9-15　绘制投影

22 绘制一个正圆，选择渐变填充中的射线填充如图9-16（a)所示，在正圆被选中的情况下选择交互式透明工具设置属性栏 标准 正常 图61，效果如图9-16（b）所示。

23 使用同样的方法绘制调皮精灵效果如图9-17所示。

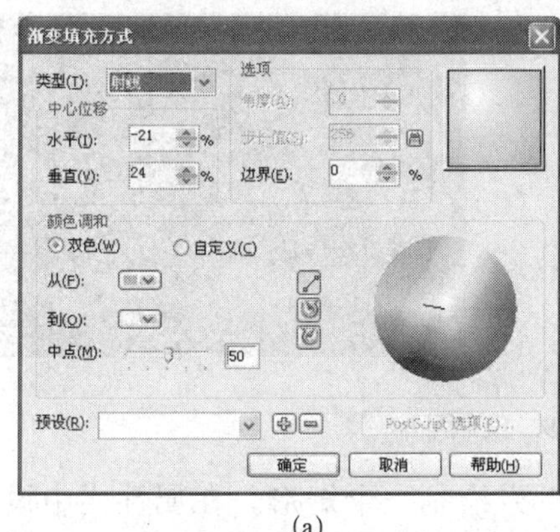

(a)

(b)

图9-16　设置射线填充对话框及填充效果

图9-17　最终效果

9.2 网页艺术设计——CorelDRAW 界面

01 新建一个文档，运用【矩形】工具绘制一个与页面相同大小的矩形，并运用【交互式填充】工具填充，对矩形进行射线填充，效果如图 9-18 所示。

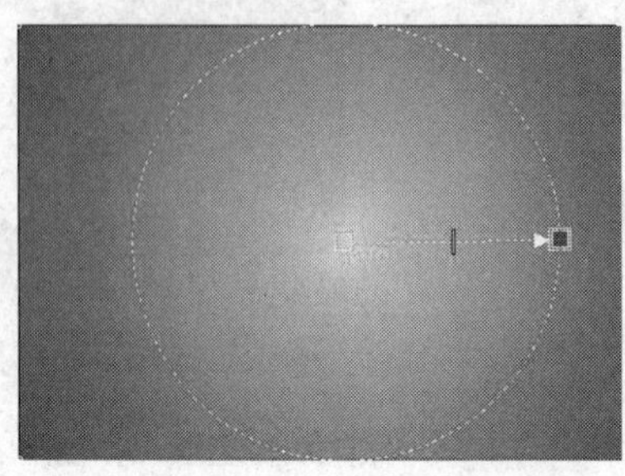

图 9-18　绘制矩形

02 运用工具箱中的【星形】工具，绘制一个正 24 角星形，选择无填充“☒”，边缘填充为深蓝色，效果如图 9-18 所示，在星形被选中的情况下，按【Ctrl+D】键再制一个星形，并使用【交互式填充】工具，填充为射线填充，起始颜色为浅蓝，终止颜色为湖蓝，效果如图 9-19 所示。

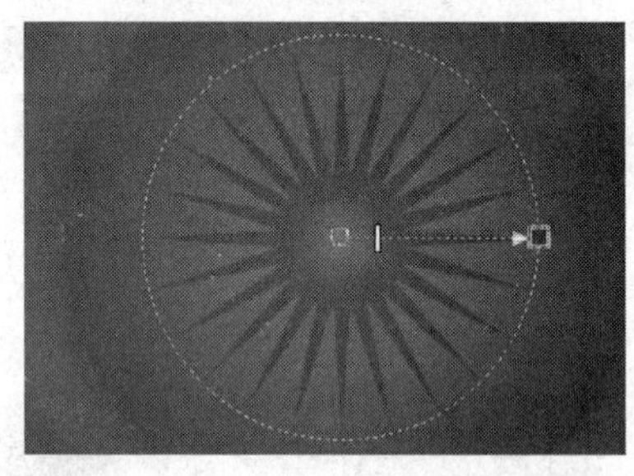

图 9-19　绘制星形

03 运用【矩形】工具在画面下方绘制一个矩形，在属性栏中设置下方角为“0 25 0 25”，使用工具箱中的【渐变填充】工具，弹出对话框，设置如图 9-20（a）所示，填充效果如图 9-20（b）所示。

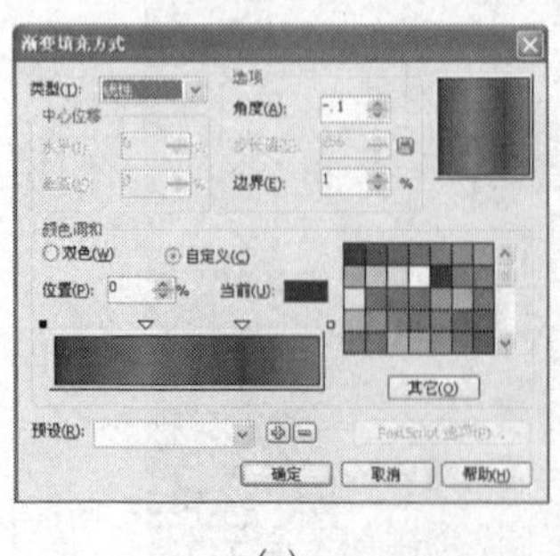

(a)

(b)

图 9-20　“渐变填充方式”对话框绘制矩形

04 运用【贝塞尔曲线】工具绘制如图 9-21（a）所示，再运用矩形工具绘制如图 9-21（b）所示，把两个图放在一起，运用焊接工具将两个图连接在一起，并填充橙色，效果如图 9-21（c）所示。

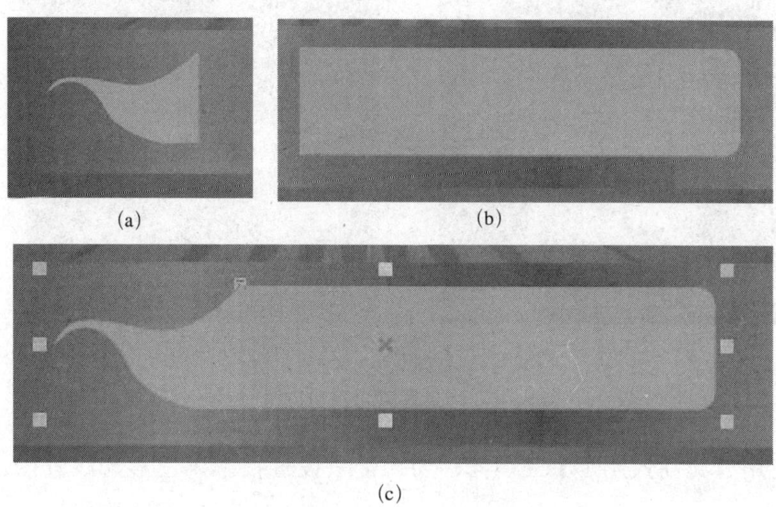

(a)　(b)

(c)

图 9-21　编辑曲线图形

05 按【Ctrl+D】键复制一个该图形，并填充为黄色，绘制一个矩形，并复制到适当的位置，在黄色图形中加区两个矩形，效果如图 9-22（a）所示。在矩形于黄色图形被选中的状态下使用修剪命令，得到如图 9-22（b）所示。

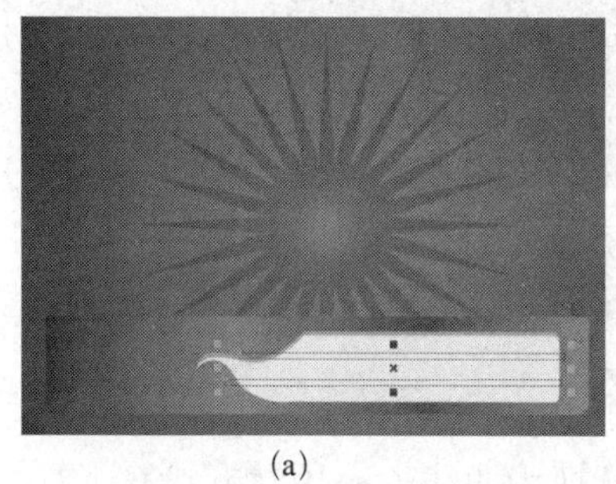

(a)

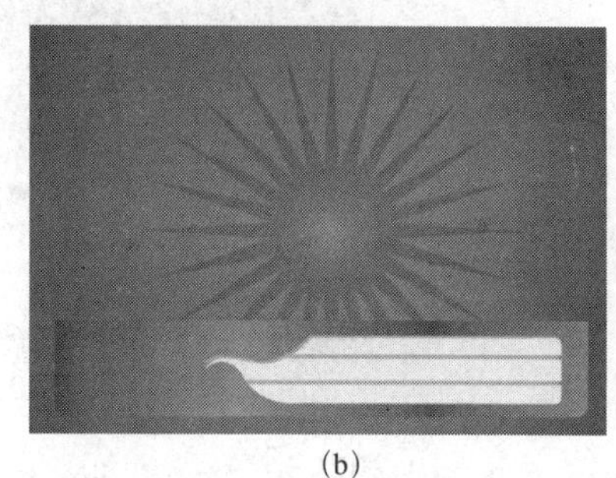

(b)

图 9-22　复制图形绘制矩形

06 在黄色区域内输入文字，效果如图 9-23（a）所示。

07 运用【贝塞尔曲线】工具绘制一个狮子头外形，效果如图 9-23（b）所示。

(a)

(b)

图 9-23　输入文字 绘制狮子头外形

08 使用【交互式填充】工具，进行射线填充，起始色为黄色，终点色为橙色，效果如图9-24（a）所示，并绘制内部结构，如9-24（b）图所示（主要应用椭圆工具与手绘工具）。

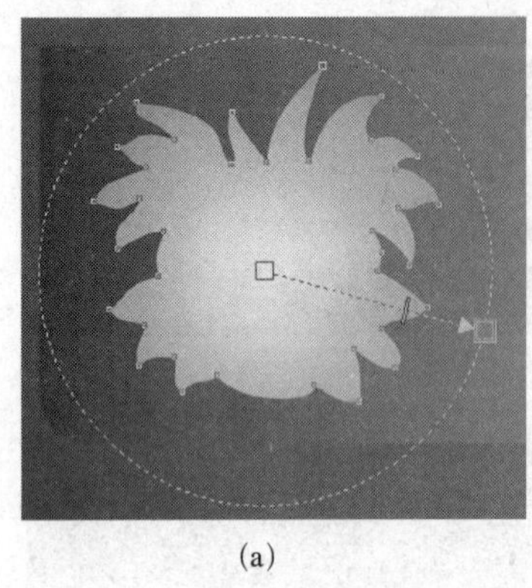

(a)

(b)

图 9-24　交互式填充绘制内部结构

09 使用【交互式阴影】工具，为狮子头设置投影，色彩为浅蓝色，效果如图9-25所示。

图 9-25　设置投影

10 在页面中间绘制一矩形，单击右键，转换为曲线，运用【形状】工具进行调解，填充为黑色，效果如图 9-26 所示。

图 9-26　绘制黑色图形

11 在黑矩形的后面应用【贝塞尔曲线】工具绘制如图效果，并应用【交互式填充】工具，填充为由浅灰到深灰的渐变填充，应用【交互式阴影】工具为其设置投影，效果如图9-27所示。

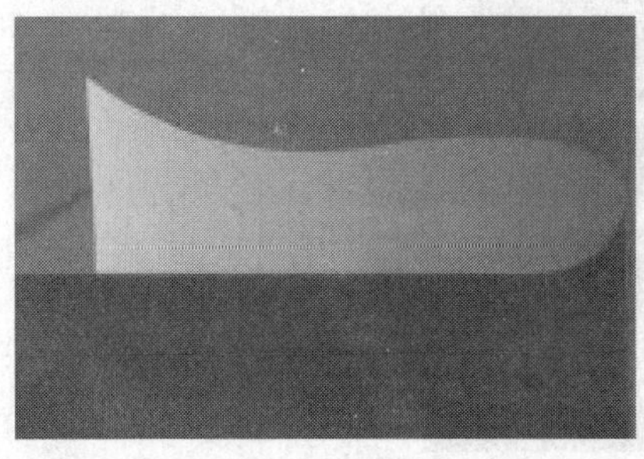
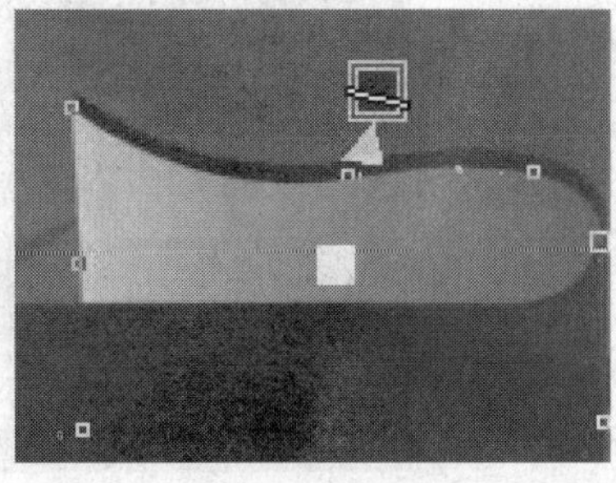

图9-27 交互式填充交互式阴影

12 在灰色边缘绘制一条曲线，设置为虚线，在【排列】菜单下选择【将轮廓转为对象】命令，然后对其进行渐变填充，填充色由浅蓝到深蓝，如图9-28（a）所示。

13 在【文件】菜单下选择【导入】，导入三张图片，调整大小并绘制两个矩形，如图9-28（b）所示。

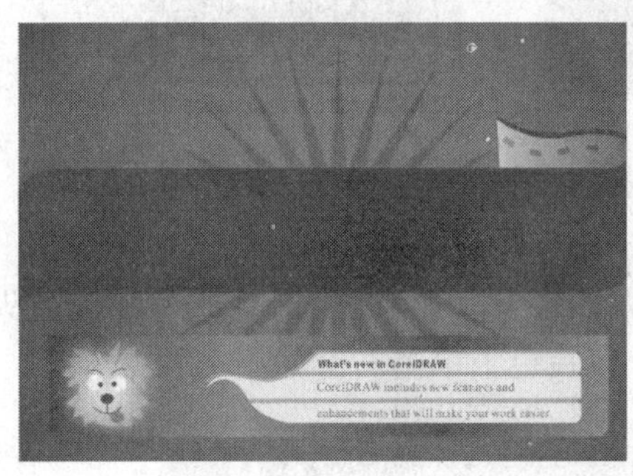

(a)

(b)

图9-28 绘制曲线导入图片

14 选择工具箱中的【基本形状】工具，绘制如图9-29的形状，并转换为曲线，应用【形状】工具对其进行调整，并填充为灰色，并复制放在画面中的位置，如图9-30所示。

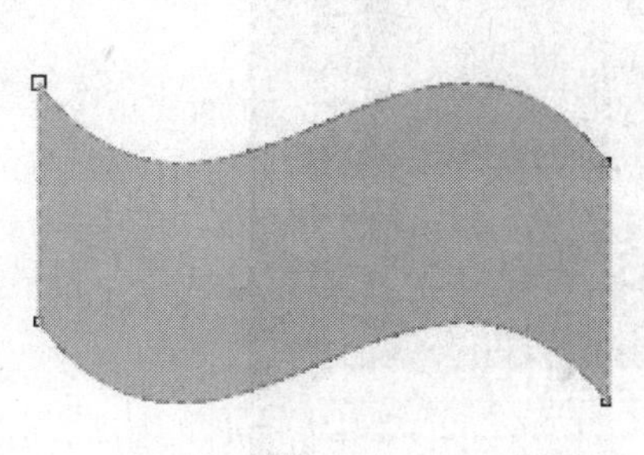
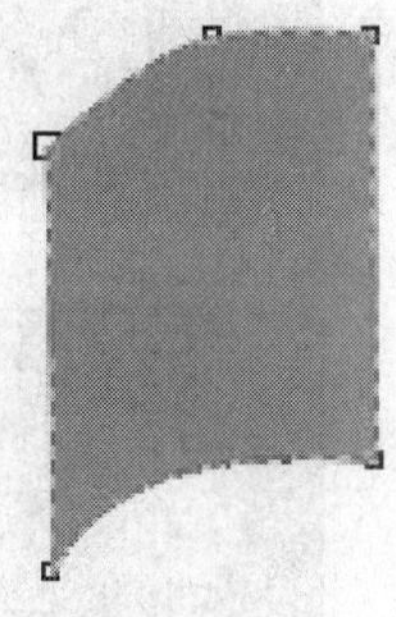

图9-29 绘制图形

15 在黑色矩形区域内绘制一条线，设置为虚线，颜色为白色，复制这条虚线，放在画面中适当位置，如图 9-30 所示。

图 9-30　置入图形绘制虚线

16 在页面中在绘制一个矩形设置边缘圆角为"　　"，填充为蓝色，效果如图，复制该图形，放大并填充为黄色放置在向后一层单击右键，把二者群化，在上面输入英文 New's，设置为黄色，效果如图 9-31 所示。

图 9-31　绘制矩形 输入文字

17 运用【手绘】工具，绘制直线，在属性栏中设置为虚线，并设置结束箭头形态如图，线的宽度为 2.822 mm，颜色为黄色，在黄色上单击右键如图 9-32 所示。

图 9-32　绘制虚线

18 输入文字 CorelDRAW，放在画面左上角效果如图 9-33 所示，这样一个页面就制作好了。

图 9-33　输入文字

9.3 卡通画——时尚美女

9.3.1 设计思路

在为卡通人物进行造型时，会出现很多不规则的曲线。本例制作的卡通画海报，在绘制卡通人物的过程中，大量使用到【贝塞尔】工具，然后使用【形状】工具对路径进行编辑，以使曲线光滑。图 9-34 所示为实例的完成效果。

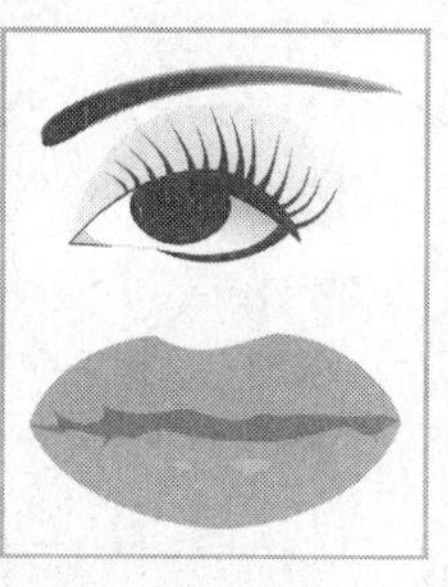

图 9-34　实例完成效果及分解

首先，使用【贝塞尔】工具绘制出人物各个部位的轮廓，然后为其填充相应的颜色。在对人物的一些细部进行刻画时，使用到了【交互式透明】工具。接着绘制背景图像和装饰图案，最后使用【交互式轮廓图】工具制作文字的特殊效果。

9.3.2 绘制卡通人物的头部及五官

01 运行 CorelDARW X4，新建一个空白文档，保持其属性栏的默认设置。

02 首先绘制人物的脸颊形状。在工具箱中选择【贝塞尔】工具，绘制一个人物脸颊的基本形状，接着使用工具箱中的【形状】工具对节点进行调整，通过改变节点的属性和位置，将路径编辑光滑后填充颜色为肉色（C：5，M：36，Y：54，K：0），轮廓线为无色，如图 9-35 所示。

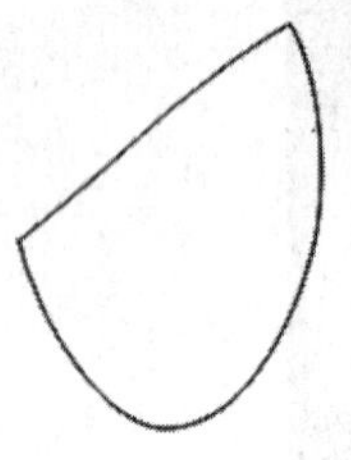
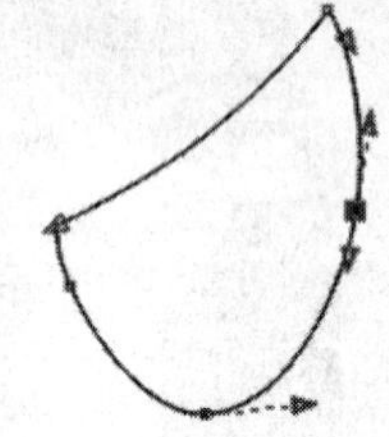
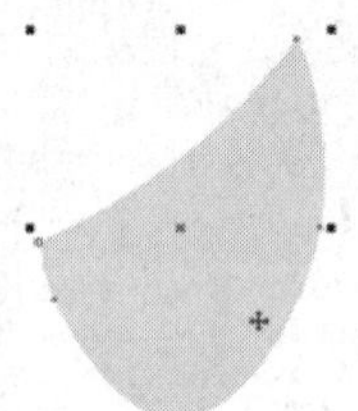

图 9-35 绘制人物脸颊

03 接下来绘制人物的头发。使用工具箱中的【贝塞尔】工具绘制如图 9-36 所示的路径图形。

04 选择【形状】工具，对绘制好的路径进行编辑。前面章节我们已经详细讲述了对路径编辑的各种操作，在此就不再重复。读者可参考图 9-37 所示的效果调整路径的形状，尽量使头发线条光滑。填充编辑好的头发形状为茶栗色，轮廓线为“无”。

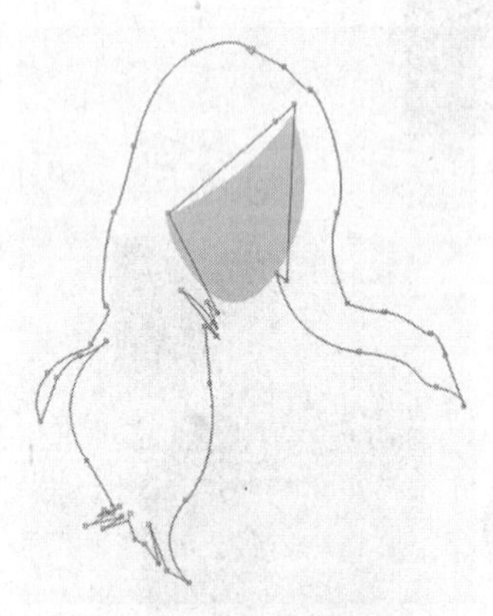

图 9-36 绘制人物头发路径

图 9-37 编辑路径图形

05 到此人物头部的大至轮廓已经呈现出来，接下来要编辑的是人物脸颊的明暗度。选择工具箱中的【椭圆形】工具，绘制一个椭圆，填充内部颜色的色值为（C：3，M：67，Y：49，K：0），轮廓线为“无”，保持其选中状态，选择工具箱中的【交互式透明】工具，参照图9-38所示属性栏设置各项参数，为椭圆添加透明效果。

06 保持其为选中状态，执行菜单栏中的【编辑】|【再制】命令，将添加透明效果的椭圆复制一份，单击属性栏的【水平镜像】按钮，将两个椭圆摆成为对称状态，按下Shift键，将另一个椭圆选中，执行菜单栏中的【效果】|【图框精确剪裁】|【放置在容器中】命令，鼠标将变为黑色箭头，单击脸颊图形，将椭圆放置到脸颊中，如图9-39所示。

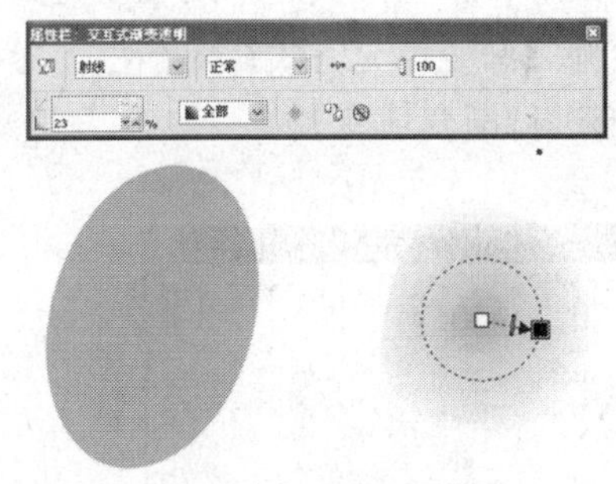

图9-38　添加透明效果

图9-39　应用图框精确剪裁

07 系统默认情况下，放置到容器当中的图形都是以中心对齐，这样的效果往往是不理想的，这就需要对其进行编辑，在脸颊上右键单击，在弹出的快捷菜单中选择【编辑内容】选项。这时头部图形成为灰色状态，将两个椭圆放到脸颊合适位置后，右键单击，在弹出的快捷菜单中选择【编辑完成这一项】，效果如图9-40所示。

08 接下来绘制人物的五官。首先绘制眼睛。选择工具箱中的【贝塞尔】工具，绘制眼睑的基本形状，再使用【形状】工具对其节点进行调整，将眼睑边缘编辑光滑，填充为黑色，如图9-41所示。

图9-40　执行【编辑内容】命令

图9-41　绘制脸颊

09 按照以上方法，绘制如图9-42所示路径图形，填充颜色为黑色。

10 下面绘制眼球。使用工具箱中的【椭圆形】工具，绘制一个椭圆，按下【Ctrl+Q】键转换为曲线，再使用“形状”工具将椭圆编辑为如图 9-43 所示形状，填充内部颜色为黑色，轮廓线为“无”，放到绘制好的眼睑内。

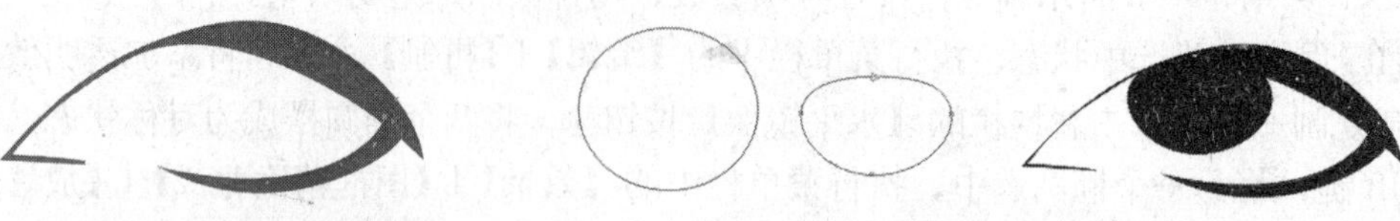

图 9-42　绘制路径图形　　　　图 9-43　绘制眼球

11 使用【贝塞尔】工具，绘制出眼白的路径图形，单击工具箱中的【填充】工具，在展开的工具栏中单击【渐变填充】工具，打开【渐变填充方式】对话框。参照图 9-44 所示对话框进行设置，对绘制的眼白路径图形进行渐变填充。

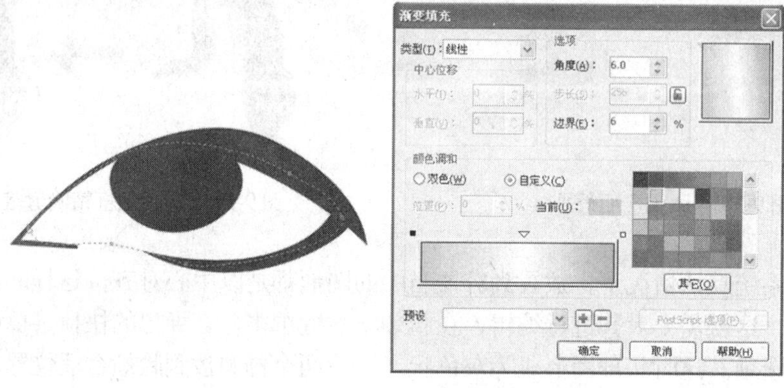

图 9-44　绘制眼白并进行渐变填充

12 在眼白的左边再绘制如图 9-45 所示路径图形，填充颜色为粉红（C：16，M：82，Y：49，K：0），轮廓线为“无”，并将填充后的路径图形置于所有眼睛图形的最下面，完成眼睛的绘制。

13 接下来绘制睫毛。使用【贝塞尔】工具，绘制出睫毛的形状，填充为黑色，将其复制多个，分别调整它们的大小及旋转角度后，将它们分布到上眼皮上，完成睫毛的制作，效果如图 9-46 所示。

图 9-45　完成眼睛的绘制　　　　图 9-46　绘制眼睛睫毛

14 继续使用【贝塞尔】工具，绘制如图 9-47 所示的路径图形，填充内部颜色为

(C：3，M：67，Y：49，K：0)，轮廓线为“无”。

15 绘制完毕，保持其为选中状态，选择工具箱中的【交互式透明】工具，为图形添加透明效果，如图9-48所示。

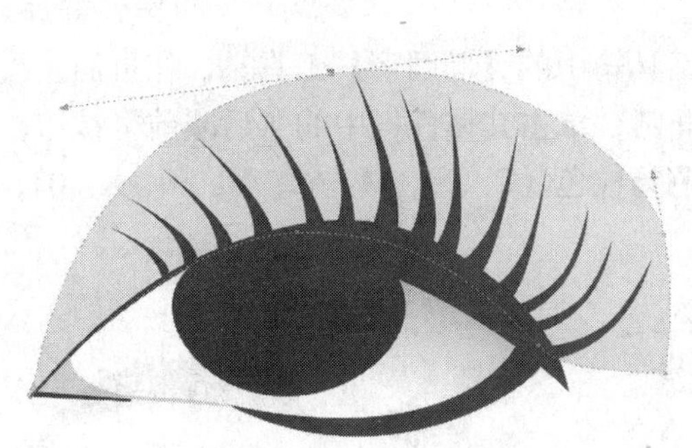

图9-47　绘制路径图形

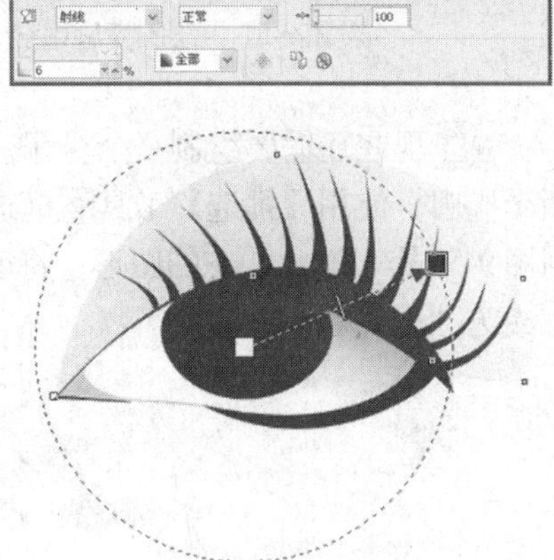

图9-48　添加透明效果

16 绘制眉毛。选择工具箱中的【艺术笔】工具，参照图9-49所示属性栏，设置各项参数，绘制出眉毛。

17 绘制嘴唇。使用工具箱中的【椭圆形】工具，绘制一个椭圆，按下【Ctrl+Q】键转换为曲线，改变椭圆原来的属性，再使用“形状”工具将其转换为曲线的椭圆的节点进行调整，之后填充颜色为胭脂红（C：3，M：67，Y：49，K：0），并将轮廓线去掉，如图9-50所示。

图9-49　绘制眉毛

图9-50　绘制嘴唇

18 使用【贝塞尔】工具，绘制出嘴唇中缝，再使用【形状】工具编辑节点，使边缘变得光滑，填充颜色为朱红（C：21，M：100，Y：98，K：0），将轮廓线去掉，如图9-51所示。

19 按照以上绘制嘴唇中缝的方法，绘制出嘴唇的高光部图形，并填充颜色的色值为（C：3，M：44，Y：9，K：0），完成嘴唇的制作，效果如图9-52所示。

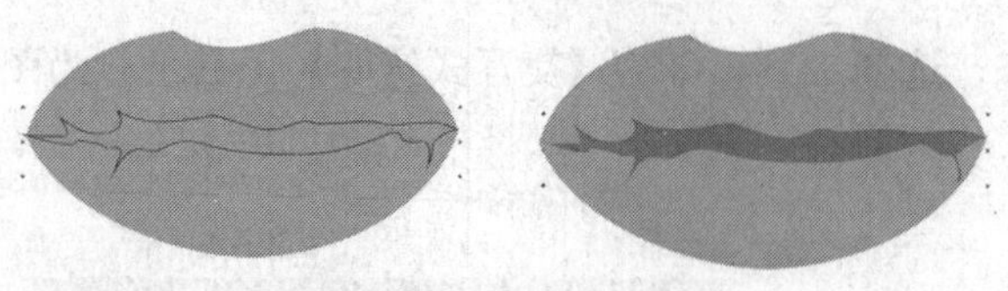

图 9-51　绘制嘴唇中缝

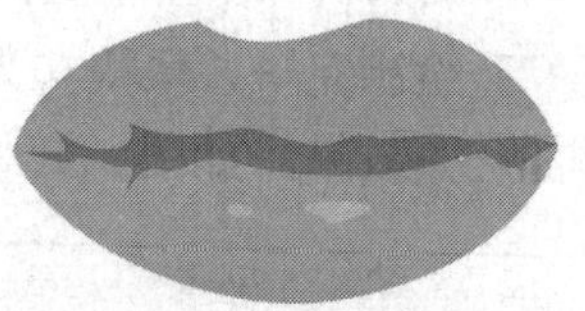

图 9-52　完成的嘴唇制作

20 现在还需要绘制一个鼻子。使用工具箱中的【椭圆形】工具，在页面上绘制两个椭圆，使用【挑选】工具框选两个椭圆，单击其属性栏中的“后减前”按钮，得到图 9-53 处于选中状态的图形，将填充颜色为棕色（C：29，M：62，Y：80，K：0），轮廓线为“无”。

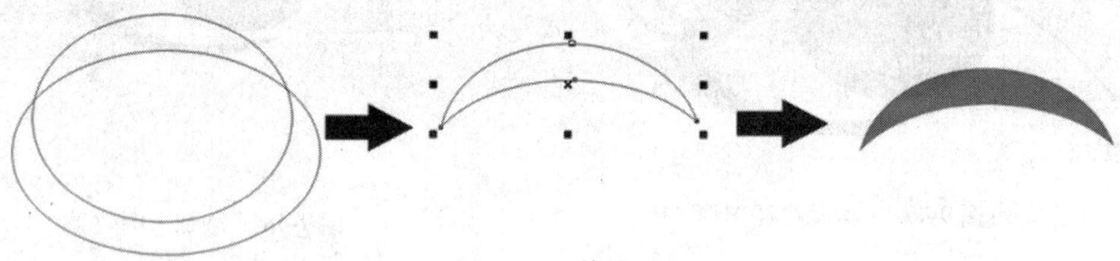

图 9-53　编辑图形

21 保持相减后所得图形为选中状态，在其属性栏中设置旋转角度为 135°，按下 Enter 键确认之后复制一份，单击属性栏中的【镜像】按钮，使两个图形成为对称状态。接着使用路径绘制工具，绘制出人物鼻孔的形状。填充它的颜色为褐色（C：40，M：69，Y：85，K：2），轮廓线为“无”，将鼻孔图形复制一份，颜色填充为红褐色（C：55，M：97，Y：93，K：14），轮廓线为“无”，拖动缩放控制柄，将其缩小一些。

22 接着选择工具箱中的【交互式调和】工具，在其属性栏中设置两个图形之间调和步长为“1”，将两个图形进行调和，效果如图 9-54 所示。

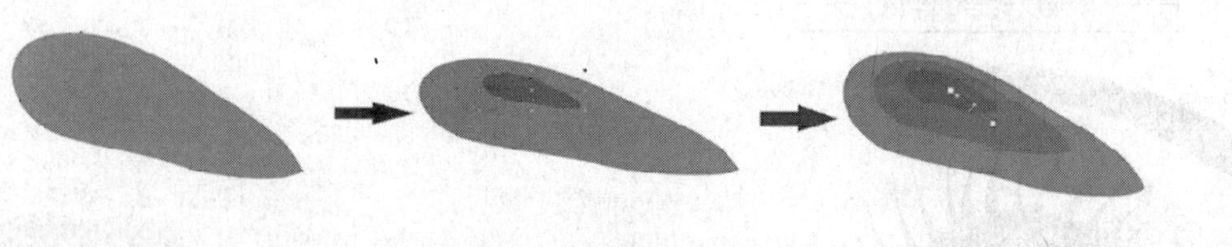

图 9-54　编辑图形

23 使用【挑选】工具，框选调和的图形，复制一份，单击其属性栏中的【镜像】按钮，将两个鼻孔摆成对称状态，如图 9-55 所示。

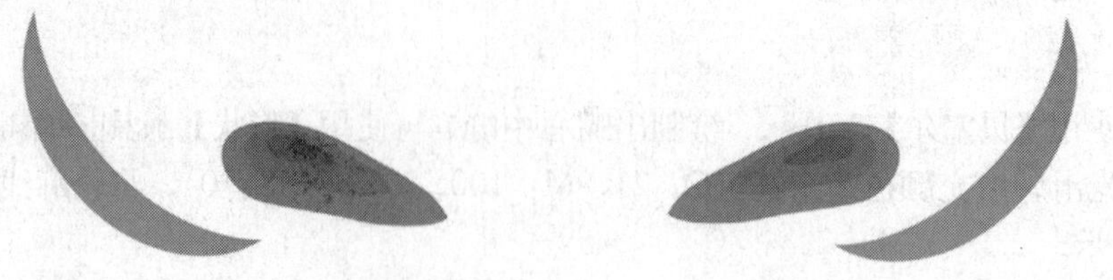

图 9-55　摆放鼻孔位置

24 到此人物的五官已经制作完成了。参照图 9-56 所示将人物的五官摆放到脸颊图形上面。

图 9-56　摆放五官位置

9.3.3　制作人物的身体

01 选择工具箱中的【椭圆形】工具绘制一个椭圆，填充它的颜色的色值为（C：10，M：45，Y：66，K：0），轮廓线为“无”，将其放到人物头部的下面，作为人物的脖颈，如图 9-57 所示。

图 9-57　绘制人物脖颈

02 下面分别用【贝塞尔】工具和【形状】工具，参照图 9-58 所示绘制出人物穿着的裙子轮廓，接着再绘制胸部轮廓，将胸部轮廓放置到裙子轮廓图形下面，如图 9-58 所示。

03 下面将人物胸部图形颜色填充为肉色（C：5，M：36，Y：54，K：0），轮廓色为“无”，填充裙子颜色为浅蓝（C：12，M：3，Y：5，K：0），轮廓线为“无”，完成效果如图 9-59 所示。

图 9-58　绘制人物身体轮廓

图 9-59　填充颜色

04 按照绘制人物胸部和裙子的方法，再绘制出人物的手臂，填充颜色与胸部颜色相同，到此人物就制作完成了，如图 9-60 所示。

图 9-60　绘制完成人物手臂

9.3.4　制作背景及添加装饰性图案

01 选择工具箱中的【矩形】工具□绘制一个矩形，填充内部颜色为深蓝（C：89，M：60，Y：37，K：0），轮廓色为黑色，如图 9-61 所示。

02 绘制两个不同尺寸的正圆，填充大圆颜色的色值为（C：3，M：27，Y：13，K：0），小圆颜色的色值为（C：5，M：78，Y：1，K：0），轮廓色都为“无”，如图 9-62 所示。

03 将两个正圆群组，按照“绘制卡通人物的头部及五官”中步骤 06 的操作，将两个椭圆放到矩形当中，效果如图 9-63 所示。至此，背景就制作完成了。

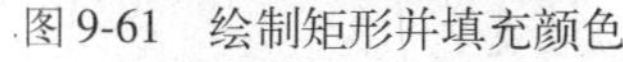
图 9-61 绘制矩形并填充颜色

图 9-62 绘制正圆

图 9-63 背景完成效果

04 使用【挑选】工具，将绘制好的人物放到绘制好的背景上，参照图 9-64 所示，调整位置。

05 为了使画面更丰富，再绘制一些装饰图案。使用工具箱中的【椭圆形】工具，按下 Ctrl 键绘制一个正圆，填充内部颜色为橘黄色（C：1，M：40，Y：56，K：0），轮廓线为“无”。复制该正圆并拖动缩放控制柄将复制正圆缩小，填充它的颜色为粉绿色（C：99，M：5，Y：4，K：0），参照图 9-65 所示摆放它们的位置。

图 9-64 摆放人物位置

图 9-65 摆放正圆位置

06 按照以上方法完成如图 9-66 所示装饰性图案的绘制。

07 最后来添加文字。选择工具箱中的“文本”工具，在页面上输入“CARTOON”，参照图 9-67 所示设置字体及字号。

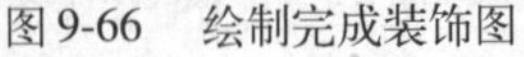
图 9-66　绘制完成装饰图

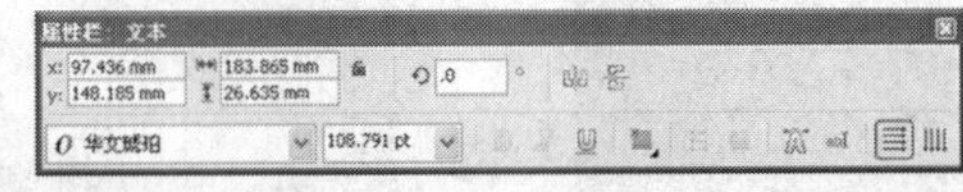

图 9-67　输入英文文字

08 保持字母为选中状态，单击属性栏中的“垂直排列文本”按钮，将字母垂直排列。填充文字颜色为浅蓝光紫，轮廓线为“无”。使用工具箱中的“矩形”工具绘制两个矩形放到字母上下两边，填充颜色与字母颜色相同，再使用【挑选】工具框选字母和矩形，按下【Ctrl+G】键群组，放到如图 9-68 所示位置。

09 保持文字为选中状态，选择工具箱中的【交互式轮廓图】工具，参照图 9-69 所设置属性栏中各项参数，为字母添加轮廓效果。

图 9-68　绘制矩形

图 9-69　使用【交互轮廓图】工具

10 最后在文档的右下方输入“TENG LONG VISUAL ARTS STUDIO”，将其填充为淡黄色，轮廓线为“无”，完成整个实例的制作，最终效果如图 9-1 所示。

CorelDRAW X4

第10章 精彩世界——综合设计[二]

10.1 欢悦的鲤鱼

绘制鲤鱼步骤如下：

01 单击工具箱中的【椭圆】工具，按住Ctrl键绘制一个正圆将其填充为深蓝色，同时绘制一个半径约为正圆一半的小正园。将其放置在如图10-1（a）所示位置。

02 选择大正圆，使用工具箱中的【形状】工具，单击属性栏中的【饼形】按钮拖动节点，将大正圆调整成如图10-1（b）所示的形状。

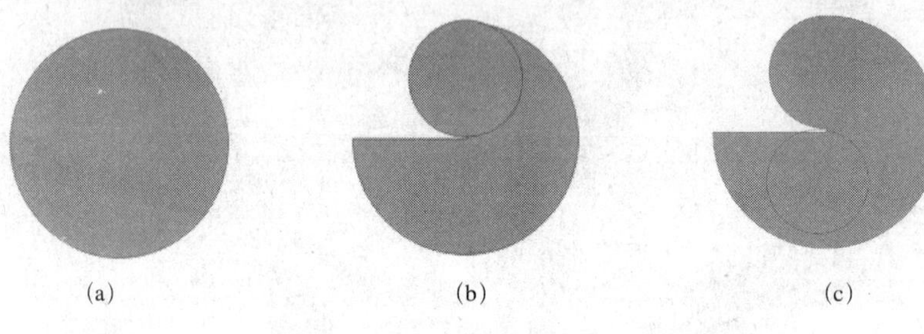

(a)　(b)　(c)

图10-1　绘制圆形

03 选择小正圆，按"+"键、复制一个，将其移动到如图10-1（c）所示位置。同时选择变形后的大正圆和左下方的小正圆，单击属性栏中的【后减前】按钮。将其剪切如图10-2所示的"鱼身"形状。

04 使用工具箱中的【椭圆】工具，绘制一个椭圆作为"鱼嘴"填充为蓝色。单击属性栏中的【到后部】按钮，将"鱼嘴"放置到"鱼身"后面，如图10-3（a）所示。

05 单击工具箱中的【贝塞尔曲线】工具，在"鱼嘴"处勾画处一根"鱼须"然后使用【形状】工具，调整"鱼须"形状，如图10-3（a）所示。

06 单击工具箱中的【轮廓】工具，在弹出的工具菜单中选择"2点轮廓"，将"渔须"加粗。然后单击"轮廓颜色对话"按钮，在弹出的轮廓颜色对话框中设置轮廓颜色，如图10-3（b）所示。

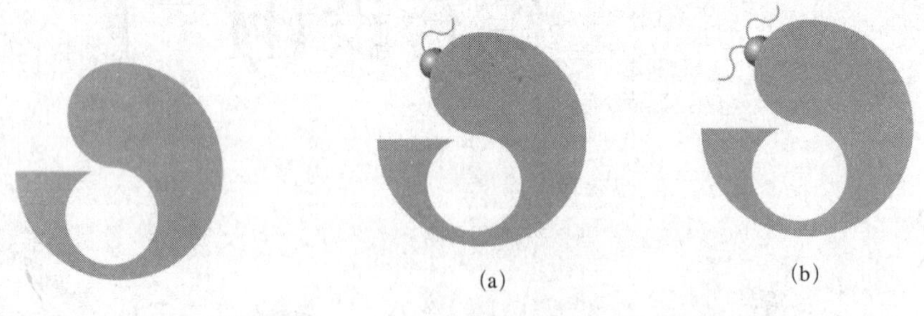

(a)　(b)

图10-2　绘制鱼身形状

图10-3　绘制鱼须

07 使用【椭圆】工具，按住Ctrl键绘制一个鱼眼，填充为浅蓝色如图10-4（a）图所示。

08 选中"鱼须"使用工具箱中的【吸管】工具，单击"鱼须"后选择【油漆筒】工具，单击"鱼头"轮廓，使其与"鱼须"的颜色和宽度一致，如图10-4（a）所示。

09 按“+”键，复制一个“鱼头”图形，将其适当缩小并放置于“鱼头”之后，作为“鱼鳞”，如图 10-4（a）所示。使用相同方法，复制若干“鱼鳞”，依据“鱼身”形状调整其大小、方向和排列顺序，如图 10-4（b）所示。

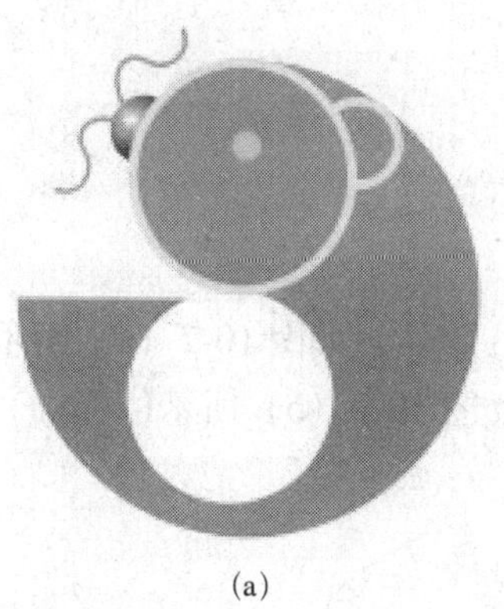

(a)

(b)

图 10-4 绘制鱼头和鱼鳞

10 单击工具箱中的【贝塞尔】工具，在“鱼尾”处勾画出。“尾鳍”形状，填充为据蓝色。单击工具箱中的【轮廓】工具，在弹出的工具菜单中选择“无轮廓”，取消“尾鳍”轮廓，如图 10-5 所示。

11 使用【挑选】工具，选择“鱼身”图形，按+键复制一个，并向右下方移动一定距离，改变其填充颜色为浅蓝色，作为“背鳍”，如图 10-5 所示。

12 选择工具箱中的【刻刀】工具，将“背鳍”。左边多余部分切除，如图 10-5 所示。

图 10-5 绘制尾鳍背鳍

绘制水浪图案步骤如下：

01 使用【椭圆】工具按住 Ctrl 键绘制一个正圆，填充为浅蓝色。按“+”键复制一个，将其适当缩小并置于图 10-6（a）所示位置。同时选择变两个正圆。单击属性栏中的【后减前】按钮，将其剪切为如图 10-6（b）所示形状。

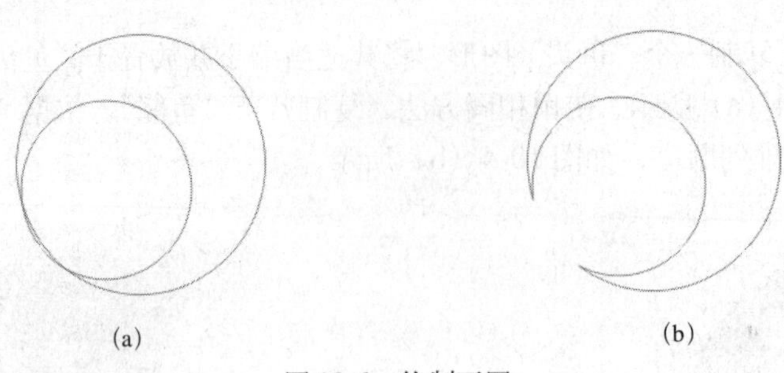

(a) (b)

图 10-6 绘制正圆

02 选择工具箱中的【刻刀】工具，将图形左上部分切除。如图 10-7（a）所示。使用【椭圆】工具，按住 Ctrl 键绘制一个正圆，放置在如图 10-7（b）所示位置。

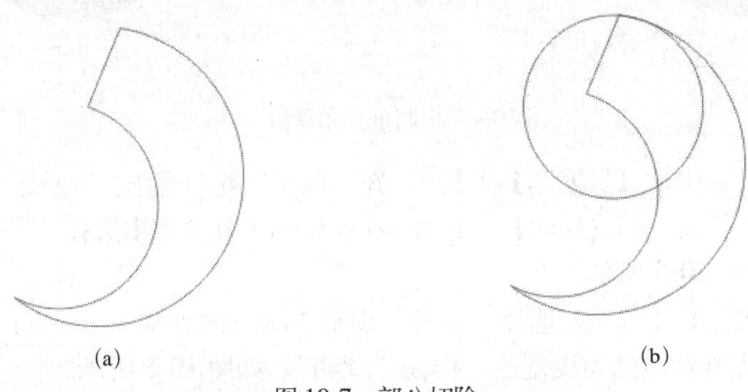

(a) (b)

图 10-7 部分切除

03 用鼠标选中这两个图形对象，单击属性栏中的【焊接】按钮，将其合并为一体，同样填充为浅蓝色。如图 10-8（a）所示。按住 Ctrl 键另外绘制一个正圆，填充为深蓝色，并置于如图 10-8（b）所示位置。

04 选择工具箱中的【交互式变形】工具，对蓝色正圆进行变形处理，并复制该图形，填充深蓝色，使用【挑选】工具，调整变形后螺旋图形的大小和位置，如图 10-9 所示。

(a) (b)

图 10-8 焊接并填充颜色

图 10-9 水浪效果图

绘制背景步骤如下：

01 运用【矩形】工具，绘制与页面相同大小的矩形，为其填充冰蓝色，如图

10-10所示。

图10-10 绘制背景

02 绘制云朵，使用工具箱中的【椭圆】工具，【矩形】工具绘制如图所示的图形，使用【挑选】工具，框选所有图形对象，打开焊接工具卷帘，不勾选任何选项，焊接所有图形对象，效果如图10-11所示。

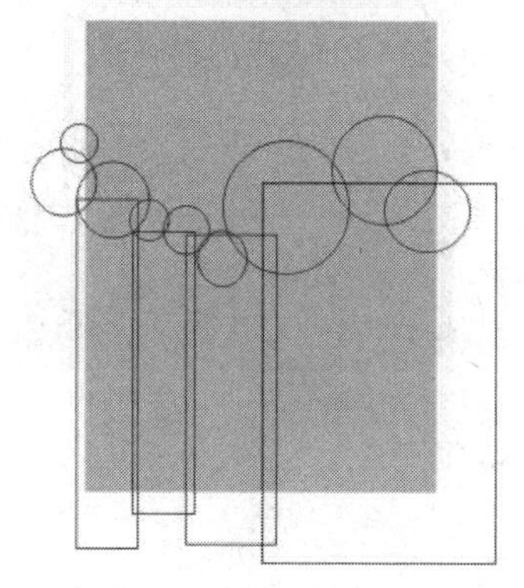

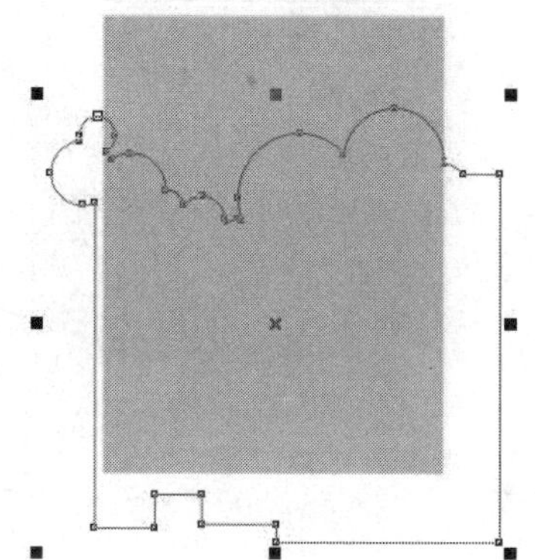

图10-11 绘制云朵

03 单击工具箱中的【交互式填充】工具填充由白到冰蓝的渐变色，云朵基本绘制完成，效果如图10-12（a）所示。

04 保持云朵对象的选取状态，按数字键盘上的“+”键复制对象，使用【挑选】工具，将复制出来的云朵对象向左下移动一些距离；选中原来的云朵对象，为其填入青色，设置轮廓无填充，效果如图10-12（b）所示。

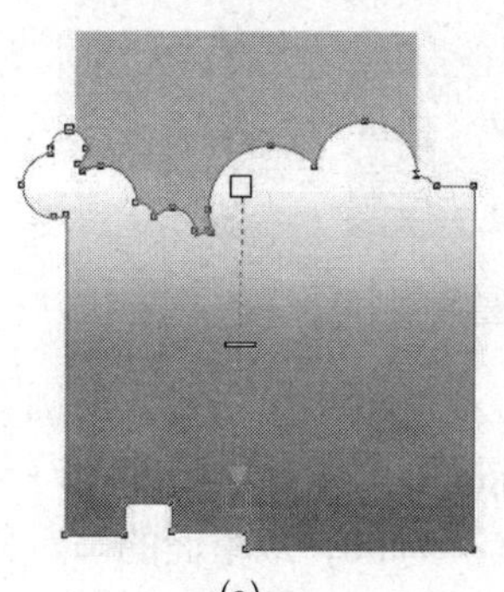

(a)　　(b)

图10-12 填充渐变色

05 使用【挑选】工具框选两个云朵对象，按键盘快捷键【Ctrl+G】进行群组，保持云朵群组对象的被选状态，选择【效果|图框精确剪裁|放置在容器中】命令，光标会变成黑色箭头，单击背景对象进行置入，如图10-13所示。

图 10-13　置入背景

绘制太阳步骤如下：

01 使用【椭圆】工具，在画面上按住 Ctrl 键绘制一个圆对象，填入白色；使用【挑选】工具按住Shift键，拖动圆角手柄向圆心缩小并复制若干个圆对象，如图 10-14 所示。

图 10-14　绘制太阳

图 10-15　太阳光晕效果

02 单击工具箱中的【交互式透明】工具，在画面上单击最大的圆对象，为其添加透明度，在属性栏上设置“透明度类型”为“标准”，“开始透明度”为 80；中间的两个圆对象也是同样的处理方法，设置“开始透明度”为 50，最里面的圆对象不添加透明效果，如图 10-15 所示。

绘制太阳的发散光芒步骤如下：

01 先使用单击工具箱中的【矩形】工具绘制一个长条形的矩形，并填充白色；按键盘快捷键【Ctrl+Q】将其转变成曲线，再使用【形状】工具调整节点，如图10-16所示。

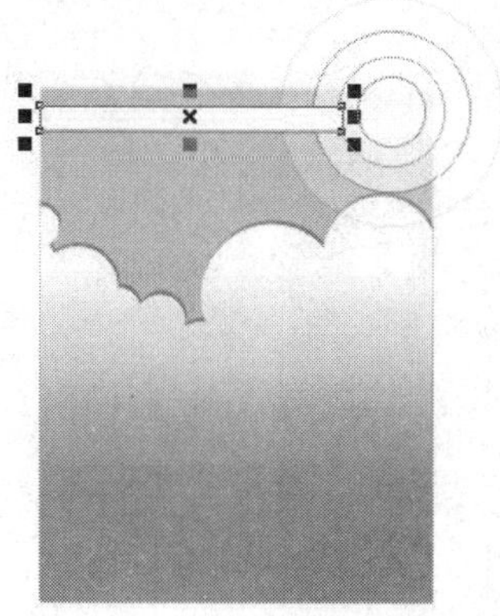

图10-16　绘制矩形

02 单击工具箱中的【交互式透明】工具，在表示光芒的对象上拖曳光标，为其添加线性透明效果；完成后使用【挑选】工具使其处于旋转状态，并其旋转中心移至太阳的中心位置，将其旋转复制若干个，效果如图10-17所示。

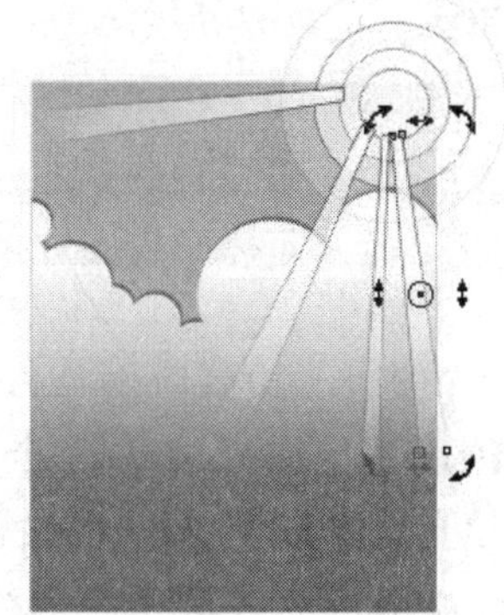

图10-17　复制和旋转表现光芒效果

03 框选所有太阳光晕和光芒对象，设置其轮廓“无填充”☒；保持该对象的被选状态，选择【效果】|【图框精确剪裁】|【放置在容器中】命令，光标会变成黑色箭头，单击背景对象进行置入，太阳绘制完成，效果如图10-18所示。

图10-18　太阳绘制完成图

04 接下来我们要把海浪和鱼纹放在背景上，并把后面的水纹设置为透明，前面的设置为不透明，并把鱼放置在其中，效果如图10-19所示。

图 10-19 最终效果图

提示:

在本实例绘制的过程中,应注意浪花的大小错落,表现空间关系应用交互式透明与投影工具表象层次关系。

10.2 绘制插画——舞动的青春

01 新建一个文件,设置版面为 A4 尺寸,版面为纵向。

02 使用【矩形】工具,绘制一个与页面一样大的矩形,并使用【交互式填充】工具,进行填充,填充类型选择射线,并设置颜色为蓝色和白色渐变,如图 10-20 (a) 所示。

03 运用【贝塞尔曲线】工具绘制一组曲线,形态为飘起的头发形态,如图 10-20 (b) 所示。

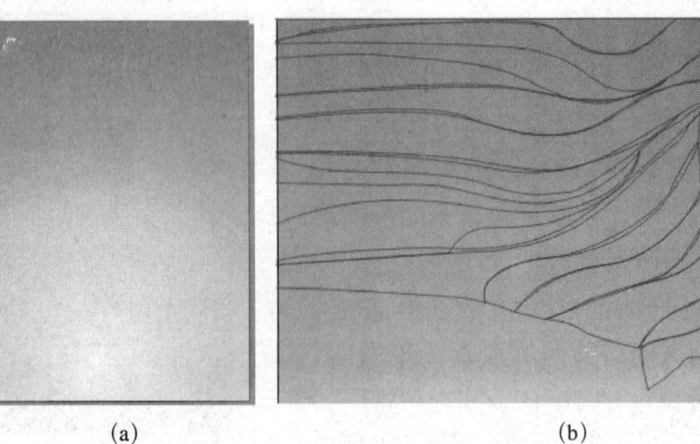

(a) (b)

图 10-20 绘制背景和人物头发

04 应用【交互式填充】工具对每一个形态进行渐变填充，填充方式选择“线性填充”，填充色彩为深蓝和浅蓝色效果如图 10-21 所示。

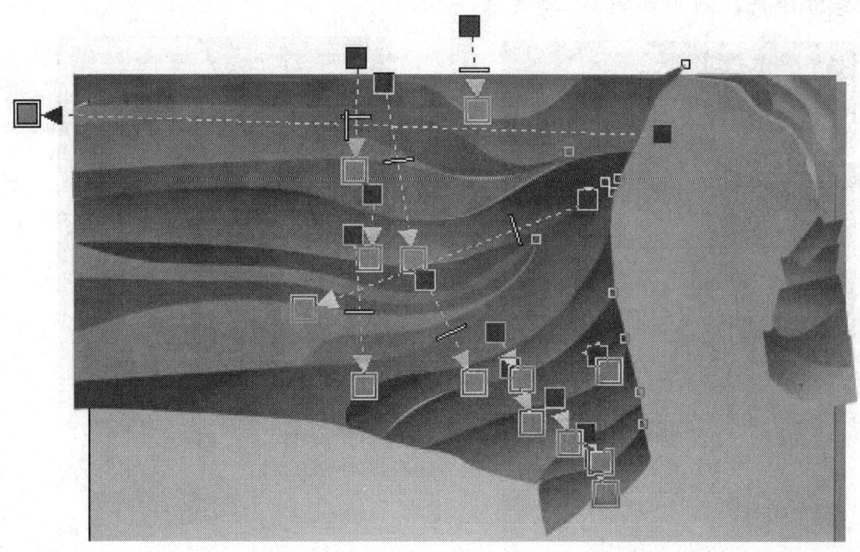

图 10-21　渐变填充

05 接下来我们绘制人物的脸部及躯干部，首先运用【贝塞尔曲线】工具，绘制人物的大致轮廓，并使用【交互式填充】工具为皮肤填充色彩色效果如图 10-22（a）所示，在该轮廓基础上进行任务的结构明暗的描绘和其他的部分的绘制。

06 运用【贝塞尔曲线】工具在脸部的下面绘制上身的形态，并填充白色，效果如图 10-22（b）所示。

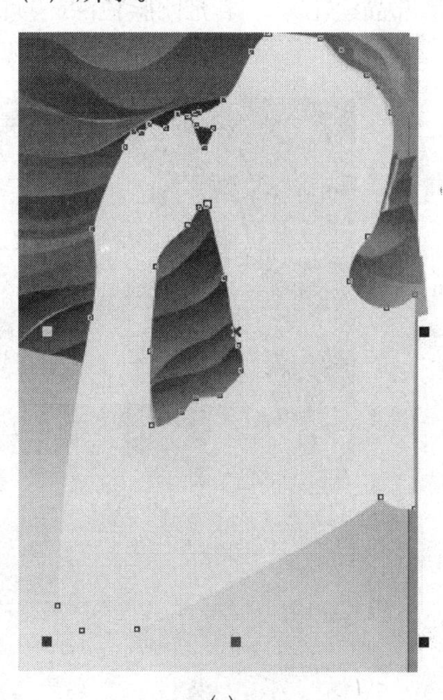

(a)

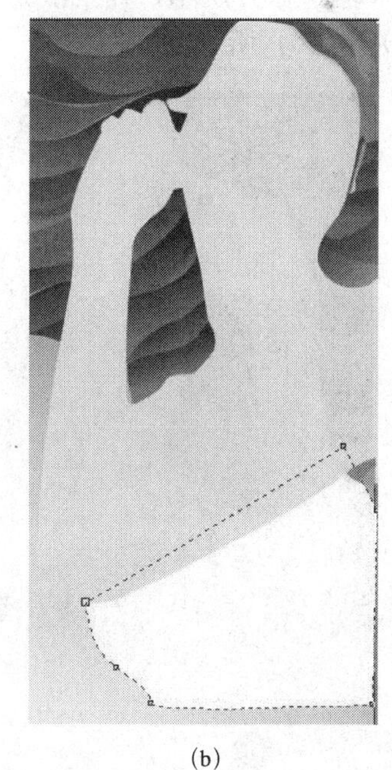

(b)

图 10-22　绘制上身及衣服形态

07 接着还运用【贝塞尔曲线】工具绘制衣服上的灰色部分，并填充 60% 灰色，效果如图 10-23（a）所示，衣服的形态画好后，再运用【贝塞尔曲线】工具把胳膊下面的投影绘制出来，效果如图 10-23（b）所示。

(a)

(b)

图 10-23　绘制投影

08 对人物的立体结构进行描绘，首先运用贝塞尔曲线工具，描绘颈部的暗部结构效果如图 10-24（a）所示，并把下颚部的暗部描绘出来，填充比脸色深一度的色彩，效果如图 10-24（b）所示。

(a)

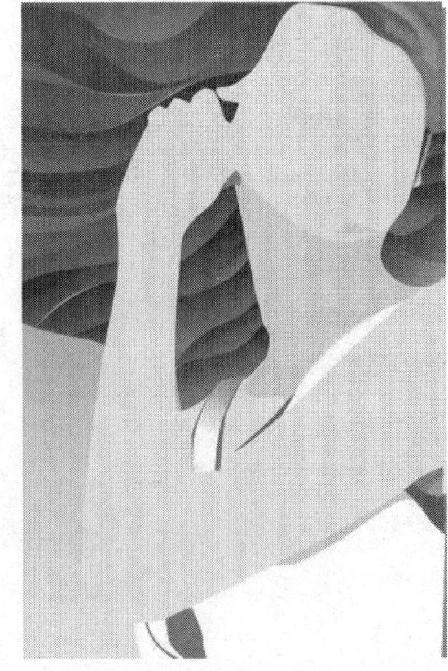
(b)

图 10-24　描绘颈部和下颚

09 根据颈部的明暗结构把整个颈部的暗部描绘出来先描绘浅色部分，填充逐层加深，效果如图 10-25 所示。

图 10-25 描绘颈部立体结构

10 下一步我们来对手臂的结构进行整理，把明暗关系描绘出来，并按照比手臂深一度的色彩进行填充，小臂和上臂的立体结构效果如图 10-26 所示。

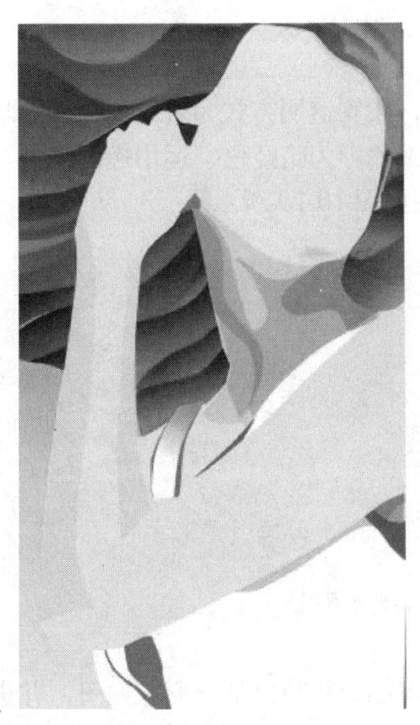

图 10-26 绘制小臂和上臂

11 接下来我们来绘制脸部结构，脸部结构中，眼睛和嘴部结构，需要我们进行细部刻画。脸部的额头，眉弓部，鼻子侧面，鼻子下面都是暗部结构，效果如图 10-27 所示。

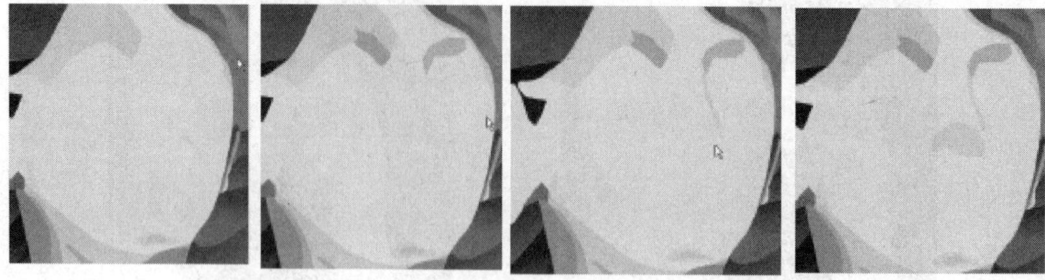

图 10-27　绘制脸部

12 嘴部的细节描绘，应用【贝塞尔曲线】工具描绘嘴的形态，并填充粉红色，嘴唇的投影形态绘制，并填充灰红色，牙的形态，及牙的高光形态，如图 10-28 所示。

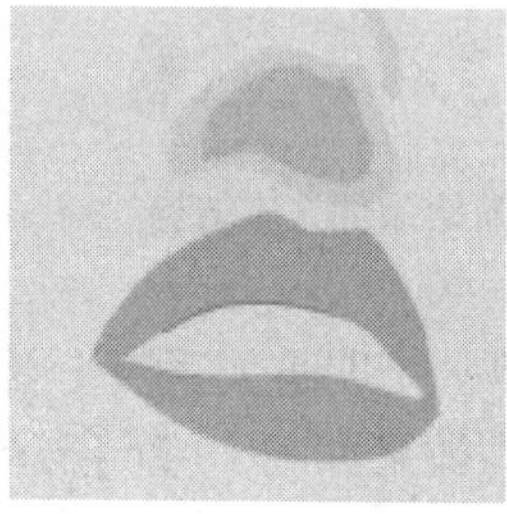
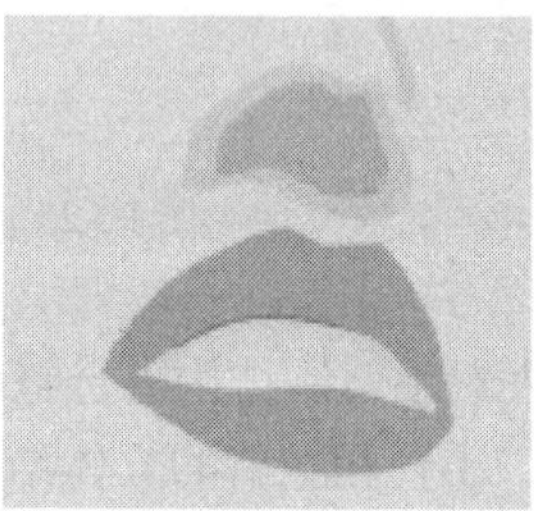
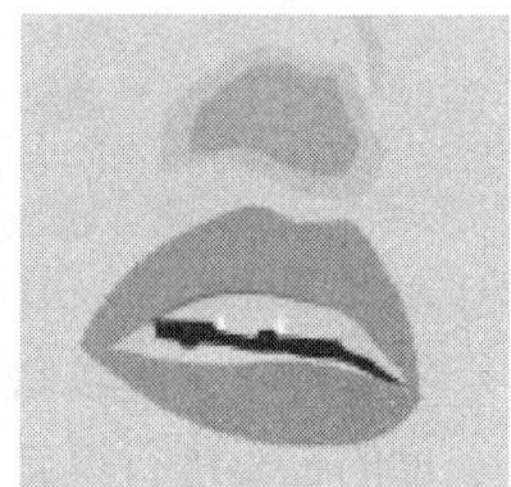

图 10-28　绘制嘴唇

13 为下嘴唇添加高光，先画出高光形态，设置透明方式为射线。嘴唇的暗部形态描绘，并把嘴唇的纹理形态绘制出来，填充暗部色彩为暗红色，运用椭圆工具，绘制两个椭圆，即鼻孔形态，并填充 80% 灰色，效果如图 10-29 所示。

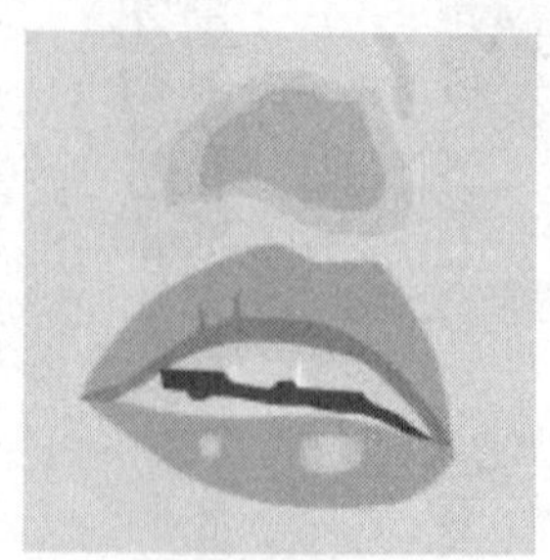

图 10-29　绘制下嘴唇高光及鼻孔

14 接下来我们绘制眼睛部分，先绘制眼眉部分和眼白部分形态如图，并进行渐变填充，填充为灰到褐色效果如图 10-30 所示。

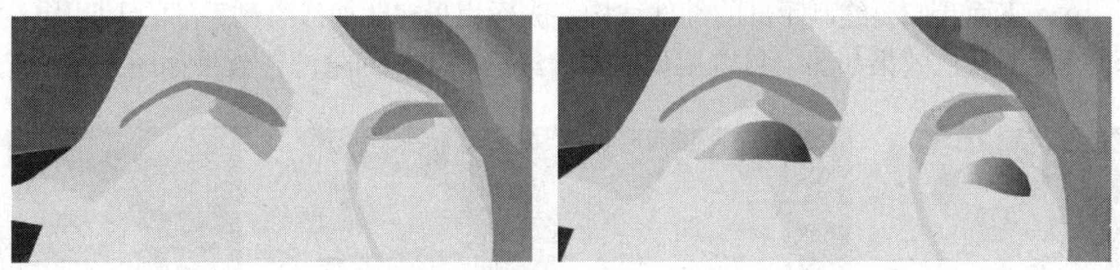

图 10-30　绘制眼眉和眼白部分

15 眼白绘制完成之后，绘制眼睑，运用贝塞尔曲线绘制眼睑，然后用艺术笔工具中的适当笔刷形态绘制眼睑，运用椭圆工具绘制眼球及眼球的高光，效果如图10-31所示。

图 10-31　绘制眼球和眼白部分

16 使用贝塞尔工具绘制眼睑厚度部分的灰色部分如图所示，再用贝塞尔曲线绘制双眼皮形态，在该形被选中的情况下，转换艺术笔工具中的适当笔触效果，并作适当的调整，直到理想状态，效果如图 10-32 所示。

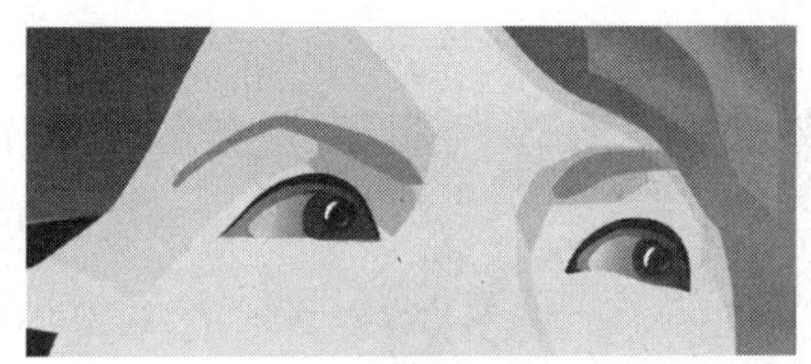

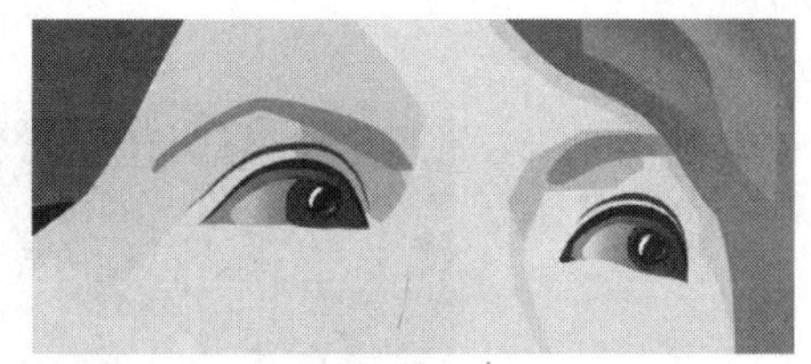

图 10-32　绘制眼睑

17 接着运用贝塞尔曲线绘制眼睛下面的阴影部分，并填充比脸色更深一度的色彩，接着运用艺术笔工具绘制眼睫毛，效果如图 10-33 所示。这样，脸部的结构就绘制完成了。

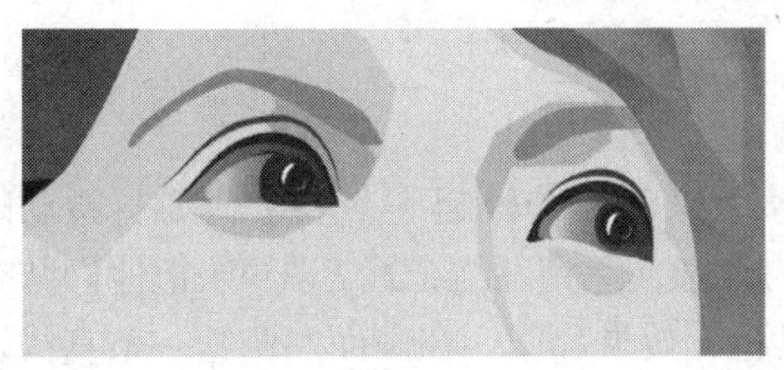

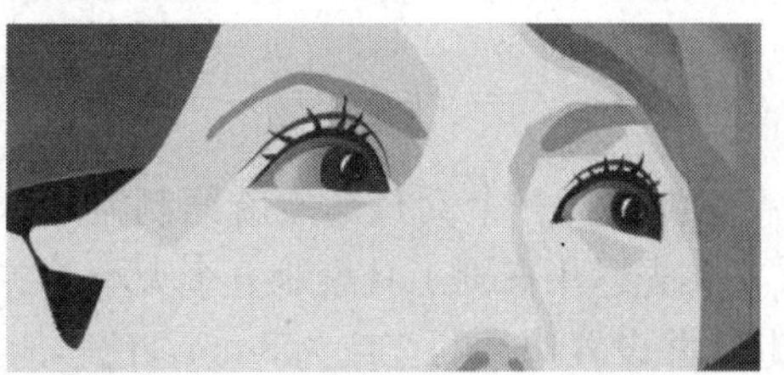

图 10-33　绘制眼睫毛

18 下面我们要绘制手部的细部结构，先运用贝塞尔曲线绘制手部的大阴影，并填充深一度的肤色效果如图，接着用贝塞尔曲线绘制手指间暗部，效果如图 10-34 所示。

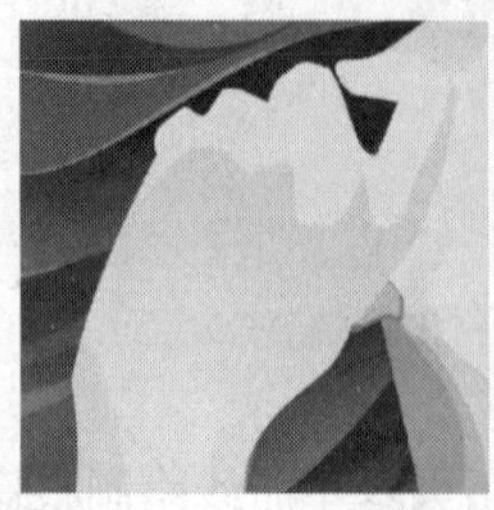
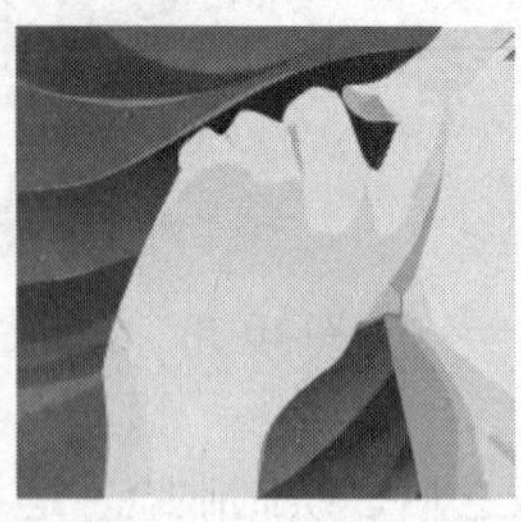
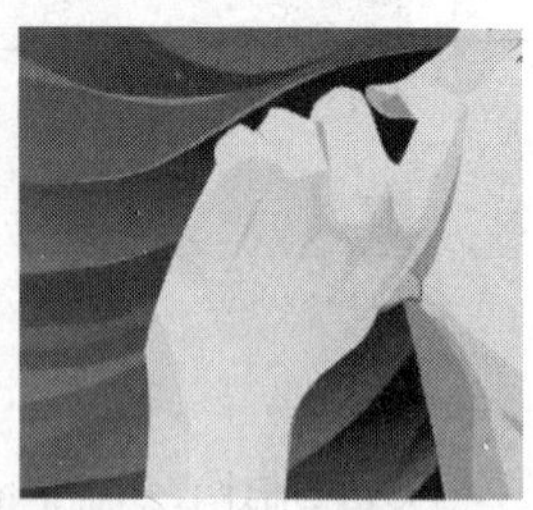

图 10-34　绘制手部

19 接下来我们绘制女孩额头和脸部的几绺头发，运用贝塞尔曲线绘制形态，如图 10-35 所示，并使用交互式填充工具进行填充，选择线性填充，色彩为深蓝到浅蓝的渐变填充，效果如图 10-36 所示。

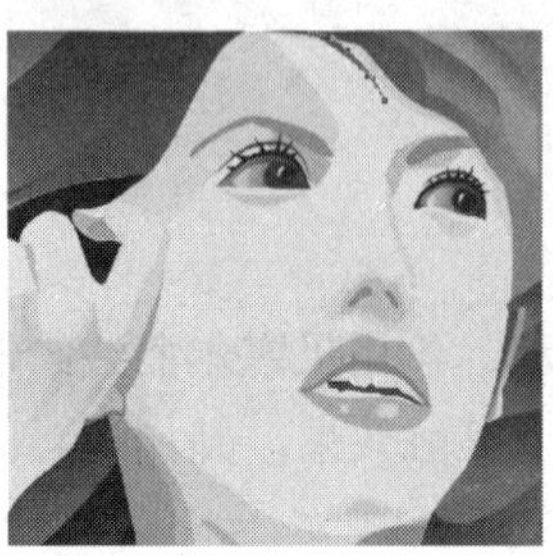

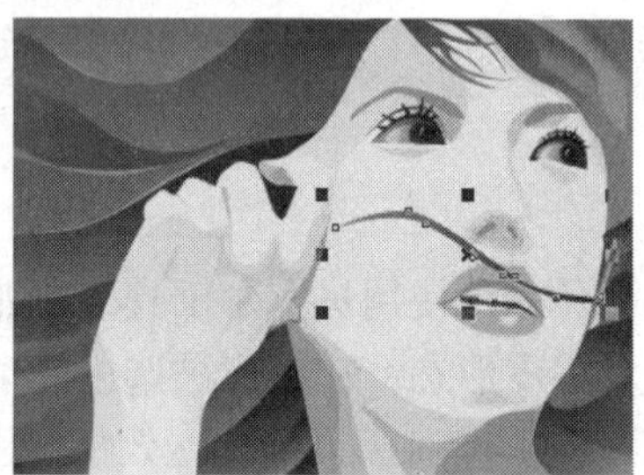

图 10-35　绘制额头和几绺头发

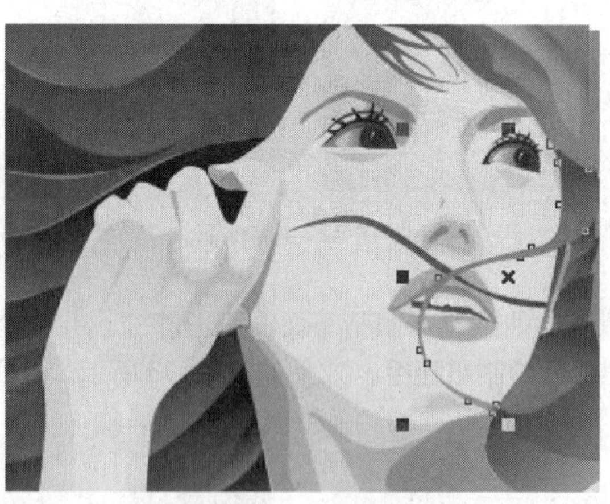

图 10-36　渐变填充

20 这样一个女孩形象就绘制完成，接下来我们为她起一个名字，为“舞动的青春”。首先运用椭圆工具绘制五个大小不等的正圆，运用【结合】工具，把他们结合在一起，并设置边缘的宽度为 8mm，色彩为黑色，效果如图，在画面左侧绘一条直线，宽度为 8mm，色彩为黑色，在他们上面分别绘制不同颜色的圆，效果如图 10-37 所示。

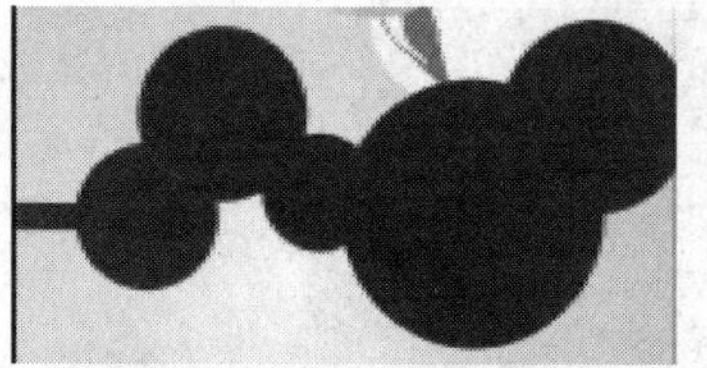

图 10-37　绘制椭圆

21 应用贝塞尔曲线绘制文字“青春”，并运用形状工具进行整理，效果如图 10-38 所示。使用【文本】工具输入文字“舞”“动”“的”，把他们的色彩设置为白色，并把他们放在圆形图案上。

图 10-38　绘制文字

22 把刚才绘制好的青春两个字也放在绘制好的圆上，选择色彩为白色，效果如图 10-39 所示。

图 10-39　合并字和图

23 运用艺术笔工具绘制一条卷曲的曲线，填充黑色，并复制放在画面中如图所示位置，这样一个完整的画面就绘制完成了，效果如图 10-40 所示。

图 10-40　最终效果图

10.3　卡通设计——瓢虫的一天

立体效果——瓢虫的一天

立体，是指具有长、宽、高的物体。在平面的矢量绘图软件 CorelDRAW 中，立体效果的表现可以通过绘制图形的长、宽和厚度，以及光影的变化来产生强烈的三维空间感。

下面的实例就是关于立体效果的制作练习。

本例主要通过绘制一只具有主体感的瓢虫图形，使读者熟悉并掌握立体效果的绘制方法，达到举一反三的练习目的。

本例在制作过程中首先对转换为曲线后的几何形体进行调整，然后将其填充组合在一起，创建出背景图形。瓢虫在制作过程中，使用交互式工具栏中的工具添加了大量特殊效果。

制作背景步骤如下：

01 运行 CorelDRAW X4，新建一个工作文档，先设置工作环境，在属性栏中单击【横向】按钮使页面横向摆放，"微调偏移"为 1mm "1.04 mm"，其他设置保持默认。

02 使用【矩形】工具在页面创建一个长 182mm，宽 180mm 的淡蓝色正方形，作为图中的“蓝天”，如图10-41（a）所示。

03 沿蓝色矩形底部的边线，创建一个与蓝色矩形部分重叠的矩形，并填充绿色，右键单击绿色底部矩形，在弹出的快捷菜单中选择“转换为曲线”，再使用【形状】工具调整矩形的各个分点成为图10-41（b）所示形状，作为“草地”。

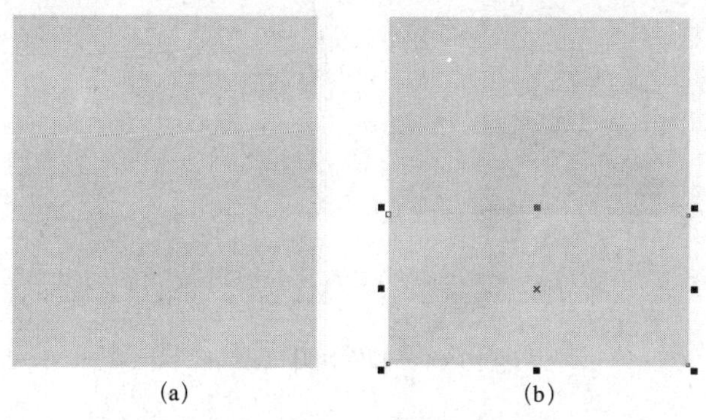

(a) (b)

图10-41 绘制蓝天和草地

04 接着绘制白云。首先使用【椭圆】工具绘制4个椭圆，参照图10-42摆放在一起，然后框选4个椭圆，执行【排列】【修整】【焊接】命令将4个椭圆【焊接】为一个整体，这样一朵白云的轮廓就出来了，再填充为白色放到图中合适位置。

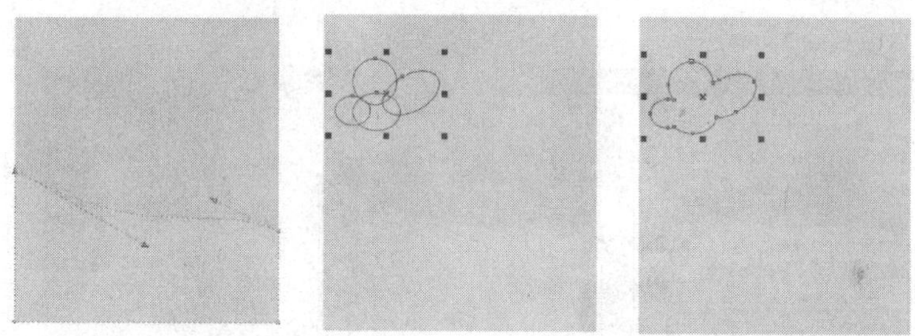

图10-42 绘制白云

05 选择【交互式阴影】工具对白云添加阴影效果，效果如图10-43（a）所示。

06 使用上步绘制白云的操作方法绘制出第二朵白云，如图10-43（b）所示。

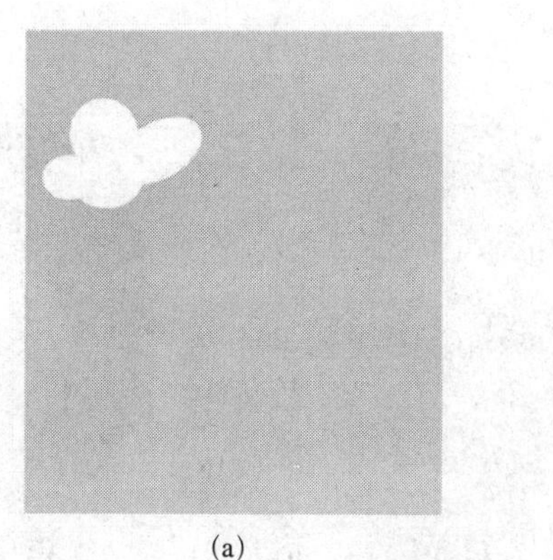

(a) (b)

图10-43 填充白云效果

07 开始制作树叶。在图中右侧创建一个矩形，将其转换为曲线后参照图10-44调整节点，调整出树叶的轮廓形状，设置轮廓颜色为淡绿色C：27、M：1、Y：96、K：0。

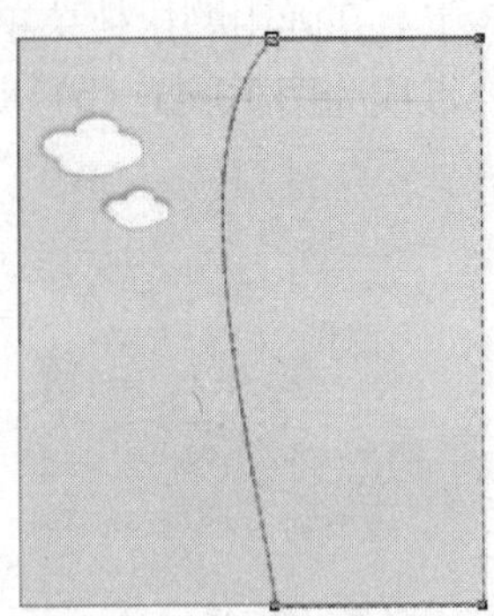

图10-44　制作树叶

08 选择树叶轮廓对象，选择【交互式填充】工具，在其展开工具条中单击【渐变填充】工具，弹出“渐变填充方式”对话框。参照图10-45设置各项参数，单击“确定”按钮关闭对话框，对树叶应用渐变填充。

09 保持树叶对象的选择状态，使用【交互式阴影】工具对树叶添加阴影效果，效果如图10-46所示。

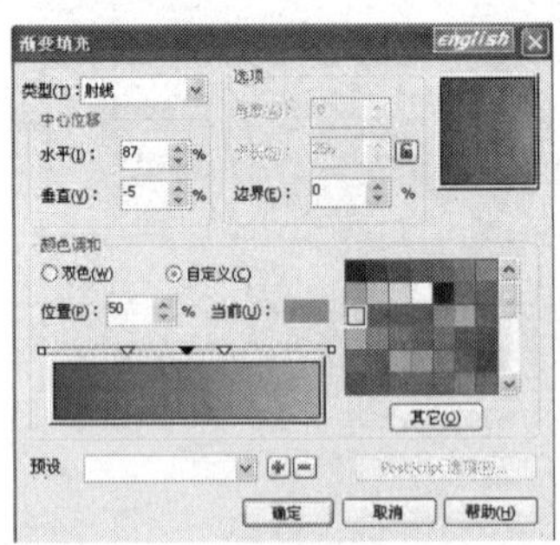

图10-45　“渐变填充方式”对话框

图10-46　树叶效果

10 接下来制作树叶的叶脉。首先选择【矩形】工具，绘制一个矩形，将其转换为曲线，填充为黄绿色，如图10-47所示。

图10-47　制作叶脉

11 运用【贝塞尔曲线】工具，绘制3个叶脉形状，并填充的颜色为淡绿色。

12 再去掉轮廓。然后选择4个对象，单击属性栏中的【焊接】按钮摆将它们焊接成一个整体。

13 将焊接好的叶脉放到树叶上再进行调整、修剪，如图10-48所示。

14 参考前面制作树叶的方法，绘制出绘图中其他的叶片，参照图10-48调整它在画面中的位置。

图10-48 调整叶脉

绘制瓢虫图形步骤如下：

01 在工作区使用【椭圆】工具创建一个圆，按住Ctrl并拖曳鼠标左键，绘制一个正圆。

02 切换当前工具为【交互式填充】工具，在属性栏填充类型下拉列表中为其应用“射线”类型的渐变填充。设置渐变填充指向线起点处颜色值为R：255、G：136、B：0，终点处的颜色值为R：138、G：48、B：0，如图10-49所示。

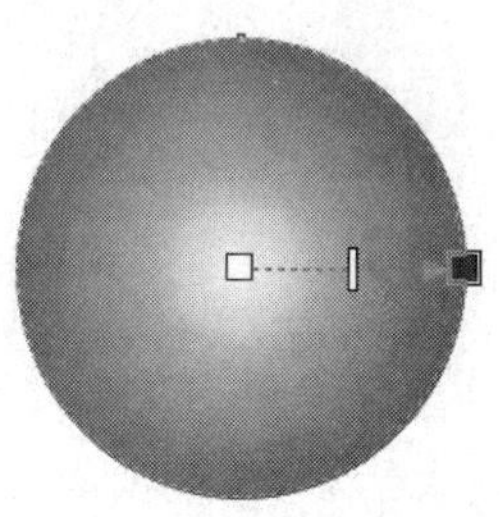
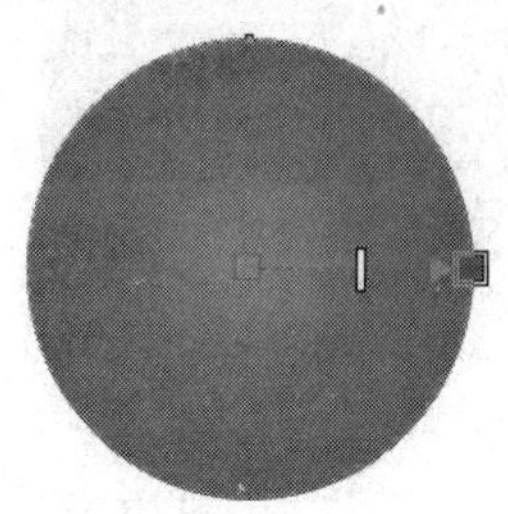

图10-49 绘制正圆

03 设置“颜色”泊坞窗中的颜色值为R：255、G：102、B：0，并将设置的颜色拖曳到渐变填充的指向线上，插入一个颜色点，然后适当调整它的位置和渐变填充的边界值，其效果如图10-50所示。

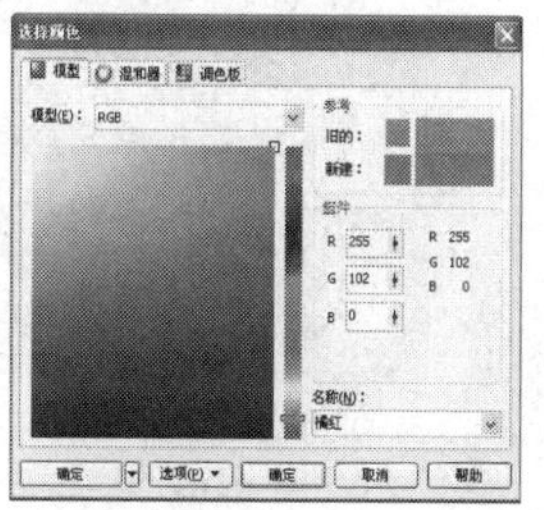
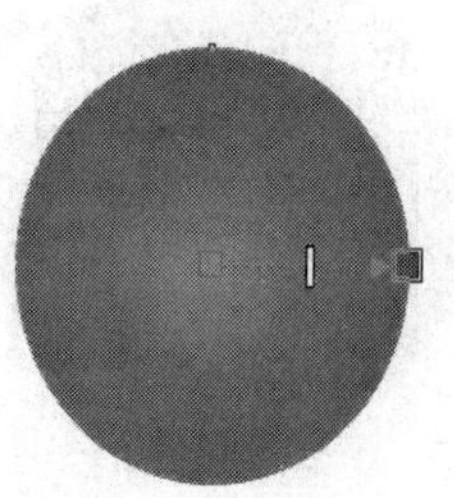

图10-50 设置颜色

04 创建大小约为 33mm × 57mm 的椭圆，为它填充黑色并放置在如图 10-51（a）图所示的位置处。在调色板顶端的【无填充】符号☒上单击鼠标右键取消其轮廓。

05 执行【工具|选项】命令或按下快捷键【Ctrl + J】，开启“选项”对话框。选取工作区下的【编辑】选项，进入“编辑”设置面板，取消对【新的图框精确剪裁内容自动居中】的勾选，然后按下 确定 按钮，如图 10-51（b）所示。

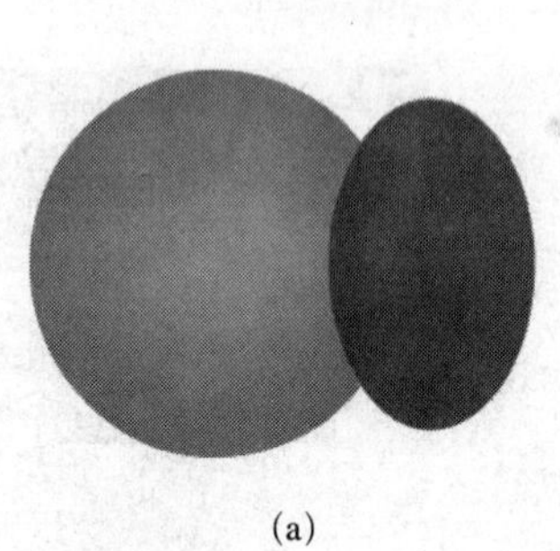

(a)

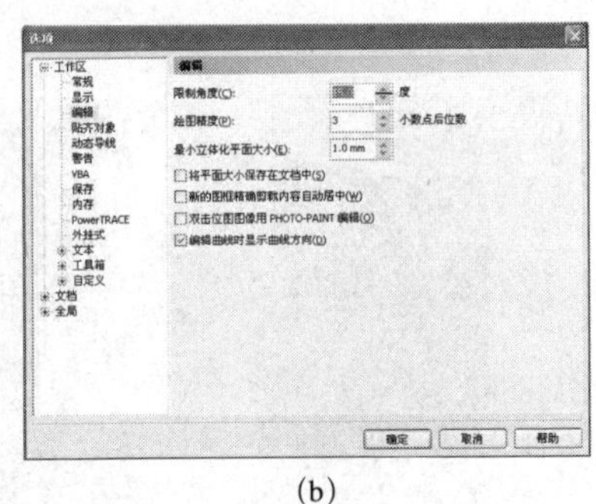

(b)

图 10-51　创建椭圆选项对话框

06 选取黑色椭圆，执行【效果】|【图框精确剪裁】|【放置在容器中】命令，然后使用箭头光标单击圆形，椭圆将在原位置被置入圆中，如图 10-52（a）所示。

07 使用【椭圆】工具绘制一个大小为 10mm × 14mm 的椭圆，再使用交互式填充工具由左上往左下拖曳，为它应用线性渐变填充，如图 10-52（b）、(c）所示。然后分别设置起点的颜色值为 R：255、G：229、B：0，终点的颜色值为 R：255、G：123、B：0。

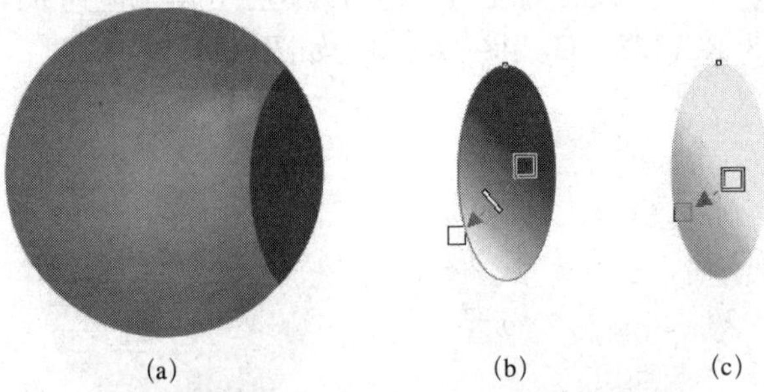

(a)　(b)　(c)

图 10-52　椭圆置入圆中绘制椭圆

08 将椭圆适当旋转后，放置在如图 10-53（a）所示的位置处。向下镜像复制椭圆并调整好新椭圆的位置。切换当前工具为【交互式填充】工具拖曳渐变填充的起始颜色点，调整它的渐变填充效果，如图 10-53（b）所示。

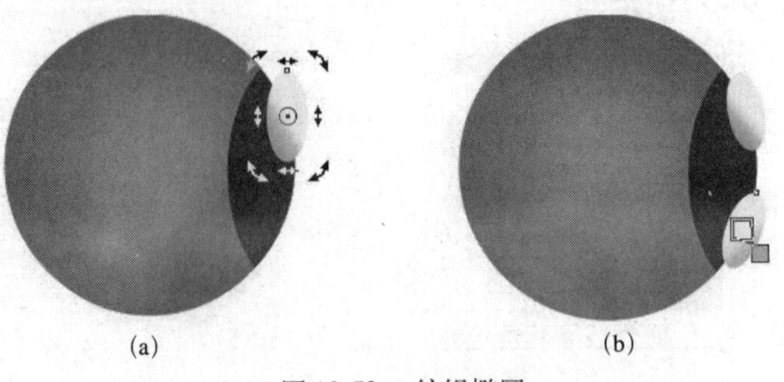

(a)　(b)

图 10-53　编辑椭圆

接下来创建出瓢虫身上的斑点，使用使用前先透明再调和的方法，这样我们就可以创建出边缘“模糊”的斑点效果。

09 绘制一个直径为11.5mm的圆，并为它填充R：33、G：2、B：0的颜色。切换当工具为【交互式透明】工具，在属性栏透明度类型下拉列表中，选择“标准”透明类型，并设置其开始透明度为100，此时圆形呈完全透明状态，如图10-54所示。

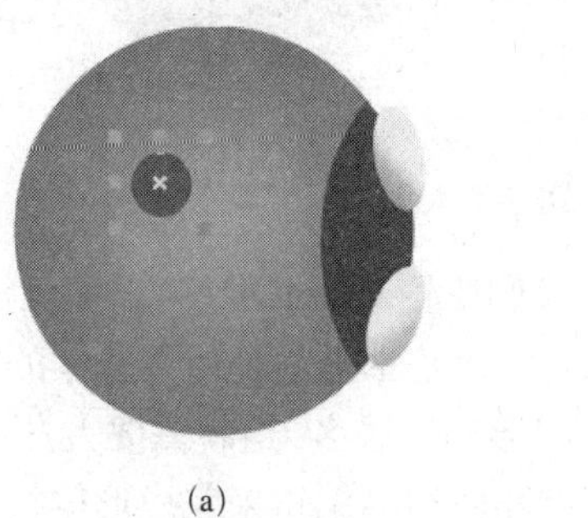

(a)

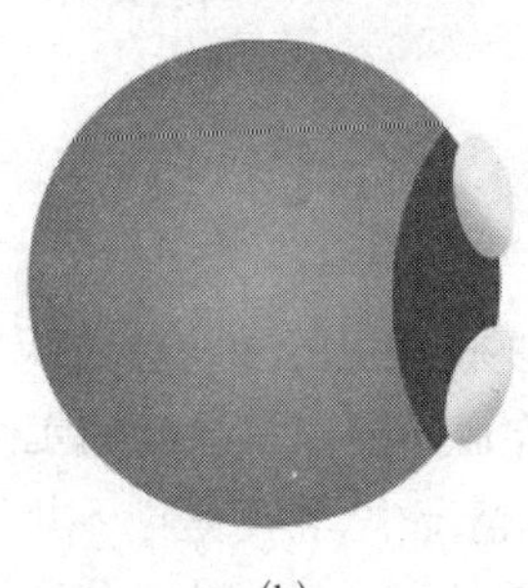

(b)

图10-54 绘制正圆并调节透明度

10 按下“空格键”切换当前工具为【挑选】工具，再按下小键盘区的+键复制此圆。选取工具箱中的【交互式透明】工具，在属性栏中修改复制得到的新圆的开始透明度为80。

11 调整这个圆形比原来图形小，再使用【交互式调和】工具在线框模式下为这两个圆创建调和，如图10-55（a）所示位置。

12 框选调和图形，执行【排列】|【群组】命令或按下快捷键【Ctrl + G】进行群组，使用【挑选】工具选取斑点图形，在斑点图形上按下鼠标左键并进行拖曳，鼠标的位置将出现斑点图形的虚线框，保持鼠标左键不放的同时按下鼠标右键，当光标变为带加号的挑选光标时，即完成图形的复制，如图10-55（b）所示。

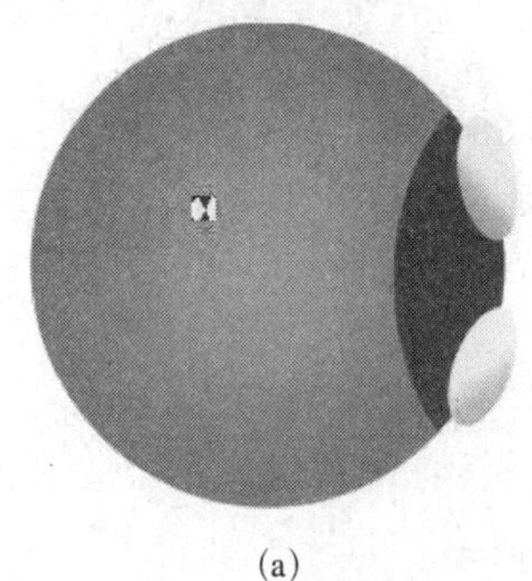

(a)

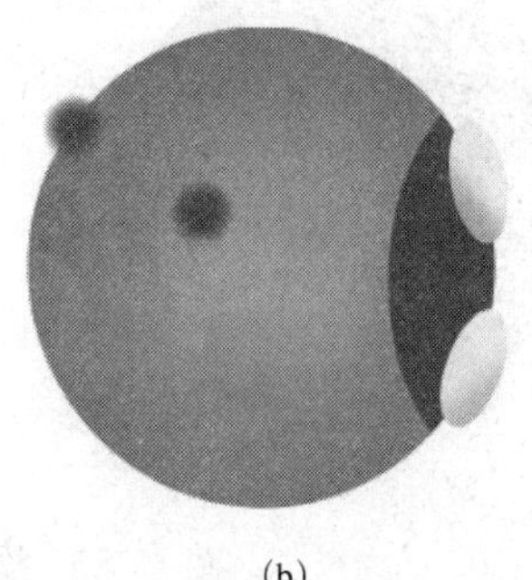

(b)

图10-55 创建调和复制斑点

13 复制完成后，可以根据需要适当调整复制得到的新图形的位置和大小，使用这种方法复制完成瓢虫外壳上的所有斑点，其效果大致如图10-56（a）所示。

14 按下【Ctrl+A】全选工作页面中的所有图形，再按住Ctrl键单击最大的橘红色圆形，将它取消选取。【执行效果】|【图框精确剪裁】|【放置在容器中】命令，当光标为黑色箭头时单击橘红色大圆，将斑点置入圆内，如图10-56（b）所示。

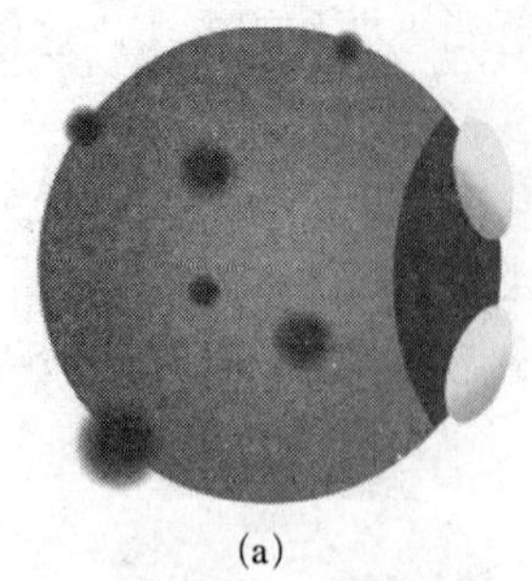

(a)

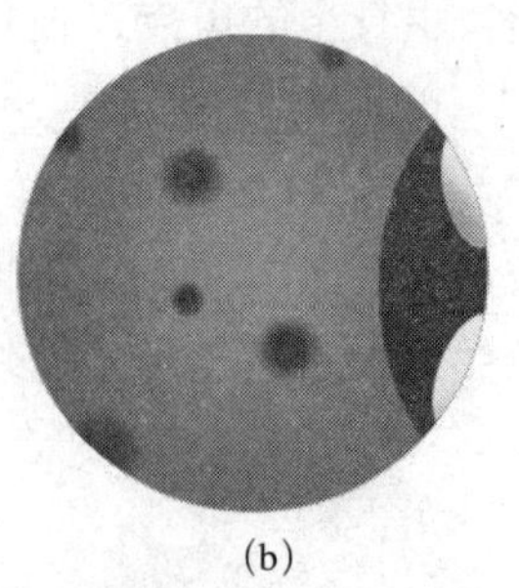

(b)

图 10-56 复制斑点置入圆内

接下来需要将瓢虫的翅膀分为两半。我们使用 CorelDRAW 中绘制曲线的工具【钢笔】工具来完成此操作。前面的实例练习中，基本上都是使用基本的几何图形来编辑作品的，而实际情况中，常常是以不规则的图形构造居多，这就需要大量用到CorelDRAW中的曲线绘制工具与形状工具，并通过节点和曲线的编辑来完成形体构造。关于节点和曲线的详细编辑方法安排在本书的第 3 章，在这里，只是简单地使用一下【钢笔】工具，但也可以锻炼一下对鼠标的操控能力。

15 选取工具箱曲线工具组的【钢笔】工具，在大圆右侧单击鼠标左键创建第一个节点，移动鼠标可发现光标牵引着一条直线。在大圆圆心附近按下鼠标左键不放并向左拖曳按下鼠标时即确定了第 2 个点，可绘制出带有一定弯曲弧度的曲线，在大圆左侧单击确定出第 3 点。垂直向下移动鼠标，单击确定第 4 个点。移动光标到第一个节点处，当光标变为带句号的钢笔形状时单击鼠标左键，可将图形封闭，如图 10-57（a）所示。

16 选取橘红色的圆形，再按住 Shift 键添加选取刚绘制的图形。此时属性栏中出现了修整操作的相关功能按钮。按下【相交按钮】，得到相交区域产生的新图形，然后删除由钢笔工具绘制的原始图形，如图 10-57（b）所示。

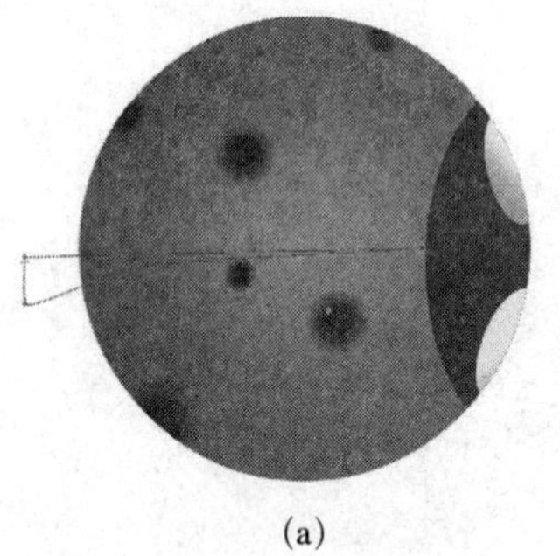

(a)

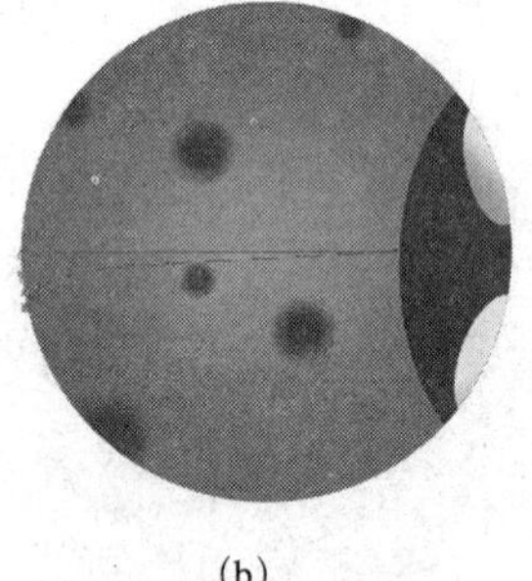

(b)

图 10-57 绘制曲线并编辑曲线

17 将相交生成的图形填充为黑色，然后执行【效果】|【图框精确剪裁】|【放置在容器中】命令，将它同样置入橘红色的大圆内，结果如图 10-58（a）所示。

18 创建一大一小两个椭圆，一大的椭圆一小的椭圆。将这两个椭圆填充为白色，并使用【交互式透明】工具为较大的椭圆应用开始透明度为 100 的标准透明，为较小的椭圆应用开始透明度为 85 的标准透明，使用【交互式调和】工具为两个椭圆创建调和，并在调色板顶部“⊠”符号上单击右键取消其轮廓，然后将调和图形旋转适当角度后放置在如图 10-58（b）所示的位置处。

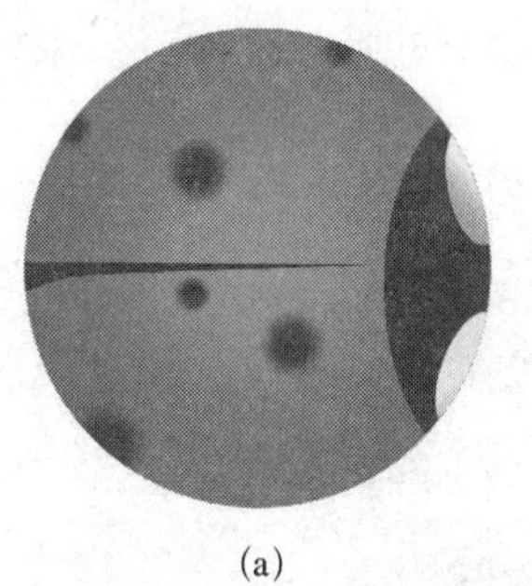

(a)

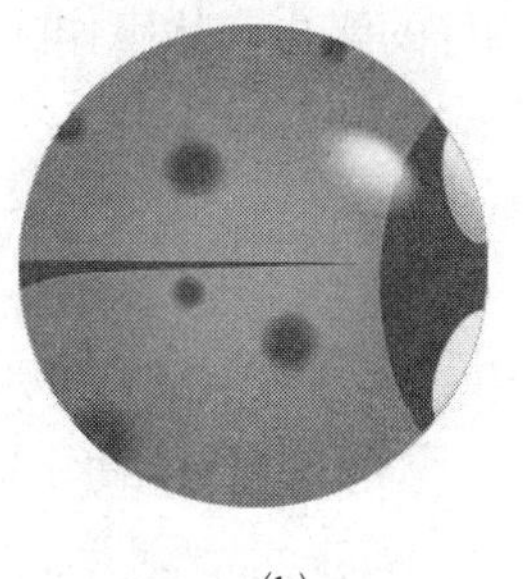

(b)

图 10-58　填充黑色并制作高光

接下来绘制其他图形。

19 绘制一个椭圆，填充为黑色后放置在大圆右侧作为瓢虫的“头”，执行【排列】|【顺序】|【到后部】命令或按下快捷键【Shift + PageDown】，调整图形的层叠顺序，如图 10-59（a）所示。

20 选取工具箱中的钢笔工具，绘制出头部的一根触角。填充为黑色并进行镜像复制，如图 10-59（b）所示。

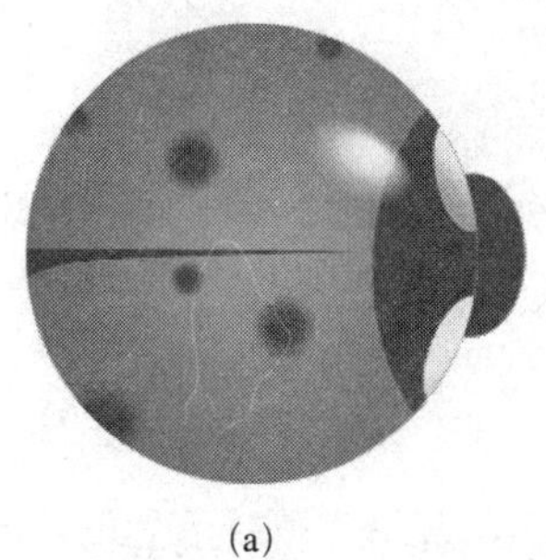

(a)

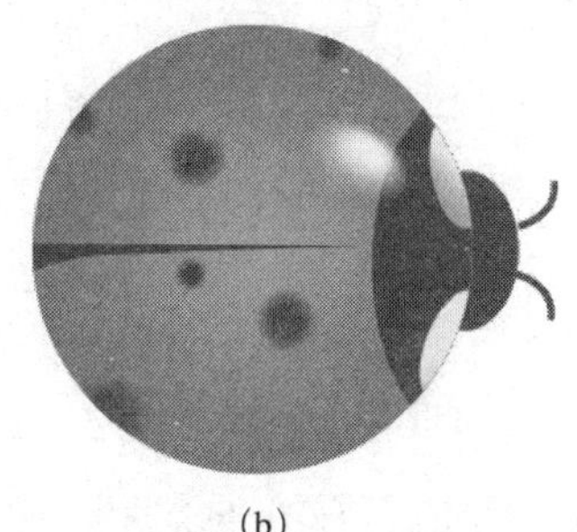

(b)

图 10-59　瓢虫的“头”触角

21 按下【Ctrl + A】全选已完成的瓢虫图形，再按下【Ctrl + G】群组。切换当前工具为【交互式阴影】工具，在瓢虫中心位置按下鼠标左键不放并向下拖曳，为图形创建出交互式阴影，调节数值如图 10-60 所示。

22 复制出两个瓢虫图形，适当缩小并调整旋转角度，其效果如图 10-61 所示。

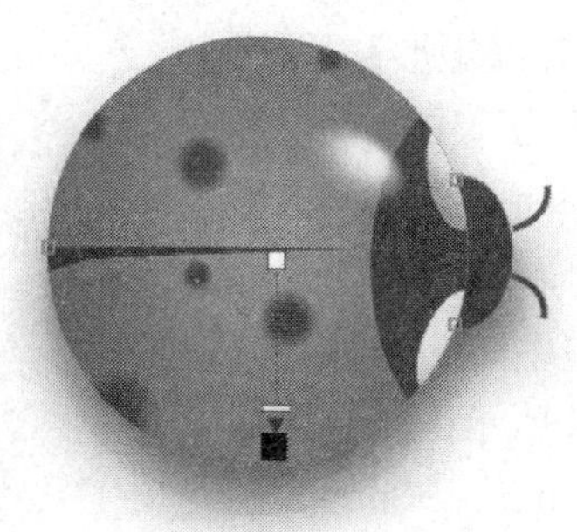

图 10-60　制作阴影效果

图 10-61　复制瓢虫

23 把绘制好的瓢虫，从工作区移动到刚刚绘制的叶子上面，效果如图 10-62 所示。

图 10-62　最终效果图

10.4　手提袋

10.4.1　制作手提袋正立面图

新建一个绘图页面，使用矩形工具，绘制出需要的矩形，打开标志和标准字文件，将其粘贴到页面中。使用图框精确剪裁命令，将“e”图形置入到矩形中。在属性栏中设置曲线的轮廓宽度，制作出手提袋的提手图形。

01 按【Ctrl+N】键，新建一个 A4 页面。选择【矩形】工具，在页面中绘制一个矩形，在属性栏中【对象大小】选项中设置矩形的长和宽分别为：68mm、90mm，设置好后，按 Enter 键，设置图形颜色的 CMYK 值为：0、50、100、0，并填充图形，如图 10-63 所示。

图 10-63

02 选择【挑选】工具，向右拖曳矩形左边中间的控制手柄到相对的边，单击鼠标右键，复制图形，如图 10-64 所示。在属性栏中【对象大小】选项中设置矩形的长和宽分别为：18mm、90mm，设置好后，按 Enter 键，将其填充为白色，如图 10-65 所示。按住 Ctrl 键，水平向右拖曳图形到适当的位置，如图 10-66 所示。

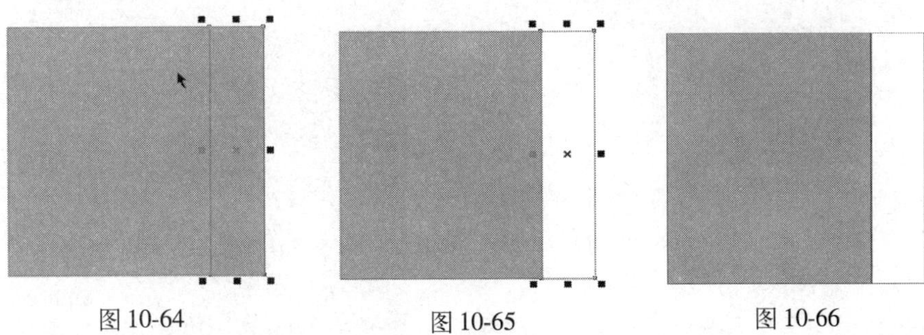

图 10-64　　图 10-65　　图 10-66

03 打开光盘中的【Chl0】|【素材】|【标志和标准字体】文件，分别粘贴到页面中并调整其大小，拖曳标准字体到标志的下方，如图 10-67 所示。选择【挑选】工具，用圈选的方法将标志和标准字体同时选取，按【Ctrl+G】键，将其群组，如图 10-68 所示。按数字键盘的“+”键，复制一个群组图形。将其填充为黑色，拖曳复制群组到左侧的矩形上并调整其大小，如图 10-69 所示。

图 10-67　　图 10-68　　图 10-69

04 选择【挑选】工具，选取黑色群组图形，按【Ctrl+U】键，取消图形的组合。选择【挑选】工具，选取“e”图形，如图 10-70 所示。按数字键盘的“+”键，复制一个图形，拖曳到适当位置并旋转图形，效果如图 10-71 所示。选择【挑选】工具，拖曳图形到适当的位置并调整其大小，填充图形为白色，如图 10-72 所示。

图 10-70

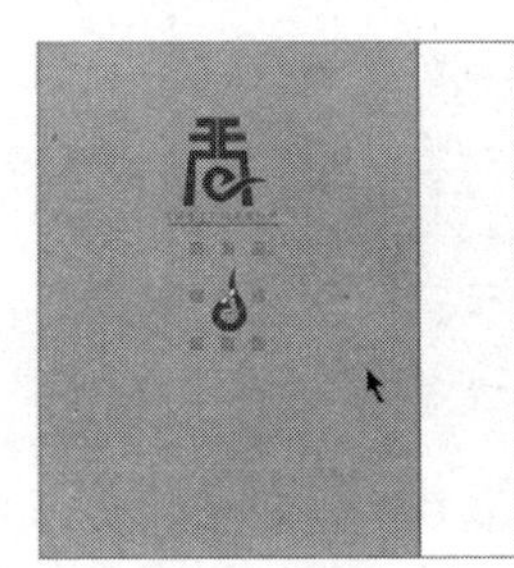

图 10-71

图 10-72

05 选择【挑选】工具，选取白色的“e”图形，按数字键盘的“+”键，复制一个图形，微调图形的位置，如图 10-73 示。去除图形的内部填充，填充轮廓线为白色，效果如图 10-74 所示。

图 10-73

图 10-74

06选择【挑选】工具，按住 Alt 键，单击白色的“e”图形，将其选取，按住 Shift 键，单击无填充的“e”图形，将其同时选取，按【Ctrl+G】键，将其群组，如图 10-75 所示。选择【效果】|【框精确剪裁】|【放置在容器中】菜单命令，在左侧的矩形上单击，如图 10-76 所示。将图形置入到矩形中，效果如图 10-77 所示。

图 10-75

图 10-76

图 10-77

07选择【挑选】工具，选取原标志和标准字体图形，拖曳到右侧矩形上并调整其大小，如图 10-78 所示。选择【椭圆】工具，按住 Ctrl 键，在页面中绘制一个圆形，将其填充为白色，如图 10-79 所示。按住 Ctrl 键，水平向右拖曳圆形到适当的位置，单击鼠标右键，复制一个圆形，如图 10-80 所示。

图 10-78

图 10-79

图 10-80

08选择【文本】工具，在左侧矩形左下角输入需要的文字。选择【挑选】工具，在属性栏中选择合适的字体并设置文字大小，效果如图 10-81 所示。选择【挑选】工具，用圈选的方法将图形和文字同时选取，按【Ctrl+G】键，将其群组，手提袋的正立面图形效果如图 10-82 所示。

图 10-81

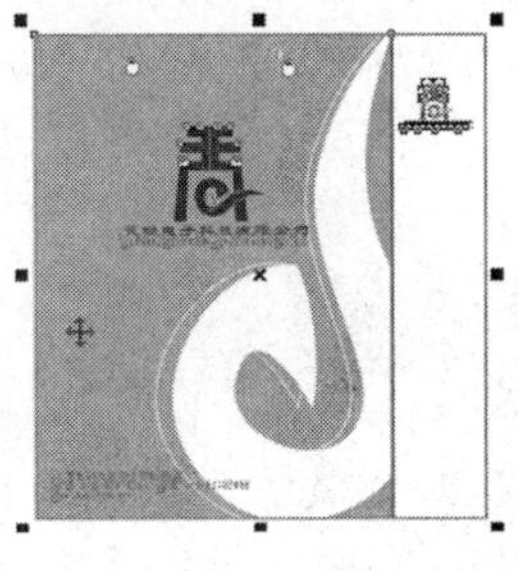

图 10-82

10.4.2 制作立体手提袋

01 选择【挑选】工具，选取手提袋的正立面图形。按数字键盘的“+”键，复制一个图形，拖曳图形到页面空白处。按【Ctrl+U】键，取消图形的组合。选择【挑选】工具，选取右侧的矩形，如图 10-83 所示。按 Delete 键，将其删除，如图 10-84 所示。

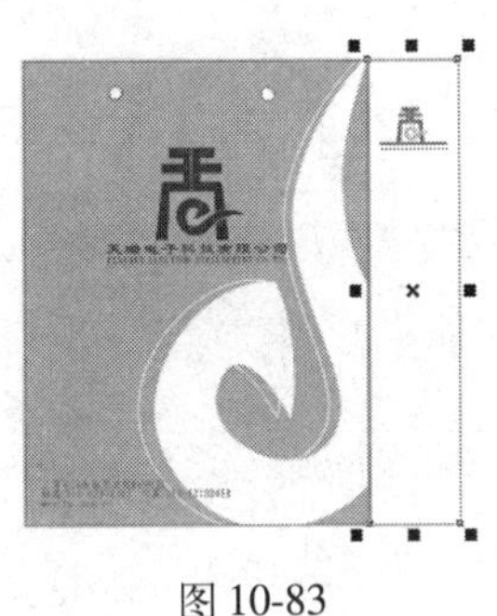

图 10-83

图 10-84

02 选择【挑选】工具，用圈选的方法将右侧标志和标准字体图形同时选取，按【Ctrl+G】键，将其群组，拖曳到页面空白处。选择【贝塞尔】工具，在图形的右侧绘制一个不规则图形，作为手提袋的侧面图形，如图 10-85 所示。选择【贝塞尔】工具，再绘制一个不规则图形，作为手提袋的背面图形，如图 10-86 所示。

图 10-85

图 10-86

03 选择【贝塞尔】工具，在适当位置绘制一条曲线，作为手提袋的提手图形，如图 10-87 所示。在属性栏中【轮廓宽度】.2 mm 中设置数值为 0.8，按 Enter 键，效果如图 10-88 所示。再绘制一条曲线并适当调整曲线的宽度，效果如图 10-89 所示。

图 10-87

图 10-88

图 10-89

04 选择【椭圆】工具，按住 Ctrl 键，在曲线两端分别绘制两个圆形，将其填充为黑色，如图 10-90 所示。选择【挑选】工具，选取标志和标准字体群组图形，拖曳到适当的位置并调整其大小，如图 10-91 所示。

图 10-90

图 10-91

05 选择【排列】|【顺序】|【在后面】菜单命令，在矩形上单击，如图 10-92 所示，效果如图 10-93 所示。选择【挑选】工具，用圈选的方法将图形和文字同时选取，按【Ctrl+G】键，将其群组。手提袋的效果如图 10-94 所示。

图 10-92

图 10-93

图 10-94

06 选择【挑选】工具，分别将手提袋图形粘贴到模板"B"中，拖曳图形到适当的位置并调整其大小，如图 10-95 所示。选择【文本】工具，在页面右上方输入文字"B-3-2 手提袋"。选择【挑选】工具，在属性栏中的【字体列表】选项下拉列表中选择字体为【汉仪中黑简】，字体大小设置为 12，填充文字为白色，如图 10-96 所示。

图 10-95

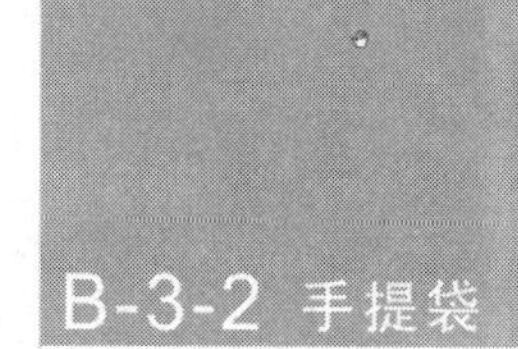

图 10-96

07 选择【文本】工具，在页面中输入需要的文字。选择【挑选】工具，在属性栏中选择合适的字体并设置文字大小，效果如图 10-97 所示。选择【查看】|【辅助线】菜单命令，页面中显示出辅助线。选择【挑选】工具，拖曳文字到适当的位置，如图 10-98 所示。选择【查看】|【辅助线】菜单命令，将辅助线隐藏。“B-3-2 手提袋”制作完成，效果如图 10-99 所示。材质：根据实际需要选择规格：按实际应用尺寸制定。色彩：按规定标准色、辅助色应用。

材质：实际需要选择。

规格：按实际应用尺寸制定。

色彩：按规定标准色、辅助色应用。

图 10-97

图 10-98

图 10-99

CorelDRAW X4

第11章 精彩世界——综合设计[三]

产品表现技法是产品设计的语言，也是设计师传达设计创意必备的技能，是产品设计全过程中的一个重要环节。

产品效果图的表现是从无形到有形，从想象到具体，是一个复杂的创造思维过程的体现。产品设计需依据周密的市场调查、市场分析等，才能决定新产品开发的方向。工业设计师以清晰的预想图，将设计构思迅速，清晰的表现出来，展示给有关生产、销售等各类专业人员。进行协调沟通，以早日实现设计构想。

一个有经验的设计师会把娴熟的表现技巧自然地融入整个设计过程之中。在设计的最初阶段，设计师可以随时以简单而概括的图形记录下任何一个构思，也就是平时常说的草图。构思草图要求量多而不求质高。因为初期的设计构思没有经过细致的分析和评价，每个构思都表现产品设计的一个发展方向。此时，设计师的精力应集中于设计方案的创新上。

在对构思草图不同的设计发展方向的研讨中，设计师便择优确定其中可行性较高的设计方案。将最初概念性的构思展开、逐层深入，较成熟的产品雏形便逐渐产生出来。经过这段工作后的设计方案，产品设计的主要信息，即产品的外观形态特征、内部的构造、使用的加工工艺和材料等，都可以大致确定下来。由于需要让其他人员更清楚地了解设计方案，通过设计方案的深入和完善，不仅产品设计的总体构思，而且包括产品设计的每个细节的具体部分，都明确无误的设计完成。这时效果图所包含的形状、色彩、材料质感、表面处理以及工艺和结构的关系，都应尽可能全面的表现出来。

通过效果图所包含的形状、色彩、材料质感等特征元素，体现产品的特点。

1. 轮廓的绘制

在进行绘制效果图前，设计师应该先有设计的草图方案。这里有三种方法来绘制轮廓：一是细心绘制草图，注意尺寸、比例之间的关系，然后把草图导入软件作为底图，结合运用软件中的绘制线的工具进行轮廓绘制；二是对软件的使用比较熟练了，草图可以不用导入软件，直接绘制轮廓。

2. 颜色绘制

绘制颜色的时候不要放松对形态和光线的把握，不是说一个部件是一个颜色，然后整个区域就填充成一种颜色，同一个面上颜色也有深浅变化的。

3. 质感绘制

产品的质感是绘制效果图过程中的重要步骤，在制作产品质感有一个小窍门，可以找一些材质素材，利用改变图层样式的方法，很好的把材质赋予产品之上。对于金属、橡胶等材质的绘制都非常适合这种方法。

对材质的把握要求平时多留意、多观察，有的材质只需要条形的高光和淡淡的折射和反射的影像，有的材质自身没有什么特点，必须放在环境中。加上整体的渐变，才有体积感、真实感。

下面将以掌上电脑、鼠标和机器狗造型为例，讲解如何运用 CorelDRAW X4 这个软件快速、精确、完美的表现出这几种产品的特殊材质的效果。

这几种产品大多数依靠设计并借助于先进的加工工艺，来达到所需要的效果的一种意念，以带给人们更高品位更健康的生活方式。行业效果图制作美学要求家庭生活类产品效果图制作要注意更好的表现其独特的材质效果。画面要整洁、干净，让人看起来很明亮。这类产品有自己很特殊的风格和属性，要求画面给人较强的亲和力。

在学习本章内容时，读者要学会对复杂物体的分析和理解方法，学习产品造型的质感表现方法。同时要注意 CorelDRAW X4 中几个常用的交互式工具的使用方法和在特殊效果表现方面的使用技巧。

主要运用【贝塞尔】工具、【形状】工具、【渐变】工具和【交互式填充】工具及【添加透视点】、【精确剪裁】命令。在绘制过程中，读者要注意透视、质感、高光和阴影区域的表现技巧。

11.1　设计——掌上电脑效果图

11.1.1　绘制掌上电脑的整体造型

下面首先来学习绘制掌上电脑的整体造型。

01 使用【贝塞尔】工具和【形状】工具，绘制出如图 11-1 所示的掌上电脑的外轮廓图形。

02 单击工具箱中的【渐变】工具，在弹出的【渐变填充方式】对话框中给图形设置渐变颜色填充，如图 11-2 所示。

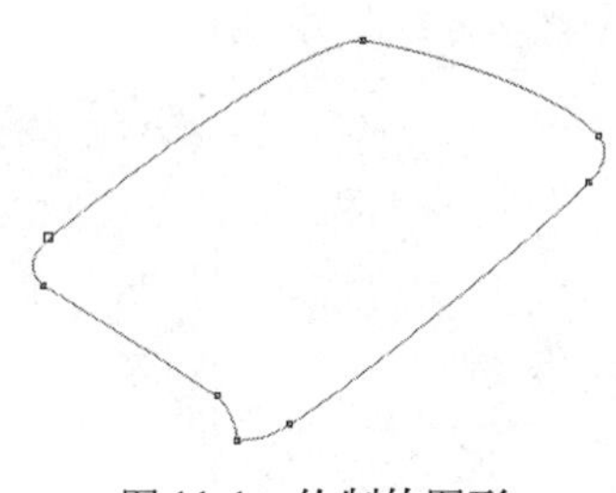

图 11-1　绘制的图形

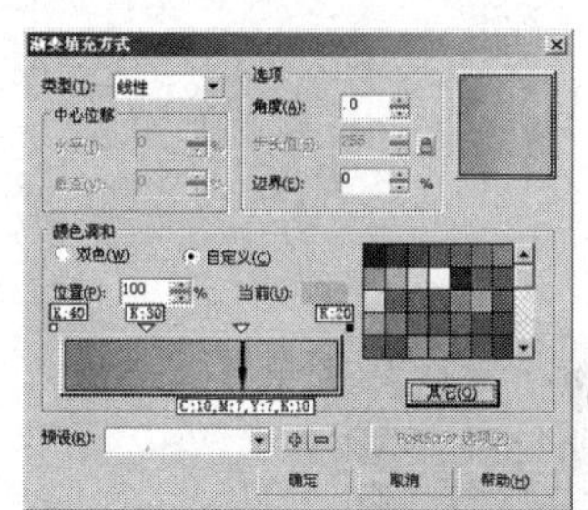

图 11-2　【渐变填充方式】对话框

03 单击【确定】按钮，然后将图形的外轮廓线去除，填充渐变颜色后的效果如图 11-3 所示。

04 使用【交互式填充】工具对填充的渐变颜色编辑调整，调整出圆滑的厚度效果，如图 11-4 所示。

图 11-3　填充渐变颜色后的图形效果

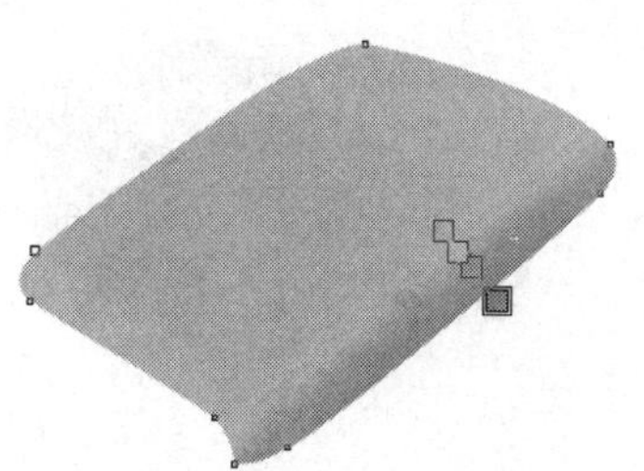

图 11-4　调整出的圆滑厚度效果

05 继续使用【贝塞尔】工具和【形状】工具，在图形上面再绘制调整出一个比原图形稍小的重叠图形，如图 11-5 所示。

06 将图形填充黑色并去除外轮廓线，然后再绘制上厚度，并暂时先填充上白色以便观察绘制图形的形状，如图 11-6 所示。

07 将图形的外轮廓设置为白色，使用【渐变】工具为其添加如图 11-7 所示的渐变颜色。

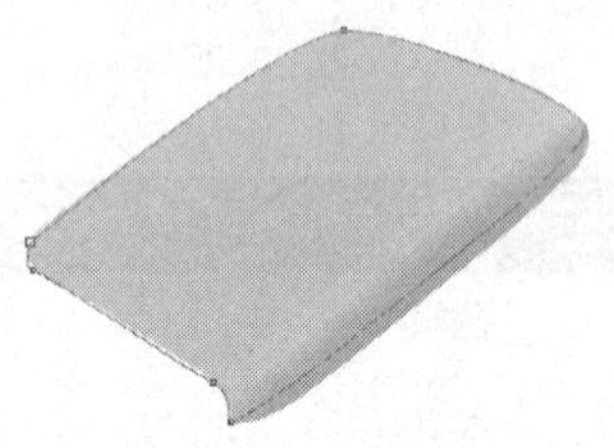
图 11-5　绘制调整出的图形

图 11-6　绘制的厚度图形

图 11-7　填充的渐变色

08 使用【贝塞尔】工具和【形状】工具在电脑的右上角位置绘制出如图 11-8 所示的天线轮廓图形。

09 将图形的轮廓线设置为白色，然后使用【渐变】工具为图形填充渐变色，其参数设置及使用【交互式填充】工具按钮调整后的颜色填充效果如图 11-9 所示。

图 11-8　绘制的图形

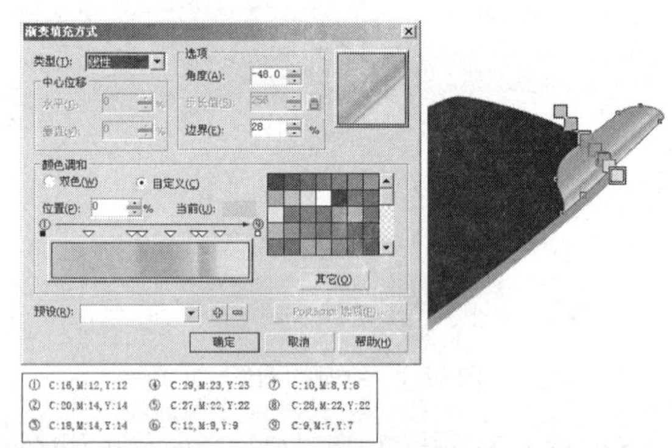

图 11-9　设置的渐变颜色及填充后的效果

10 利用和工具绘制如图 11-10 所示的结构图形，然后利用【复制属性自…】命令为其复制步骤 9 图形的填充色，并利用工具对其修改调整，最终效果如图 11-11 所示。

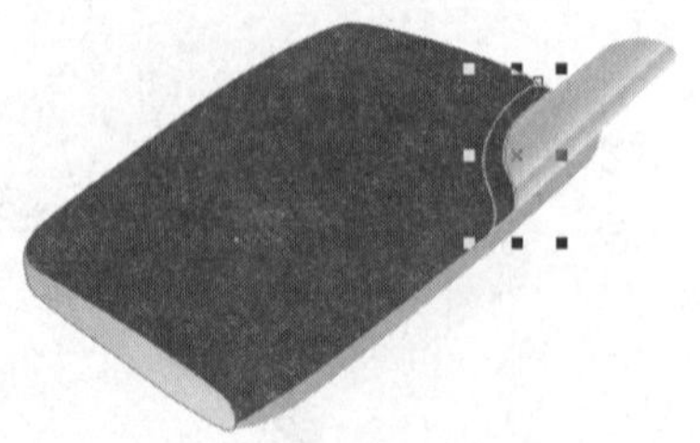
图 11-10　绘制的图形

图 11-11　调整填充色后的效果

提示:

在下面的绘图过程中，如在黑色图形上绘制，将给出轮廓色为白色的线框，旨在让读者看清绘制的图形形状。当为图形填充指定颜色后，可将轮廓线去除，对此操作读者要注意灵活应用。

11 继续绘制图形，并使用▇和◪工具为其填充渐变色，绘制的图形、颜色参数设置及调整后的图形渐变颜色效果如图 11-12 所示。

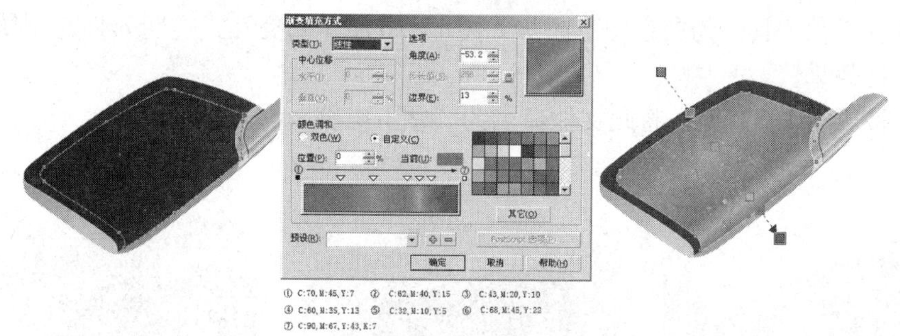

图 11-12　绘制的图形及填充颜色后的效果

12 将步骤 11 绘制的图形在原位置复制，然后将其填充色修改为蓝色（C：60，M：40，K：40），并利用【交互式透明】工具▢为其添加如图 11-13 所示交互式透明效果。

13 利用◣工具绘制出如图 11-14 所示的图形，然后为其填充灰色（K：30），并去除外轮廓。

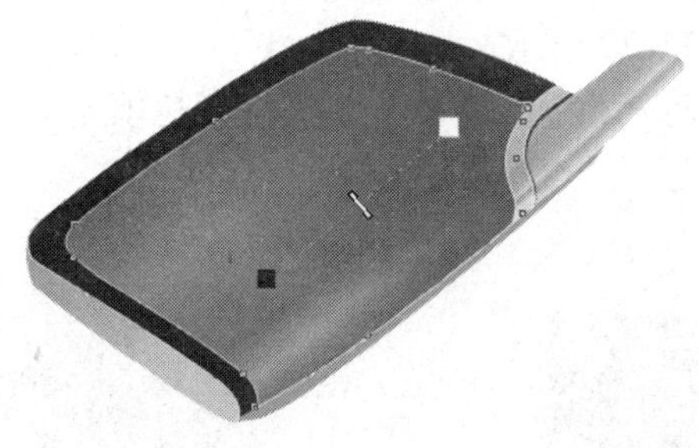

图 11-13　复制并设置交互透明后的效果

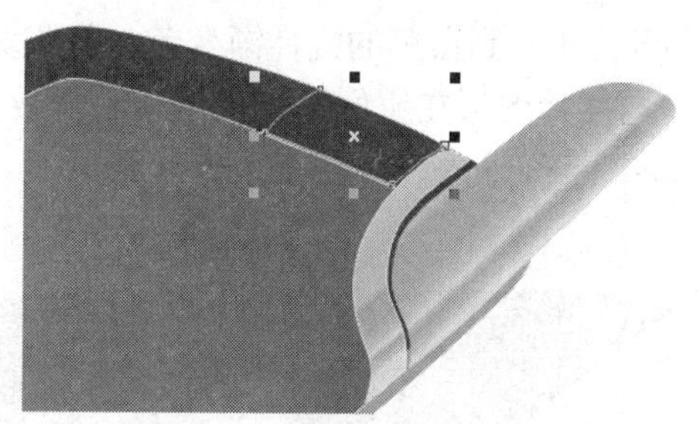

图 11-14　绘制的图形

14 为了表现出图形的立体效果，下面利用◣工具在图形的左侧绘制出一个白色的图形，作为图形结构的受光面，效果如图 11-15 所示。

15 继续利用◣和◣工具，根据掌上电脑的外边缘绘制出如图 11-16 所示的图形，然后利用◪按钮，为其添加由灰色（K：30）到白色的线性渐变色，效果如图 11-17 所示。

CorelDRAW

图 11-15　绘制的白色图形

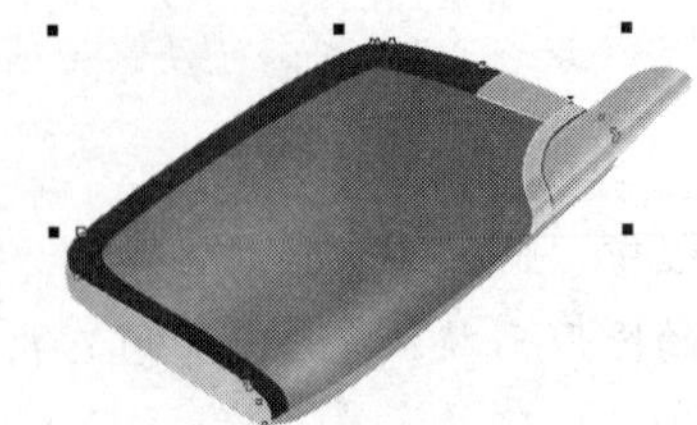

图 11-16　绘制的图形

图 11-17　填充渐变色的效果

16 利用工具，在步骤 13 与步骤 15 绘制的图形之间绘制出如图 11-18 所示的黑灰色（K：90）线形，然后在如图 11-19 所示的位置绘制白色的无轮廓图形，作为结构的受光部位图形。

17 利用工具，为白色图形添加如图 11-20 所示的交互式透明效果，制作出光线的明暗变化效果。

18 按【Ctrl+S】键，将此文件命名为“掌上电脑.cdr”先进行保存。

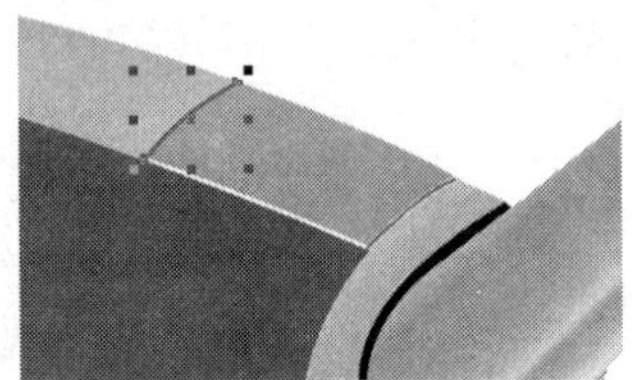

图 11-18　绘制的分界线

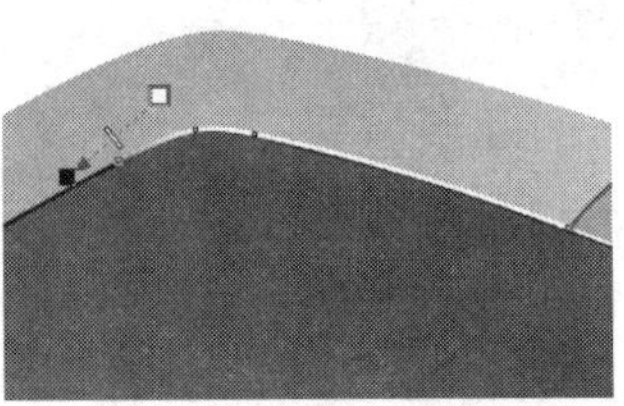

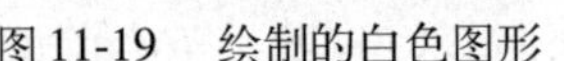

图 11-19　绘制的白色图形

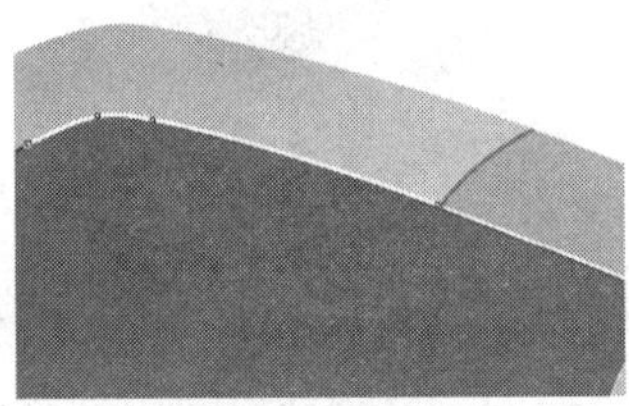

图 11-20　添加交互式透明后的效果

11.1.2　刻画绘制底部结构

接下来学习刻画掌上电脑的底部结构图形。

01 利用和工具，绘制出如图 11-21 所示的图形，然后利用工具为其添加由灰色（K：60）到白色的线性渐变色，效果如图 11-22 所示。

02 将图形在原位置复制，然后稍微向上移动位置，并重新调整渐变色填充形式如图 11-23 所示。

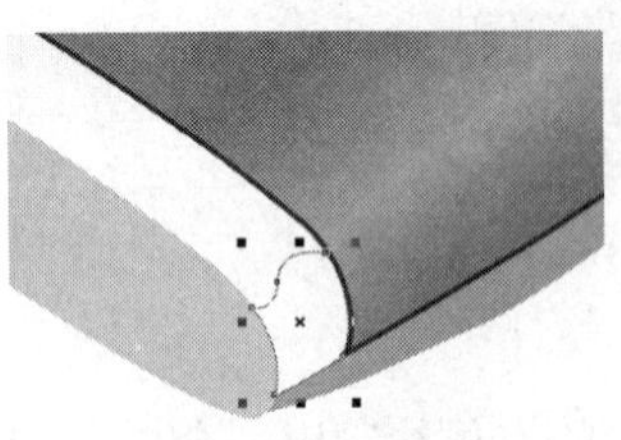

图 11-21　绘制的图形

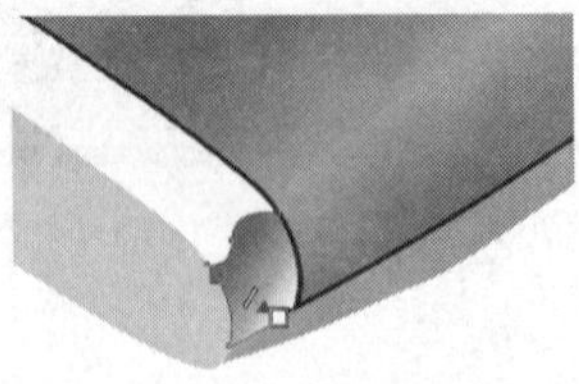

图 11-22　填充的渐变色

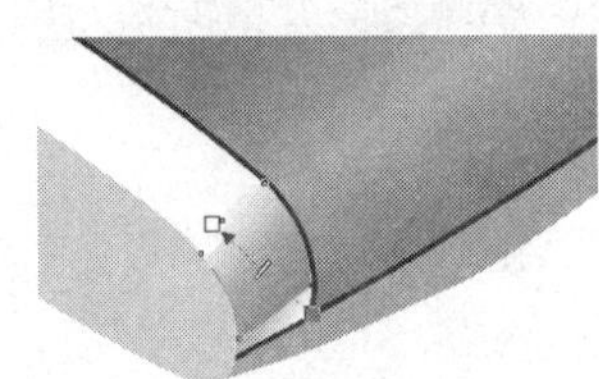

图 11-23　复制的图形修改渐变色效果

03 单击工具，为复制的图形添加如图 11-24 所示的交互式透明效果。取消图形的选择状态，制作的效果如图 11-25 所示。

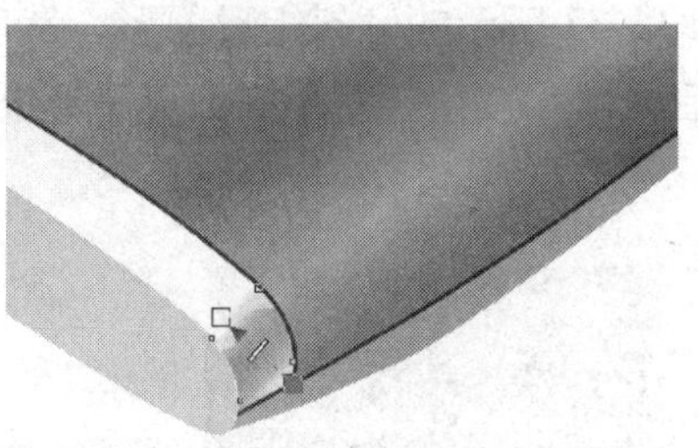

图 11-24　添加交互式透明后的效果

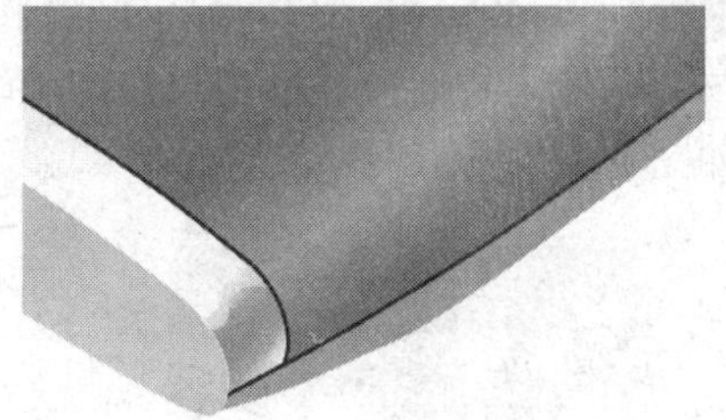

图 11-25　制作的效果

下面来学习绘制掌上电脑底部的充电插口。

04 利用□工具，绘制一个矩形图形，然后自左向右为其填充由灰色（K：80）到黑色的线性渐变色。

05 继续利用□工具，在图形的外面再绘制出如图 11-26 所示的灰色（K：50）圆角矩形，其 选项的参数都为"30"，轮廓宽度为"0.8mm"。

06 按【Ctrl+Shift+Q】键，将步骤 5 绘制的圆角矩形轮廓转换为对象，然后将其与步骤 4 绘制的矩形图形同时选择并群组。

07 选取菜单栏中的【效果】|【添加透视点】命令，对群组后的图形进行透视变形，最终效果如图 11-27 所示。

08 利用 工具，在变形后的矩形图形左侧绘制出如图 11-28 所示的黑色三角形图形，体现图形的进深效果。

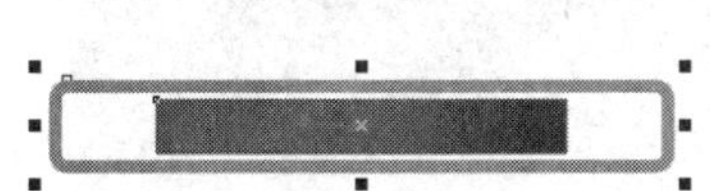

图 11-26　绘制的圆角矩形

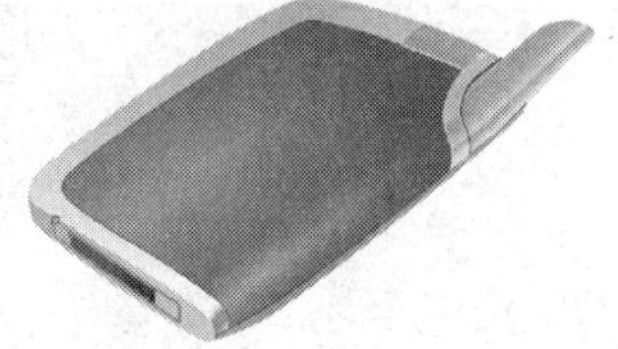

图 11-27　透视变形后的效果

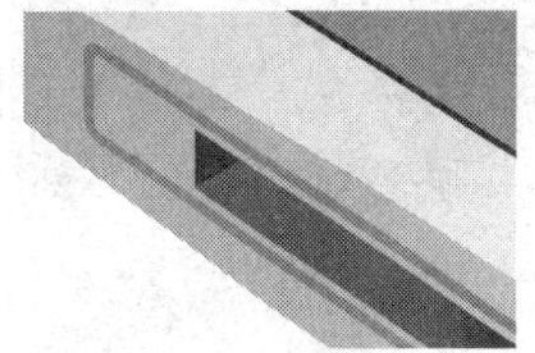

图 11-28　绘制的三角形图形

09 利用○工具，在变形后的图形左侧依次绘制出如图 11-29 所示的椭圆形图形，作为螺丝钉图形。其填充色为自左上角到右下角由灰色（K：80）到黑色的线性渐变色，大椭圆形的轮廓色为深灰色（K：70），小椭圆形的轮廓色为浅灰色（K：30）。

10 利用 和 工具，对小椭圆形的填充色进行修改，其参数设置及修改后的填充效果如图 11-30 所示。

图 11-29　绘制的椭圆形图形

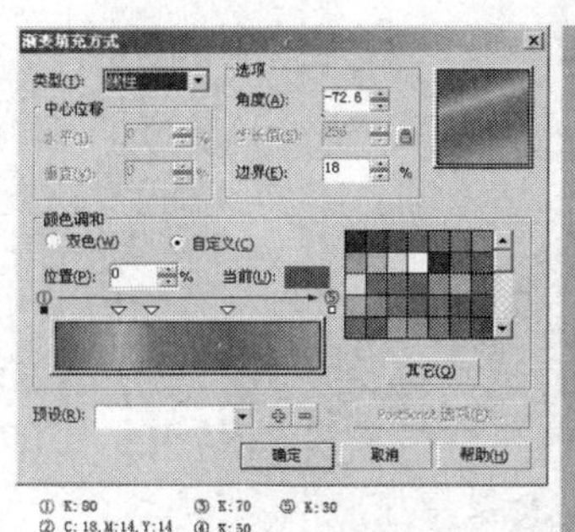

图 11-30　修改的填充色参数及效果

11 利用【三点矩形】工具绘制出如图 11-31 所示的倾斜矩形图形，然后将其与小椭圆形图形同时选择，单击属性栏中的(后减前）按钮，对小椭圆形图形进行修剪，效果如图 11-32 所示。

图 11-31　绘制的倾斜矩形图形

图 11-32　修剪后的图形形态

12 继续利用及移动复制操作命令，绘制出如图 11-33 所示的白色无轮廓矩形图形，然后将其全部选择并群组。

13 单击工具，为群组后的图形添加如图 11-34 所示的交互式透明效果。然后利用【精确剪裁】命令将其置于下方的黑色图形中，效果如图 11-35 所示。

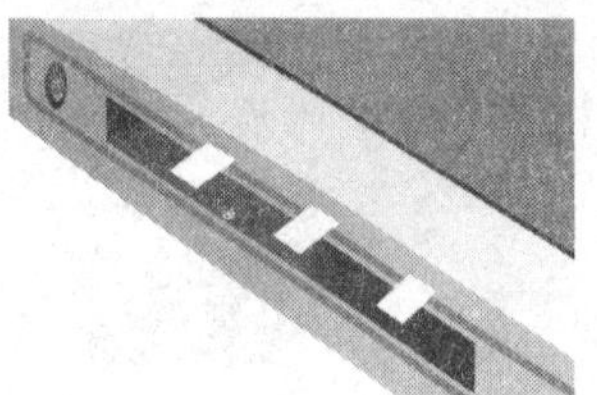
图 11-33　绘制的矩形图形

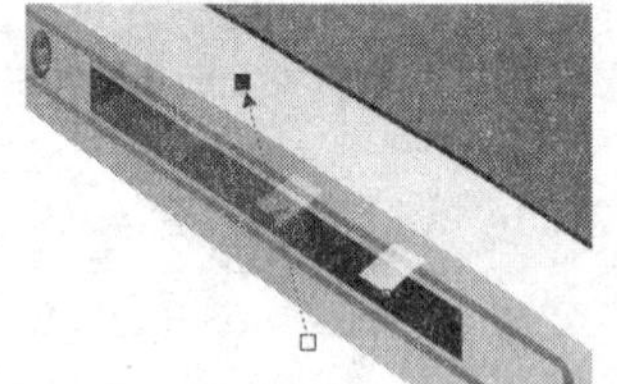
图 11-34　添加的交互式透明效果

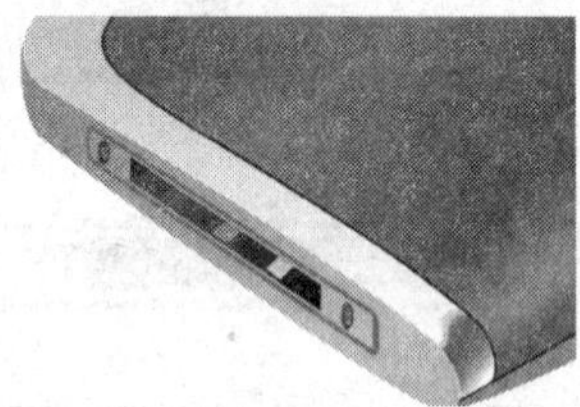
图 11-35　置于图形后的效果

11.1.3　绘制按钮

下面来学习绘制按钮，在绘制过程中，读者要注意学习将图形转换成位图后，再制作高光区域的操作方法，要灵活掌握其制作技巧。

01 利用【椭圆形】工具绘制出如图 11-36 所示的椭圆形，然后为其添加如图 11-37 所示的渐变颜色。

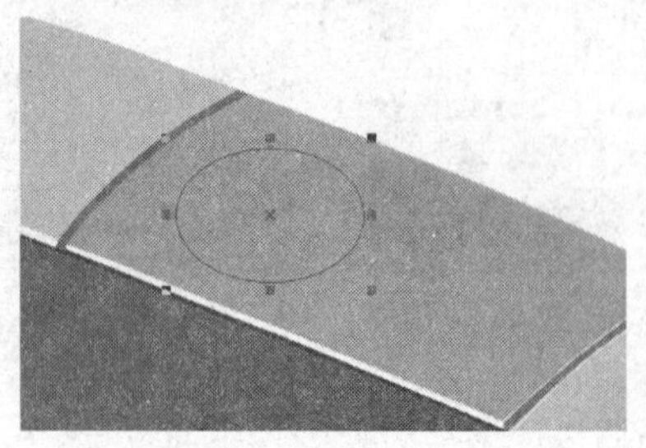
图 11-36　绘制的椭圆形

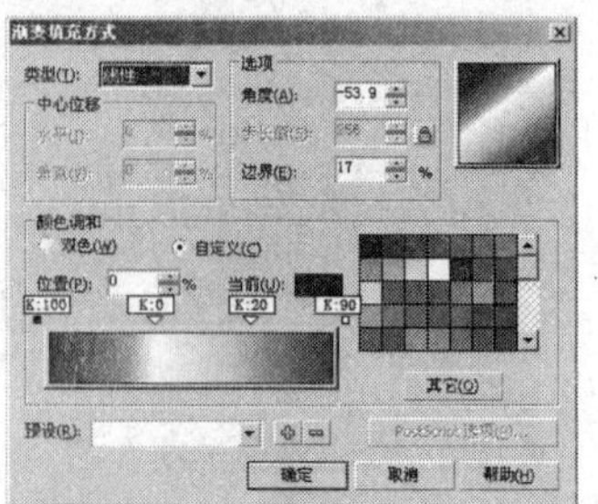
图 11-37　设置的渐变色

02 将椭圆形图形的外轮廓去除，然后用移动复制图形的方法，将其向上移动复制，为复制的图形添加灰色（K：10）的轮廓线，并修改渐变颜色，参数设置及修改后的图形颜色效果如图 11-38 所示。

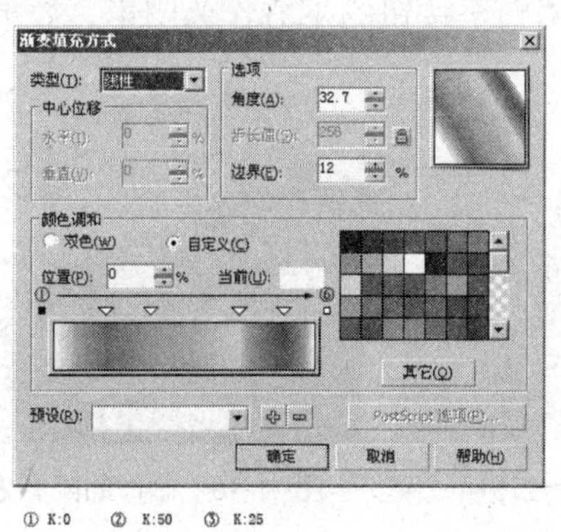

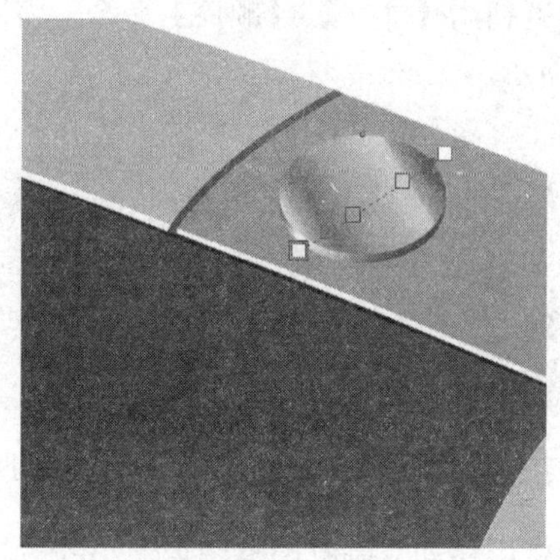

图 11-38 复制图形填充的渐变色及效果

03 利用工具依次绘制出如图 11-39 所示的无轮廓椭圆形，其中大椭圆的填充色为黑色，小椭圆形的颜色为灰色（K：40）。然后利用按钮，将两个图形进行调和，效果如图 11-40 所示。

04 利用【挑选】工具将小椭圆选择，然后在原位置复制，将复制图形的颜色修改为灰色（K：10），并利用工具添加如图 11-41 所示的交互式透明效果。

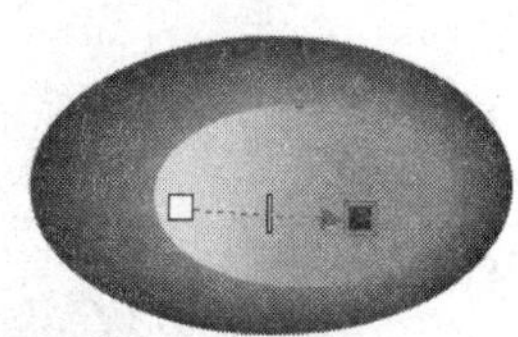

图 11-39 绘制的椭圆形　图 11-40 交互式调和后的图形效果　图 11-41 添加的透明效果

05 利用工具及属性栏中的按钮，绘制出如图 11-42 所示的图形，然后为其添加如图 11-43 所示的渐变颜色效果。

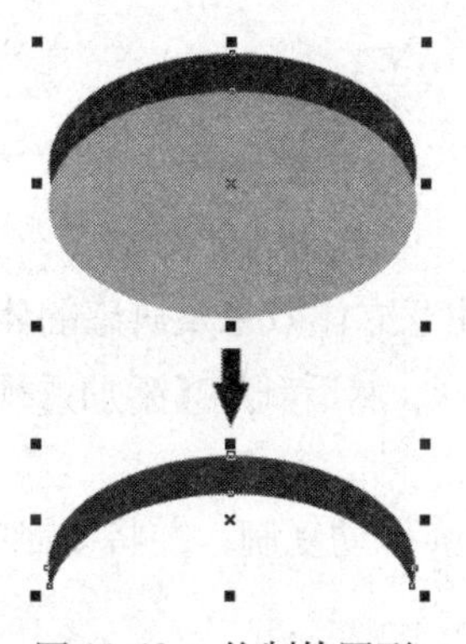

图 11-42 绘制的图形

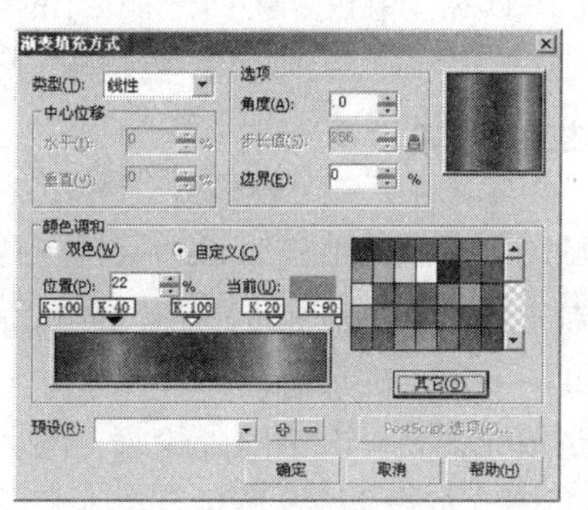

图 11-43 设置的填充颜色及效果

06 将步骤3~5置于图形后的效果绘制的图形依次调整大小，放置到如图11-44所示的位置，然后利用工具绘制一个灰色无外轮廓的椭圆形，并利用工具为其添加如图11-45所示的交互式透明效果。

07 利用【排列】|【顺序】命令，将图形调整至按钮的下方作为阴影，效果如图11-46所示。

图11-44　图形放置的位置

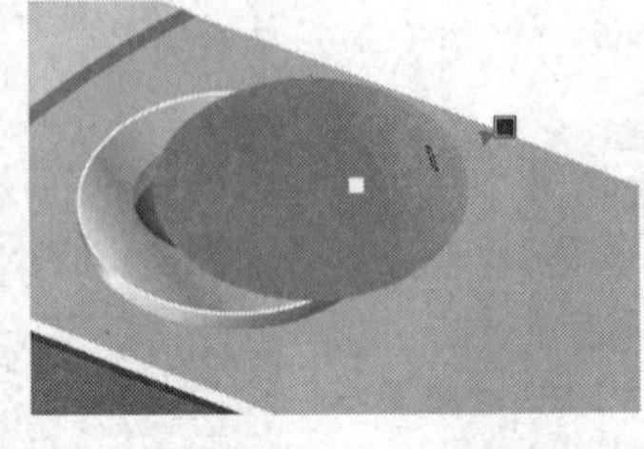

图11-45　添加的交互式透明效果

图11-46　制作的阴影效果

08 用移动复制及调整图形大小的方法，将按钮图形全部选择后移动复制并缩小，然后修改调和图形的颜色，小椭圆形为浅黄色（C：5，M：5，Y：88），大椭圆形为深黄色（C：8，M：87，Y：96）。

09 利用工具在复制按钮中调和图形的上方再绘制一个灰色（K：10）的椭圆形，然后利用工具为其添加如图11-47所示的透明效果。

10 按【Ctrl+S】键，将作品保存。

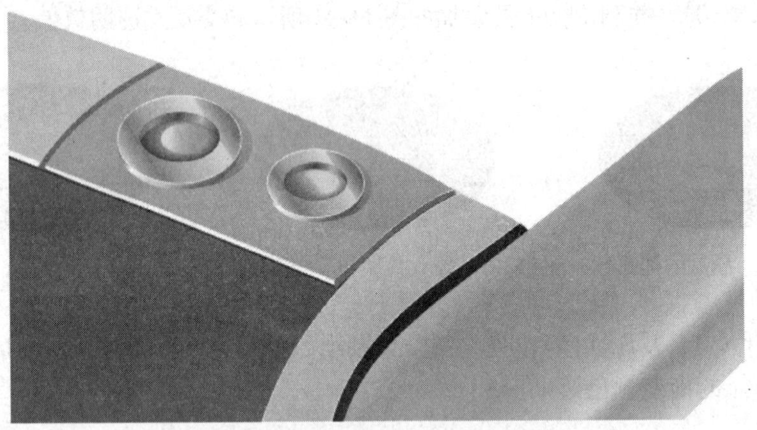

图11-47　按钮复制并调节颜色后的效果

11.1.4　绘制屏幕及其他按钮

下面来绘制掌上电脑的屏幕及其他按钮，绘制过程中要注意立体效果及质感的体现。

01 利用工具绘制出选项都为“8”的圆角矩形，然后利用【添加透视点】命令，将其变形至如图11-48所示的形态。

02 为变形后的图形填充黑色，并去除外轮廓，然后将其移动复制，并将复制的图形颜色修改为灰色（K：30），如图11-49所示。

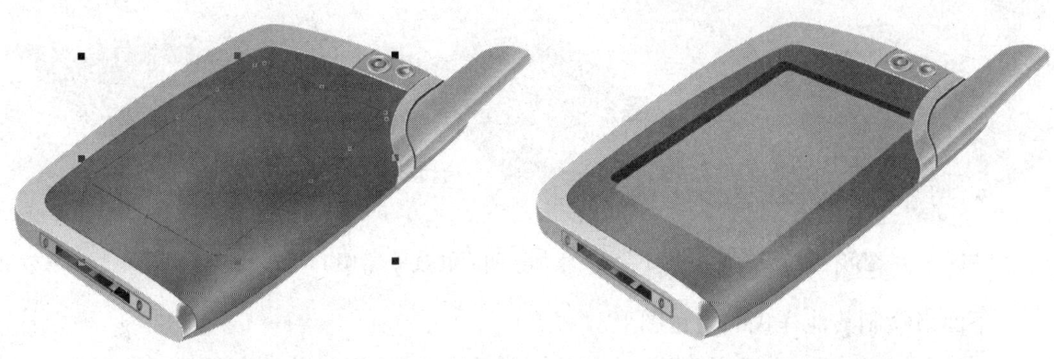

图 11-48　图形变形后的形态　　　　图 11-49　复制出的图形

03 利用【转换为位图】命令将复制的图形转换为位图，然后选择【位图】|【模糊】|【高斯式模糊效果】，其【半径】选项参数为“5”，效果如图 11-50 所示。

04 利用【精确剪裁】命令，将模糊后的图形置于下方的黑色图形中，效果如图 11-51 所示。

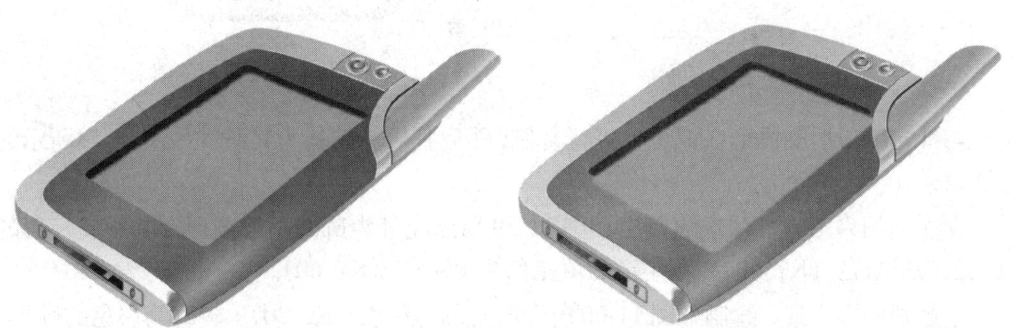

图 11-50　模糊后的图形效果　　　　图 11-51　图形置入容器内的效果

05 利用工具及属性栏中的按钮，制作出如图 11-52 所示的图形。

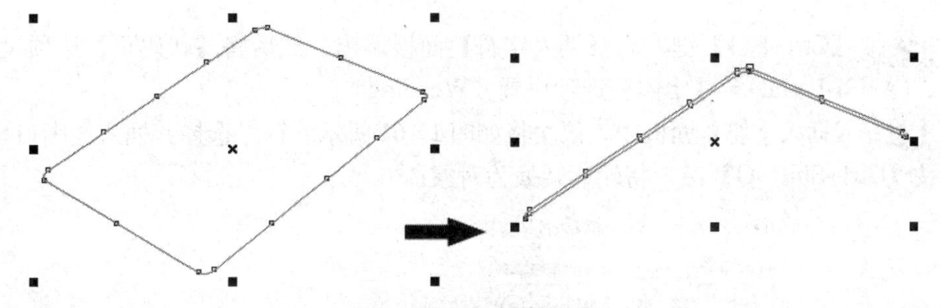

图 11-52　绘制的图形

06 为图形填充白色并去除外轮廓，然后移动到如图 11-53 所示的位置，并利用工具，为其添加如图 11-54 所示的交互式透明效果。

此时，掌上电脑的屏幕就绘制完成了，其整体效果如图 11-55 所示。

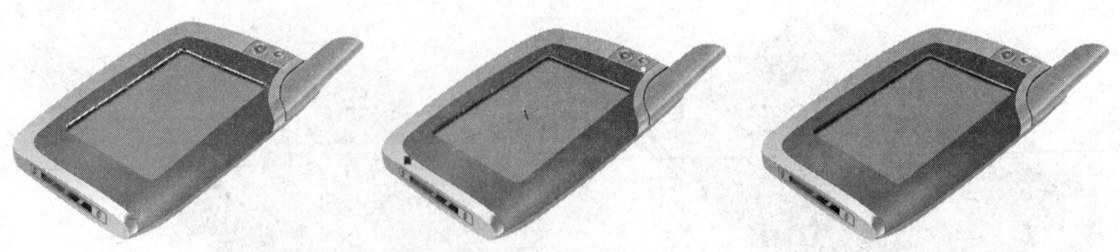
图 11-53 图形的位置 图 11-54 添加透明后的效果 图 11-55 绘制完成的电脑屏幕效果

下面来绘制其他样式的按钮图形。

07 利用工具，依次绘制出如图 11-56 所示的圆角矩形，将两个图形同时选择，单击属性栏中的按钮，对大图形进行修剪。

08 选择用于修剪的小圆角矩形，为其填充灰色（K：10）并去除外轮廓，然后选择修剪后的图形，去除外轮廓后为其添加由黑灰色（K：90）到浅灰色（K：50）的线性渐变色效果如图 11-57 所示。

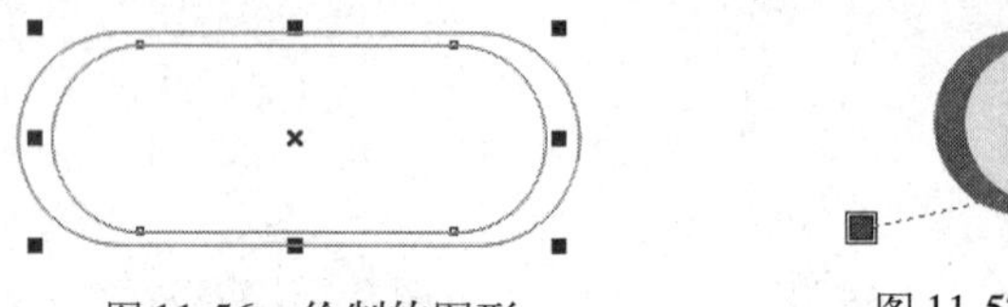
图 11-56 绘制的图形 图 11-57 填充渐变色后的效果

09 将修剪后的图形在原位置进行复制，然后利用工具为其添加如图 11-58 所示的透明效果。

10 利用工具，依次绘制出如图 11-59 所示无外轮廓的矩形图形，其中长矩形的填充色为黑灰色（K：90），小矩形的填充色为中灰色（K：60）。

11 利用工具，绘制如图 11-60 所示填充色为灰色（K：20）、轮廓为白色的圆形。

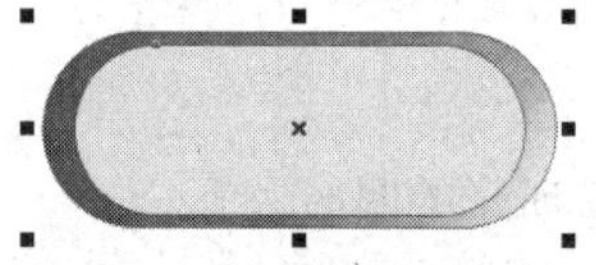
图 11-58 添加透明后的效果

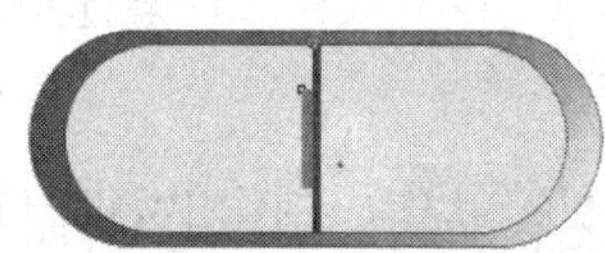
图 11-59 绘制的图形

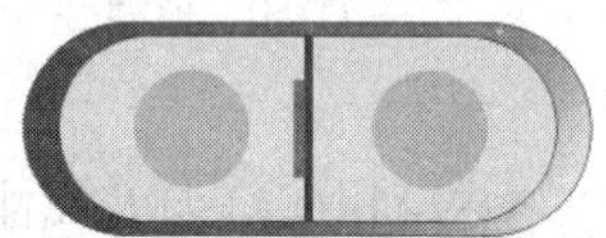
图 11-60 绘制的圆形图形

12 按【Ctrl+F11】键，将【插入字符】面板调出，然后将【代码页】选项设置为“1252（ANSI-Latinl）”，【字体】选项设置“Webdings”。

13 在【插入字符】面板中，依次将如图 11-61 所示的符号选择并插入绘图窗口中，然后按【Ctrl+Shift+Q】键，将轮廓转换为对象。

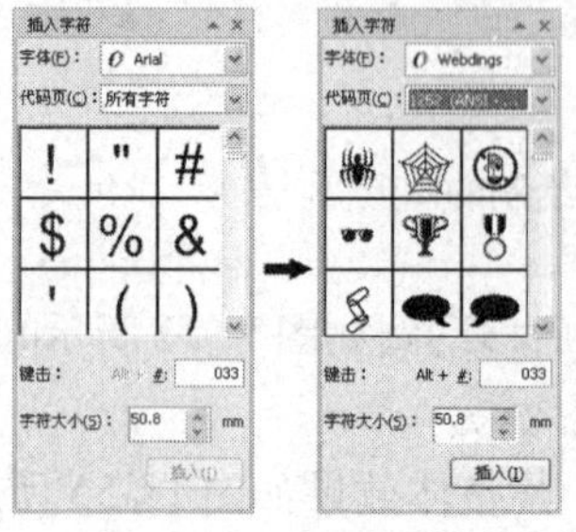

图 11-61 【插入字符】对话框及插入的字符

14 将图形全部选择并群组，然后将图形的颜色都修改为灰色（K：40），并分别调整大小后移动到上面绘制的按钮上，如图 11-62 所示。

15 利用□工具，根据按钮的大小绘制出如图 11-63 所示的黑色圆角矩形，然后将其调整至按钮的下方，效果如图 11-64 所示。

图 11-62　图形放置的位置

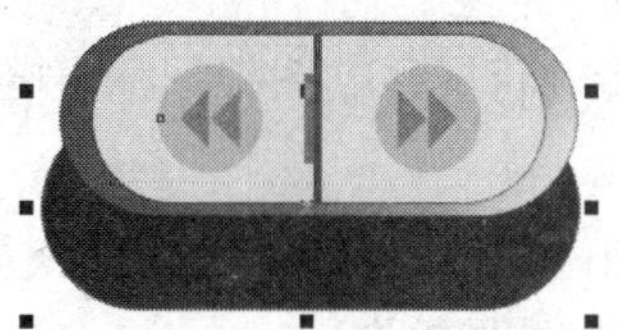

图 11-63　绘制的图形

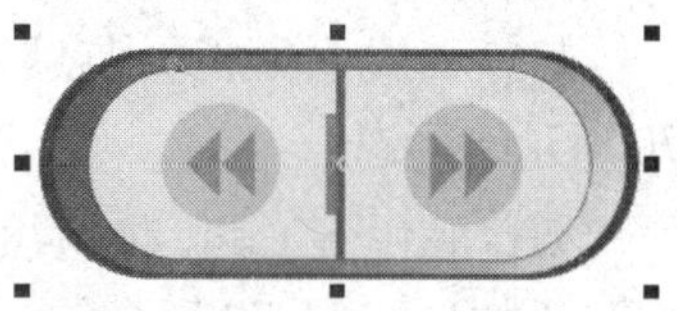

图 11-64　调整顺序后的效果

16 将绘制的按钮图形全部选择并群组，然后利用【添加透视点】命令将其调整至如图 11-65 所示的透视形态。

17 用与第 11.3 节绘制按钮相同的方法，再绘制出如图 l-66 所示的按钮图形，直接复制前面绘制的按钮后再修改也可以。

18 按【Ctrl+S】键，将作品保存。

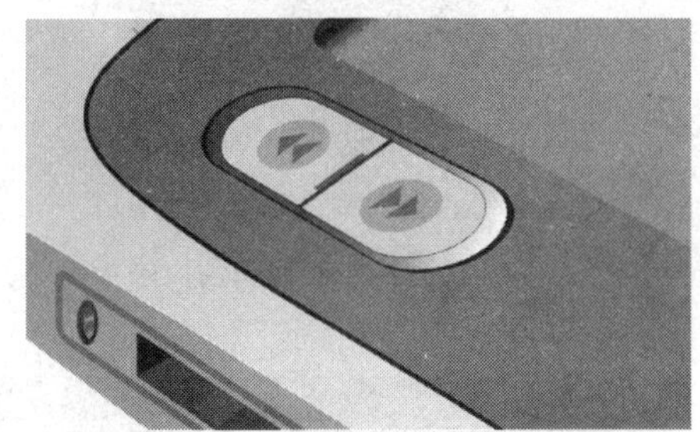

图 11-65　按钮透视变形后的效果

图 11-66　绘制的另一按钮效果

11.1.5　制作投影及屏幕贴图

下面来学习绘制掌上电脑的投影，并对屏幕进行贴图处理。

01 利用工具，根据掌上电脑的外轮廓绘制出如图 11-67 所示的图形，然后为其填充深灰色（K：80），并利用工具为其添加如图 11-68 所示的交互式透明效果。

02 用转换位图后再制作模糊效果的操作方法，将图形模糊处理，然后调整至所有图形的下方作为掌上电脑的投影效果，如图 11-69 所示。

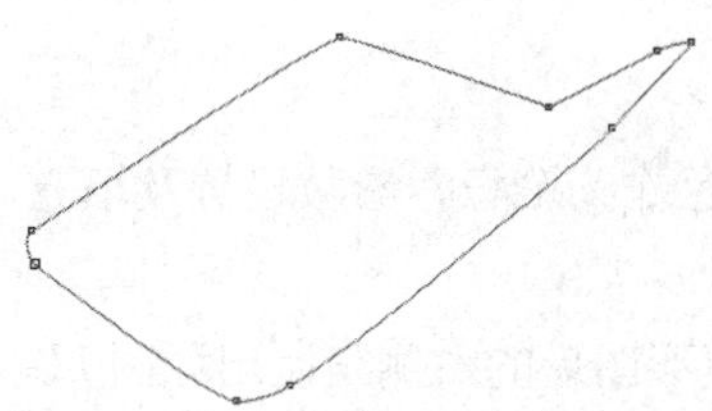

图 11-67　绘制的图形

图 11-68　添加透明后的效果

图 11-69　制作的投影效果

03 按【Ctrl+I】键，将本书附带光盘\JPG\第11章\“屏幕贴图.jpg”的图片导入，选取菜单栏中的【位图】|【快速描摹】命令，将其转换为矢量图。

04 利用【效果】|【精确剪裁】|【置入容器内】命令，将屏幕贴图图形置于掌上电脑的屏幕图形中，然后选取菜单栏中的【效果】|【精确剪裁】|【编辑内容】命令，将当前模式转换到图形的编辑模式。

05 利用【添加透视点】命令，将屏幕贴图根据掌上电脑的屏幕大小调整至如图11-70所示的形态。

06 利用□工具，依次绘制出如图11-71所示的白色矩形图形，然后去除外轮廓，并为其添加如图11-72所示的交互式透明效果。

07 单击绘图窗口左下角的【完成编辑】按钮，完成图形的编辑操作。

08 利用【矩形】工具□和【渐变】工具■在掌上电脑的下面绘制一个渐变色的背景，此时绘制完成的掌上电脑效果如图11-73所示。

图11-70 图形变形后效果

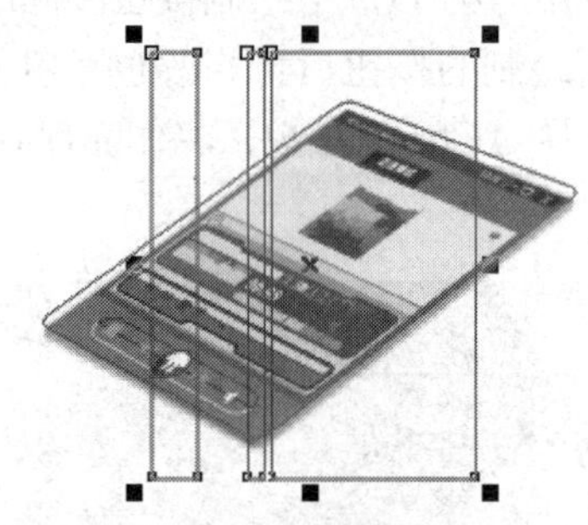

图11-71 绘制的矩形图形

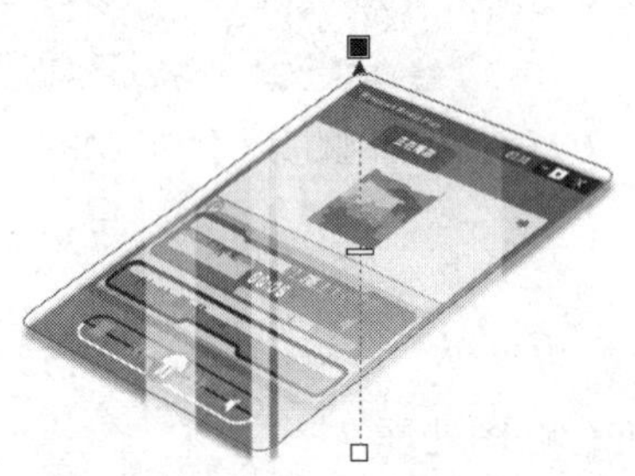

图11-72 添加透明后的效果

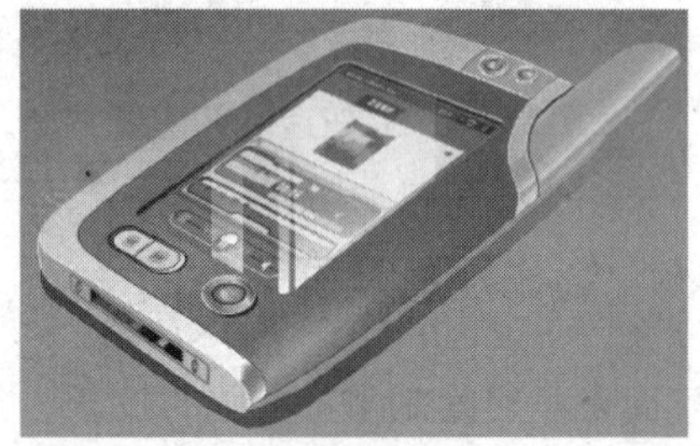

图11-73 绘制完成的掌上电脑效果

09 按【Ctrl+S】键将作品保存。

11.1.6 绘制磁性手写笔

最后来学习绘制掌上电脑的磁性手写笔。

01 利用□工具绘制矩形图形，然后为其填充渐变颜色作为笔杆，参数设置及填充后的效果如图11-74所示。

02 将矩形图形的外轮廓去除，然后利用○工具，在矩形图形的右侧绘制出如图11-75所示的椭圆形。

03 将椭圆形与矩形图形同时选择，单击属性栏中的□按钮，将矩形图形进行修剪，效果如图 11-76 所示。

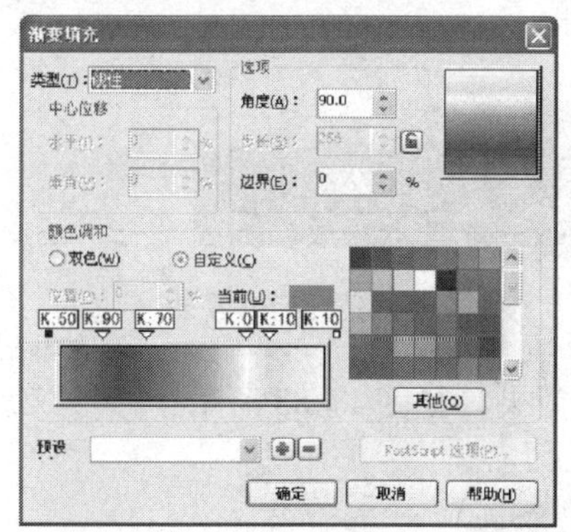

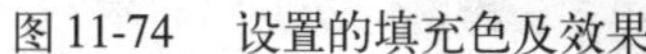

图 11-74　设置的填充色及效果

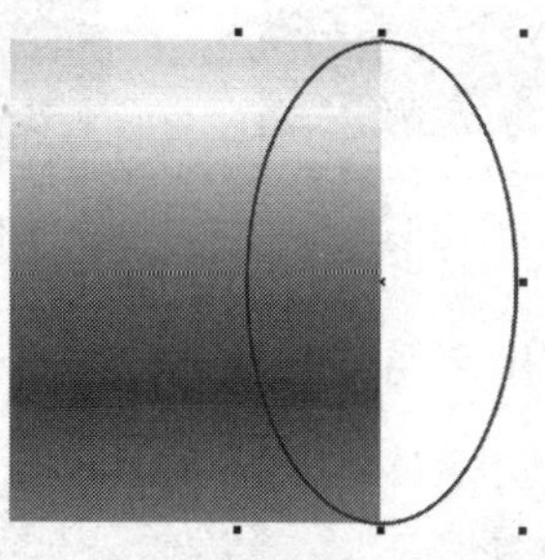

图 11-75　绘制的椭圆

图 11-76　修剪后效果

04 利用工具，在矩形图形的左侧再绘制一个椭圆形，然后将其与矩形图形焊接，生成的效果如图 11-77 所示。

图 11-77　焊接图形后的效果

05 利用工具及移动复制图形的操作方法，制作出如图 11-78 所示的黑色椭圆形。然后利用【交互式调和】工具，将两个椭圆形调和，并设置 50 选项的值为"50"，生成的效果作为笔帽，如图 11-79 所示。

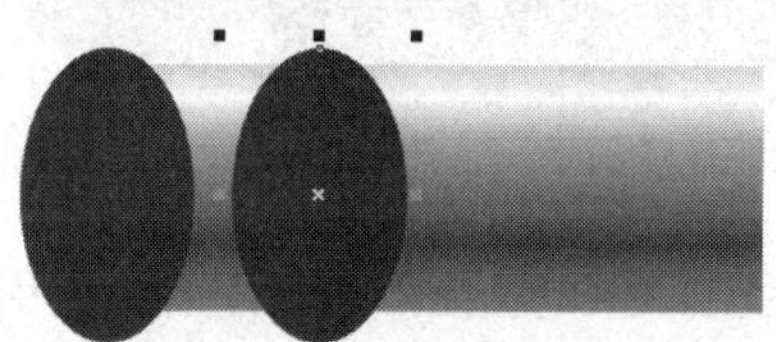

图 11-78　绘制的椭圆形

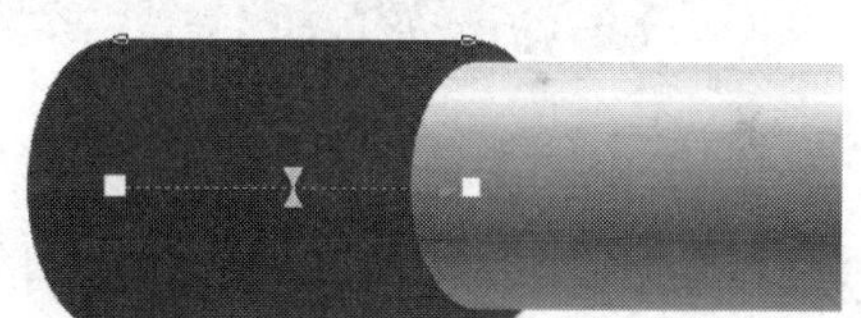

图 11-79　调和后的图形效果

06 用与步骤 5 相同的绘制方法，依次绘制出笔头及笔尖图形，制作过程如图 11-80 所示。

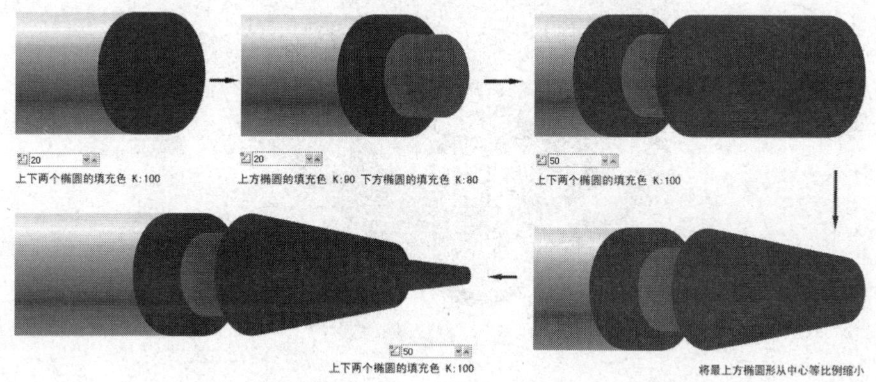

图 11-80　笔头及笔尖绘制过程

07 利用和工具，在笔上面再绘制并调整出如图11-81所示的图形，并填充为白色。使用工具给笔帽制作如图11-82所示的透明效果。

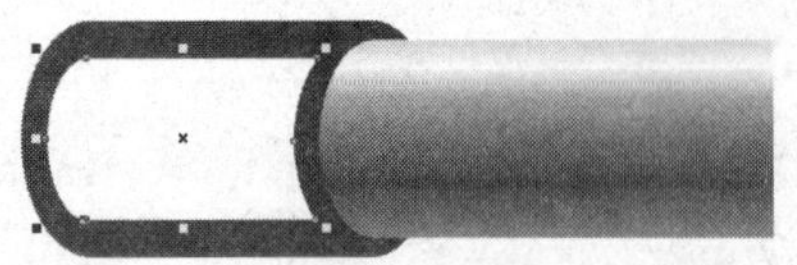

图11-81　绘制的图形

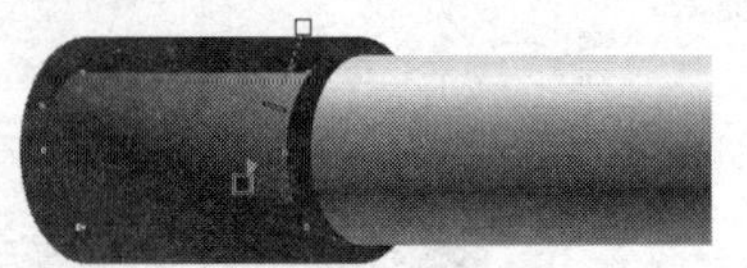

图11-82　添加交互式透明后的效果

08 同上步操作，制作出手写笔其他部位的高光效果，如图11-83所示。

图11-83　制作的高光效果

09 利用工具，参数设置参照图11-84所示，绘制出如图11-85所示的手写笔阴影效果。至此，手写笔绘制完成。

图11-84　交互式阴影工具属性设置

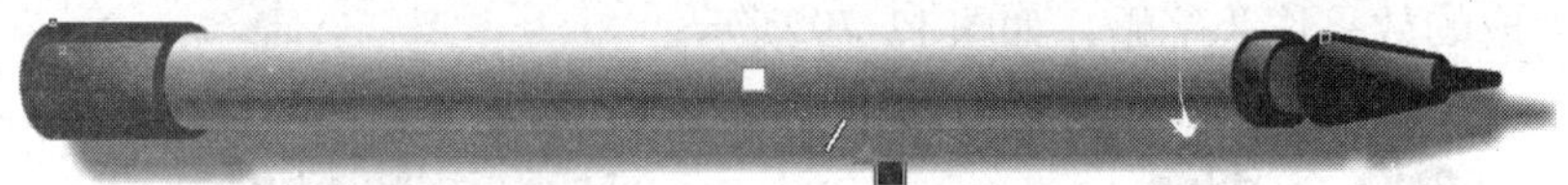

图11-85　绘制完成的手写笔效果

10 将绘制完成的手写笔进行大小调节后与掌上电脑图形进行组合，使用【文字】工具输入"SOU-TECH"和"POWER"后，选择菜单【效果】|【添加透视】命令进行调节后的效果如图11-86所示。

图11-86　绘制的掌上电脑效果

11 使用【矩形】工具，绘制三个矩形，并填充为不同的颜色，如图 11-87 所示。

12 使用【折线】工具，绘制一条折线，粗细为：1.5mm，有填充的颜色为 50%黑，效果如图 11-88 所示。

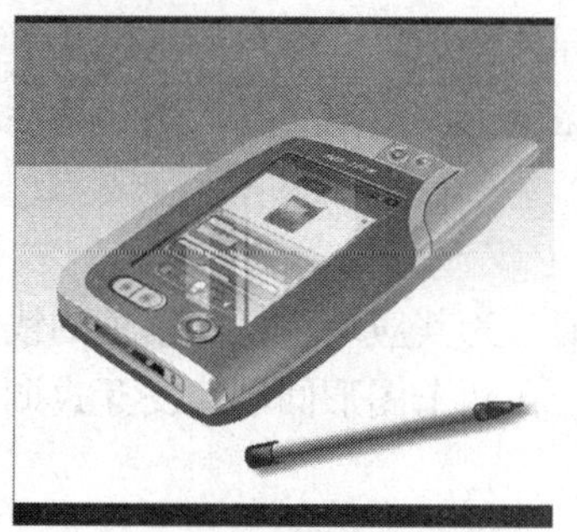

图 11-87　绘制的矩形

图 11-88　绘制的折线

13 使用【文字】工具输入文字，并调节文字的字体、大小和颜色，如图 11-89 所示。选择菜单【排列】|【转换为曲线】命令，把输入的文字转换为曲线。按【Ctrl+S】键，把文件再次保存，完成全部的绘制工作。

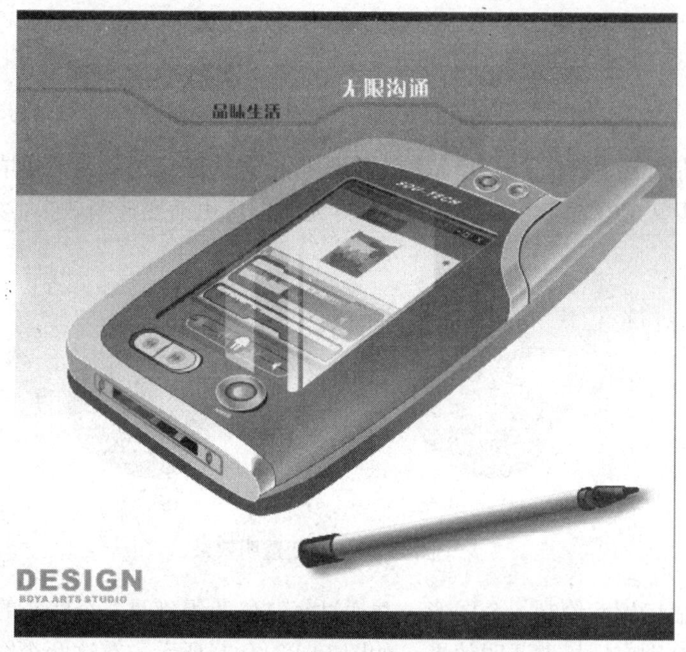

图 11-89　掌上电脑完成的最终效果

提示：

把文字转换成曲线除了可以使用菜单中的【排列】|【转换为曲线】外，还可以按【Ctrl+Q】键。将文字转换成曲线的目的是为了避免系统中未安装所采用的字体，而将字体自动转换为其他字体。

11.2 创意鼠标

本实例将绘制一个造型独特的创意图形鼠标：包括两部分：一部分为鼠标的绘制，一部分为树叶的绘制，其重点在于表现鼠标种特殊有机材料的质感及水珠的质感，使其呈现出自身颜色中略带透明质地的效果。这里主要使用交互式条和功能来表现细腻的颜色变化。

绘制方法如下：

01 绘制如图 11-90（a）图所示的图形，为其应用灰蓝与紫色的线性渐变填充。复制此图形并略微缩小，在修改其渐变颜色，在两个图形间创建交互式调和效果，结果如图 11-90（b）图所示。

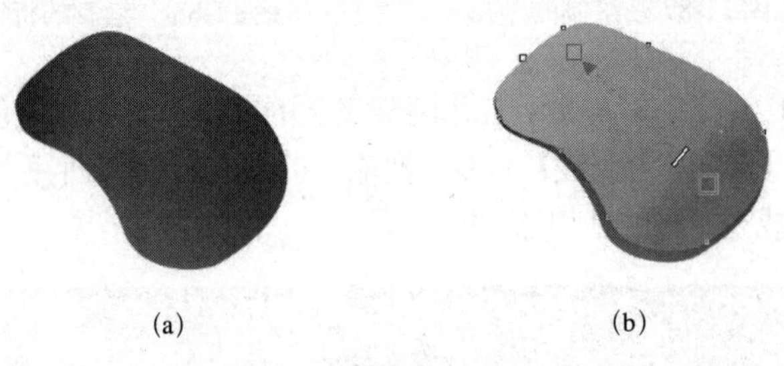

(a) (b)

图 11-90 绘制图形并调和效果

02 绘制如图 11-91（a）所示的一个图形，并为其应用射线渐变填充。原地复制此图形，修改其填充色为灰色的单色填充，再为图形应用渐变透明效果，如图 11-91（b）所示。

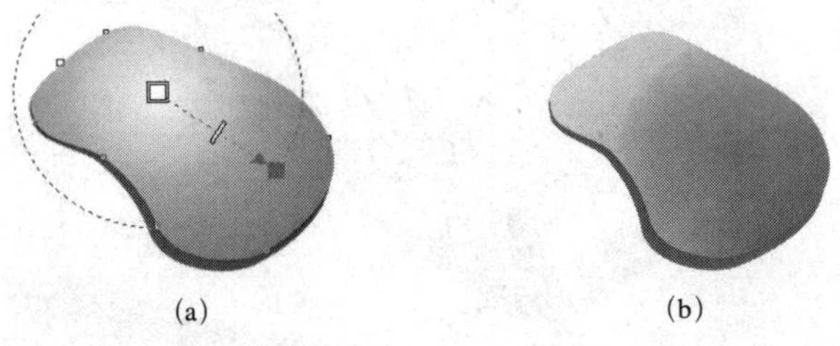

(a) (b)

图 11-91 渐变透明效果

03 在鼠标侧面绘制一个图形，并通过复制修改得到另一个较小的图形，将它们填充为白色并分别应用标准透明效果，如图 11-92（a）所示。在这两个图形间创建调和效果，并通过映射节点命令设置正确的节点对应关系关系，结果如图 11-92（b）所示。

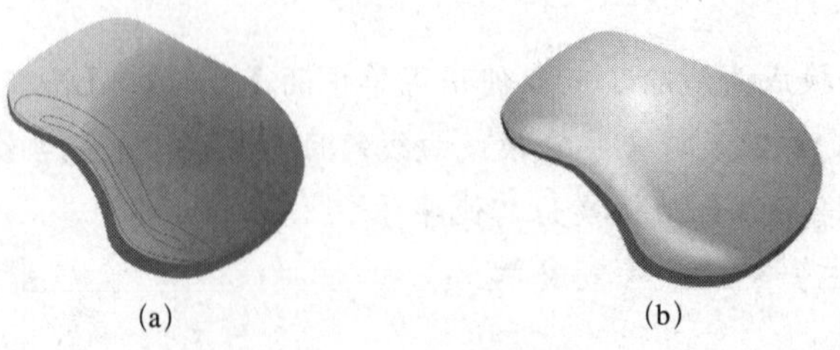

(a) (b)

图 11-92 调和效果

04 同样完成另外两个图形，填充为白色并应用标准透明效果，如图 11-93（a）所示。在两个图形间创建调和效果，结果如图 11-93（b）所示。

(a)　　(b)

图 11-93　透明效果并调和效果

05 绘制一个浅灰色图形，对其复制并适当缩小，并填充为较深的灰色。在这两个图形同创建调和效果，结果如图 11-94（a）所示。

06 在此处再次给制一个图形，并填充为暗红色。原地复制此图形并适当缩小，然后为其应用渐变填充。在两个图形间创建调和效果，结果如图 11-94（b）所示。

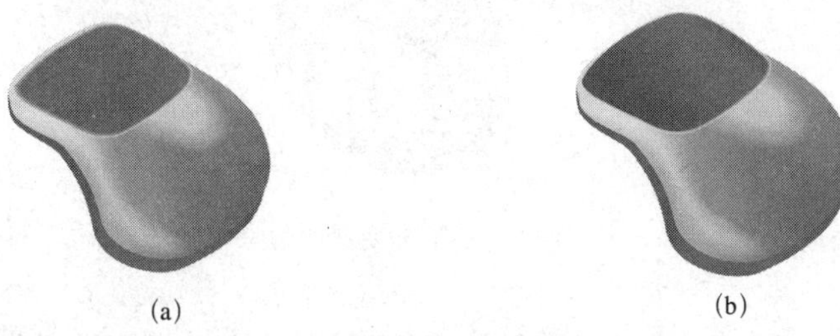

(a)　　(b)

图 11-94　绘制灰色图形和暗红色图形

07 分别创建一个白色调和图形组和一个暗红色调和图形组，绘制两个白色图形，调节透明度，使用交互式调和工具，效果如图 11-95（a），绘制两个暗红色图形，调节透明度，使用交互式调和工具，如图 11-95（b）所示。

(a)　　(b)

图 11-95　白色调图形组、暗红色调和图形组

08 绘制如图 11-96（a）所示的图形，将其填充为深红色，再应用线性渐变透明效果，如图 11-96（b）所示。

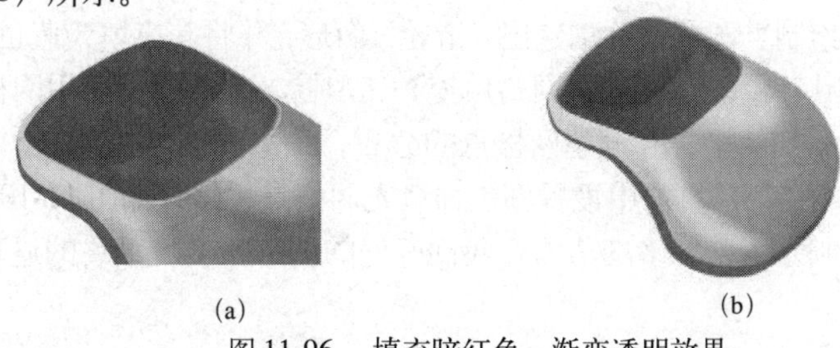

(a)　　(b)

图 11-96　填充暗红色、渐变透明效果

09在此处分别创建两个灰色调和图形组，注意其细微的颜色变化，如图11-97所示。

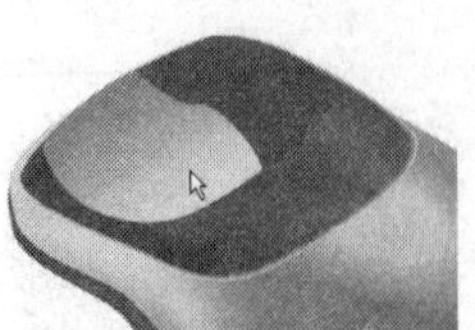

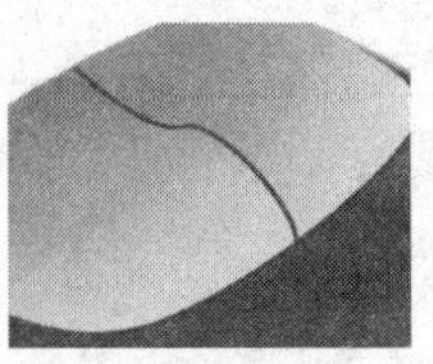

图 11-97　创建两个灰色调和图组

10选取左侧调和图形组中上层的图形，原地复制并将真填充为白色，再为此图形应用线性渐变透明效果，如图 11-98 所示。

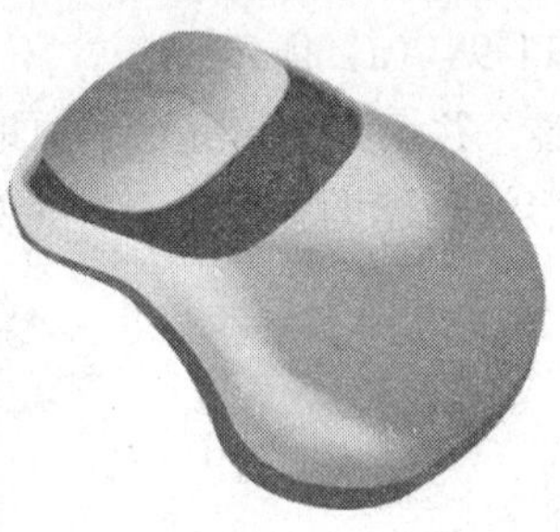

图 11-98　线形渐变透明效果

11 依据两个调和图形组中间的裂缝，绘制一条曲线。适当设置曲线的轮廓宽度与轮廓色，再按下快捷键【Shift+Ctrl+Q】转换轮廓为曲线，删除原始的曲线后，调整图形的层叠顺序，使其位于调和图形组下层。通过相交操作在此创建两个图形，并分别为其应用渐变填充，如图 11-99（a）所示。

12 在此处绘制一个图形，并填充为黑色，如图 11-99（b）所示。

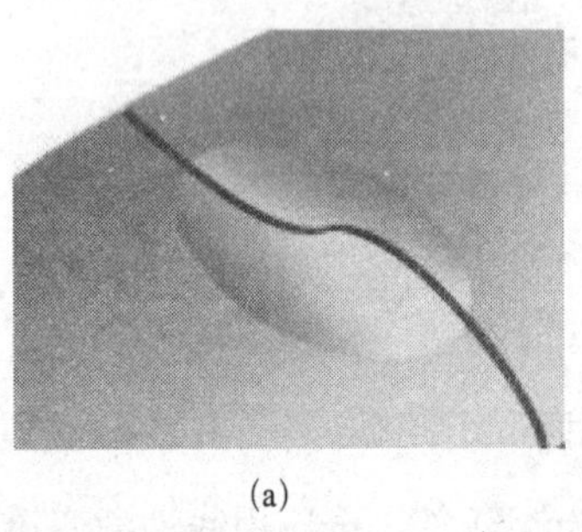

(a)

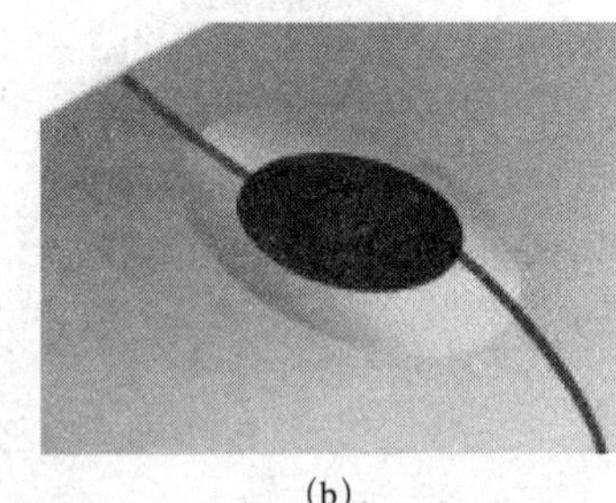

(b)

图 11-99　绘制轮廓线并填充黑色

13通过绘制半圆并修改创建出“滑轮”图形，并将其充填为蓝色，如图11-100（a）所示。选择工具箱中的【交互式网格填充】工具，为此图形应用网格填充。在图形内双击鼠标左键添加两格，并调整网格点的分布，结果如图 11-100（b）所示。

14在“颜色”泊坞窗中设置颜色并填充网格点，结果如图 11-100（c）所示。这样一个鼠标就绘制好了，许多细节需要我们好好的调节，实现最终的逼真效果，效果如图 11-101 所示。

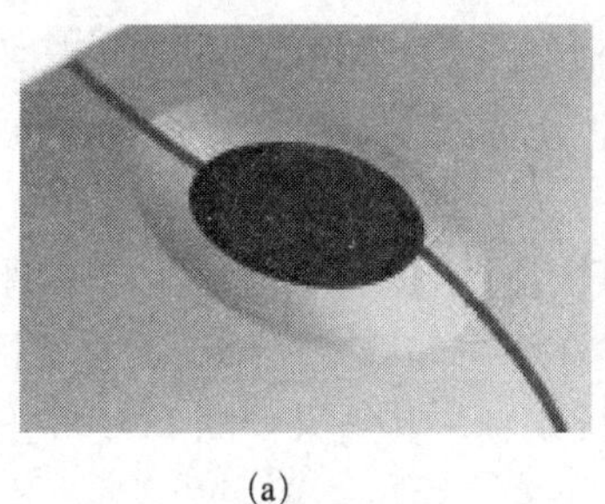
(a)

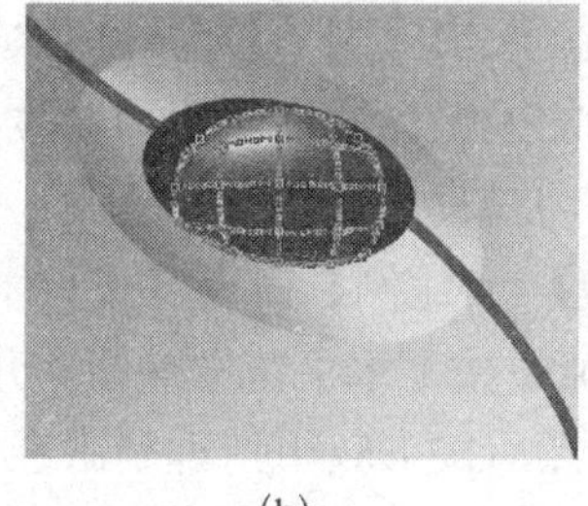
(b)

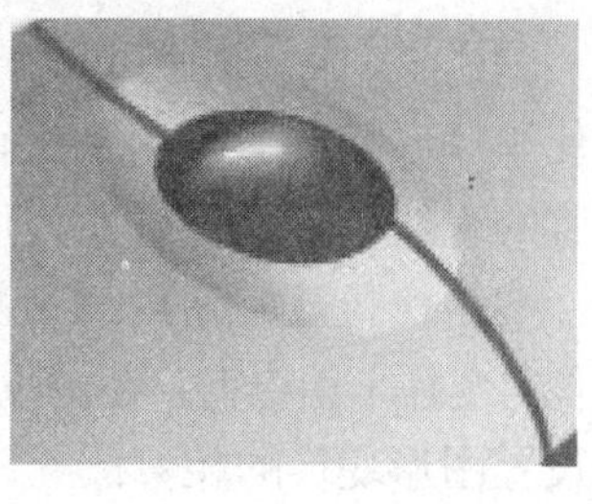
(c)

图 11-100 交互式填充

图 11-101 最终效果图

绘制枝和叶步骤如下：

就一贯的经验而言，矢量图似乎都缺乏细节，很难达到惟妙惟肖的程度。但事实上，矢量图同样能对细节做细致入微的刻画。以本实例中绘制的水珠为例，就综合应用了渐变透明和交互式阴影效果，绘制出能够透射出下层图像的水珠，从视觉上来说，这样完成的水珠已非常精致细腻。另外，由于不受精度的影响，因此可以随意复制完成的图形元素，这样就可非常容易地通过复制修改完成叶子和鼠标的创建。

01 执行【文件】|【新建】命令或按下快捷键【Ctrl+N】，新建图形窗口。在属性栏中按下按钮，设置页面方向为横向。选择工具箱中的【钢笔】工具，在工作页面上绘制如图 11-102 所示的一条曲线，然后在属性栏的轮廓宽度文字框中，设置曲线轮廓宽度为6.0mm，再执行“排列|将轮廓转换为对象”命令（或按下快捷键【Ctrl+Shift+Q】），将曲线的轮廓转换为封闭图形。再选择转换后的封闭图形，使用【交互式填充】工具为其应用线性渐变填充。设置起点的颜色值为R：76、G：138、B：0，终点的颜色值为 R：144、G：232、B：37。

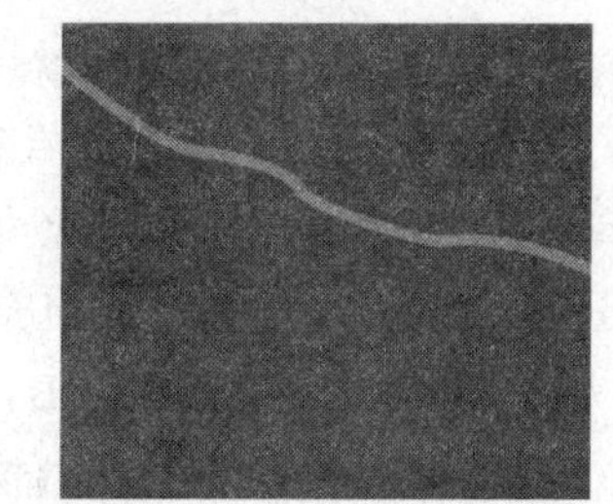

图 11-102 绘制曲线

02 下面绘制出树的叶片。使用【钢笔】工具绘制如图 11-103（a）所示的图形，再使用【形状】工具做精确的调整。通过使用辅助线，使曲线的起点和终点大致位于垂直的直线上，调整好曲线后将辅助线删除。

03 执行【排列】|【变换】|【比例】命令（或按下快捷键【Alt+F9】，开启比例与镜像“变换”泊坞窗。在泊坞窗中按下水平镜像按钮，并在下方勾选变换位置的复选框，以设置图形变换的相对位置，然后按下应用到再制钮进行复制，其结果如图 11-103（b）所示。

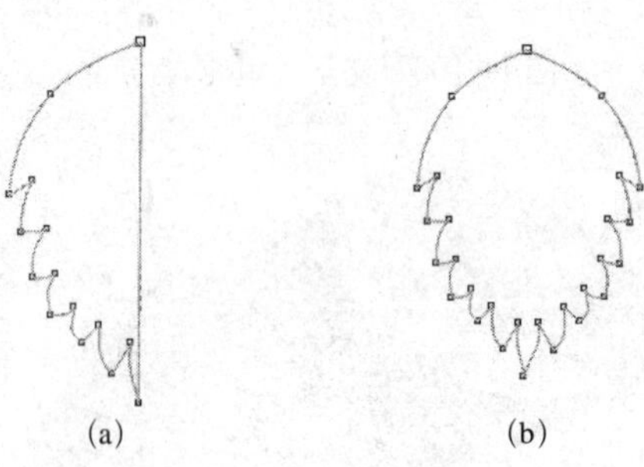

(a)　　(b)

图 11-103　绘制曲线

04 框选这两段曲线，执行【排列】|【结合】命令或按下快捷键【Ctrl+L】，将两条曲线结合为一个图形。切换当前工具为【形状】工具，框选两段曲线顶部相交处的两个节点，如图 11-104（a）所示，然后按下属性栏中的连接两个【节点】按钮，对节点进行连接。同样使用这种方法连接下部相接处的端点，如图 11-104（b）所示。

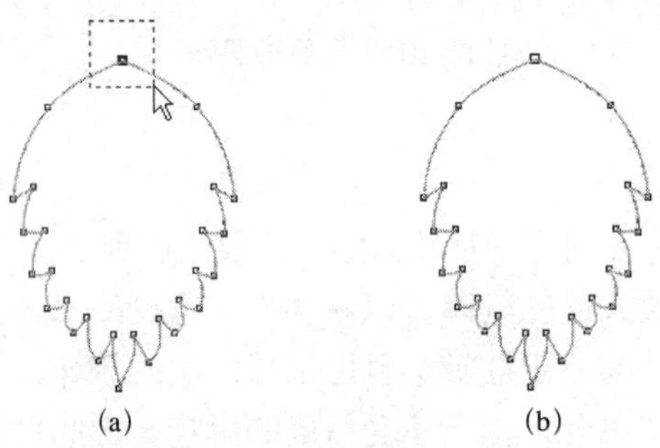

(a)　　(b)

图 11-104　连接相交处的端点

05 通过绘制树叶就可以看出，在绘制对称的图形时，可以先创建出其中的一半，再进行镜像复制。然后将两个对称图形结合为一个完整的图形，并连接相接处的节点，就可完成整个对称图形的绘制。

06 使用【交互式填充】工具为封闭后的图形应用方角渐变填充，设置起点的颜色值为 R：178、G：255、B：84，终点的颜色值为 R：53、G：97、B：0，如图 11-105（a）所示。切换当前工具为【挑选】工具，然后在属性栏中设置曲线的轮廓线方式为“无”轮廓方式。

07 绘制如图 11-105（b）所示的一条垂直直线段，在属性栏的“轮廓宽度”下拉列表中，适当设置直线的轮廓宽度。执行【排列】|【将轮廓转换为对象】命令或按下快捷键【Ctrl+Shift+Q】，将直线的轮廓转换为封闭的图形，如图 11-105（c）所示。

08 删除创建的原始曲线，再将转换的封闭图形填充为 R：53、G：97、B：0 的墨绿色。因为衬底的不同，所以最好分别设置叶柄和叶脉的填充色。这就得先将转换的封闭曲线拆分为叶柄和叶脉两截，这将使用前面实例中用到的修剪功能，而这里我们将通过修剪的泊坞窗来完成对图形的修剪，这样可以了解通过选项设置确定修剪后但保留原始图形的功能。

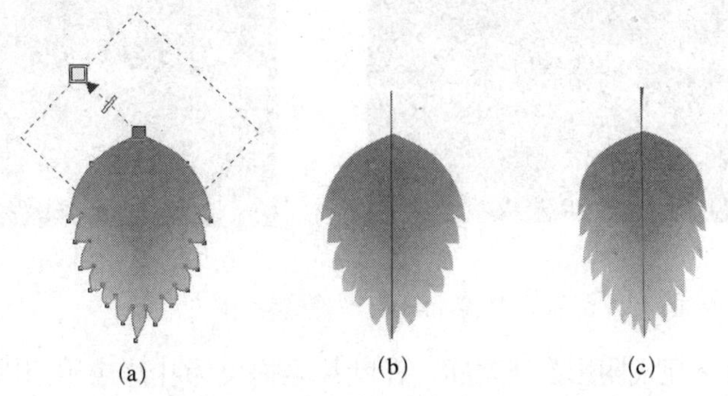

(a) (b) (c)

图 11-105 渐变填充、无轮廓、编辑叶脉

09 执行【排列】|【修整】|【修整】命令，开启“修整”泊坞窗。在泊坞窗的下拉式列表中选择“相交”选项进入相交命令面板，选择工作页面中的叶片图形，然后按下相交按钮，当光标变为黑色箭头形状时单击叶脉图形执行相交操作，如图 11-106 (a) 所示。

10 在“修整”泊坞窗的下拉列表中，切换下拉式列表为“修剪”命令面板，并确保只勾选了“来源对象”复选框，如图 11-106（b）所示。选择叶片图形后，按下“修剪”按钮，然后在工作页面中单击叶柄图形进行修剪。

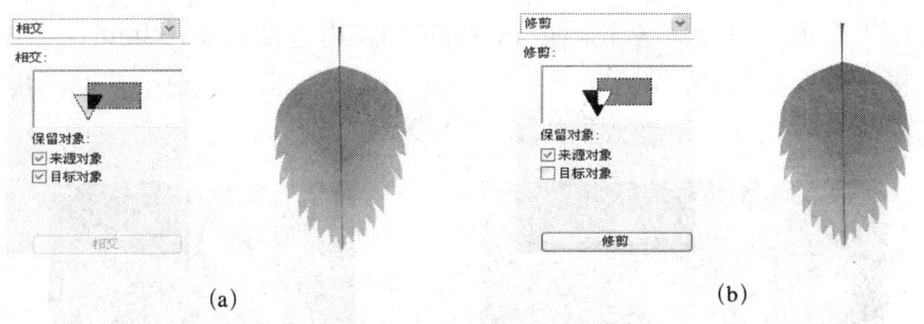

(a) (b)

图 11-106 “相交”命令 与“修剪”命令

11 保持被修剪后的叶柄图形处于选取状态，切换当前工具为【形状】工具，在工作页面中框选叶片下端多余的叶脉图形，并按下 Delete 键删除。

12 将叶脉图形填充为 R：64、G：117、B：0 的颜色，并使用【形状】工具调整叶柄的外形，如图 11-107 所示。

13 使用【贝塞尔曲线】工具绘制如图 11-107 所示的四条曲线，并设置它们的轮廓色为 R：53、G：97、B：0。框选整张完整的叶子，执行【排列】|【群组】命令或按下快捷键【Ctrl+G】群组图形。

图 11-107 叶子效果图

14 将叶片旋转一定角度后，放置在如图 11-108（a）所示的位置处。然后复制出其他叶片，并适当缩放和旋转，完成所有叶片的创建，如图 11-108（b）所示。

(a)

(b)

图 11-108　摆放枝叶

15 选择【交互式阴影】工具，在叶片上拖曳为叶片应用阴影效果，并在属性栏中设置阴影的不透明度为 30、羽化值为 15，如图 11-109（a）所示。

16 为其他叶片应用相同设置的交互式阴影效果。再全部选取叶片图形及其阴影，执行【排列】|【拆分】命令将所有阴影拆分。

为图形应用阴影效果后，如果不进行拆分，则阴影的设置属性将会被保存。即便是再次打开图形文件，还能重新修改其参数以调整阴影效果。

那在这里为什么要将它拆分呢？如果文件的场景比较复杂，或者要在不同的电脑或不同版本的软件中开启文件，则最好将阴影拆分为单独的位图，这样可以更好地避免读取阴影时出现错误。

17 使用【贝塞尔】工具绘制如图 11-109（a）所示的 5 条曲线。在工具箱中选择【艺术笔】工具，使用局性栏中的"预设"模式，并从下拉式列表中选择第一种预设笔触，然后在工作页面中选择这 3 条曲线，为它们应用宽度为 0.762mm 的艺术笔触。

18 将 5 条艺术笔图形填充为 R：89、G：161、B：0 的颜色，并取消其轮廓。分别调整好它们的叠放顺序，最终效果如图 11-109（b）所示。

(a)

(b)

图 11-109　阴影效果、艺术笔图形

接下来创建出叶片上的水珠。其中的关键之处在于，通过对黄色和深绿色的椭圆应用渐变透明效果，表现出水珠折射下不同区域的颜色变化。

19 在叶片上绘制一个椭圆，并填充为 R：63、G：115、B：0 的深绿色。按下小键盘数字区的"+"键复制椭圆，再通过方向键微调其位置，如图 11-110（a）所示。然后用上层的圆修剪另一个圆，并修改上层圆的填充色为 R：255、G：255、B：0 的黄色，如图 11-110（b）所示。

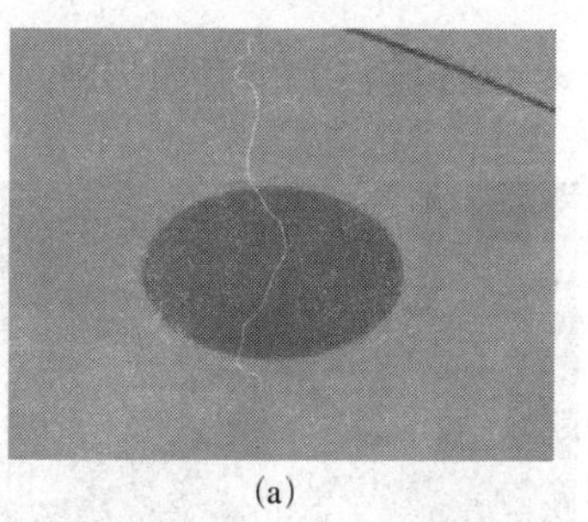
(a)

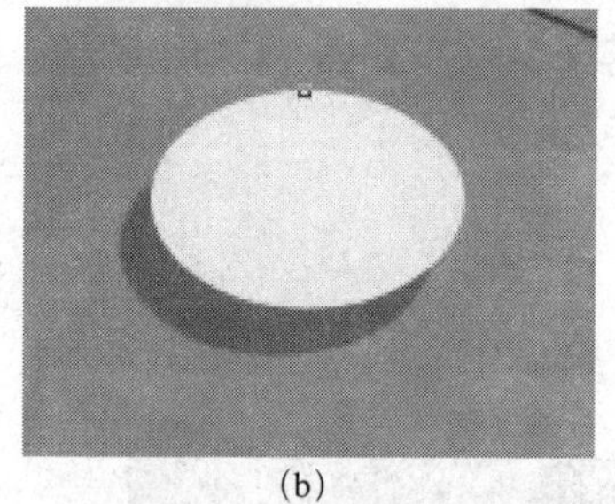
(b)

图 11-110 绘制椭圆

20 在工具箱中选择【交互式透明】工具，为黄色椭圆应用渐变透明效果，如图 11-111（a）所示。再按下小键盘数字区的“+”键复制椭圆，并修改其填充色为R：53、G：97、B：0，然后使用【交互式透明】工具修改椭圆的渐变透明方向，如图 11-111（b）所示。

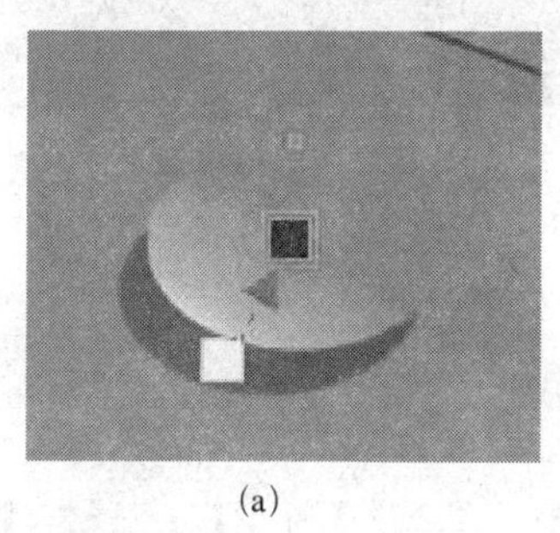
(a)

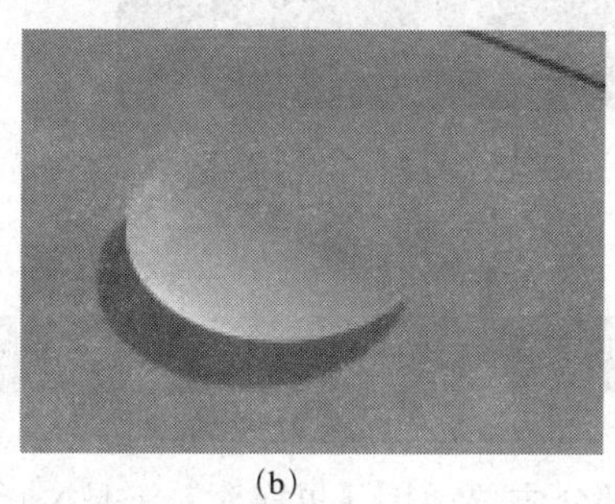
(b)

图 11-111 渐变透明效果

21 再次复制椭圆，将其填充为白色并适当的缩小，然后修改椭圆的渐变透明效果，如图 11-112（a）所示。

22 选择左下被修剪的图形，使用【交互式阴影】工具为其应用阴影效果，设置阴影不透明度为80、羽化值为35，阴影颜色值为R：16、G：36、B：0，如图 11-112（b）所示。然后全选水柱图形，在调色板顶部的“☒”上单击鼠标右键取消其轮廓，结果如图 11-112（c）所示。

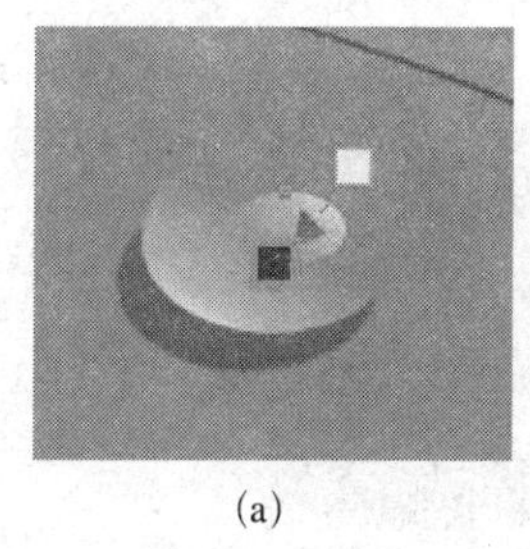
(a)

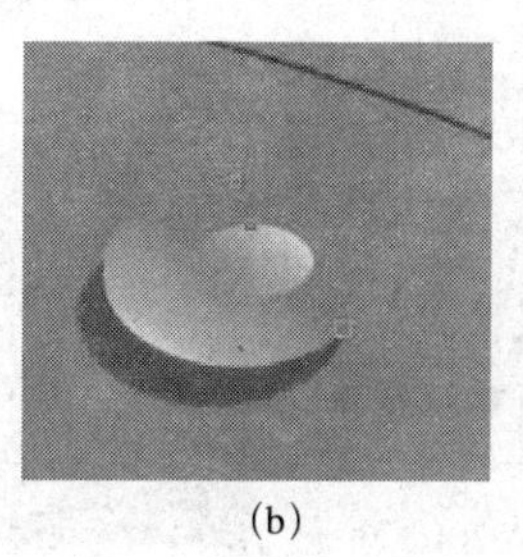
(b)

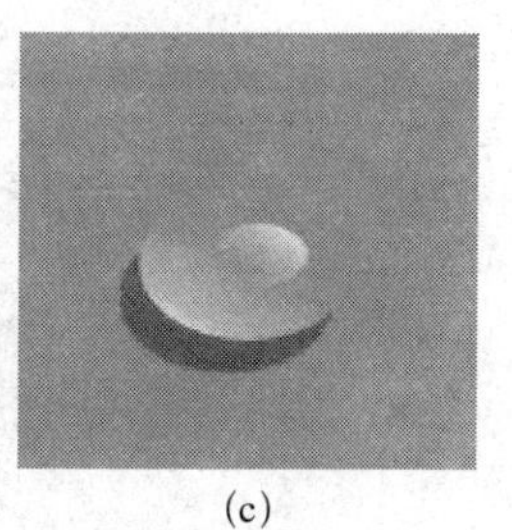
(c)

图 11-112 阴影效果

23 执行【排列】|【拆分】命令拆分阴影，再全选水珠图形进行群组，然后复制出几个水珠图形，分别调整其大小和位置，如图 11-113 所示。

24 全选完成的所有图形，执行“排列|群组”命令或按下快捷键【Ctrl+G】进行群组，完成树枝和叶的创建。

接下来我们要把刚绘制好的鼠标和树叶结合起来如图，并用绘制露珠的方法，在鼠标上绘制露珠，效果如图 11-114 所示，这样一个鼠标广告的创意图形就绘制好了。

图 11-113　复制水珠

图 11-114　最终效果图

11.3　产品设计——机器狗

本部分主要运用【贝塞尔】工具、【形状】工具、【渐变】工具、【交互式填充】工具和【交互式透明】工具命令，并结合其他基本绘图工具来学习绘制机器狗造型。在绘制过程中，读者要注意图形的透视、质感、高光和阴影区域的表现技巧。

11.3.1　绘制机器狗造型背景部分

首先来绘制机器狗造型的背景部分。

01 按【Ctrl+N】键，创建一个 300mm × 225mm 的长方形画布。双击矩形工具，会自动绘制一个和画布等大的矩形，并将其填充渐变色，如图 11-115 所示。

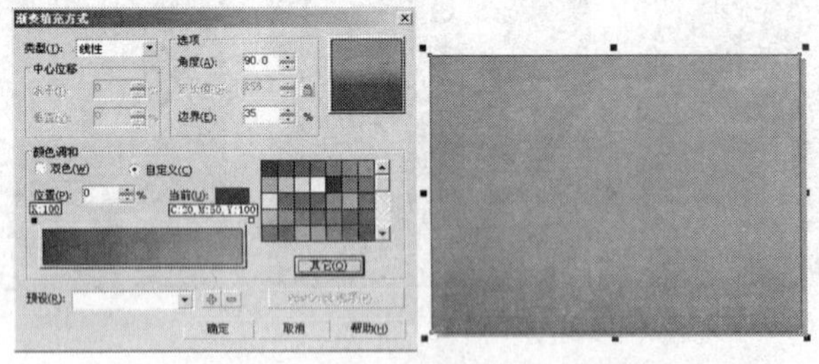
图 11-115　绘制并填充渐变色的矩形

02 选择【矩形】工具，绘制一个 300mm × 145mm 的矩形，并在【挑选】工具上双击鼠标左键，把绘制的两个矩形同时选中，用【对齐和分布】命令，把两个矩形按照如图 11-116 所示的参数进行设置。

03 用【挑选】工具选择后绘制的矩形，按图 11-117 所示的参数调节其渐变色，并用交互式填充工具调节后效果如图 11-118 所示。

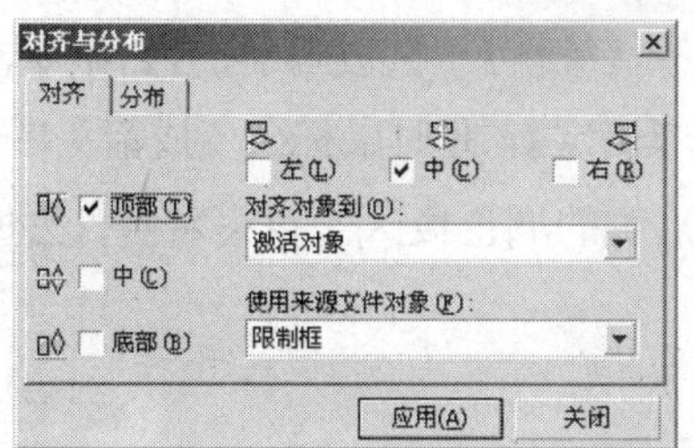

图 11-116　对齐和分布对话框

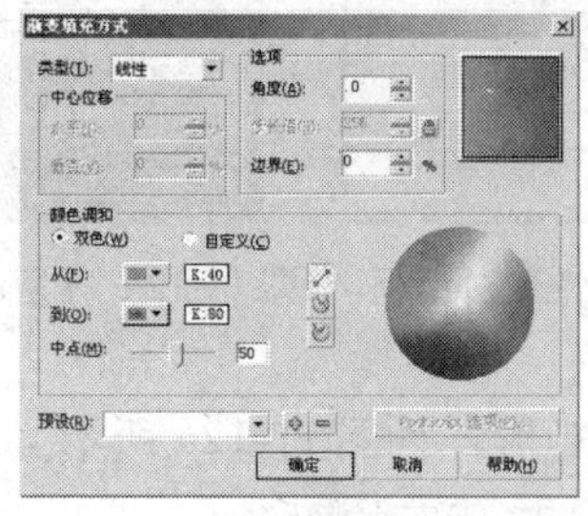

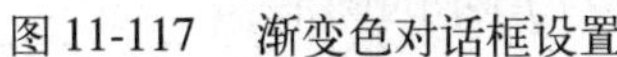

图 11-117　渐变色对话框设置

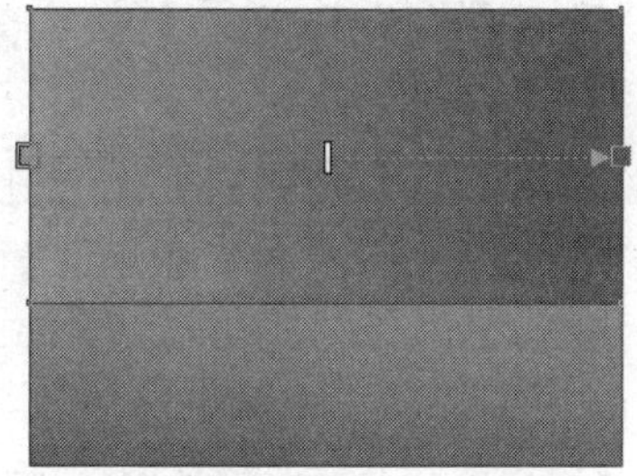

图 11-118　渐变色对话框设置

04 选择【矩形工具】，绘制如图 11-119 所示的图形。

05 选择【矩形工具】，绘制如图 11-120 所示的图形。选择【渐变】工具，按照如图 11-121 所示的参数进行设置，并把绘制的图形填充上渐变色，如图 11-122 所示。

图 11-119　绘制的图形

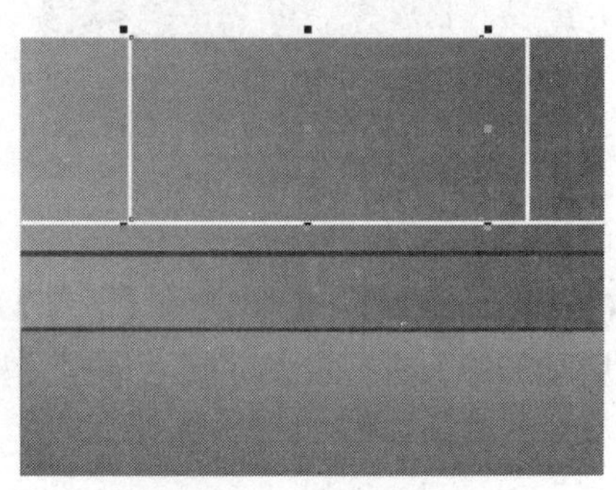

图 11-120　绘制的图形

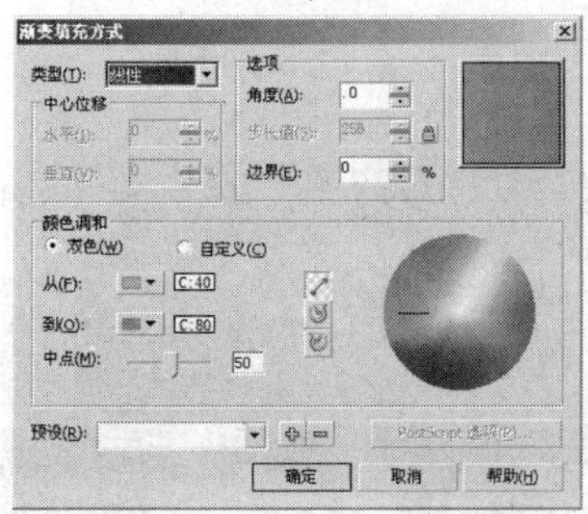

图 11-121　渐变色对话框

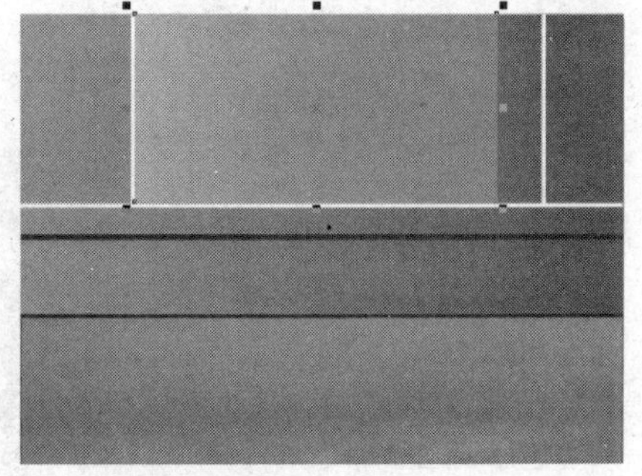

图 11-122　填充渐变色后的效果

06 接着用矩形工具，绘制出如图 11-123 所示的图形。

07 在下拉菜单栏中选择【编辑】|【复制属性自】命令，在弹出的对话框中设置如图 11-124 所示的参数后单击【确定】，此时鼠标会变成箭头图标 ➡，在绘制的蓝色渐变色的矩形上单击左键，并在右侧的调色板☒上单击右键，去掉图形的轮廓色，效果如图 11-125 所示。

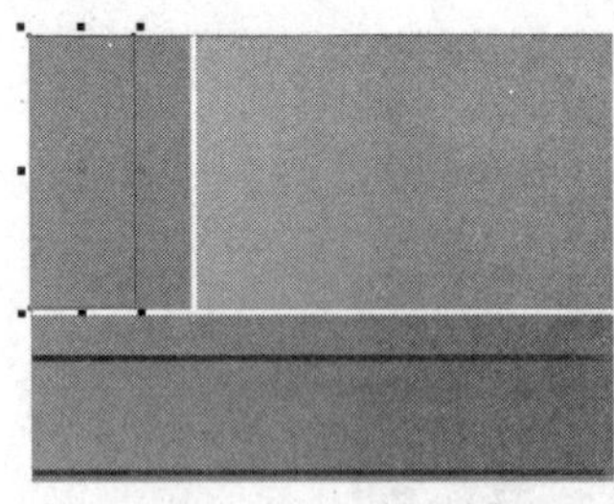

图 11-123　绘制的图形

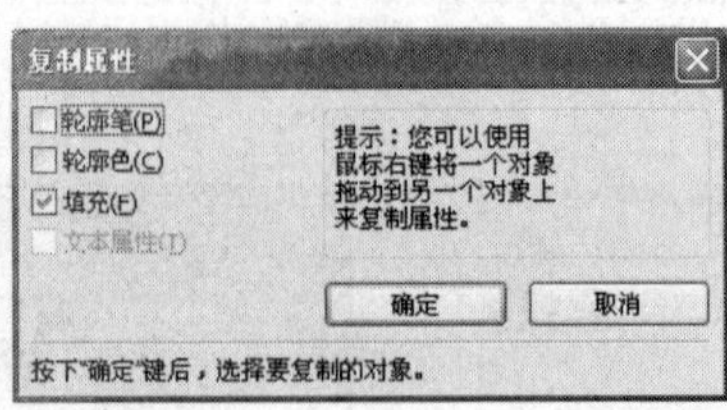

图 11-124　【复制属性】对话框

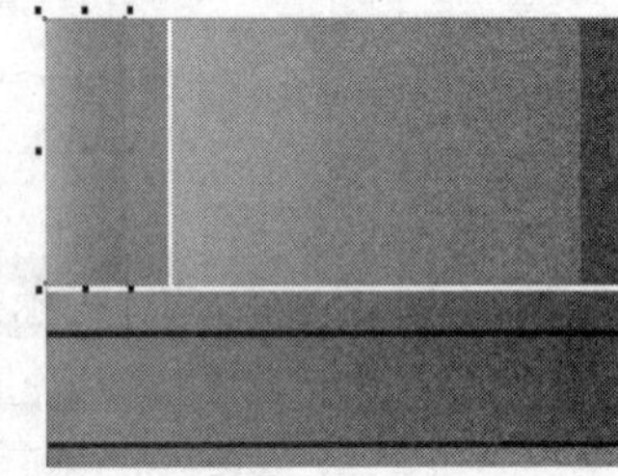

图 11-125　【复制属性】后的效果

08 重复 6～7 步操作，绘制出另外的一个矩形，如图 11-126 所示。

09 选择【折线】工具，绘制出如图 11-127 所示的图形。

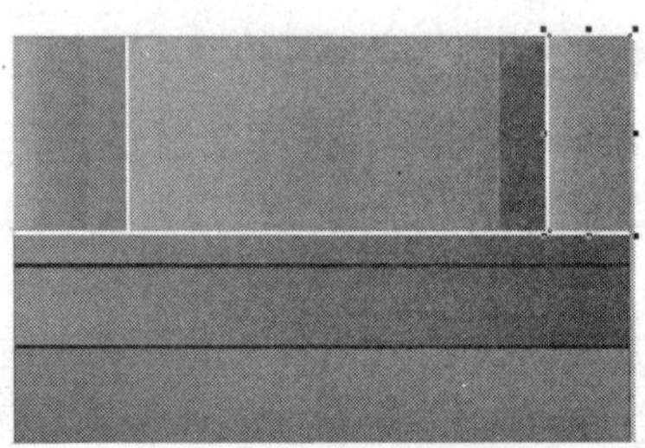

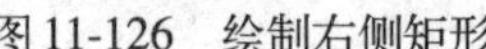

图 11-126　绘制右侧矩形

图 11-127　绘制图形

10 选择【排列】|【造型】|【造型】下拉菜单命令，在弹出的对话框中按照如图 11-128 所示的参数进行设置。然后单击【相交】命令后，在蓝色渐变色的矩形上单击左键，相交后的效果如图 11-129 所示。

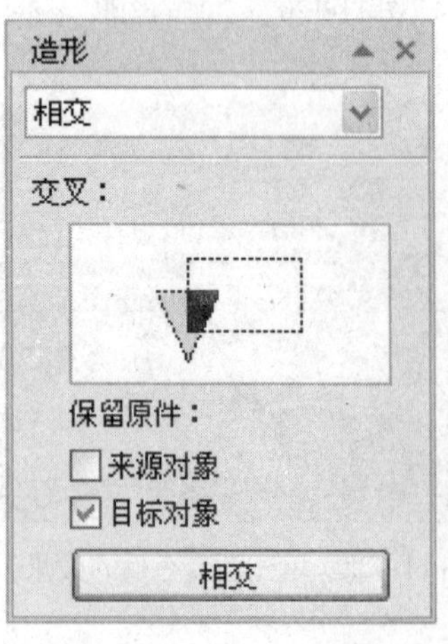

图 11-128　【造型】对话框

图 11-129　相交后的效果

11 在右侧的调色板的“50% 黑”上单击左键，为图形添加灰色；在☒上单击右键，去掉图形的轮廓色，效果如图 11-130 所示。

12 重复第 9～11 步，绘制并调节后的图形，效果如图 11-131 所示。

图 11-130　调节颜色后的效果

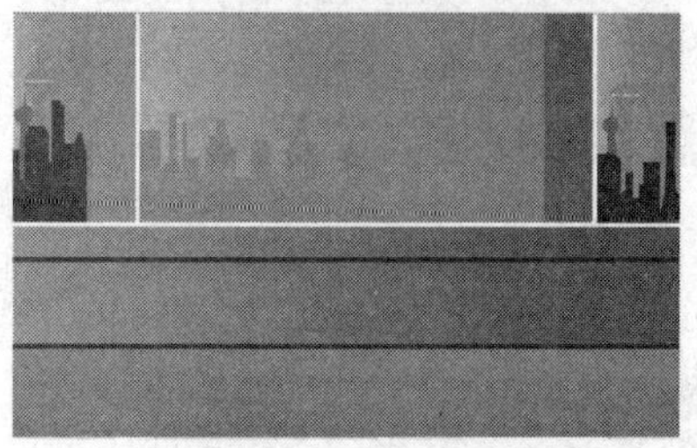

图 11-131　绘制图形效果

13 选择【贝塞尔】工具，绘制出如图 11-132 所示的图形。

14 选择【形状】工具，对贝塞尔曲线进行调节，调节后并填充上绿色，效果如图 11-133 所示。

图 11-132　绘制图形

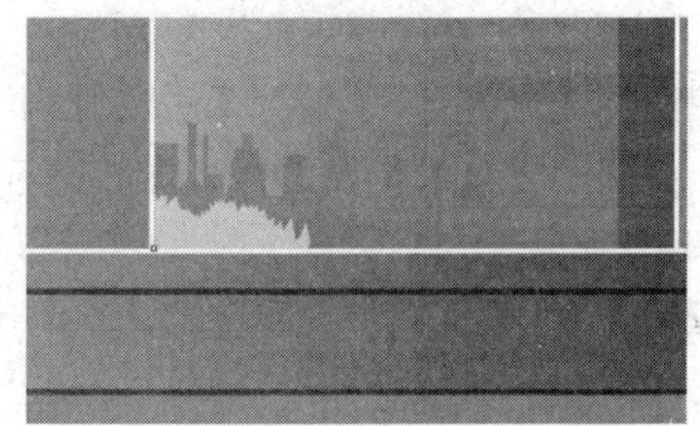

图 11-133　调节并填充后图形的效果

15 选择【贝塞尔】工具，配合【形状】工具，绘制如图 11-134 所示的图形。

16 重复 13～15 步操作，绘制出如图 11-135 所示的图形。

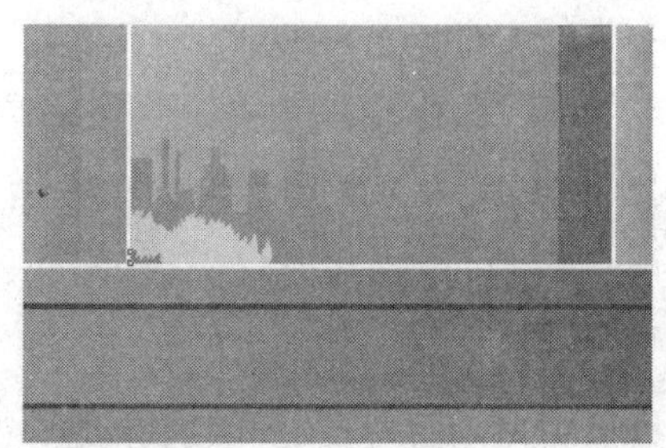

图 11-134　绘制并调节后的图形

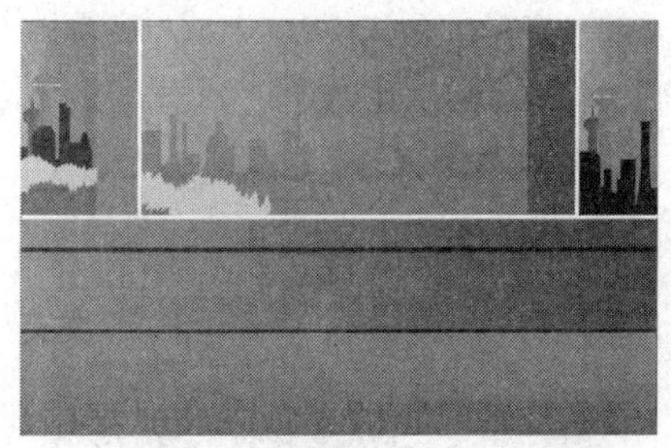

图 11-135　绘制并调节后的图形

17 选择【矩形】工具，绘制出一个矩形，如图 11-136 所示。选择【三点矩形】工具，按住 Ctrl 键，绘制出如图 11-137 所示的四个倾斜 45° 的矩形。

18 用【挑选】工具把新绘制的 5 个矩形同时选中，按住 Shift 键，在属性栏中选(后减前）按钮，出现如图 11-138 所示的效果。

19 在右侧的调色板的白色图标上单击左键，为图形添加白色；在☒上单击右键，去掉图形的轮廓色，效果如图 11-139 所示。

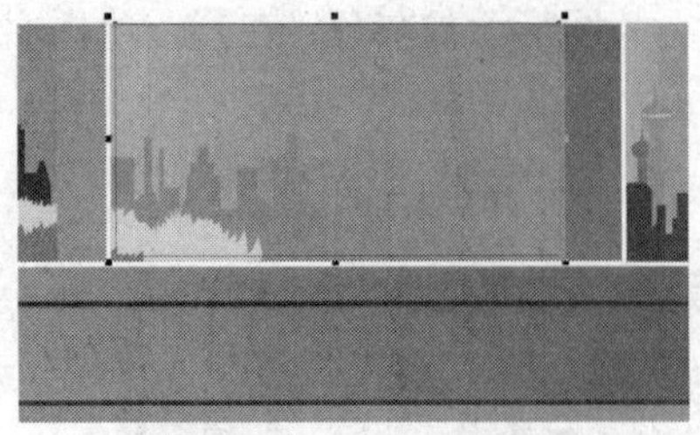

图 11-136　绘制矩形

图 11-137　绘制倾斜矩形

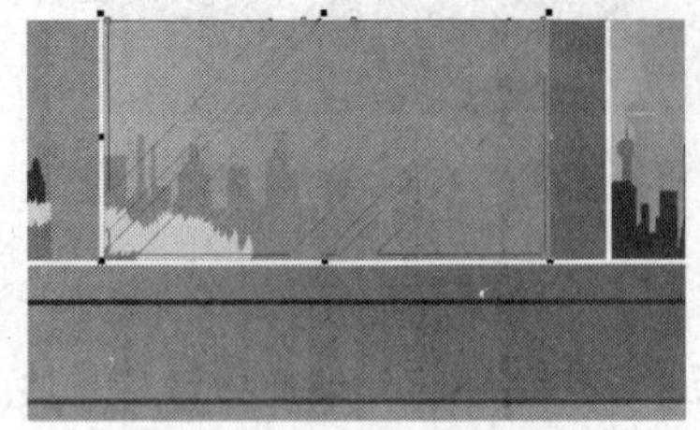

图 11-138　后减前后出现的效果

图 11-139　填充白色后的效果

20 用【挑选工具】选择【后减前】以后的图形，在工具箱中选择【交互式透明】工具，按照图 11-140 所示的属性参数进行设置，图形添加【交互式透明】后的效果，如图 11-141 所示。

21 重复 16～20 步操作步骤，绘制出如图 11-142 所示的效果。至此，机器狗的背景部分绘制完毕。

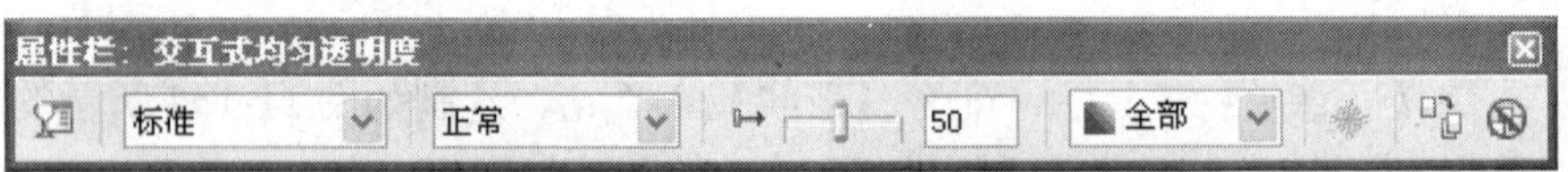

图 11-140　【交互式透明】工具属性栏设置

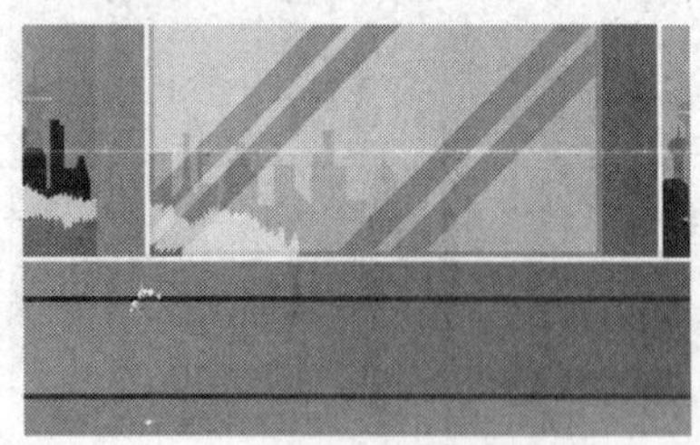

图 11-141　添加后【交互式透明】效果

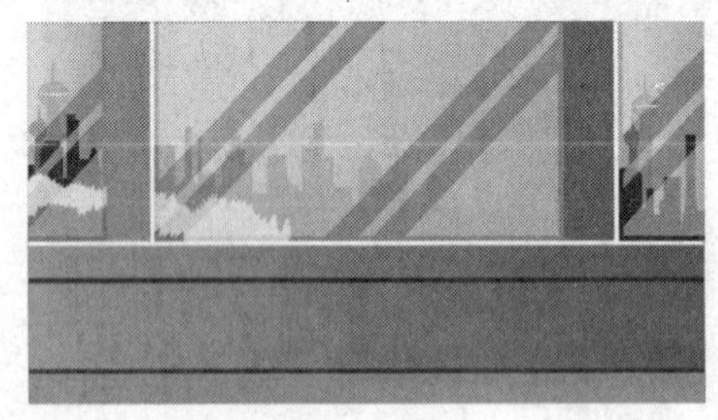

图 11-142　绘制并添加后【交互式透明】效果

11.3.2　绘制机器狗的沙发部分

01 选择【贝塞尔】工具和【形状】工具，绘制出如图 11-143 所示的图形。在工具箱中选择【渐变填充】工具，按照图 11-144 所示设置参数。并用【交互式填充】工具对渐变色进行调节后的效果，如图 11-145 所示

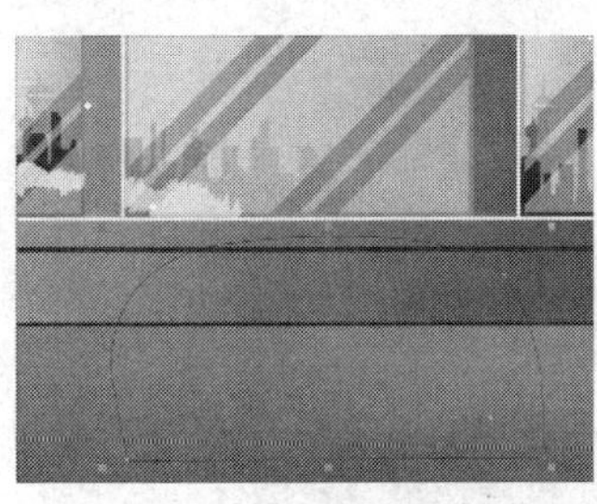

图 11-143 绘制的图形

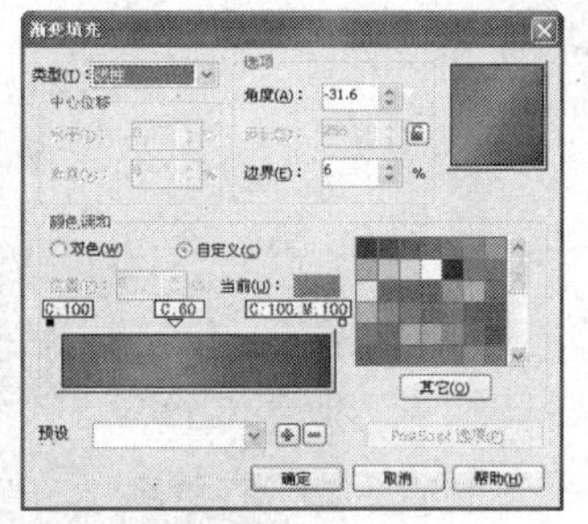

图 11-144 渐变色的对话框设置

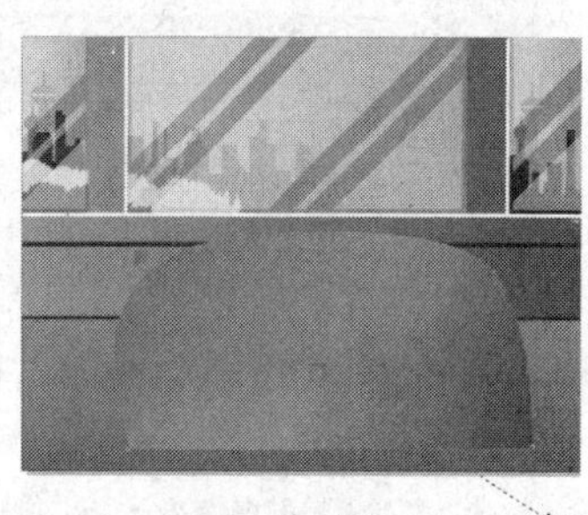

图 11-145 填充渐变色并调节后的效果

02选择【贝塞尔】工具和【形状】工具，绘制出如图 11-146 所示的图形，并填充为“30% 黑”色，如图 11-147 所示。

03同上一步操作，绘制出如图 11-148 所示的图形并填充为白色。选择【交互式透明】工具，按照图 11-149 所示设置参数。效果如图 11-150 所示。

04选择【贝塞尔】工具和【形状】工具，绘制出如图 11-151 所示的图形。

图 11-146 绘制的图形

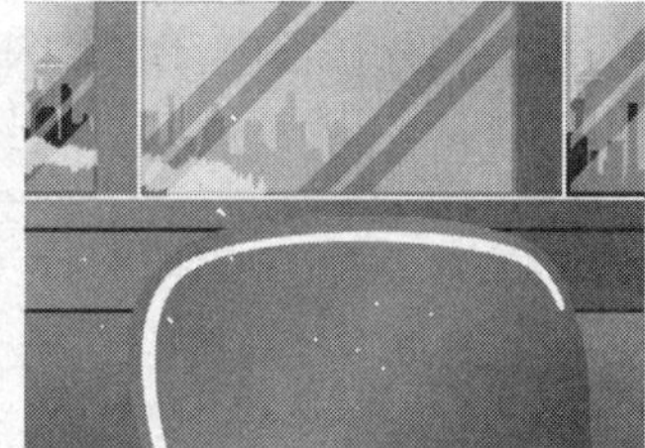

图 11-147 填充白色后的效果

图 11-148 绘制的图形

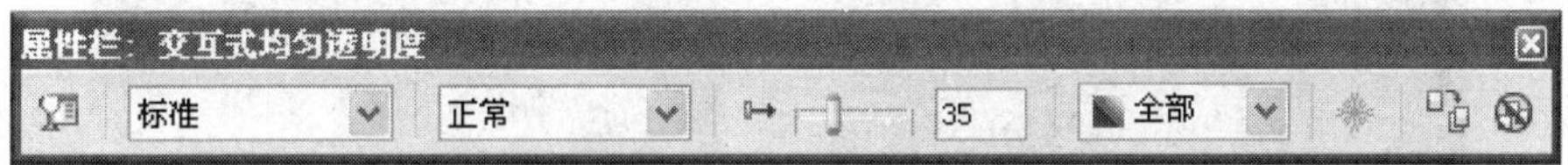

图 11-149 【交互式透明】工具属性栏设置

图 11-150 添加【交互式透明】后的效果

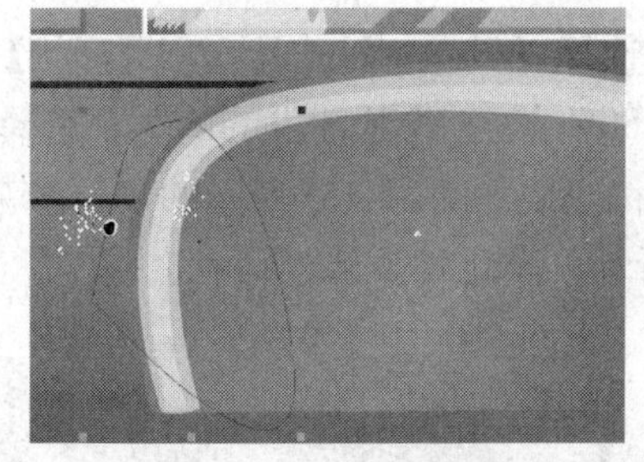

图 11-151 绘制的图形

05选择菜单栏【排列】|【造型】|【造型】命令，在弹出的对话框中按照图 11-152 所示参数进行设置。单击【相交】命令后，用鼠标左键点击蓝色的沙发靠背，并在【调色板】中“黑色”上单击左键，给相交后的图形填充上黑色。效果如图 11-153 所示。

CorelDRAW

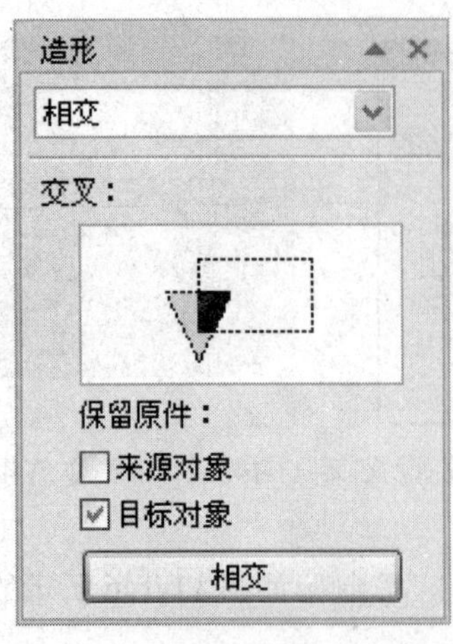

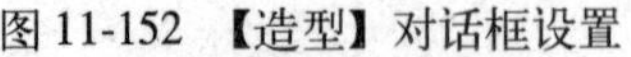

图 11-152 【造型】对话框设置

图 11-153 相交后并填充为黑色的图形效果

06 在工具箱中选择【交互式透明】工具，按照图 11-154 所示的属性参数进行设置，图形添加【交互式透明】后的效果如图 11-155 所示。

07 按照 2~6 步骤绘制出如图 11-156 所示的图形效果。

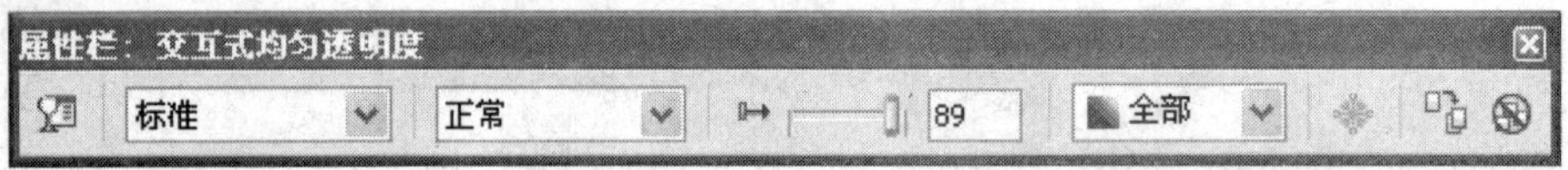

图 11-154 【交互式透明】工具属性栏设置

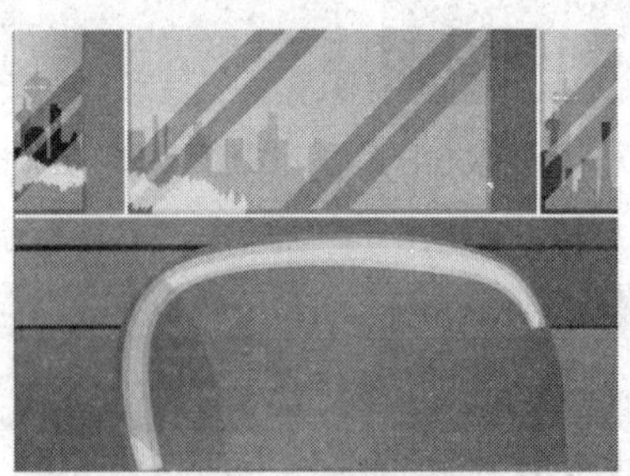

图 11-155 添加【交互式透明】后的效果

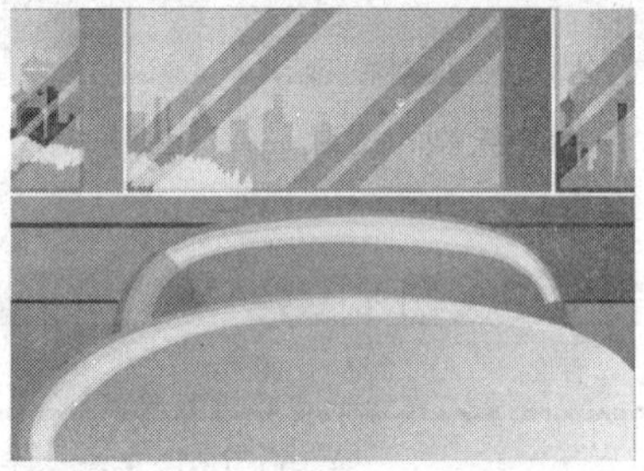

图 11-156 绘制的图形效果

08 选择【贝塞尔】工具和【形状】工具，绘制出如图 11-157 所示的图形，并填充为“80% 黑”，作为沙发的阴影。选择菜单【排列】|【顺序】|【置于此对象后】命令后，光标变成如图 11-158 所示的箭头➡符号，在蓝色的沙发背上单击左键后效果如图 11-159 所示。至此背景部分绘制完成。

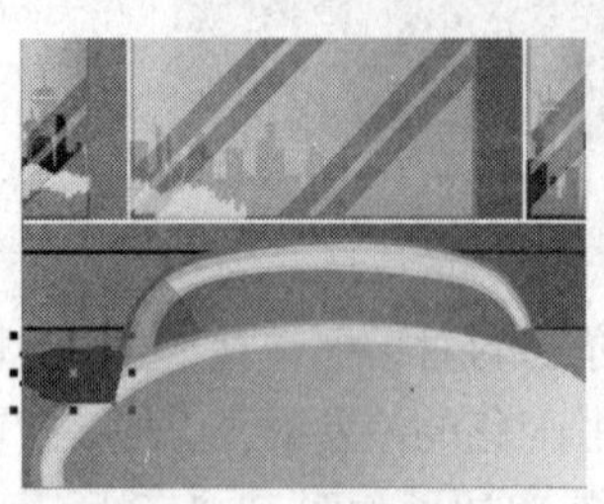

图 11-157 绘制的图形

图 11-158 【顺序】命令

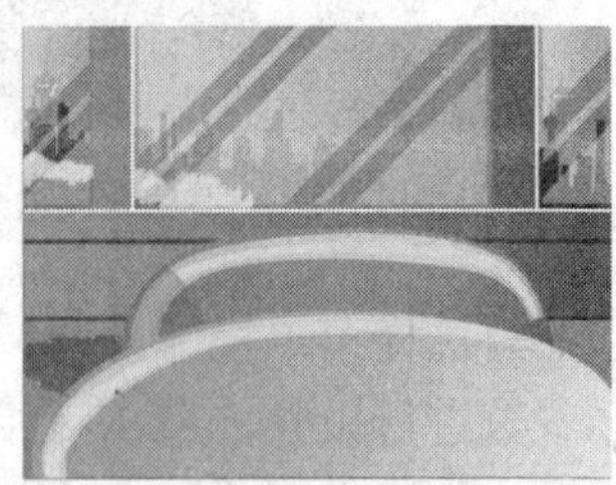

图 11-159 【顺序】应用后的效果

11.3.3 绘制机器狗整体造型

绘制机器狗的头部造型步骤如下：

01 选择【贝塞尔】工具和【形状】工具，绘制出如图 11-160 所示的图形。选择【渐变】工具，按照图 11-161 所示参数设置。

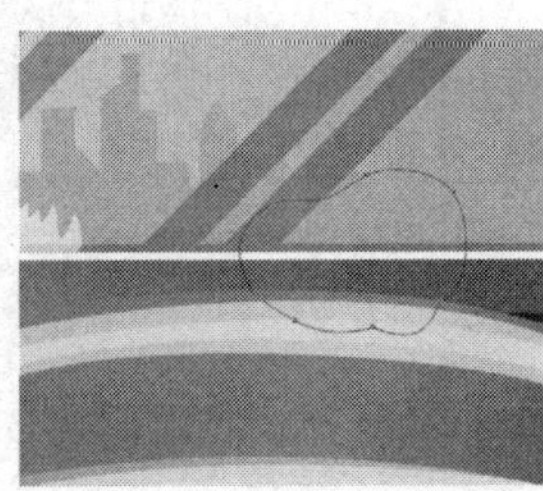

图 11-160 绘制的图形

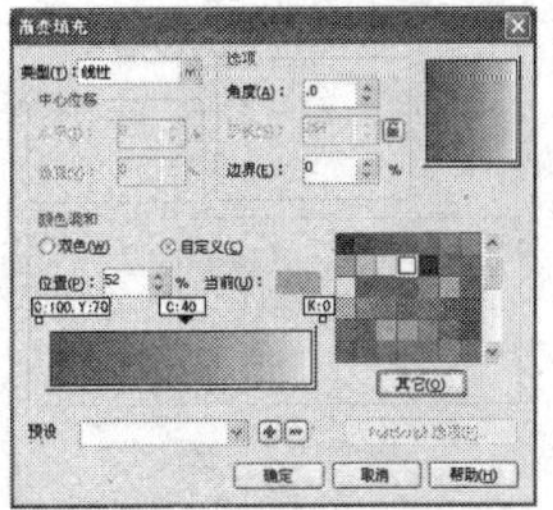

图 11-161 渐变色对话框设置

02 选择【交互式填充】工具，对绘制的图形进行调节，效果如图 11-162 所示。

03 选择【椭圆形】工具，绘制出如图 11-163 所示的图形，并用 C：100，M：80 的颜色进行填充。

图 11-162 调节渐变色后的效果

图 11-163 绘制的椭圆形

04 选择【椭圆形】工具，绘制出如图 11-164 所示的图形。选择菜单栏【排列】|【造型】|【造型】命令，在弹出的对话框中按照图 11-165 所示参数进行设置。单击【相交】命令后，用鼠标左键单击机器狗的头部图形，并在【调色板】中“10% 黑”上单击左键，给相交后的图形填充上灰色，效果如图 11-166 所示。

图 11-164 绘制的图形

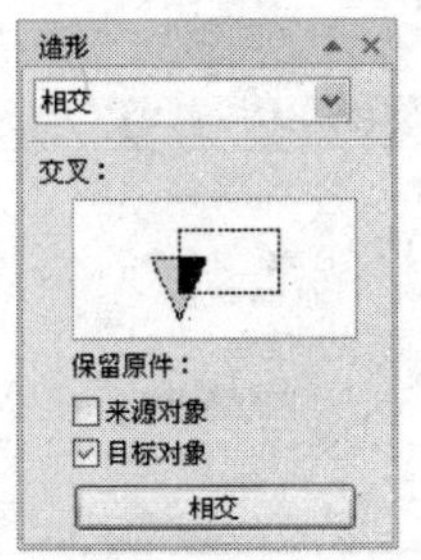

图 11-165 【造形】对话框

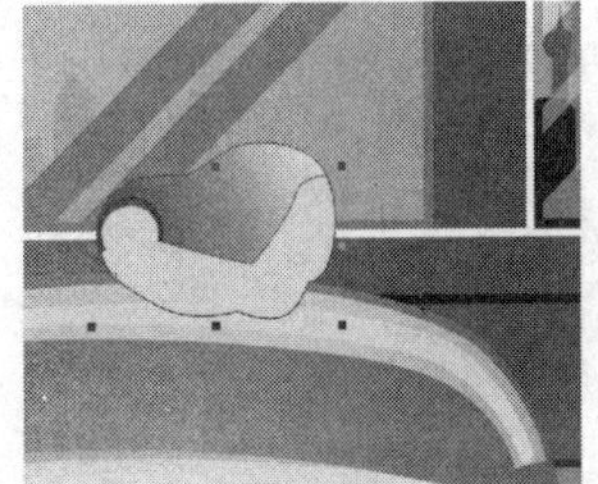

图 11-166 相交后并填充灰色的效果

05 选择【贝塞尔】工具和【形状】工具，绘制出如图 11-167 所示的图形。选择菜单栏【排列】|【造形】|【造形】命令，在弹出的对话框中按照图 11-168 所示参数进行设置。单击【相交】命令后，用鼠标左键单击机器狗头部下方的灰色图形，并在【调色板】中“60% 黑”上单击左键，给相交后的图形填充上灰色，效果如图 11-169 所示。

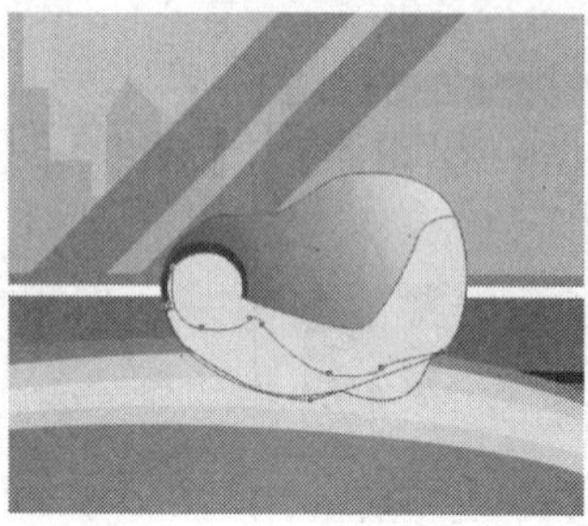

图 11-167　绘制的图形

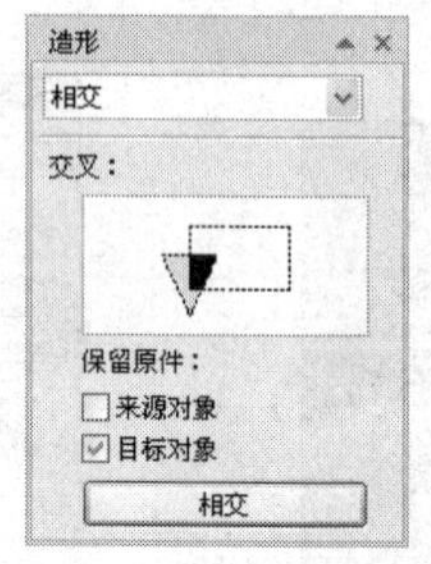

图 11-168　【造形】对话框

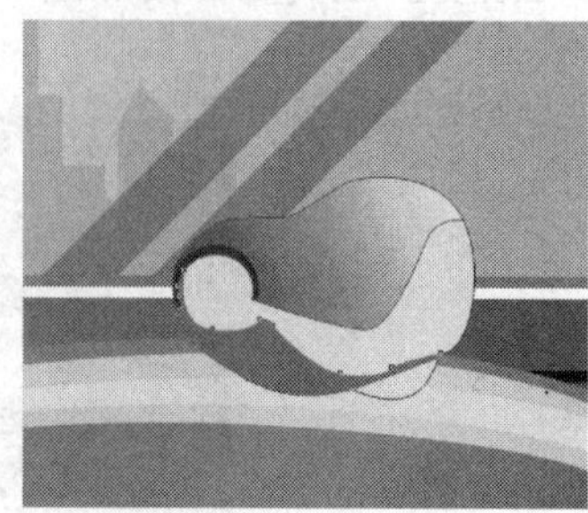

图 11-169　相交后并填充灰色的效果

06 按照上步操作，绘制出如图 11-170 所示的图形，并添加相应的渐变色。

07 选择【椭圆形】工具，绘制出如图 11-171 所示的图形，并填充为黑色。按【Ctrl+C】和【Ctrl+V】，填充上“70% 黑”色，在属性栏中设置为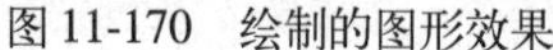，把该复制的圆形等比例缩小，效果如图 11-172 所示。

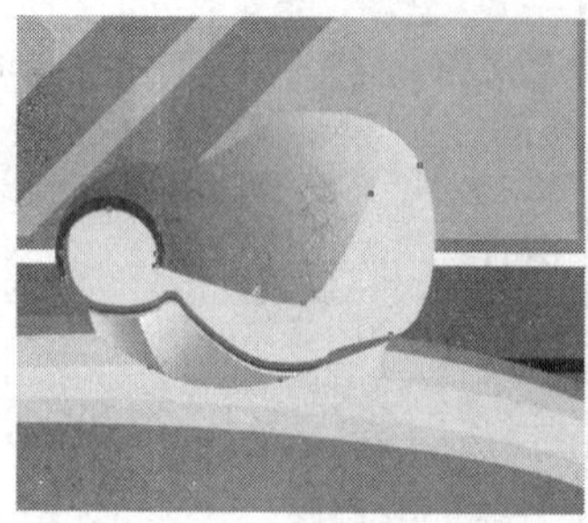

图 11-170　绘制的图形效果

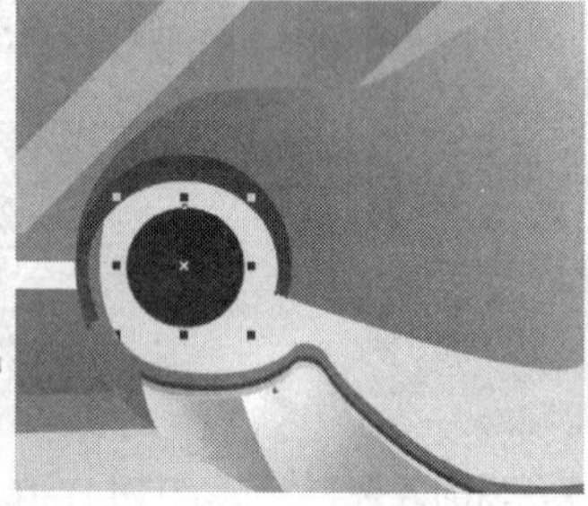

图 11-171　绘制的图形

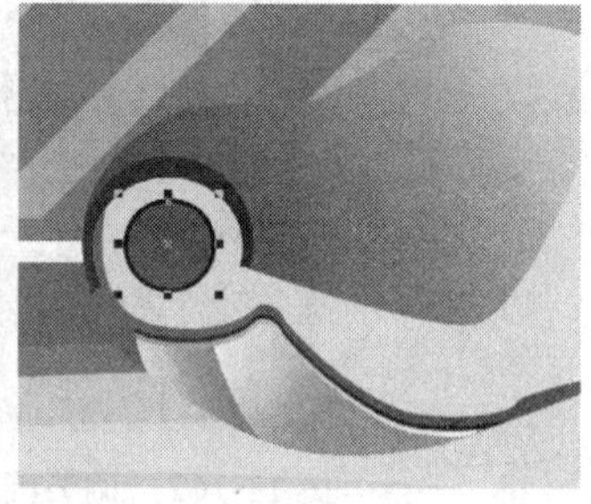

图 11-172　复制并缩小后的效果

08 按【Ctrl+C】和【Ctrl+V】键，填充上白色，在属性栏中设置为 7.013 mm 7.013 mm 80.0 % 80.0 %，把该复制的圆形等比例缩小，效果如图 11-173 所示。

09 选择【挑选】工具并按住 Shift 键，把绘制的三个圆形图形选中，选择菜单【排列】|【对齐与分布】|【对齐与分布】命令，在弹出的对话框中按图 11-174 所示的参数进行设置后的效果，如图 11-175 所示。

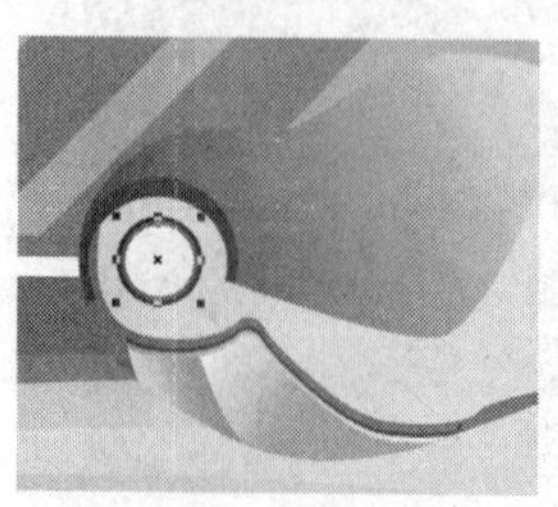

图 11-173　复制并缩小后的效果

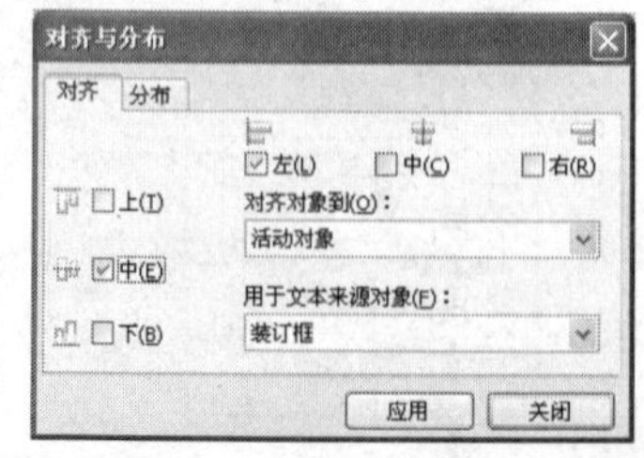

图 11-174　【对齐与分布】对话框

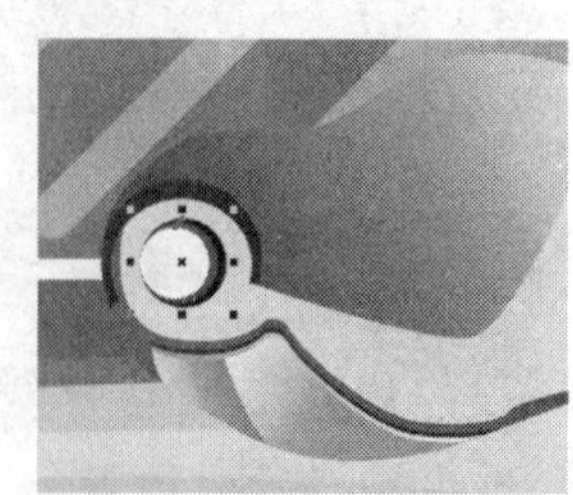

图 11-175　对齐后的图形效果

10 选择【贝塞尔】工具和【形状】工具，绘制出如图11-176所示的图形，并填充为“白色”，绘制出机器狗的高光部分。在工具箱中选择【交互式透明】工具，对图形添加【交互式透明】后的效果，如图11-177所示。

图11-176　绘制的图形

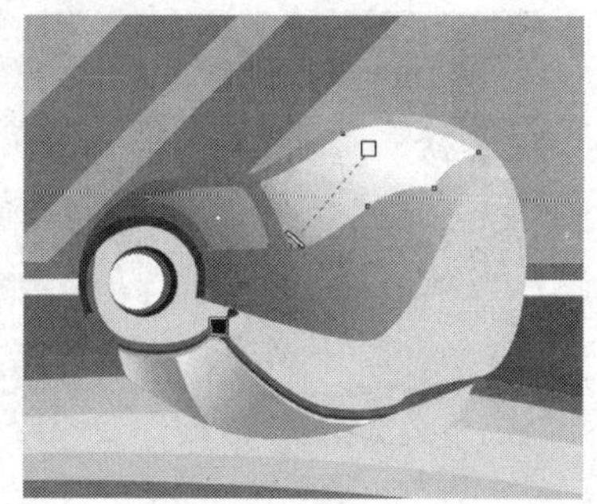

图11-177　应用【交互式透明】后效果

11 选择【贝塞尔】工具和【形状】工具，绘制图形，并填充为M：60，Y：100的橘黄色，如图11-178所示。参照第4步的方法，绘制出机器狗的舌头，如图11-179所示。

图11-178　绘制的图形

图11-179　绘制的图形效果

12 选择【贝塞尔】工具和【形状】工具，绘制出如图11-180所示的图形。选择菜单栏【排列】|【造形】|【造形】命令，在弹出的对话框中按照图11-168所示进行设置。单击【相交】命令后，用鼠标左键单击机器狗头部下方的灰色图形，并选择【渐变】工具，按照图11-181所示参数设置，效果如图11-182所示。

图11-180　绘制的图形

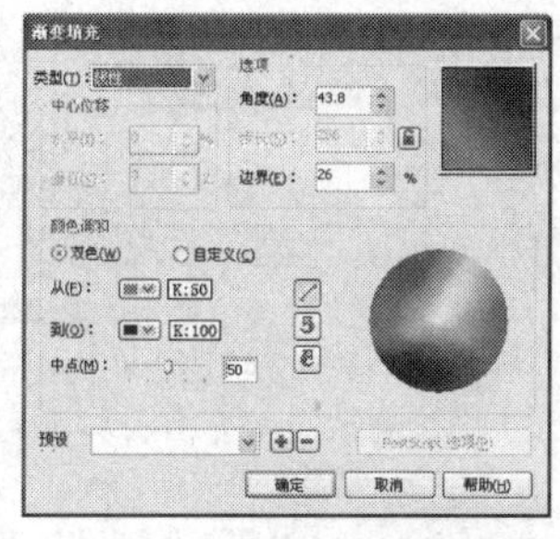

图11-181　渐变色对话框设置

图11-182　调节渐变色后的效果

13 选择【椭圆形】工具和【贝塞尔曲线】工具，绘制出一个图形，并填充上从白到灰的渐变色，效果如图 11-183 所示。按【Ctrl+C】和【Ctrl+V】键，把该图形复制一个，并移动到如图 11-184 所示的位置。

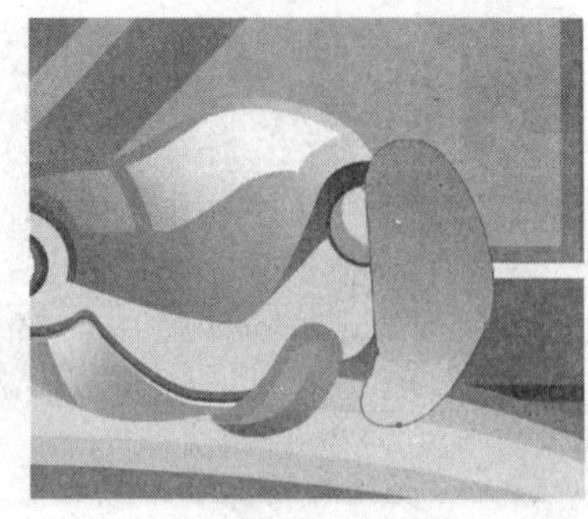
图 11-183　绘制的图形及填色后效果

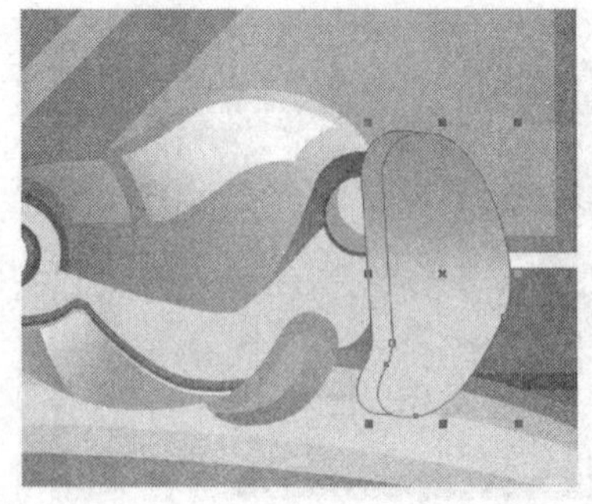
图 11-184　复制并移动位置后的图形

14 选择菜单栏【排列】|【造形】|【造形】命令，在弹出的对话框中按照图 11-168 所示参数进行设置。单击【相交】命令后，用鼠标左键点击机器狗的耳朵，并选择【渐变】工具，按照图 11-185 所示参数设置，效果如图 11-186 所示。

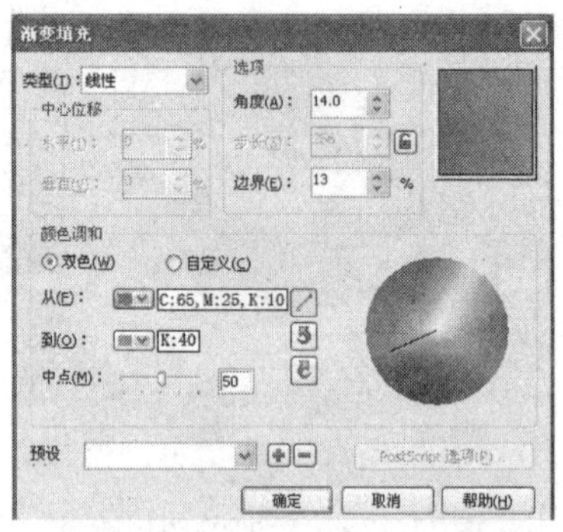

图 11-185　渐变色对话框设置

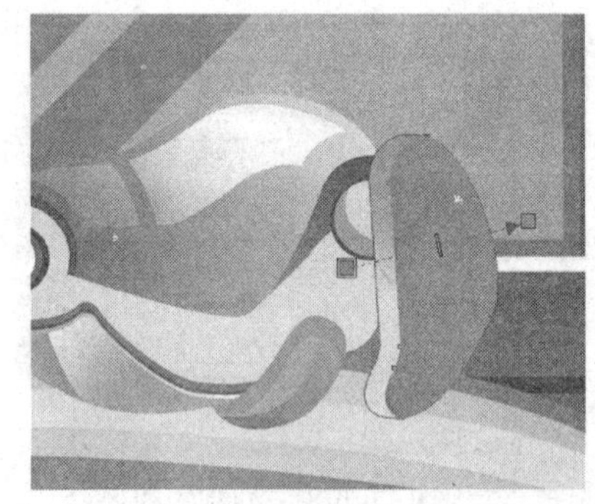
图 11-186　相交后并调节渐变色后效果

15 选择【椭圆形】工具，绘制出如图 11-187 所示的图形。选择菜单栏【排列】|【造形】|【造形】命令，在弹出的对话框中按照图 11-168 所示参数进行设置。单击【相交】命令后，用鼠标左键单击机器狗的耳朵，并填充上“80% 黑”，在工具箱中选择【交互式透明】工具，给图形添加如图 11-188 所示的效果。用此方法接着绘制耳朵的阴影效果，如图 11-189 所示。

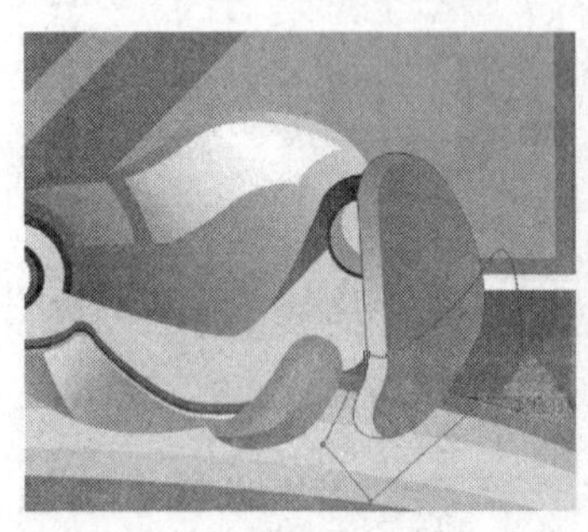
图 11-187　绘制的图形

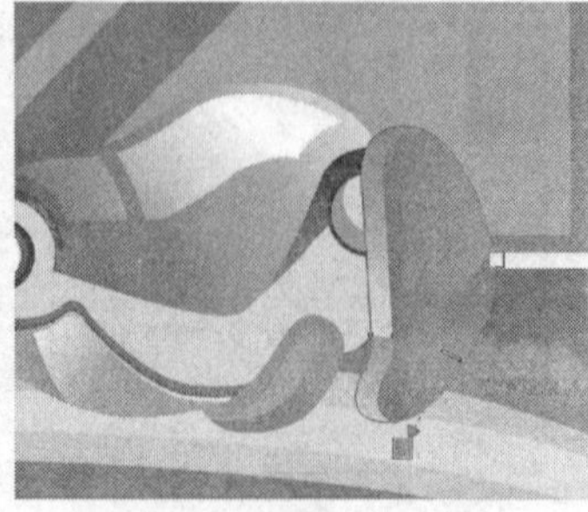
图 11-188　相交并调节透明效果

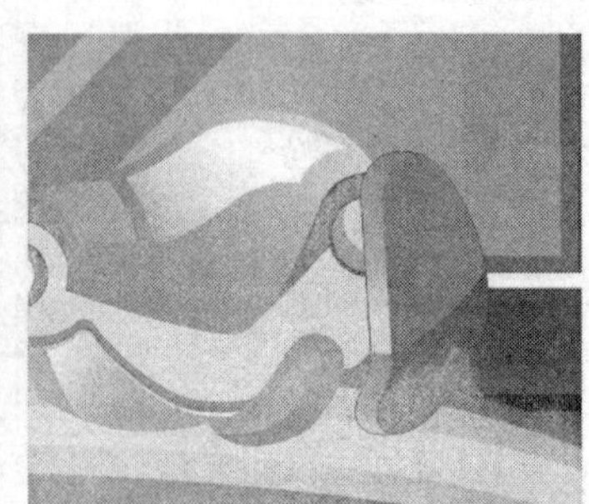
图 11-189　耳朵阴影效果

16 选择【椭圆形】工具，绘制出如图11-190所示的两个圆形，选择菜单栏【排列】|【造形】|【造形】命令，在弹出的对话框中按照图11-168所示参数进行设置。单击【相交】命令后，用鼠标左键单击下方的圆形，并把相交后的图形填充为黄色，如图11-191所示。

17 运用同样的方法绘制出机器狗左侧的耳朵图形，如图11-192所示。

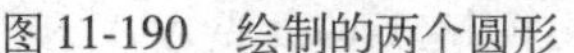
图11-190　绘制的两个圆形

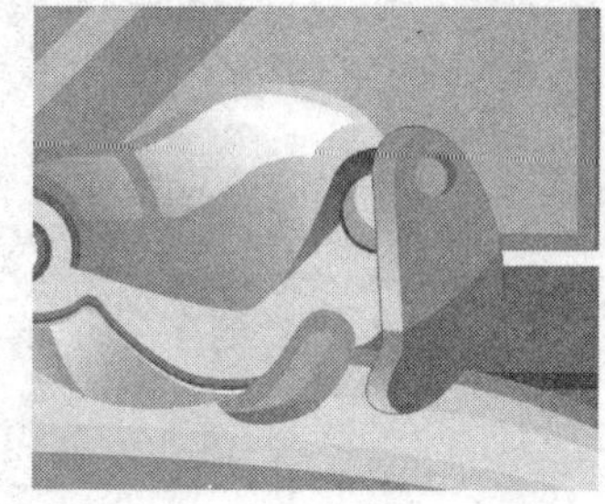
图11-191　相交后并填色后效果

图11-192　绘制右侧耳朵

18 选择贝塞尔曲线工具和形状工具，绘制出如图11-193所示的图形，选择菜单栏【排列】|【造形】|【造形】命令，在弹出的对话框中按照图11-168所示进行设置。单击【相交】命令后，用鼠标左键单击机器狗下巴后，对相交后的图形填充渐变色后的效果如图11-194所示。

19 选择菜单【排列】|【顺序】|【置于此对象前】，在耳朵和头部连接处的图形上单击左键，然后接着用选择工具选中机器狗的舌头，选择菜单【排列】|【顺序】|【到页面前面】，出现如图11-195所示的效果。至此，机器狗的头部造型完成。

图11-193　绘制的图形

图11-194　相交后并填色后效果

图11-195　排列顺序后的效果

绘制机器狗的身体造型步骤如下：

01 使用【贝塞尔】工具和【形状】工具，绘制出如图11-96所示的图形，选择【渐变】工具，在弹出对话框中按照图11-197所示进行填充，并用【交互式填充】工具调节后的效果，如图11-198所示。

图11-196　绘制的图形

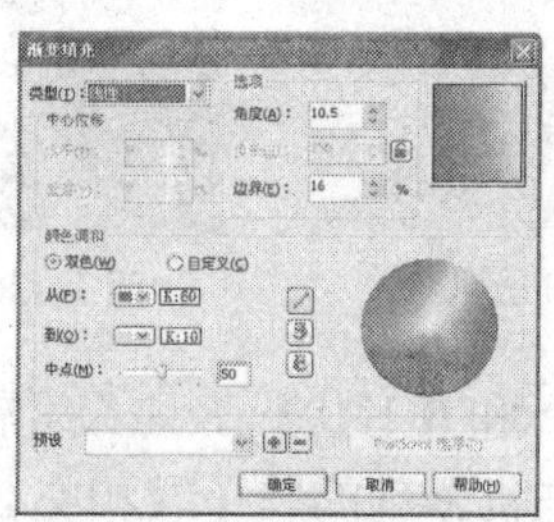
图11-197　渐变色对话框设置

图11-198　填色并调节的效果

02 使用【贝塞尔】工具和【形状】工具，绘制出如图 11-199 所示的图形，选择菜单【排列】|【造形】|【造形】命令，会弹出一个对话框，在对话框中按照图 11-168 所示进行设置。单击【相交】命令后，选择【渐变】工具，填充如图 11-200 所示的效果。

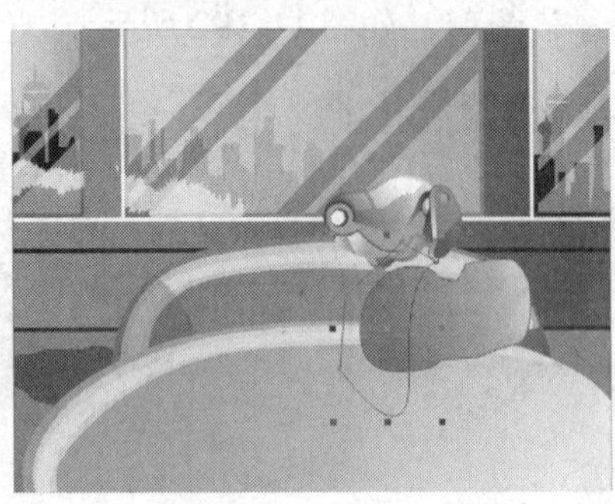
图 11-199　绘制的图形

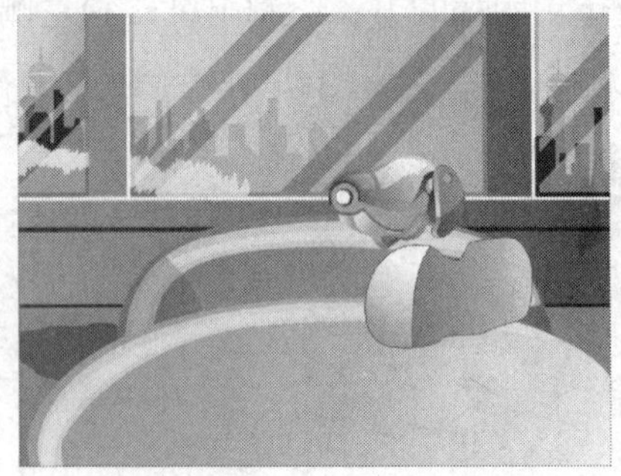
图 11-200　相交并填色后的效果

03 使用【贝塞尔】工具和【形状】工具，绘制一图形并填充为“50% 黑”，如图 11-201 所示。再次绘制一图形，使用【排列】|【造形】|【造形】命令中的【相交】，并使用【渐变】工具，填充如图 11-202 所示的效果。

图 11-201　绘制并填后的图形

图 11-202　相交并填色后的效果

04 使用【贝塞尔】工具和【形状】工具，绘制出如图 11-203 所示的图形，同时选中这两个图形，使用属性栏中【后减前】后效果，如图 11-204 所示。

图 11-203　绘制的图形

图 11-204　【后减前】后的效果

05 使用【贝塞尔】工具和【形状】工具绘制一图形，使用【排列】|【造型】|【造型】命令中的【相交】，与机器狗的脖子做相交，后出现如图 11-205 所示的图形，选择前后两个图形并分别填充为：C：1，M：85，Y：96 的颜色和：C：31，M：97，Y：

97，K：1 到 C：1，M：85，Y：96 的渐变色，如图 11-206 所示。把这两个图形选中，按【Ctrl+G】键进行群组。

06 选择机器狗左侧的耳朵，按【Ctrl+C】和【Ctrl+V】键，复制一个绘制好的左耳朵，同时选中这两个图形，使用属性栏中【后减前】后效果如图 11-207 所示。

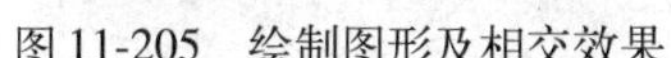

图 11-205　绘制图形及相交效果　　图 11-206　填充颜色后的效果　　图 11-207　【后减前】后效果

07 选中机器狗的舌头，然后使用菜单【排列】|【顺序】|【到页面前面】命令，效果如图 11-208 所示。再使用【贝塞尔】工具和【形状】工具，绘制出脖子下方的白色图形，如图 11-209 所示。

08 使用【贝塞尔】工具和【形状】工具，绘制出如图 11-210 所示的图形，选择菜单栏【排列】|【造形】|【造形】命令，用鼠标左键单击机器狗的身体前面部分后，再次选中绘制的图形，用鼠标左键单击机器狗的身体侧面部分。分别对相交后的两个图形进行填充颜色后的效果，如图 11-211 所示。

图 11-208　使用【顺序】后效果

图 11-209　绘制的圆形效果

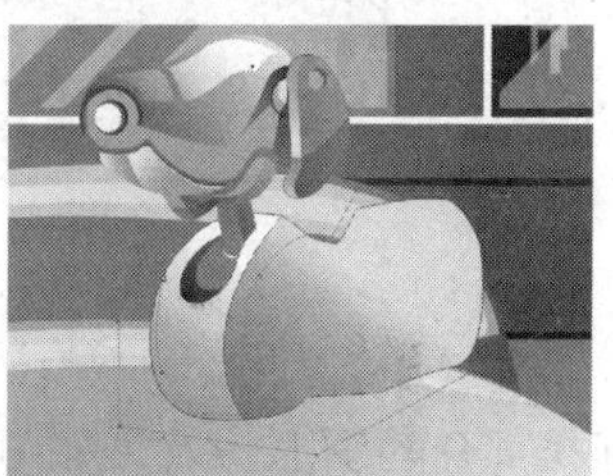

图 11-210　绘制的图形

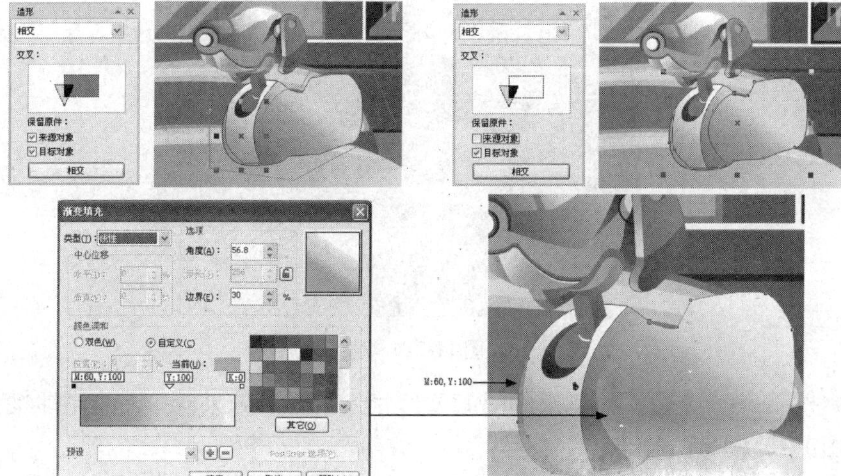

图 11-211　相交[illegible]填色后的图形效果

09【贝塞尔】工具和【形状】工具，绘制出如图 11-212 所示的图形，使用【排列】|【造形】|【造形】命令，相交并填充渐变色后的效果如图 11-213 所示。

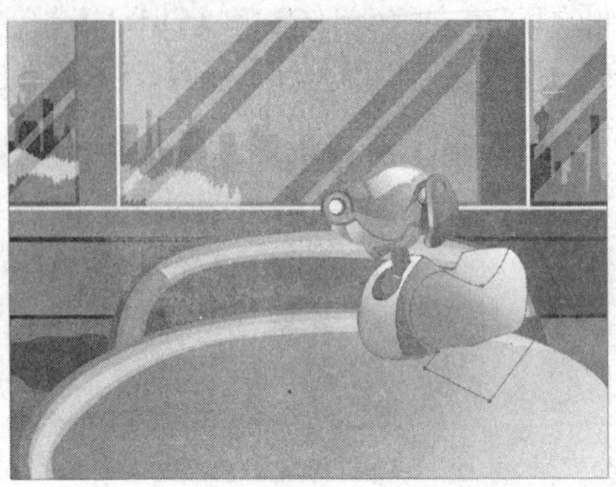

图 11-212　绘制的图形

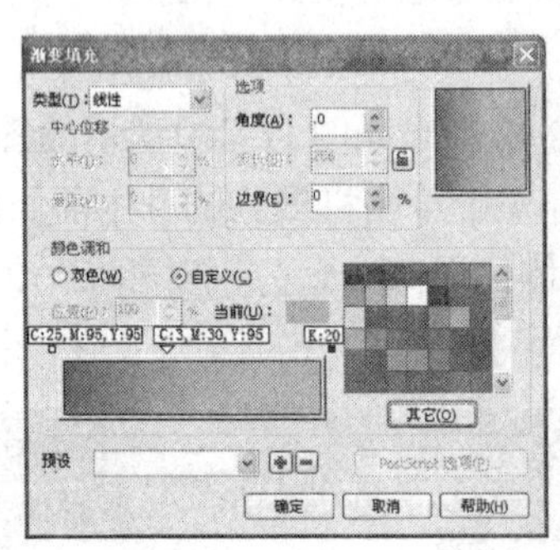

图 11-213　相交后及填充渐变色的效果

10用绘制机器狗身体相同的方法，绘制出机器狗的尾部凸起和尾巴及腿部和身体连接部分的图形，效果如图 11-214 所示。

图 11-214　绘制的图形

11按照 5~7 步骤，绘制出如图 11-215 所示的图形效果。接着绘制螺丝和阴影效果，如图 11-216 所示。

12【贝塞尔曲线】工具和【形状】工具，配合【排列】|【造形】|【造形】命令中的【相交】命令，并填充上渐变色，绘制出如图 11-217 所示的脚部图形。

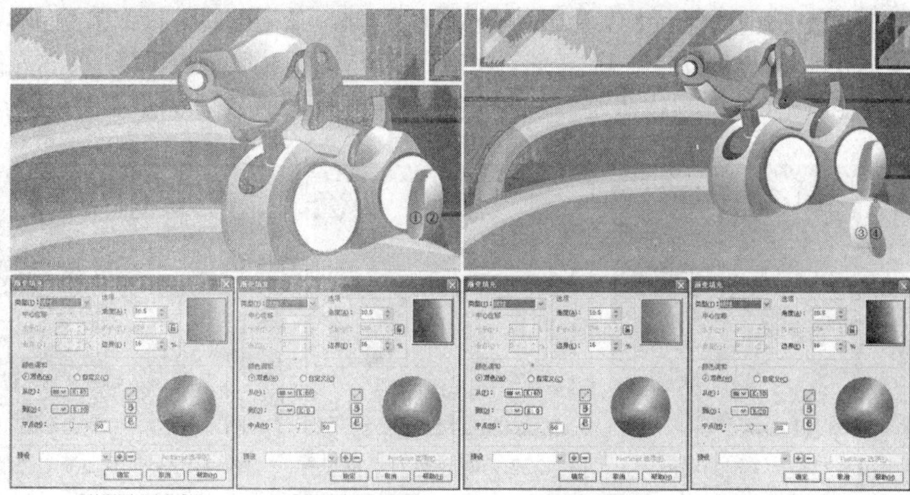

①处的渐变色参数设置　②处的渐变色参数设置　③处的渐变色参数设置　④处的渐变色参数设置

图 11-215　绘制的图形并填充渐变色后的效果

图 11-216　绘制的阴影效果

图 11-217　绘制的脚部效果

提示:

此图形的绘制方法和前面所讲授的机器狗的方法一致,读者请结合前面所讲授的方式自己组织绘制图形。这里不再详细讲解。

13 按照 9～10 步操作，绘制出另外的腿部和脚部和其他图形，如图 11-218 所示。

14 使用【挑选】工具，把机器狗全部选中，按【Ctrl+G】键，把机器狗图形群组。

15 使用菜单【排列】|【变换】|【大小】命令，按照如图 11-219 所示参数进行操作，单击【应用到再制】后出现图 11-220 所示效果。

图 11-218　绘制的机器狗效果

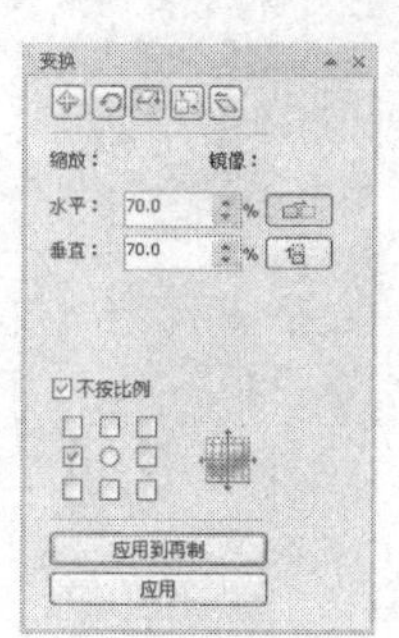

图 11-219　【变换】对话框

图 11-220　【变换】后的效果

16 使用【贝塞尔曲线】工具和【形状】工具，绘制出如图11-221所示的图形，选择菜单【排列】|【顺序】|【置于此对象后】命令后，在右侧大机器狗上单击左键后，选择【渐变填充】工具，按照如图11-222所示参数进行设置效果如图11-223所示。

图11-221　绘制的图形

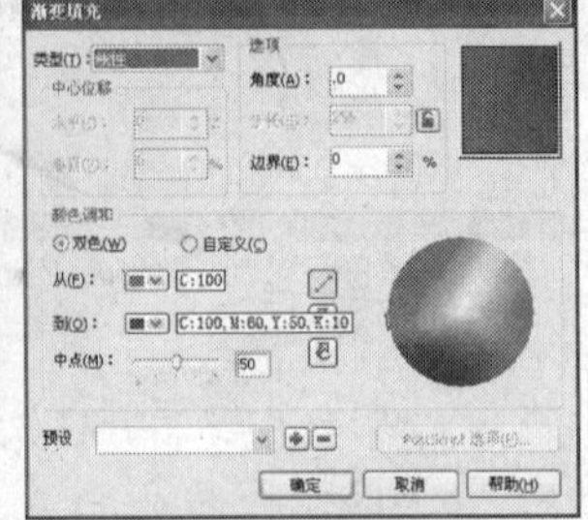

图11-222　渐变色对话框设置

图11-223　添加渐变色的效果

17 使用【交互式透明】工具进行调节后效果如图11-224所示。

图11-224　【交互式透明】后的效果

18 使用文字工具输入文字即完成机器狗的造型设计，如图11-225所示。

图11-225　添加文字后的最终效果